Introducción a la Mecánica de Fluidos

EDICIONES UNIVERSIDAD CATÓLICA DE CHILE
Vicerrectoría de Comunicaciones
Av. Libertador Bernardo O'Higgins 390, Santiago, Chile

lea.uc.cl

Introducción a la mecánica de fluidos

Bonifacio Fernández L., Cristián Escauriaza M.
y Rodrigo Cienfuegos C.

ISBN N° 978-956-14-3443-1
ISBN digital N° 978-956-14-1587-4

Diseño:
Francisca Galilea R.

Impresor:
Equipo Gráfico Impresores Spa.

CIP-Pontificia Universidad Católica de Chile

Nombres: Fernández Larrañaga, Bonifacio. | Escauriaza Mesa, Cristián Rodrigo. | Cienfuegos Carrasco, Rodrigo Alberto, autor.
Título: Introducción a la mecánica de fluidos / Bonifacio Fernández Larrañaga, Cristián Escauriaza Mesa y Rodrigo Cienfuegos Carrasco.
Descripción: Quinta edición. | Santiago, Chile: Ediciones UC.
Materias: CCAB: Mecánica de fluidos.
Clasificación: DDC 532 -dc23

Registro disponible en: https://buscador.bibliotecas.uc.cl/permalink/56PUC_INST/vk6o5v/alma 997624475903396

FACULTAD DE INGENIERÍA

Introducción a la Mecánica de Fluidos

Bonifacio Fernández Larrañaga,
Rodrigo Cienfuegos Carrasco y
Cristián Escauriaza Mesa

EDICIONES UC

CONTENIDO

PRÓLOGO A LA QUINTA EDICIÓN

Este texto ha sido preparado para servir como complemento al curso de Introducción a la Mecánica de Fluidos de la carrera de Ingeniería Civil. Aquí se aborda el problema del comportamiento de los fluidos en las condiciones en que corrientemente se encuentran en la ingeniería. El objetivo principal es presentar las leyes básicas, los conceptos físicos relacionados y los modelos cuantitativos que forman el punto de partida en el estudio de cualquier situación en que intervienen los fluidos. Se capacita a los estudiantes para reconocer e identificar los problemas de mecánica de fluidos y su relación con el trabajo de ingeniería. El estudiante aprenderá a manejar y utilizar los conceptos y nociones básicas en la representación y modelación del comportamiento de los fluidos, de tal forma que se espera que pueda utilizar adecuadamente los métodos y técnicas presentados en este texto para el análisis cuantitativo del comportamiento de los fluidos y entender las limitaciones que estos procedimientos pueden tener.

Al igual que en las ediciones anteriores, el texto está organizado de manera de avanzar desde las situaciones más simples a la más complejas. Inicialmente se incluye un capítulo dedicado a las definiciones y las propiedades cuantificables de los fluidos más comunes, en el que se han agregado herramientas para la descripción del movimiento de los fluidos, y las bases del análisis dimensional para organizar las relaciones cuantitativas entre las variables que explican los fenómenos físicos. Después se presentan los métodos para estudiar el comportamiento de los fluidos en reposo. La mayor parte del texto está dedicada a la dinámica, diferenciando los tres enfoques usualmente empleados en el estudio de problemas en que intervienen los fluidos: el análisis global o integral, puntual o diferencial, y el dimensional o experimental. Finalmente se incluye un capítulo sobre la dinámica de fluidos reales con aplicaciones prácticas.

El material que se incluye corresponde a la totalidad del contenido del curso Introducción a la Mecánica de Fluidos. Este curso es semestral con tres horas de clase semanales, una de ejercicios dirigidos y un total aproximado de diez horas de dedicación semanal por parte de los alumnos. En cada capítulo se incluyen ejemplos resueltos, un resumen de los aspectos más importantes de la materia, los objetivos que los estudiantes debieran cumplir al finalizarlo y un conjunto de problemas propuestos. En la formulación de los problemas se ha puesto especial dedicación en que estos reflejen situaciones de interés práctico, así como el nivel de dificultad exigido para la aprobación del curso.

El texto original se preparó tomando como base los apuntes del curso de Mecánica de Fluidos dictado para los alumnos de Ingeniería Civil de la Pontificia Universidad Católica de Chile. Desde su primera publicación en 1992, se ha utilizado como complemento de dicho curso en sucesivas ediciones. Así ha sido corregido y ampliado con la participación de numerosos alumnos que han tenido la paciencia de leerlo, revisarlo y sugerir mejoras, más aún, utilizarlo para estudiar, interesarse y aprender. En esta nueva edición se recoge la experiencia de varios años de uso del texto anterior por parte de profesores que aportan a una reorganización del texto, manteniendo lo esencial, así como incorporando nuevos ejemplos y problemas propuestos, además de todo un nuevo capítulo con las aplicaciones esenciales a fluidos reales

Los autores
2025

Capítulo I

Propiedades de los fluidos

1.1 INTRODUCCIÓN

1.1.1 La mecánica de fluidos en la ingeniería

El agua y el aire son elementos esenciales para la humanidad y, además, los más abundantes en la naturaleza. El agua es fuente de vida y necesaria para el desarrollo en aspectos tan variados como el consumo, la agricultura, la industria, el transporte y la recreación. En todos estos usos el agua es aún irremplazable. El aire está presente y rodea todas las acciones humanas. De hecho, en vez de decir que la humanidad vive sobre la superficie de la tierra debiera decirse, con más propiedad, que lo hace en el fondo de un océano de aire, la atmósfera, como lo hiciera notar Torricelli hace ya más de tres siglos. Estos dos elementos esenciales se comportan como fluidos. Estos tienen facilidad para deformarse, moverse y desplazarse lo que facilita que se utilicen para el transporte de todo tipo de elementos y, especialmente, para transportar masa y energía.

Conocer y entender los principios y conceptos básicos de la mecánica de fluidos es esencial en el análisis cuantitativo de cualquier sistema en el cual el fluido es el elemento de trabajo, y también para el diseño y dimensionamiento de obras y aparatos que trabajan con ellos.

Hoy en día el diseño de prácticamente todos los medios de transporte requiere la aplicación de los principios de mecánica de fluidos. Entre estos se incluyen tanto los aviones como máquinas terrestres, barcos, submarinos, trenes, automóviles y motocicletas, además de misiles y torpedos, así como el diseño de sistemas de propulsión para vuelos espaciales y cohetes. En los últimos años, los fabricantes de automóviles han dado mayor relevancia a consideraciones aerodinámicas. También es bastante común realizar estudios en modelos reducidos para determinar las fuerzas aerodinámicas y analizar el flujo alrededor de edificios, puentes y otras estructuras complejas.

El diseño de turbomaquinarias como bombas, turbinas y hélices de todo tipo requiere conocimientos de mecánica de fluidos. Los sistemas de calefacción y ventilación, tanto de viviendas e industrias como de construcciones subterráneas, túneles y otros, así como el diseño de sistemas de cañerías, son ejemplos en los cuales los métodos de diseño están basados en el comportamiento de los fluidos. Incluso el sistema de circulación del cuerpo humano es un sistema fluido; por lo tanto, no debe sorprender que el diseño de corazones artificiales, máquinas de diálisis, ayudas respiratorias y otros aparatos de este tipo también estén basados en los mismos principios. La lubricación es también un área de aplicaciones importantes.

La mecánica de fluidos tiene importantes desafíos en la hidrodinámica ambiental, las ciencias atmosféricas, meteorología, oceanología, hidrología, y ciencias similares. Como el aire y el agua son los elementos más abundantes en la naturaleza, todo lo que se diseña para estar en contacto con ellos o utilizarlos de algún modo requiere conocimientos de fluidos. Esto ha dado origen a la aerodinámica y la hidráulica, dos ramas importantes de la mecánica de fluidos. Los principales problemas ambientales están relacionados con la contaminación del agua y del aire, en parte debido a una propiedad esencial de los fluidos como es la facilidad que tienen para mezclar, diluir y transportar elementos de todo tipo. La lista de aplicaciones de la mecánica de fluidos podría extenderse considerablemente.

1.1.2 Nota histórica

Si bien para muchos la mecánica de fluidos podría aparecer como un nombre nuevo para una ciencia antigua en origen y realizaciones, corresponde, más que eso, a un enfoque especial para estudiar el comportamiento físico de los líquidos y gases con una perspectiva científica basada en la observación experimental y la formulación de modelos matemáticos del comportamiento de la materia.

Aunque algunas características de los fluidos se conocen desde muy antiguo, los principios básicos del movimiento de los fluidos se desarrollaron con lentitud, de manera consistente, solo a partir de los siglos XVI a XIX como resultado del trabajo de muchos científicos como Da Vinci, Galileo, Torricelli,

Pascal, Bernoulli, Euler, Navier, Stokes, Kelvin, Reynolds y otros que hicieron interesantes aportes teóricos a lo que se denomina hidrodinámica. También, en el campo de la hidráulica experimental, hicieron importantes contribuciones Chezy, Venturi, Hagen, Manning, Poiseuille, Darcy, Froude y otros, fundamentalmente durante el siglo XIX, al intentar resolver problemas prácticos.

Hacia fines del siglo XIX la hidrodinámica y la hidráulica experimental presentaban una cierta rivalidad. Por una parte, la hidrodinámica clásica aplicaba con rigurosidad principios matemáticos para modelar el comportamiento de los fluidos, para lo cual debía recurrir a simplificar las propiedades de estos. Así se hablaba de fluido ideal. Esto hizo que los resultados no fueran siempre aplicables a casos reales. Por otra parte, la hidráulica experimental acumulaba antecedentes sobre el comportamiento de fluidos reales sin dar importancia a la formulación de una teoría rigurosa, de manera que resultaba difícil extrapolar los resultados de una situación a otra y, sobre todo, enfrentar nuevos escenarios.

La mecánica de fluidos moderna aparece a principios del siglo XX como un esfuerzo por unir estas dos tendencias: experimental y teórica. Generalmente, se reconoce como fundador de la mecánica de fluidos moderna al alemán L. Prandtl (1875-1953), muy vinculada con el nacimiento de la aviación. En esta perspectiva la mecánica de fluidos es una ciencia relativamente joven que recoge y explica el comportamiento de fenómenos estudiados desde hace muchos siglos, pero en la que, aún hoy, se realizan importantes contribuciones, ya que subsisten varios problemas que no tienen una solución satisfactoria y sobre los cuales se sigue investigando. Entre ellos, son típicos los desafíos planteados por la turbulencia, los escurrimientos de mezclas, los flujos con contornos móviles, la erosión y sedimentación de ríos y costas, el flameo, aquellos en que intervienen variables más allá de la mecánica, como el flujo afectado por procesos químicos, magnéticos, eléctricos o biológicos.

En Chile el desarrollo de la mecánica de fluidos ha estado relacionado con la hidráulica y sus aplicaciones al riego, la hidroelectricidad y la minería. Destacan las contribuciones de Ramón Salas Edwards (1880-1954) sobre el escurrimiento crítico en canales, Francisco Javier Domínguez (1890-1988) quien construyó el primer laboratorio de hidráulica en la Universidad Católica de Chile en 1923, y, posteriormente, el de la Universidad de Chile en 1950, además de su texto "Hidráulica". También se destacan los aportes en el desarrollo de grandes obras hidráulicas de Horacio Mery (1930-2025), y de Ramón Fuentes (1938-2021) en la formación de investigadores y las aplicaciones de la mecánica de fluidos a importantes problemas de la minería.

1.2 CONCEPTOS BÁSICOS

1.2.1 Definición de fluido

Para clasificar los elementos materiales que se encuentran en la naturaleza se pueden utilizar diversos criterios. Desde el punto de vista de la ingeniería uno de los más interesantes es el que considera el comportamiento de los elementos frente a situaciones especiales. De acuerdo con este, se definen los estados básicos de sólido, plástico, fluido y plasma. Los tres primeros son relativamente familiares y el último corresponde al más común en el universo. El plasma llena el espacio interplanetario con una densidad muy baja, del orden de un átomo de hidrógeno por centímetro cúbico, en él se presentan fenómenos especiales de tipo electromagnéticos que no tienen una manifestación muy destacada en los otros estados. Los fluidos, a su vez, se clasifican en líquidos y gases. Entonces, más que una definición de fluido, lo que interesa es una descripción de su comportamiento. Fluido es una sustancia que se comporta de manera especial cuando es sometida a ciertas fuerzas.

Este comportamiento depende fundamentalmente del estado y no del material en sí. De hecho, un mismo material puede comportarse como fluido o no dependiendo de las condiciones en que se encuentre. Así ocurre con el alquitrán dependiendo de su temperatura, o con la arcilla dependiendo del contenido de humedad. Un material o una sustancia no es sólido o fluido en sí mismo, sino en la medida en que se comporte como tal. De esta forma lo que define un fluido es su comportamiento y no su composición.

Entre las propiedades que diferencian el estado de la materia la que permite una mejor clasificación desde el punto de vista mecánico es la que se relaciona con la forma en que reacciona el material cuando se le aplica una fuerza. Los fluidos reaccionan de manera característica a las fuerzas. Si se compara lo que le ocurre a un sólido y a un fluido cuando son sometidos a un esfuerzo de corte o tangencial se tienen reacciones características que se pueden verificar experimentalmente y que permiten diferenciarlos.

Cuando a un cuerpo sólido se le aplica una fuerza de corte el material se deforma hasta alcanzar una nueva situación de equilibrio (Figura 1.1). Las partículas del sólido se reordenan de tal modo que en su nueva posición son capaces de equilibrar la fuerza aplicada. Esta reordenación trae consigo un cambio en la forma del cuerpo, una deformación de su aspecto original. Si se deja de aplicar la fuerza el cuerpo es capaz, dentro de ciertos límites elásticos, de recuperar su forma original.

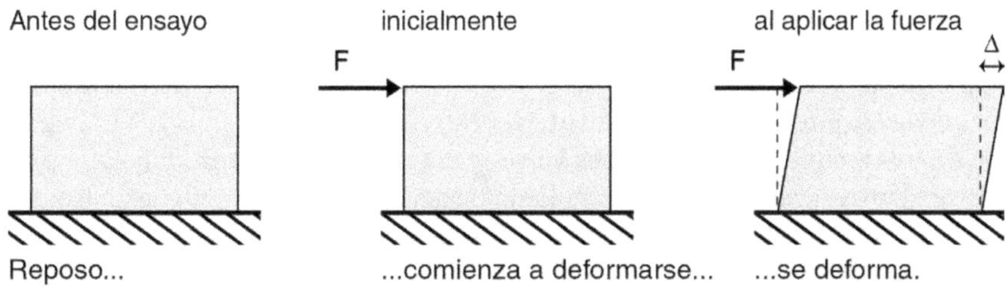

Figura 1.1. Comportamiento de un sólido sometido a una fuerza de corte o tangencial.

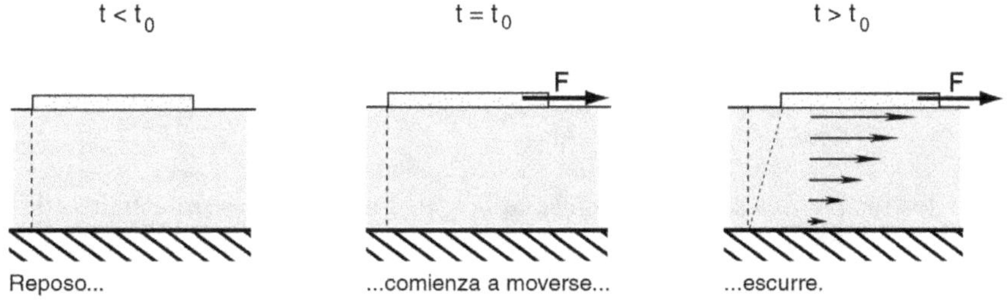

Figura 1.2. Comportamiento de un fluido sometido a una fuerza de corte o tangencial.

Si se hace lo mismo con un fluido la reacción es diferente. En primer lugar, debe disponerse de un método que permita aplicar la fuerza tangencial. Para ello se puede suponer que una delgada capa de fluido se encuentra en un plano horizontal y sobre la superficie del fluido se apoya una placa con la cual se intenta aplicar una fuerza tangencial al fluido (Figura 1.2). En este caso se puede observar que una vez que se aplica la fuerza la placa superior adquiere velocidad y el fluido comienza a deformarse continuamente mientras ella permanece aplicada. También las partículas del fluido que están bajo la placa se mueven con la misma velocidad, desplazándose unas con respecto a las otras. Esto queda en evidencia ya que mientras se mantiene aplicada la fuerza la placa sigue en movimiento y arrastra al fluido adherido bajo ella. El fluido se deforma continuamente, o sea escurre.

En base al comportamiento descrito en la experiencia anterior, se acostumbra a definir un fluido del siguiente modo: **fluido es una sustancia que se deforma continuamente, o sea escurre, cuando está sometido a un esfuerzo de corte o tangencial**. De esta definición se desprende que un fluido en reposo no soporta ningún esfuerzo de corte.

EJEMPLO 1.1

Una manera sencilla de aplicar un ensayo de esfuerzo de corte a un material desconocido es colocarlo en el interior de un recipiente y, posteriormente, volcar este. Suponga que se dispone de tres recipientes iguales, tres vasos, y en el primero se introduce una piedra, el segundo se llena de arena y el tercero se llena de agua. ¿Qué ocurre si vuelca los tres recipientes sobre una mesa? ¿Puede deducir cuál es un fluido del comportamiento observado de cada material?

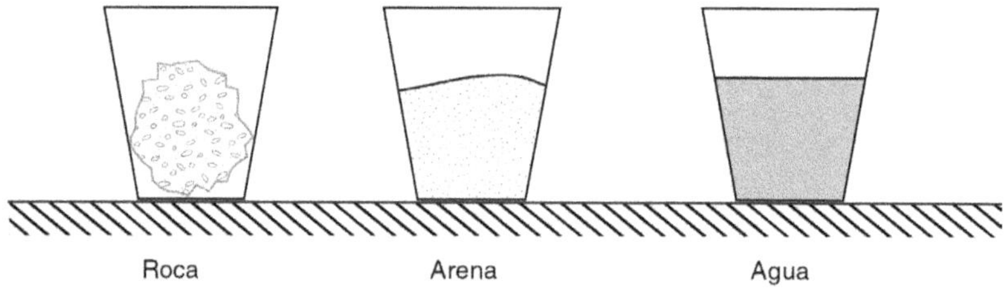

Al volcar los recipientes sobre la mesa se aplica en los materiales un esfuerzo de corte, provocado por el peso propio de cada uno de ellos al no existir el confinamiento de las paredes. La forma en que cada uno de ellos reacciona refleja su comportamiento frente a este tipo de esfuerzos:

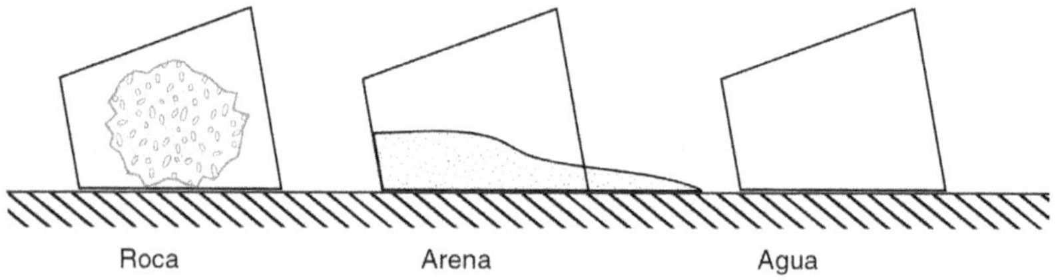

En particular observe lo que ocurre con la forma original de cada material, y con la cantidad de material que permanece al interior de los recipientes.

1.2.2 El fluido como medio continuo

Desde el punto de vista de la mecánica de fluidos interesa el comportamiento del material en un sentido global, macroscópico, considerándolo en su conjunto como un medio continuo y, por ende, sin vacíos intermedios. Esto es en contraposición a considerarlo como un sistema de partículas individuales aisladas que actúan como grupo.

Un medio continuo se caracteriza porque sus átomos, o moléculas, están tan próximos unos de otros que el conjunto puede considerarse macroscópicamente como una masa homogénea, cuyo comportamiento puede preverse sin tener en cuenta el movimiento de cada una de las partículas elementales que lo componen. En este sentido, se supone que no existen vacíos o separaciones entre las partículas.

En un medio continuo pueden definirse propiedades **intensivas** y **extensivas**.

Las propiedades intensivas, o de intensidad, no dependen de la cantidad de materia involucrada de modo que pueden asociarse a un punto, o incluso a un material sin tener que referirse a una cantidad determinada. Ejemplos son la temperatura, humedad, color, presión, porosidad, elasticidad y otras similares.

Las propiedades extensivas, o de extensión, dependen de la cantidad de materia que se considere. Este es el caso del calor, peso, masa, energía, volumen de huecos, forma y otras.

En la práctica muchas veces interesa asignar a un punto una propiedad del tipo extensiva, de manera que esa propiedad sea cuantitativamente independiente de la cantidad de materia. Para ello se divide la propiedad por la cantidad de materia involucrada, representada por el volumen, la masa o el peso, y se agrega el calificativo de "**específica**". Así se tienen propiedades como la masa específica, calor específico y energía específica, entre otras. Esto puede hacerse solamente con materiales homogéneos. En general, todas las propiedades que llevan el apelativo de específica corresponden a propiedades extensivas que han sido transformadas en intensivas mediante el procedimiento de dividirlas por la cantidad.

Si se tiene una cierta cantidad homogénea de materia M con una propiedad intensiva y otra extensiva de valores P_i y P_e, respectivamente, al extraer de ella una pequeña porción m la propiedad intensiva tendrá el mismo valor en ambas partes mientras que la extensiva se habrá dividido en la proporción correspondiente (ver Figura 1.3).

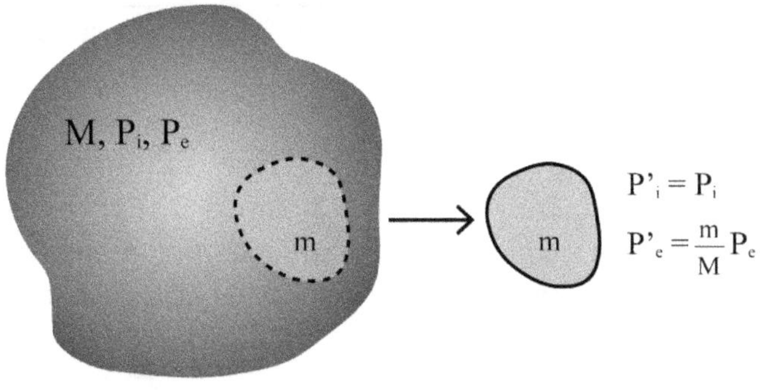

Figura 1.3. Propiedades intensivas y extensivas en un material homogéneo.

Si en lugar de un medio continuo se considera un sistema de partículas y en él se desea definir una propiedad puntual surge la pregunta de cuál debe ser el tamaño adecuado del volumen mínimo tal que existan suficientes partículas en su interior como para que la definición de la propiedad tenga sentido. Por ejemplo, Prandtl y Tietjens (*Fundamentals of Hydro and Aeromechanics*, Dover Pub., 1934) discuten el caso de la masa específica, que corresponde a la cantidad de materia por unidad de volumen. Al hacer tender el volumen a cero para que represente un punto es posible que se alcance un volumen del tamaño de la trayectoria media de las partículas de tal manera que el resultado es variable dependiendo de la cantidad de partículas que se encuentren en su interior. Esto ocurrirá a menos que el volumen sea tal que la cantidad de partículas en él no varíe prácticamente por el hecho de que existan algunas que entran y otras que salen. Lo que ocurre con la masa específica, así definida en función del volumen, puede apreciarse en la Figura 1.4.

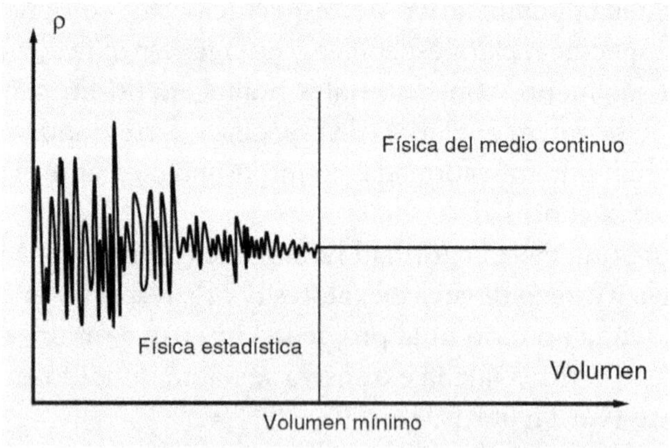

Figura 1.4. Variaciones de la masa específica, ρ, en función del volumen.

Si es posible elegir V mayor que el volumen mínimo V_0, el sistema se comporta como un medio continuo. En la práctica si se considera el caso de los fluidos V_0 resulta tan pequeño en dimensiones que perfectamente puede representar un punto, y el fluido puede considerarse sin errores como un medio continuo.

EJEMPLO 1.2

De un estanque de grandes dimensiones que contiene líquido se extraen muestras para su análisis en laboratorio mediante una válvula colocada en el fondo. Haga una lista de propiedades que tienen el mismo valor numérico en la muestra y en el estanque y de propiedades que presentan diferente valor numérico en ambos recipientes.

SOLUCIÓN:

Es evidente que todas las propiedades intensivas y específicas tendrán el mismo valor en el fluido que permanece en el estanque que el determinado en las muestras si el líquido es homogéneo. Sin embargo, las propiedades extensivas tendrán valores numéricos proporcionales a las cantidades comprometidas en cada caso.

1.2.3 Sistemas de unidades

En cualquier fenómeno físico existen diferentes aspectos posibles de evaluar objetivamente, mediante el valor que adquieren los parámetros que los representan. Estos parámetros cuantificables pueden representar características del movimiento, del fluido, del lugar, condiciones de borde, iniciales, etc. Algunos se consideran constantes y otros variables, dependiendo del fenómeno y del interés de quien lo observa.

Para asignarle un valor cuantitativo a cada uno de los parámetros se recurre a una **medida**, la cual se indica por una **magnitud**, que corresponde a un número real, y una **unidad**, que indica una medida de referencia conocida. Las unidades son en sí arbitrarias y se establecen por convención. Permiten una comparación objetiva entre las medidas de un mismo parámetro. Cada parámetro tiene asociado un conjunto de unidades que le corresponden, que se caracterizan por tener las mismas **dimensiones** que el parámetro en cuestión.

Los sistemas de unidades indican la combinación adecuada de dimensiones para medir cualquier parámetro en ese sistema. Un sistema de unidades se dice que es coherente si cualquier parámetro se puede medir en unidades que se derivan de él mediante relaciones monomias, es decir, expresiones de un solo término, formadas por combinaciones de las unidades básicas.

Las dimensiones fundamentales en la mecánica son longitud, tiempo y masa. En algunos sistemas se prefiere utilizar, en lugar de masa, la dimensión de fuerza. En todo caso, estas dimensiones básicas deben ser independientes entre sí, es decir, ninguna de ellas puede deducirse de las demás.

Así, por ejemplo, la dimensión básica de la geometría es la longitud, (L), de manera que cualquier medida en ese ambiente se expresa en unidades que consisten en relaciones monomias de longitud. El tamaño de una superficie se mide en unidades que, al igual que el parámetro área, tienen dimensiones de (L^2), por ejemplo, m^2, cm^2, ft^2, etc.

En cinemática las dimensiones básicas son la longitud y el tiempo. La velocidad, así como las unidades empleadas para medirla, tienen dimensiones de (LT^{-1}), por ejemplo, m/s, km/hora, etc.

Un sistema de unidades con dimensiones básicas (X), (Y), (Z) es coherente si la medida de cualquier parámetro involucrado se puede expresar como una combinación monomia de ellas. Es decir, si para cualquier parámetro W sus unidades tienen dimensiones (W) expresables como:

$$(W) = (X^a)(Y^b)(Z^c)$$

con a, b, c reales.

Con estas propiedades se aprecia que la mayoría de los sistemas utilizados en mecánica son coherentes. En particular el sistema SI lo es. Sus dimensiones básicas son longitud, tiempo y masa. Cualquier unidad derivada se puede expresar mediante una combinación monomia adecuada de unidades en esas tres dimensiones. Por ejemplo, las unidades de fuerza, así como las dimensiones de las unidades utilizadas para medir fuerza, son:

$$(F) = (L)(M)(T^{-2})$$

La forma en que se seleccionan las dimensiones básicas, a partir de las cuales se pueden definir las restantes, y las unidades que se les asignan, da origen a diferentes sistemas de unidades. Desde 1971, se ha intentado universalizar el uso del denominado Sistema Internacional de unidades, SI, el cual corresponde a una extensión y mejoramiento del tradicional sistema MKS. En el sistema SI la unidad de longitud es el metro (m), la unidad de tiempo el segundo (s), la unidad de masa el kilogramo (kg) y la unidad de temperatura el grado kelvin (K). La fuerza es una dimensión secundaria y su unidad, el newton (N), está definida de acuerdo con la segunda ley de Newton como:

$$1 \text{ newton} = 1 \left[\frac{kg \cdot m}{s^2}\right]$$

Las unidades más usadas del sistema SI, así como los prefijos de unidades derivadas se resumen en la Tabla 1.1. En la Tabla 1.2 se muestran las magnitudes y dimensiones utilizadas por los sistemas de unidades más comunes. El sistema SI presenta la gran ventaja de disponer de una cantidad razonable de unidades relacionadas entre sí mediante magnitudes simples o relaciones físicas. Otros sistemas tienen gran cantidad de unidades definidas arbitrariamente, como ocurre en el sistema inglés (ver Tabla 1.3). En este libro se emplea exclusivamente el sistema SI.

Tabla 1.1. Sistema de unidades SI.

	Dimensiones	Unidad	Símbolo	Fórmula
Unidades base	Longitud	metro	m	-
	Tiempo	segundo	s	-
	Masa	kilogramo	kg	-
	Temperatura	grado kelvin	K	-
Unidad suplementaria	Ángulo plano	radián	rad	-
Unidades derivadas	Fuerza	newton	N	kg m/s^2
	Energía/Trabajo	joule	J	N m
	Presión	pascal	Pa	N/m^2
	Potencia	watt	W	N m/s

Tabla 1.2. Prefijos para múltiplos de unidades.

Prefijo	Factor	Símbolo SI
exa	10^{18}	E
peta	10^{15}	P
tera	10^{12}	T
giga	10^{9}	G
mega	10^{6}	M
kilo	10^{3}	k
hecto	10^{2}	h
deca	10	da
deci	10^{-1}	d
centi	10^{-2}	c
mili	10^{-3}	m
micro	10^{-6}	μ
nano	10^{-9}	n
pico	10^{-12}	p
fento	10^{-15}	f
atto	10^{-18}	a

Tabla 1.3. Otros sistemas de unidades.

Parámetro	**Definición**	**Dimensiones**	**Masa**		**Fuerza**	
			CGS	**SI o MKS**	**MkgfS**	**Inglés Grav.**
Longitud	-	L	1 cm	1 m	1 m	1 ft
Tiempo	-	t	1 s	1 s	1 s	1 sec
Masa	-	M	1 g	1 kg	1 utm	1 slug
Temperatura	-	T	1 kelvin	1 kelvin	1 kelvin	1 rankine
Fuerza	F=ma	MLt^{-2}	1 dina=10^{-5}N	1 N	1 kgf=9,8N	1 lbf=4,45N
Energía			1 erg		1 kgf m	
Trabajo	W=F ds	ML^2t^{-2}	1 erg	1 joule	1 kgf m	1 ft lbf
Calor			1 cal		1 cal	
Presión	P=F/A	$ML^{-1}t^{-2}$	1 baría	1Pascal	1 kgf/m^2	1 lbf/ft^2
Potencia	Pot=dW/dt	ML^2t^{-3}	1 erg/s	1 watt	1 kgf m/s	1 lbf ft/s
Viscosidad	$\mu=\tau(dv/dy)^{-1}$	$ML^{-1}t^{-1}$	1 poise	1 kg/(ms)	1 kgf s/m^2	1 lbf s/ft^2
Visc. Cinem.	n=m/r	L^2t^{-1}	1 stoke	1 m^2/s	1 m^2/s	1 ft^2/s

En ingeniería es necesario cuantificar los fenómenos que ocurren y para ello se requiere expresar las cantidades en unidades convencionales. Como se ha mencionado los sistemas de unidades utilizados están basados en ciertas dimensiones básicas, o primarias, a partir de las cuales es posible definir cualquier otra empleando para ello leyes físicas dimensionalmente homogéneas que las relacionan. Estas dimensiones son independientes entre sí, de manera que ninguna de ellas pueda deducirse de las demás. Las dimensiones básicas más usadas son: longitud, tiempo, masa y temperatura.

Las dimensiones de los parámetros típicos empleados en mecánica de fluidos se muestran en la Tabla 1.4.

Tabla 1.4. Dimensiones de parámetros típicos en mecánica de fluidos.

Parámetro	Designación	Dimensiones (LTM)
Longitud	L	L
Área	A	L^2
Volumen	V	L^3
Tiempo	T	T
Velocidad	v	LT^{-1}
Aceleración	a	LT^{-2}
Gasto	Q	L^3T^{-1}
Ángulo	θ	1
Velocidad angular	ω	T^{-1}
Masa	M	M
Fuerza	F	MLT^{-2}
Energía	E	ML^2T^{-2}
Caudal	G	MT^{-1}
Masa específica	ρ	ML^{-3}
Peso específico	γ	$ML^{-2}T^{-2}$
Presión	P	$ML^{-1}T^{-2}$
Esfuerzo de corte	τ	$ML^{-1}T^{-2}$
Viscosidad dinámica	μ	$ML^{-1}T^{-1}$
Viscosidad cinemática	ν	L^2T^{-1}
Tensión superficial	σ	MT^{-2}
Módulo de compresibilidad	K	$ML^{-1}T^{-2}$

1.3 PROPIEDADES DE LOS FLUIDOS

Los fluidos, como todos los materiales, tienen ciertas propiedades físicas que permiten caracterizar y cuantificar su comportamiento, así como distinguirlos unos de otros. Algunas de estas propiedades son exclusivas de los fluidos y otras son típicas de cualquier sustancia. Características como la viscosidad, tensión superficial y presión de vapor solo se pueden definir en los líquidos y gases. Sin embargo, la masa específica, peso específico y densidad son atributos de cualquier materia.

1.3.1 Masa específica, peso específico y densidad

Se denomina masa específica a la cantidad de materia por unidad de volumen de una sustancia. Se designa por ρ y puntualmente se define a partir de la materia existente en un volumen ΔV cuando este se hace muy pequeño, como:

$$\rho = \lim_{\Delta V \to 0} \frac{\Delta m}{\Delta V} \tag{1.1}$$

El peso específico corresponde a la fuerza con que la tierra atrae a una unidad de volumen. Se designa por γ. La masa y el peso específico están relacionados por:

$$\gamma = \rho g \tag{1.2}$$

donde g representa la intensidad del campo gravitacional terrestre, o aceleración de gravedad.

Se acostumbra a denominar densidad a la relación que existe entre la masa específica de una sustancia cualquiera y la de una sustancia de referencia. Normalmente para los líquidos se utiliza la masa específica del agua a 4 °C como referencia, que corresponde a 1.000 kg/m^3 y para los gases se usa el aire cuya masa específica a 20 °C y 1,013 bar de presión es 1,204 kg/m^3.

$$Densidad = d = \frac{\rho_{fluido}}{\rho_{referencia}} \tag{1.3}$$

La masa específica de los fluidos varía con la temperatura y la presión. En los líquidos la masa específica cambia muy poco frente a cambios razonables de presión y temperatura, de manera que en la práctica pueden considerarse como de masa específica constante. Esta propiedad permite diferenciarlos de los gases, que sufren cambios apreciables de masa específica frente a cambios normales de presión y temperatura. **Los líquidos son prácticamente incompresibles y los gases fácilmente compresibles.**

1.3.2 Viscosidad

La viscosidad es una propiedad distintiva de los fluidos. Está ligada a la resistencia que opone un fluido a deformarse continuamente cuando se le somete a un esfuerzo de corte. De hecho, esta propiedad es la utilizada para distinguir el comportamiento entre los fluidos y los sólidos. Además, los fluidos pueden ser en general clasificados de acuerdo con la relación que exista entre el esfuerzo de corte aplicado y la velocidad de deformación.

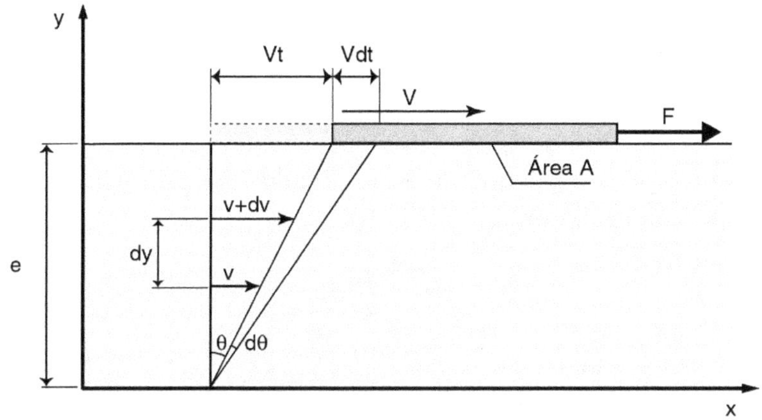

Figura 1.5. Comportamiento de un fluido viscoso entre dos placas paralelas.

Supóngase que se tiene un fluido entre dos placas paralelas separadas a una distancia pequeña entre ellas, una de las cuales se mueve con respecto a la otra, manteniendo su paralelismo. Esto es aproximadamente lo que ocurre en un descanso lubricado. Para que la placa superior se mantenga en movimiento con respecto a la inferior, con una diferencia de velocidades *V*, es necesario aplicar una fuerza *F*, que por unidad de área se traduce en un esfuerzo de corte sobre el fluido, $\tau = \frac{F}{A}$, siendo A el área de la placa en contacto con el fluido. Se puede constatar, además, que el fluido en contacto con la placa inferior, que está en reposo, se mantiene adherido a ella y, por lo tanto, no se mueve. Por otra parte, el fluido en contacto con la placa superior se mueve a la misma velocidad que ella. Si el espesor de fluido entre ambas placas es pequeño se puede suponer que la variación de velocidades en su interior es lineal, de modo que se mantiene la proporción:

$$\frac{dv}{dy} = \frac{V}{e} \tag{1.4}$$

Esta cantidad representa la tasa de deformación del fluido, o una velocidad de deformación angular $\frac{d\theta}{dt}$, siendo θ el ángulo que se indica en la Figura 1.5.

El ángulo θ está relacionado con la velocidad de la placa mediante la expresión:

$$tg\,\theta = \frac{V}{e} \tag{1.5}$$

Como la distribución de velocidades en el interior del fluido es lineal, también se puede expresar como:

$$tg\,\theta = \frac{Vt}{e} = \frac{dv}{dy}t$$

Para un instante t pequeño, dt, el ángulo θ es también pequeño y su tangente puede aproximarse por $d\theta$, entonces:

$$d\theta = \frac{dv}{dy}dt$$

de donde se deduce que:

$$\frac{dv}{dy} = \frac{d\theta}{dt} \tag{1.6}$$

es decir, la variación lineal de velocidades provocada en el interior del fluido representa una velocidad de deformación angular de este. La existencia de una diferencia de velocidades dv entre dos puntos del fluido que se encuentran a una pequeña distancia dy, es una evidencia de que el fluido escurre. Lo mismo ocurre con el hecho de que el ángulo θ aumenta con el tiempo. Entonces, una manera efectiva de constatar si un fluido escurre consiste en verificar si las derivadas (1.6) son diferentes de cero.

Para ciertos fluidos, denominados newtonianos, se ha comprobado que la fuerza necesaria para lograr una velocidad v es proporcional a ella y al área, e inversamente proporcional a la separación entre las placas:

$$F \propto A\frac{v}{e} \tag{1.7}$$

La constante de proporcionalidad es una propiedad del fluido, llamada **viscosidad dinámica**, y se designa por μ. Además, debido a la distribución lineal de velocidades, esta relación puede establecerse para cualquier punto al interior del fluido como:

$$\tau = \mu\frac{dV}{dy} \tag{1.8}$$

A esta ecuación se le conoce como la ley de viscosidad de Newton. Se puede, entonces, definir la viscosidad como una propiedad del fluido por la cual este opone resistencia a escurrir o a la deformación angular provocada por el esfuerzo de corte. La constante de proporcionalidad entre el esfuerzo aplicado, τ, y la deformación, (dv/dy), se denomina viscosidad dinámica:

$$\mu = \frac{\tau}{\left(\frac{dV}{dy}\right)} \tag{1.9}$$

Al cociente entre la viscosidad dinámica, μ, y la masa específica de un fluido, ρ, se le llama **viscosidad cinemática**, ν. Esta propiedad puede interpretarse como la dificultad que opone el fluido a escurrir sometido a los esfuerzos internos que provoca su propio peso.

$$\nu = \frac{\mu}{\rho} \tag{1.10}$$

En los fluidos newtonianos μ es una constante. Sin embargo, existen otros tipos de fluido cuyo comportamiento es diferente. Por ejemplo, la pasta de dientes es capaz de escurrir cuando el tubo se aprieta, pero no escurre sola si se pone el tubo boca abajo y se abre la tapa, como debiera ocurrir si se tratara de un fluido newtoniano. En este caso parece que existiera un valor mínimo de τ necesario para iniciar el escurrimiento. Con algunas pinturas ocurre que la tasa de deformación depende de cuánto se les agite, o se vuelven menos "espesas" cuando son sometidas a esfuerzo durante un tiempo prolongado. Existen varios casos de fluidos no-newtonianos.

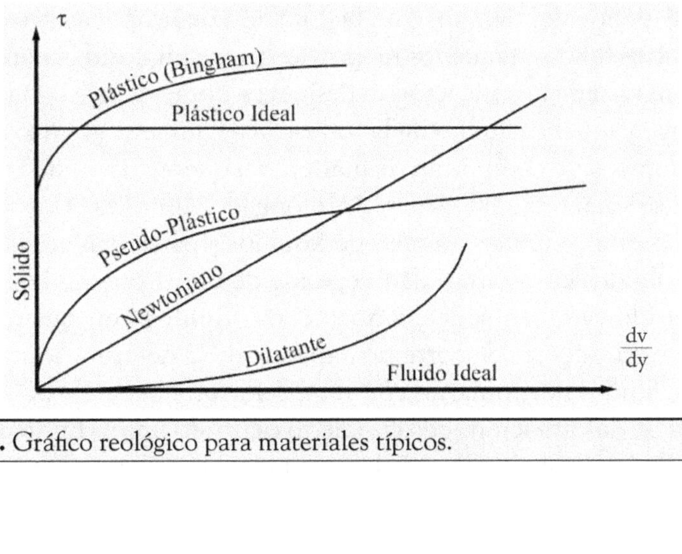

Figura 1.6. Gráfico reológico para materiales típicos.

El estudio de las propiedades de deformación de las sustancias en función de los esfuerzos que a ellas se les aplican se denomina **reología**. Un gráfico del comportamiento de algunos materiales típicos se incluye en la Figura 1.6. Este es un gráfico reológico.

Los casos más típicos de los fluidos son:

a) Fluido ideal, en el cual la viscosidad se puede considerar despreciable.
b) Fluido newtoniano, la viscosidad es constante.
c) Fluido plástico, o de Bingham (1919), en el cual es necesario un esfuerzo de corte inicial para que comience a fluir. Este es el caso típico de las pinturas al aceite y las tintas de imprenta.
d) Fluido dilatante. En estos la viscosidad aumenta con la tasa de deformación.
e) Pseudoplástico. La viscosidad disminuye con la tasa de deformación.
f) Sólido. La viscosidad es infinitamente grande.

Para considerar todos estos casos es posible establecer una relación más general entre el esfuerzo de corte y el escurrimiento, o la tasa de deformación del fluido, que tome en cuenta la no linealidad:

$$\tau = \tau_0 + \mu \left(\frac{dv}{dy}\right)^n \tag{1.11}$$

Esta relación requiere de un total de tres parámetros para caracterizar el comportamiento reológico de cualquier fluido. Para un fluido newtoniano $\tau_0 = 0$, $n=1$.

Otra complicación adicional que se observa en algunos fluidos es que la viscosidad depende del tiempo, o de la duración de la aplicación del esfuerzo. Existen algunos fluidos, llamados reopécticos, cuya viscosidad aumenta a medida que se mantiene la aplicación del esfuerzo, como ocurre con la mayonesa o el merengue y muchos fluidos de la industria de alimentos. Otros, conocidos como tixotrópicos, se comportan de manera tal que su viscosidad disminuye a medida que se someten a un esfuerzo prolongado, como es el caso de muchas pinturas en aceite y algunas mezclas de líquidos y partículas coloidales.

A los fluidos cuya viscosidad depende de la historia de la deformación que han sufrido también se les conoce como **fluidos con memoria**. En los fluidos ideales el esfuerzo de corte no depende de la deformación y es siempre nulo. En los fluidos newtonianos el esfuerzo de corte depende de la velocidad instantánea de deformación, pero no de lo ocurrido antes. En los fluidos con memoria influye no solo la velocidad instantánea de deformación sino también la magnitud de la deformación angular en ese instante. Es decir, en estos la viscosidad depende del punto de la curva τ v/s (dv/dy) y, por lo tanto, de la historia.

Desde el punto de vista físico la viscosidad se debe al efecto combinado de dos causas. Por una parte, la cohesión entre las moléculas y, por otra, el intercambio de cantidad de movimiento entre las capas de fluido en movimiento.

Las fuerzas de cohesión entre las moléculas hacen que al desplazarse unas con respecto a las otras, tiendan a ser arrastradas las partículas vecinas. Esta fuerza de cohesión depende de la separación entre las moléculas y es importante en los líquidos no teniendo mucha importancia en los gases cuyas partículas se encuentran más alejadas. A medida que la velocidad de las moléculas aumenta esta fuerza tiende a perder importancia.

Existe también un intercambio de cantidad de movimiento entre las capas de fluido que se desplazan debido a que hay partículas de distinta velocidad que al escurrir el fluido se pasan de una capa a las vecinas. Estas fuerzas serán más importantes en la medida en que las velocidades de las partículas lo sean.

Debido a que la velocidad de las moléculas de los fluidos aumenta con la temperatura el efecto de la fuerza de cohesión disminuye y el de intercambio de cantidad de movimiento aumenta. Por otra parte, las fuerzas de cohesión son importantes en los líquidos y el intercambio de cantidad de movimiento lo es en los gases. De aquí se explica por qué la viscosidad aumenta con la temperatura en los gases y en cambio disminuye en los líquidos. El caso típico del agua y del aire se muestra en la Figura 1.7.

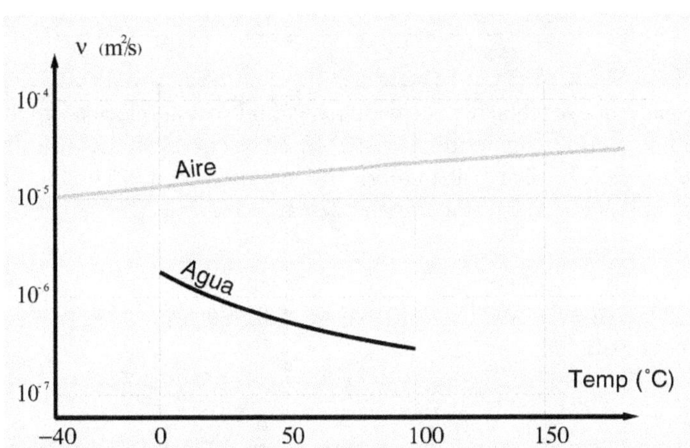

Figura 1.7. Variación de la viscosidad cinemática con la temperatura para el agua y el aire.

Las dimensiones de la viscosidad dinámica son Ft/L^{-2}. Como la fuerza y masa están relacionadas por la segunda ley de Newton, también puede expresarse la viscosidad dinámica en dimensiones de $ML^{-1}t^{-1}$. Entonces, en el sistema SI la viscosidad se mide en:

$$1\left(\frac{kg}{ms}\right) = 1\left(\frac{Ns}{m^2}\right)$$

A la unidad equivalente a 0,1 (kg/ms) se le denomina poise y a 0,001 (kg/ms), es decir, a 1 gr/(ms) se le llama centipoise. El agua a 20 °C tiene una viscosidad dinámica de 1 centipoise.

Las dimensiones de la viscosidad cinemática son L^2/t, con unidades típicas de m^2/s.

EJEMPLO 1.3

Los aceites lubricantes de motor y transmisión, que se usan comúnmente en los vehículos, se clasifican de acuerdo con su viscosidad según normas establecidas por la Sociedad de Ingenieros de Automóviles de USA (SAE). Para ello, se utiliza el rango en que puede variar la viscosidad a una temperatura dada. Los que tienen un código de clasificación que incluyen una W (Por ejemplo 20 W) se clasifican según su viscosidad a

0 °F (= −12 °C). Los que no incluyen una W se clasifican a 210 °F. Así, por ejemplo, los rangos de viscosidad permitidos para un aceite 10 W van desde 1,3 hasta 2,6 milésimas de (m^2/s) de viscosidad cinemática. A veces se combinan las clasificaciones para indicar el comportamiento del aceite a bajas y altas temperaturas, por ejemplo, un aceite SAE 10 W-30.

EJEMPLO 1.4

Calcular la potencia que se requiere para mantener girando a una velocidad angular constante ω el eje de la figura en los siguientes casos: a) Si no se coloca lubricante y el coeficiente de roce mecánico es c. b) Si se coloca lubricante de viscosidad dinámica μ entre el eje y el descanso. Suponga que el eje transmite al descanso un peso W.

SOLUCIÓN:

a) Sin lubricante. En este caso la fuerza de roce se produce en la línea de apoyo entre el eje y el descanso:

$$F_{roce} = cW$$

El momento necesario para equilibrar esta fuerza es:

$$Momento = rF_{roce} = rcW$$

y la potencia para mantener el eje girando:

$$Potencia = \omega Momento = \omega rcW$$

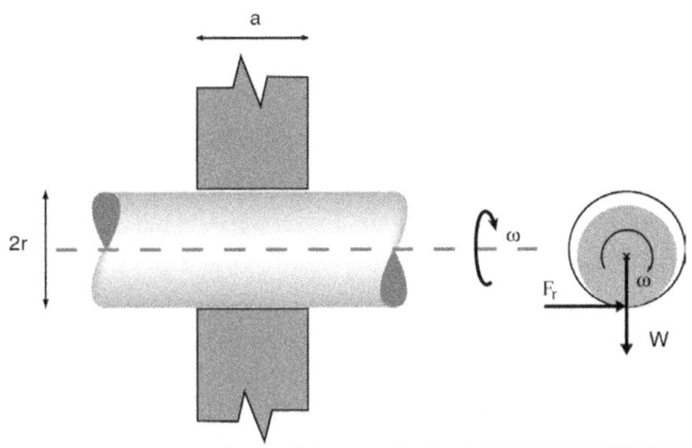

Figura 1.8. Eje del ejemplo 1.4 cuando no tiene fluido en el descanso.

b) Si hay fluido lubricante entre el eje y el descanso se puede suponer que este se mantiene relativamente centrado dentro del descanso, como se indica en la Figura 1.9, con una separación entre ambos. Entre la superficie del eje y el descanso hay una fuerza de roce:

$$\tau = \mu \frac{\Delta V}{\Delta y} = \mu \frac{(\omega r - 0)}{e} = \mu \frac{\omega r}{e}$$

que se traduce en una fuerza elemental en la superficie $dA = ard\alpha$:

$$dF = \tau dA = \mu \frac{\omega r}{e} dA = \mu \frac{\omega r}{e} ard\alpha$$

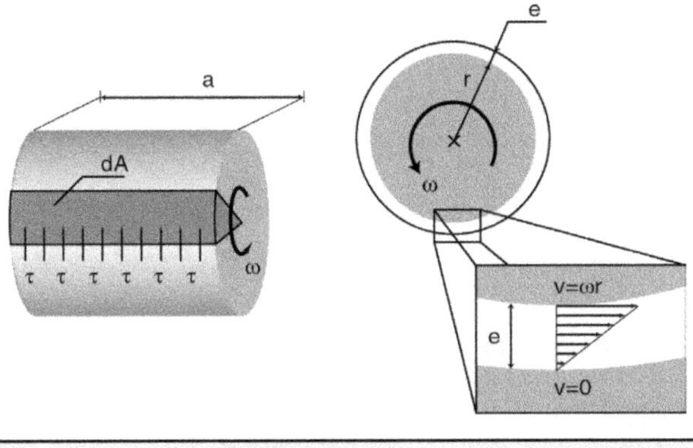

Figura 1.9. Eje del ejemplo 1.4 con lubricante.

y la fuerza total sobre todo el manto del eje es:

$$F = \int_0^{2\pi} dF = \mu\omega r^2 \frac{a}{e} \int_0^{2\pi} d\alpha = 2\pi\mu\omega r^2 \frac{a}{e}$$

De manera que la potencia para mantener el eje girando es:

$$Pot = \omega M = \omega r F = 2\pi\mu\omega^2 r^3 \frac{a}{e}$$

Como puede observarse, en este caso, la potencia necesaria no depende del peso que transmite el eje al descanso.

EJEMPLO 1.5

Compare las características del movimiento que adquiere un cubo de arista a de material homogéneo de masa específica ρ cuando se desliza sobre un plano inclinado un ángulo α sin lubricante entre el cubo y el plano, y cuando lo hace sobre una capa de espesor e de fluido de viscosidad dinámica μ. En particular, analice cómo influyen el ángulo α del plano y las características del cubo en el inicio del movimiento y en la velocidad final.

SOLUCIÓN:

Tomando como referencia un eje paralelo al plano inclinado en la dirección del movimiento, la ecuación diferencial es:

$$F_m - F_r = m\frac{d^2x}{dt^2}$$

donde F_m es la componente del peso en la dirección del movimiento, F_r la fuerza de roce entre el cubo y el plano que se opone al movimiento, m la masa del cubo y x la coordenada en la dirección del movimiento. La segunda derivada de x respecto al tiempo es la aceleración del cubo.

En el caso sin lubricante se tiene:

$$F_m = mg\,sen\,\alpha = \rho a^3 g\,sen\,\alpha$$

$$F_r = mg\cos\alpha\,tg\,\varphi = \rho a^3 g\cos\alpha\,tg\,\varphi$$

siendo $tg\varphi$ el coeficiente de roce dinámico entre ambas superficies.

Entonces, la ecuación del movimiento es:

$$\rho g a^3\,sen\,\alpha - \rho g a^3\cos\alpha\,tg\,\varphi = \rho a^3\frac{d^2x}{dt^2}$$

que simplificada queda:

$$(tg\,\alpha - tg\,\varphi)\cos\alpha = \frac{1}{g}\frac{d^2x}{dt^2}$$

Esta ecuación indica que para que se inicie el movimiento, (d^2x/dt^2) positivo, es necesario que $\alpha > \varphi$, si no es así el cubo no se mueve. Además, una vez que el ángulo α es suficiente para que el cubo se mueva siempre está sometido a una fuerza que lo acelera, por lo tanto, la velocidad final tiende a infinito. Es claro, por otra parte, que el movimiento no depende de las características del cubo.

Si existe una capa de lubricante:

$$F_m = mg\,sen\,\alpha = \rho g a^3\,sen\,\alpha$$

$$F_r = \tau a^2 = \mu\frac{\Delta V}{\Delta e}a^2 = \frac{\mu a^2}{e}\frac{dx}{dt}$$

donde la primera derivada de x es la velocidad del cubo. Entonces, la ecuación del movimiento es:

$$\rho g a^3\,sen\,\alpha - \frac{\mu a^2}{e}\frac{dx}{dt} = \rho a^3\frac{d^2x}{dt^2}$$

que simplificada queda:

$$sen\,\alpha - \frac{\mu}{\rho g a e}\frac{dx}{dt} = \frac{1}{g}\frac{d^2x}{dt^2}$$

La primera diferencia que se observa es que, en este caso, el movimiento depende de las características del cubo (a, ρ) y del fluido (μ, e).

Para el inicio del movimiento si la velocidad es cero (derivada de $x = 0$) existe una fuerza positiva para cualquier valor de $\alpha > 0$, por lo tanto, no se requiere un ángulo mínimo para que comience el movimiento (basta con que no sea horizontal). En relación con la velocidad final esta se obtiene cuando el móvil deja de acelerar (segunda derivada de $x = 0$) en cuyo caso la velocidad es:

$$\frac{dx}{dt} = \frac{age\rho}{\mu}sen\,\alpha$$

Si el peso del cubo se expresa como $W=g\rho a^3$, la velocidad final resulta:

$$\frac{dx}{dt} = \frac{eW}{\mu a^2}sen\,\alpha$$

de manera que la velocidad final depende de las propiedades del cuerpo y del fluido y no solo de la inclinación del plano. Se observa, por ejemplo, que cuanto más pesado es el cuerpo mayor es su velocidad. La viscosidad del fluido influye de manera contraria. Es claro que la velocidad final está limitada a un valor máximo y no puede crecer indefinidamente como en el caso anterior.

1.3.3 Presión

En un fluido en reposo la única fuerza de superficie es el esfuerzo normal producto de la existencia de presiones en el interior del fluido, debido a que no existen esfuerzos tangenciales sobre la superficie porque el fluido está en reposo. La presión es una propiedad escalar, la cual produce sobre una superficie una fuerza normal a ella. Esto es:

$$P = |\sigma| \quad tal\ que \quad \vec{F}_s = P\,\vec{\mathrm{ds}} \tag{1.12}$$

También puede decirse que la presión corresponde a la magnitud del esfuerzo normal sobre una superficie. Debido a que la presión es la responsable de la existencia de fuerzas de superficie en un fluido en reposo, para estudiar las condiciones de equilibrio es fundamental analizar sus propiedades. Si una superficie elemental de área ds se encuentra sometida a una fuerza $\overrightarrow{\boldsymbol{dF}}$, se dice que existe una presión P dada por:

$$P = \frac{\widehat{\boldsymbol{n}} \cdot \overrightarrow{\boldsymbol{dF}}}{|\overrightarrow{\boldsymbol{ds}}|} \tag{1.13}$$

donde $\hat{n}$ es un vector unitario perpendicular a la superficie ds.

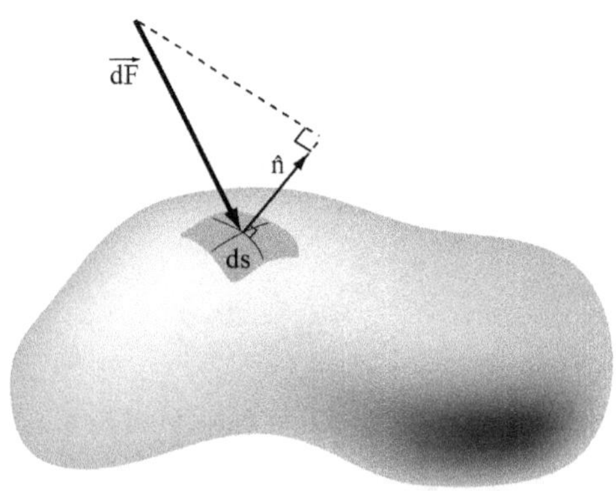

Figura 1.10. Definición de presión.

Interesa saber cómo se comporta la presión en un punto al interior de un fluido en reposo. Para ello puede tomarse un elemento de fluido de pequeñas dimensiones en forma de cuña, como se indica en la Figura 1.11.

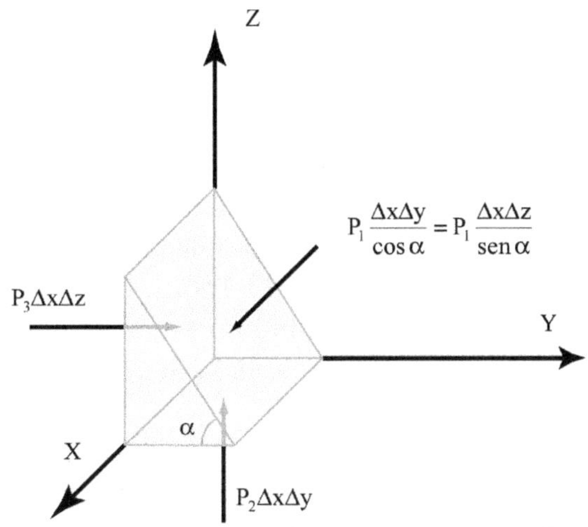

Figura 1.11. Fuerzas sobre un prisma elemental en el interior de un fluido en reposo.

Sobre cada una de las superficies que definen este prisma actúa la presión. Estando el fluido en reposo, cualquier elemento de él debe estar en equilibrio. P_1, P_2 y P_3 corresponden a la presión que existe en la cara inclinada, la vertical y la horizontal respectivamente. El equilibrio del prisma exige:

$$\sum \vec{F}_X = \sum \vec{F}_Y = \sum \vec{F}_Z = 0$$

El equilibrio de las fuerzas horizontales en la dirección Y supone:

$$P_1 dx \frac{dz}{sen\, \alpha} sen\, \alpha = P_3 dxdz$$

de donde se obtiene: $P_1 = P_3$

El equilibrio vertical:

$$P_2 dxdy - P_1 \frac{dxdy}{cos\, \alpha} cos\, \alpha - \frac{1}{2}\rho g dxdydz = 0$$

donde el último término representa el peso del fluido contenido en el prisma. Se puede apreciar que este es un diferencial de tercer orden frente a las fuerzas de superficie que son de segundo orden. Por lo tanto, en este caso, cuando el tamaño del prisma tiende a cero y corresponde a un punto, el peso del prisma es despreciable si se compara con las fuerzas que provoca la presión. Entonces, simplificando la última ecuación se obtiene que $P_2 = P_1$.

Por lo tanto:

$$P_1 = P_2 = P_3 \tag{1.14}$$

Este resultado no depende del ángulo α, por lo tanto, de la inclinación de la superficie. Si se hace disminuir su volumen hasta que represente un punto en el interior de un fluido en reposo, se concluye que la presión es independiente de la orientación de la superficie sobre la cual actúa. Esta propiedad se conoce como el principio de Pascal (1623-1662). La presión es una variable escalar, sin dirección, sin embargo, sobre una superficie en contacto con el fluido genera una fuerza perpendicular a dicha superficie con magnitud igual al producto de la presión por el área.

Esta es una propiedad importante de la presión según la cual en un punto de un fluido en reposo su magnitud es igual independientemente de la orientación de la superficie sobre la cual se mida o de la orientación del instrumento utilizado para ello. En este sentido su comportamiento es similar al de la temperatura. Si en la Figura 1.12 la presión se mide a través de los orificios de igual superficie ubicados sobre cada uno de los planos perpendiculares, en todos se mide la misma presión si ellos están lo suficientemente cerca. Estas conclusiones son válidas para un fluido en reposo, en el interior del cual no hay esfuerzos tangenciales. En un fluido que escurre la magnitud de la presión en un punto puede depender de la orientación del instrumento con el cual se mide.

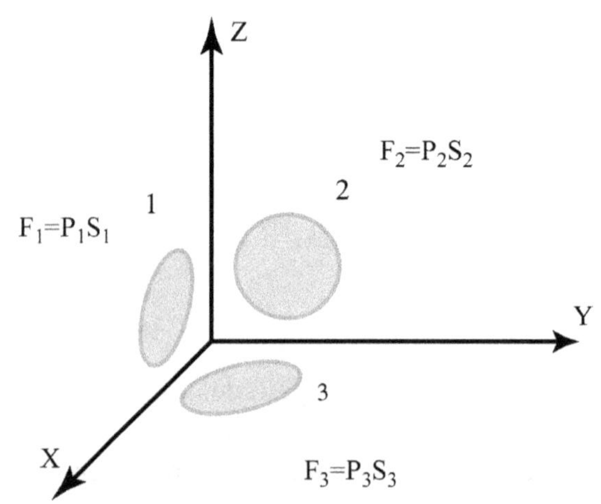

Figura 1.12. En los tres planos se mide igual presión si el fluido está en reposo y los puntos 1, 2 y 3 muy cerca.

1.3.4 Ecuación de estado y ecuación de proceso

En termodinámica se acostumbra caracterizar mediante ciertas propiedades macroscópicas las condiciones de equilibrio en que se puede encontrar un fluido. Estas propiedades son la presión P, la temperatura T y el volumen específico v, o su inverso la masa específica ρ. Para un fluido estas tres variables no son independientes de modo que dos de ellas fijan la tercera. La relación entre estas magnitudes se denomina ecuación de estado y es característica de cada materia.

Las relaciones de este tipo son complejas y difíciles de expresar cuantitativamente en forma general. De hecho, solo se dispone de algunas expresiones simplificadas para condiciones especiales como es el caso de los llamados gases ideales. Si bien el gas ideal es una abstracción, el aire y algunos gases lejos de las fases líquidas pueden considerarse como tales.

En general los gases reales a temperaturas altas y presiones bajas se comportan similarmente a un gas perfecto. La ecuación de estado para un gas ideal puede escribirse de diferentes formas. En termodinámica se acostumbra a expresarla como:

$$Pv = \frac{R_0 T}{M} \tag{1.15}$$

donde M es la masa molar, o la masa correspondiente a 6,003 x 10^{26} moléculas (igual al número de Avogadro), R_0 es la constante universal de los gases. P y T son valores absolutos de presión y temperatura. Para simplificar se define una nueva constante:

$$R = \frac{R_0}{M} \tag{1.16}$$

que es diferente para cada gas. Además, en lugar de emplear el volumen específico se prefiere su inverso, la masa específica ρ. De modo que en mecánica de fluidos se acostumbra usar la siguiente ecuación de los gases ideales:

$$P = \rho R T \tag{1.17}$$

Si se conocen las condiciones en que se encuentra un gas P_0, T_0, ρ_0, esta ecuación se escribe:

$$\frac{P_0}{T_0 \rho_0} = \frac{P}{T\rho} = R \tag{1.18}$$

En la medida en que se aumente la presión o se disminuya la temperatura los gases se alejan de un comportamiento ideal acercándose a la fase líquida.

En esta zona el comportamiento es mucho más complejo y no se dispone de ecuaciones explícitas; sin embargo, para algunos gases se cuenta con "tablas de vapor" que relacionan los valores de las principales magnitudes de estado obtenidas empíricamente. La Tabla 1.5 presenta algunas propiedades físicas de gases en condiciones normales de presión (presión atmosférica normal) y temperatura (20 °C).

Tabla 1.5. Propiedades físicas de algunos gases a 293 °K y 1,013 bar.

Gas	Fórmula química	Peso molecular kg/kmol	Masa específica kg/m³	Punto de ebullición K	Constante del gas m²/K s²
Aire	-	28,97	1,187	78,0	288
Monóxido de carbono	CO	28,00	1,144	81,5	297
Bióxido de carbono	CO_2	44,01	1,805	194,6	190
Helio	He	4,03	0,167	4,3	2077
Hidrógeno	H_2	2,02	0,084	15,0	4124
Nitrógeno	N_2	28,02	1,170	77,4	297
Oxígeno	O_2	32,00	1,390	90,2	260

Para el caso de los líquidos tampoco se dispone de una ecuación de estado explícita; sin embargo, en general ellos se pueden considerar como incompresibles dentro de un rango de presiones normales, de modo que la masa específica depende solo de la temperatura. Esta dependencia se expresa a través de tablas para cada sustancia, como, por ejemplo, la Tabla 1.6 para el caso del agua.

Tabla 1.6. Masa específica del agua en función de la temperatura.

Temperatura °C	Masa específica kg/m^3
0	999,8
4	1000,0
10	999,7
15	999,1
20	998,2
30	995,6
40	992,2
50	988,0
60	983,2
70	977,8
80	971,8
90	965,3
100	958,4

Otra ecuación de interés para un gas ideal, que permite definir el proceso, corresponde a:

$$P = Cte\ \rho^{\alpha} \tag{1.19}$$

donde P es la presión absoluta, ρ la masa específica y α un parámetro que define el proceso al que se somete el gas en cuestión, el cual puede ser alguno de los siguientes:

a) **Proceso isobárico**, se desarrolla a presión constante, por lo tanto $\alpha = 0$, entonces para un gas ideal:

$$P = \rho RT = Cte \tag{1.20}$$

b) **Proceso isotérmico**, a temperatura constante, con $\alpha = 1$, por lo tanto, en el caso de un gas ideal:

$$\frac{P}{\rho} = RT = Cte \tag{1.21}$$

c) **Proceso adiabático**. Este caso corresponde a aquel en el cual no hay transferencia de calor entre el gas y el medioambiente. El valor de α se designa por κ, donde:

$$\kappa = \frac{c_p}{c_v} \tag{1.22}$$

siendo c_p el calor específico a presión constante y c_v el calor específico a volumen constante. Para el aire se adopta κ = 1,4.

d) Proceso isocórico, que corresponde a uno que se desarrolla a volumen constante. En este caso para un gas ideal se observa que:

$$\frac{P}{T} = \rho R = Cte \tag{1.23}$$

Combinando las ecuaciones del proceso y la de los gases ideales es posible obtener algunas relaciones útiles entre las variables de estado de los gases ideales que permiten relacionar las condiciones entre un estado (P_1, T_1, ρ_1) y otro (P_2, T_2, ρ_2) como:

$$\frac{T_2}{T_1} = \left(\frac{\rho_2}{\rho_1}\right)^{\alpha-1} = \left(\frac{P_2}{P_1}\right)^{\frac{(\alpha-1)}{\alpha}} \tag{1.24}$$

1.3.5 Compresibilidad

La compresibilidad representa la relación entre los cambios de volumen y los cambios de presión a que está sometido un fluido. Las variaciones de volumen pueden relacionarse directamente con variaciones de la masa específica si la cantidad de materia permanece constante. En general se sabe que en los fluidos la masa específica depende tanto de la presión como de la temperatura de acuerdo con la ecuación de estado.

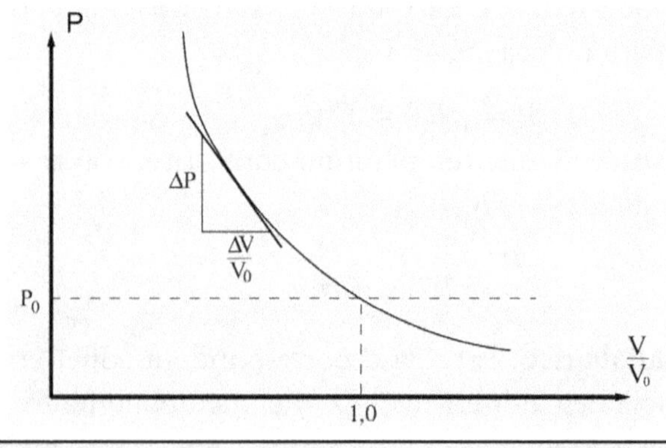

Figura 1.13. Módulo de compresibilidad.

Para el caso en que la temperatura permanece constante se puede definir un módulo de compresibilidad como la variación de presión necesaria para producir una variación relativa de masa específica, o de volumen, v:

$$E_T = \rho \left(\frac{dP}{d\rho}\right)_{T=T_0} \tag{1.25}$$

Como ρ puede expresarse por $\rho = \frac{dm}{dv}$ y la masa permanece constante, la definición (1.25) es equivalente a:

$$E_T = -v \left(\frac{dP}{dv}\right)_{T=T_0} \tag{1.26}$$

En el caso de los líquidos esta es una propiedad prácticamente independiente de la temperatura. Por ejemplo, para el agua E_T vale aproximadamente 22.000 bares (que es una magnitud muy grande).

Para el caso de los gases ideales se puede obtener el valor de $dP/d\rho$ de la ecuación del proceso mediante diferenciación:

$$\frac{P}{\rho^\alpha} = Cte$$

de donde:

$$\frac{dP}{d\rho} = \alpha \frac{P}{\rho}$$

y, por lo tanto:

$$E = \alpha P \tag{1.27}$$

de tal modo que el coeficiente de compresibilidad de los gases no es constante, sino que depende del proceso y se puede ver que:

E	=	0	para procesos isobáricos ($\alpha = 0$)
		P	para procesos isotérmicos ($\alpha = 1$)
		αP	para procesos adiabáticos ($\alpha = \kappa$)
		∞	para procesos isocóricos ($\alpha = \infty$)

Por ejemplo, para un proceso isotérmico con el aire a 1 bar, el módulo de compresibilidad es 1 bar y si el proceso es adiabático es 1,4 bares. A pesar de estas diferencias se puede apreciar que el aire es, en general, aproximadamente 20.000 veces más compresible que el agua.

EJEMPLO 1.6

Se tiene 1,0 m^3 de hidrógeno a 40 °C y 340 kPa, el cual se comprime isotérmicamente hasta que el volumen final es de 0,2 m^3. Suponiendo que se trata de un gas ideal se desea saber: a) ¿Cuál es la presión final? b) ¿Cuál es el valor del módulo de compresibilidad al principio y al final de la operación? c) ¿Qué ocurre si el proceso es adiabático?

SOLUCIÓN:

a) Por tratarse de un gas ideal en un proceso isotérmico se sabe que $Pv = cte$, por lo tanto:

$$P_1 v_1 = P_2 v_2$$

entonces:

$$P_2 = P_1 \left(\frac{v_1}{v_2}\right) = 340 \left(\frac{1{,}0}{0{,}2}\right) = 1.700 \ kPa$$

b) El módulo de compresibilidad de un gas es $E = \alpha P$, y para un proceso isotérmico α=1, entonces, en este caso, es igual a la presión del gas; es decir, varía durante el proceso de manera que inicialmente es 340 kPa y al final 1.700 kPa.

c) Si se trata de un proceso adiabático las relaciones son:

$$Pv^{\alpha} = Cte \ \text{ con } \alpha = 1{,}4$$

entonces:

$$P_1 v_1^{1{,}4} = P_2 v_2^{1{,}4}$$

de donde se obtiene:

$$P_2 = P_1 \left(\frac{v_1}{v_2}\right)^{1{,}4} = 340 \left(\frac{1{,}0}{0{,}2}\right)^{1{,}4} = 3.236 \ kPa$$

El módulo de compresibilidad $E = \alpha P$ con α = 1,4 resulta inicialmente:

$$E_1 = 1{,}4 \, P_1 = 1{,}4 \times 340 = 476 \, kPa$$

y al final:

$$E_2 = 1{,}4 \times 3.236 = 4.530 \, kPa$$

EJEMPLO 1.7

Un pistón de 8 cm de diámetro y 45 cm de largo está totalmente lleno de agua en su interior con una presión de 100 kPa y se le aplica una fuerza de 5.000 N. a) ¿Cuál es el desplazamiento del pistón? b) ¿Cuál sería el desplazamiento si se reemplaza la mitad del volumen de agua por aire?

SOLUCIÓN:

a) La relación entre los cambios de presión y los de volumen para un líquido está dada por la ecuación que define el módulo de compresibilidad. El cambio de presión es el resultado directo de la aplicación de la fuerza sobre el pistón, de manera que:

$$dP = \frac{dF}{A}$$

siendo A el área del pistón. Entonces, los cambios de volumen producidos por un aumento de la fuerza son:

$$\frac{dF}{A} = -E\frac{dv}{v}$$

Esta ecuación puede integrarse entre la condición inicial y final:

$$\frac{1}{AE}\int_0^F dF = -\int_{v_0}^{v_0+\Delta v}\frac{dv}{v}$$

de donde se obtiene:

$$-\frac{F}{AE} = Ln\left[\frac{v_0+\Delta v}{v_0}\right]$$

y despejando:

$$\Delta v = v_0\left(e^{-F/AE} - 1\right)$$

Utilizando los valores numéricos correspondientes se obtiene:

$$A = \frac{\pi D^2}{4} = \frac{\pi 0{,}08^2}{4} = 0{,}00503\ m^2$$

$$V_0 = LA = 0{,}45A = 0{,}45 \cdot 0{,}00503 = 0{,}00225\ m^3$$

Además E_{agua}= 22.000*bar* = 22 · 10^3 · 10^5 *Pa* = 22 · 10^8 *Pa*, entonces:

$$\Delta v = 0{,}00226\left(e^{-5000/(0{,}00503\times 22\cdot 10^8)} - 1\right) = -1{,}021 \cdot 10^{-6} m^3 =$$

Con lo cual la altura del cilindro disminuye en

$$\Delta h = \frac{\Delta V}{A} = \frac{-1{,}021 cm^3}{50{,}3 cm^2} = -0{,}02\ cm$$

es decir, prácticamente despreciable a pesar de que la fuerza aplicada es importante.

b) En el caso en que se reemplace la mitad del agua por aire se tiene:

$$\Delta V_{Total} = \Delta V_{agua} + \Delta V_{aire}$$

Suponiendo que tanto el agua como el aire se encuentran sometidos al mismo cambio de presión. Para el agua, dado que se tiene la mitad del volumen de la situación ya analizada, el cambio es, de acuerdo con lo obtenido en la parte a, $\Delta V_{agua} = -0{,}510\ cm^3$. El aire se comporta como un gas ideal y si se supone que el proceso es isotérmico, adoptando presiones absolutas:

$$P_1 V_1 = P_2 V_2$$

donde:

$$P_1 = 100 kPa = 100.000 (N/m^2)$$
$$P_2 = P_1 + \frac{F}{A} = 100.000 + \frac{5.000}{0{,}00503} = 1.094.036 (N/m^2)$$
$$V_1 = 0{,}5 V_0 = 0{,}5 \times 0{,}00226 = 1130\ cm^3$$

Entonces

$$V_2 = 1130 \times \frac{100.000}{1.094.036} = 103{,}4\ cm^3$$

Entonces $\Delta V_{aire} = V_2 - V_1 = 103{,}4 - 1130 = -1026{,}6\ cm^3$. Por lo tanto, el cambio total de volumen es $\Delta V_{Total} = -0{,}6 - 1026{,}6 = -1027{,}2\ cm^3$, lo que produce un cambio de altura de 20,4 cm, es decir, más de 1.000 veces el que se produce si no hubiera aire.

1.3.6 Presión de vapor y cavitación

Los fluidos existen en fase líquida o gaseosa dependiendo de las condiciones en que se encuentren. De hecho, las sustancias puras pueden pasar por las cuatro fases, desde sólido a plasma, según sean las condiciones de presión y temperatura a que están sometidas. Se acostumbra a designar como líquidos a aquellas materias que bajo las condiciones normales de presión y temperatura en que se encuentran en la naturaleza están en esa fase.

Cuando a un líquido a temperatura constante se le disminuye la presión a la que está sometido hasta alcanzar un valor tal que comienza a ebullir, se dice que se ha alcanzado la presión de vapor. En este caso, se habla de **cavitación**. Esta presión depende de la temperatura. Así, por ejemplo, para el agua a 100 °C la presión de vapor es aproximadamente 1 bar que equivale a la presión atmosférica normal. Se habla de **ebullición** cuando a una presión constante se aumenta la temperatura de un líquido y este pasa a la fase de gas. La presión de vapor y la temperatura de ebullición están relacionadas y definen una línea que separa el líquido y el vapor de una misma sustancia en un gráfico de presión y temperatura. En la Figura 1.14 se muestra aproximadamente el caso del agua.

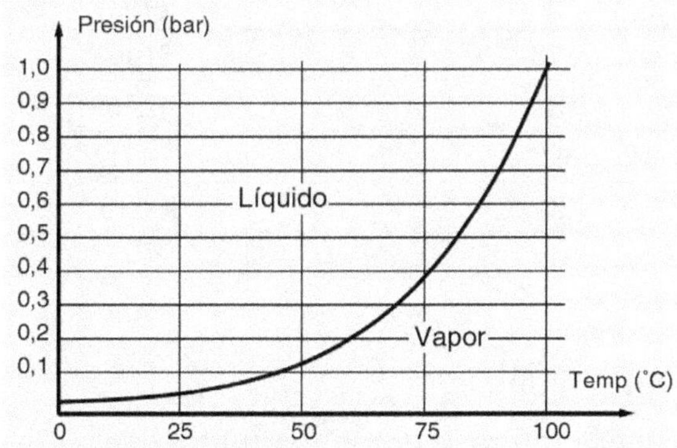

Figura 1.14. Presión de vapor y temperatura de ebullición para el caso del agua.

La presión de vapor tiene importancia en mecánica de fluidos por su relación con los fenómenos de cavitación, en los cuales se produce la formación y colapso de burbujas de vapor por efecto de los cambios de presión causados por el líquido en movimiento. Cuando el líquido pasa a gas aparece una cavidad, llena de vapor, por lo que el fenómeno recibe el nombre de cavitación.

En la naturaleza los cambios de temperatura son más habituales e importantes que los cambios de presión, por lo tanto, en la vida común es más corriente referirse a la temperatura de ebullición a presiones conocidas cercanas a la atmosférica. Así, para el caso del agua, la temperatura de ebullición a presión atmosférica es de 100 °C. En este mismo caso la presión de vapor del agua a 100 °C es igual a 1 bar, que corresponde aproximadamente a la presión atmosférica.

Tabla 1.7. Presión de vapor en función de la temperatura para el caso del agua.

Temperatura (°C)	Presión de vapor (Pa)
0	611
10	1.227
20	2.337
30	4.243
40	7.378
50	12.339
60	19.925
70	31.167
80	47.365
90	70.112
100	100.130

1.3.7 Tensión superficial

Se ha observado que la interfase entre dos fluidos que no se mezclan se comporta como si fuera una membrana tensa. La tensión superficial σ es la fuerza que se requiere para mantener en equilibrio una longitud unitaria de esta película. El valor de σ depende de los fluidos en contacto y de la temperatura. Los efectos de la tensión superficial son apreciables solo en fenómenos de pequeñas dimensiones como es el caso de tubos capilares, burbujas, gotas y situaciones similares, debido a que el valor de la tensión superficial es muy pequeño.

1.3.8 Valores típicos de las propiedades de fluidos más usuales

Los fluidos que se analizan y estudian con más frecuencia en mecánica de fluidos son también los más abundantes en la naturaleza, como es el caso del agua y el aire. Los valores numéricos de una propiedad dependen de diversos factores, básicamente de las condiciones de temperatura y presión. Con el objeto de fijar un orden de magnitud y disponer de cantidades para cálculos preliminares se incluyen algunas propiedades en la Tabla 1.8.

Tabla 1.8. Valores típicos de las propiedades del agua y del aire en condiciones normales (20 °C, 1Atm).

			Valores	
Propiedad	**Designación**	**Unidades**	**Agua**	**Aire**
Masa específica	ρ	kg/m^3	1.000	1,2
Viscosidad dinámica	μ	g/m s	1,0	0,02
Calor específico	Cp	J/kg K	4.200	1.008
Presión de vapor (20 °C)	Pv	Pa	2.337	-
Módulo de compresibilidad	E_T	Mega Pa	2.200	F(T)
Tensión superficial (agua/aire)	σ	mili N/m	72,8	

1.4 DESCRIPCIÓN DEL MOVIMIENTO

Un fluido en movimiento corresponde a un medio continuo en el cual la posición relativa de los elementos que lo forman varía en función del tiempo. La cinemática se preocupa de describir este movimiento en base a ciertas características como la velocidad, aceleración y otras variables cinemáticas cuyos valores dependen de las coordenadas de posición y del tiempo. En un fluido que se mueve existen también otras propiedades que pueden cambiar de valor en el tiempo y el espacio como la presión, masa específica, temperatura, pero ello será motivo de análisis de la dinámica de fluidos. Sin embargo, desde el punto de vista estricto de la cinemática, solo se emplean como dimensiones descriptivas el espacio y el tiempo.

Se acostumbra a denominar indistintamente como **flujo, escurrimiento** o **corriente** a un conjunto de elementos de fluido en movimiento. Es bastante complejo describir el movimiento de un fluido debido a que, a pesar de que se trata de un medio continuo, sus elementos reaccionan individualmente manteniendo ciertos vínculos entre ellos a través de esfuerzos internos, de modo que el conjunto no se comporta como un bloque ni tampoco como un grupo de partículas independientes. Para poder modelar matemáticamente el movimiento de un fluido se puede recurrir a elementos analíticos que ayudan a describir el movimiento; sin embargo, en situaciones complejas la única solución puede ser recurrir a la observación directa del fenómeno. Es posible observar casos típicos de flujo, como el humo de una chimenea, o las olas del mar, o las nubes en la atmósfera, que en general parecen difíciles de describir de manera analítica. La cinemática ayuda a aclarar los aspectos en los que vale la pena centrar la atención y dispone de herramientas para efectuar una descripción.

1.4.1 Clasificación de escurrimientos en el tiempo y en el espacio

La ciencia ha encontrado que una de las herramientas más poderosas para efectuar un análisis de situaciones complejas es recurrir a la clasificación de los casos posibles. Así ocurre con la biología, los vegetales o los suelos. También se puede aplicar al movimiento de los fluidos, estableciendo categorías de acuerdo con la variación que experimentan las características fundamentales que describen al flujo (velocidad, aceleración, presión, esfuerzos viscosos) o al fluido (masa específica, viscosidad), desde el punto de vista temporal y espacial.

Al enfocarse en las variaciones en el tiempo, manteniendo fijo el punto de observación en el espacio, se establecen los flujos permanente o impermanente, de acuerdo con la siguiente definición:

a) **Flujo permanente.** Para un punto dado del espacio, en el cual existe fluido en movimiento, las propiedades del flujo y del fluido permanecen constantes en el tiempo, esto es:

$$\left(\frac{\partial V}{\partial t}\right)_{r=r_0} = 0 \tag{1.28}$$

Para que el flujo sea estrictamente permanente en un punto específico, es necesario que todas las propiedades en ese punto permanezcan invariables en el tiempo.

$$\left(\frac{\partial a}{\partial t}\right)_{r=r_0} = \left(\frac{\partial b}{\partial t}\right)_{r=r_0} = \ldots\ldots\ldots = \left(\frac{\partial n}{\partial t}\right)_{r=r_0} = 0$$

b) **Flujo impermanente.** Si alguna de las propiedades del escurrimiento o del fluido varían en el tiempo, para un punto dado del espacio ocupado por el fluido, el flujo se clasifica como impermanente.

$$\left(\frac{\partial V}{\partial t}\right)_{r=r_0} \neq 0 \tag{1.29}$$

Debe observarse que en esta clasificación se ha puesto atención a lo que ocurre en un punto en el espacio donde existe movimiento del fluido y no a un elemento del fluido en sí.

Si se pone atención en lo que ocurre para un instante dado en todo el espacio ocupado por el fluido en movimiento, el escurrimiento se clasifica como uniforme o variado.

a) **Flujo uniforme**. Si las propiedades del fluido y del movimiento no cambian de un punto a otro para un instante dado, esto es:

$$\left(\frac{\partial V}{\partial r}\right)_{t=t_0} = 0 \qquad (1.30)$$

Para que el escurrimiento sea absolutamente uniforme en un instante dado es necesario que lo mismo ocurra con todas las propiedades.

b) **Flujo variado**. Si alguna de las propiedades del fluido o del movimiento varían en el espacio para un instante dado, entonces se dice que el flujo es variado.

$$\left(\frac{\partial V}{\partial r}\right)_{t=t_0} \neq 0 \qquad (1.31)$$

En general, los fluidos en movimiento pueden clasificarse considerando el comportamiento de diversas propiedades en función de las variables que definen el movimiento. En la medida en que las propiedades y las variables utilizadas sean independientes entre sí es posible combinar las clasificaciones. Así se puede hablar de flujo permanente uniforme, permanente variado, impermanente uniforme e impermanente variado.

EJEMPLO 1.8

Dé algunos ejemplos simples de flujo permanente, impermanente, uniforme y variado. En cada caso analice la cantidad de medidas necesarias para caracterizarlo.

SOLUCIÓN:

a) **Un ejemplo sencillo de flujo uniforme permanente** es el que ocurre en una tubería larga de diámetro constante por la que escurre una cantidad fija de líquido.

Tomando una medida de velocidad en un punto cualquiera, r_0, en un tiempo t_0, es suficiente para conocer el valor de V en cualquier lugar e instante, ya que no cambia ni en el espacio ni en el tiempo.

Figura 1.15. Flujo uniforme permanente.

b) **Flujo uniforme impermanente**. El mismo caso de la tubería, pero si la válvula del extremo comienza a cerrarse lentamente, de manera que el flujo se detiene.

En este caso será necesario registrar el valor de V en un lugar r_0 en función del tiempo. Basta con hacerlo en un solo lugar, ya que los registros serán iguales en todos los puntos.

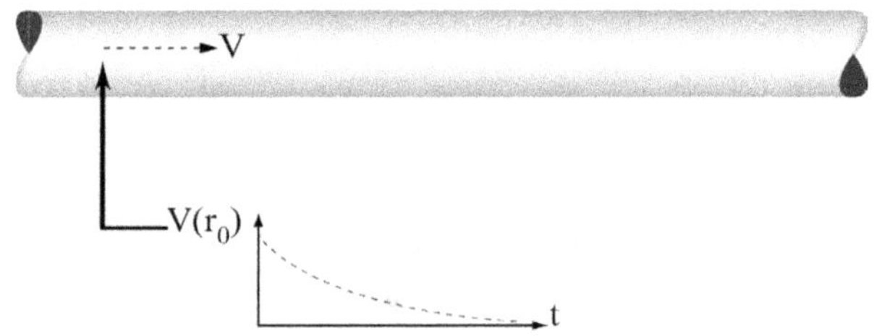

Figura 1.16. Flujo uniforme impermanente.

c) **Flujo variado permanente**. Es lo que ocurre en una tubería que tiene cambios de sección, pero en la que escurre la misma cantidad de líquido durante todo el tiempo. En este caso será necesario medir la velocidad en muchos puntos (r_1, r_2, ..., r_5), aunque en cada uno de ellos basta una medida instantánea ya que no cambian en el tiempo.

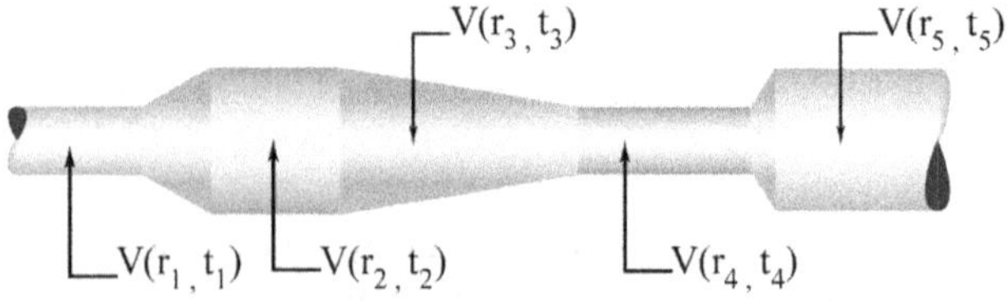

Figura 1.17. Flujo variado permanente.

d) **Flujo impermanente variado.** Si en la tubería anterior comienza a cambiar con el tiempo la cantidad de fluido que escurre, de manera que en cada punto debe registrarse los valores en función del tiempo.

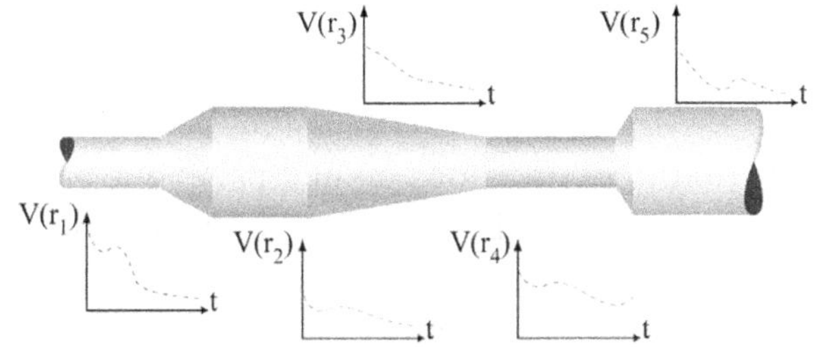

Figura 1.18. Flujo variado impermanente.

De acuerdo con el comportamiento de otras propiedades de los fluidos se pueden definir otros tipos de flujos como compresibles o incompresibles, subsónico o supersónico, subcríticos o supercríticos, laminar o turbulento y muchos otros. En estos casos, además de variables cinemáticas, es necesario considerar el comportamiento de características dinámicas o las fuerzas fundamentales involucradas en el movimiento del fluido y, por lo tanto, reflejan, además de las características del flujo, también sus causas.

1.4.2 Formas cinemáticas

Para visualizar y describir las características anteriormente descritas del movimiento de los fluidos en el tiempo y en el espacio se recurre a las llamadas formas cinemáticas. Corresponden a formas geométricas susceptibles de ser descritas matemáticamente y observadas en forma experimental. Entre estas se definen las líneas de trayectoria, de corriente y de humo.

a) **Línea de trayectoria.** Es una línea en el espacio que indica el camino recorrido por un volumen elemental de fluido en función del tiempo. El volumen elemental corresponde a un "punto" o elemento diferencial de fluido que se identifica en un instante inicial, y la línea de trayectoria muestra su recorrido en el espacio y el tiempo.
En general, la geometría de la línea de trayectoria, que corresponde a la posición del volumen elemental de fluido, depende del tiempo y de

las coordenadas del punto inicial, $\vec{r}_0$, de manera que para describirla matemáticamente es necesario una ecuación del tipo:

$$\vec{r}(x,y,z) = f(t,\vec{r}_0,t_0)$$

donde $(\vec{r}_0, t_0)$ define el volumen sobre el cual se realizará la observación, que corresponde al que en el instante t_0 ocupa la posición $\vec{r}_0$.

b) **Línea de corriente**. Es una línea en el espacio que en todos sus puntos es tangente al vector velocidad para un instante dado.
En general, es posible que el campo de velocidades cambie con el tiempo, de manera que la línea de corriente también. Vectorialmente la ecuación de una línea de corriente para cada instante es:

$$\vec{V} \times \vec{dr} = 0 \qquad (1.32)$$

El vector velocidad se puede expresar en función de sus componentes:

$$\vec{V} = u\hat{\imath} + v\hat{\jmath} + w\hat{k}$$

donde $\hat{\imath}, \hat{\jmath}, \hat{k}$ son vectores unitarios en las direcciones X, Y, Z respectivamente.

De forma similar para el vector que define un punto de la línea de corriente $\vec{r}$, y su cambio elemental:

$$\vec{r} = x\hat{\imath} + y\hat{\jmath} + z\hat{k}$$

$$\vec{dr} = dx\hat{\imath} + dy\hat{\jmath} + dz\hat{k}$$

Entonces, en coordenadas, para un instante dado, la línea de corriente satisface las condiciones de proporcionalidad siguientes:

$$u : dx = v : dy = w : dz \qquad (1.33)$$

Las líneas de corriente no se pueden cortar ya que si lo hicieran significaría que en un mismo punto habría dos velocidades diferentes de manera simultánea. Si el flujo es permanente las líneas de corriente y las trayectorias coinciden. Para régimen impermanente ellas pueden diferir mucho.

c) **Estría, filete**, o **línea de humo**. Es una línea que une las posiciones que ocupan en un instante ($t = t_1$) todas las partículas que han pasado antes por un punto dado $\vec{r}_0$.

Construir con herramientas matemáticas una estría es sumamente laborioso, ya que para cada uno de los elementos que pasan por $\vec{r}_0$ hay que determinar su trayectoria y ver qué posición tienen para $t = t_1$. Esto da un punto del filete. El filete queda formado por los puntos terminales de las trayectorias de las partículas que han pasado por $\vec{r}_0$ y llegan al filete en el instante t_1.

Si se inyecta colorante en forma continua en un punto $\vec{r}_0$ de la corriente y se fotografía la posición del colorante en un instante dado t_1 se obtiene un filete de corriente o línea de humo. Los filetes se emplean comúnmente en la investigación experimental.

Si el movimiento es permanente los filetes coinciden con las líneas de trayectoria y las líneas de corriente. Si el régimen es impermanente se requiere un procedimiento experimental diferente para encontrar cada una de estas líneas. En régimen permanente bastará que se disponga de una cualquiera para conocer las demás.

Una línea de trayectoria se puede obtener experimentalmente mediante una fotografía de larga exposición en la cual quedan registradas las sucesivas posiciones ocupadas por un marcador puntual que se ha colocado en el fluido. Por ejemplo, un cuerpo flotante pequeño con poca inercia que se desplaza con la corriente y que puede distinguirse visualmente en ella. Figura 1.19.

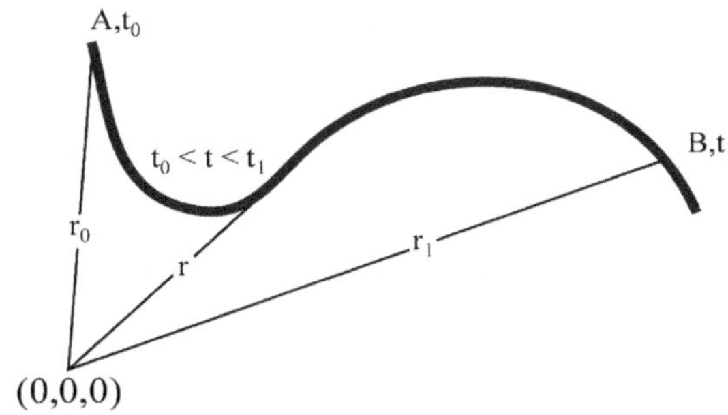

Figura 1.19. Línea de trayectoria.

Para obtener las líneas de corriente se requeriría colocar marcadores en todo el campo de fluido y tomar una fotografía que registre el desplazamiento de ellos durante un instante corto de tiempo Δt. De esta forma estos desplazamientos instantáneos tienen magnitudes proporcionales al vector velocidad y su misma dirección en el instante de la foto. Figura 1.20.

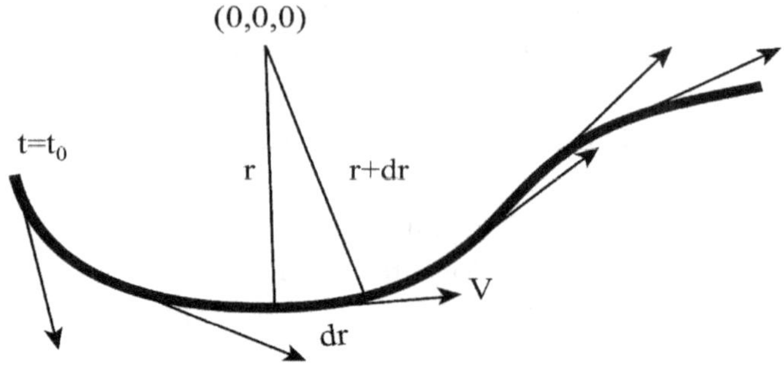

Figura 1.20. Línea de corriente.

Una línea de humo o filete requiere inyectar de manera continua un colorante o marcador en un punto de la corriente de modo que este sea arrastrado por ella. Una fotografía instantánea de la corriente con colorante indicaría la geometría de la línea de humo, asumiendo que la difusión del colorante es pequeña. Figura 1.21.

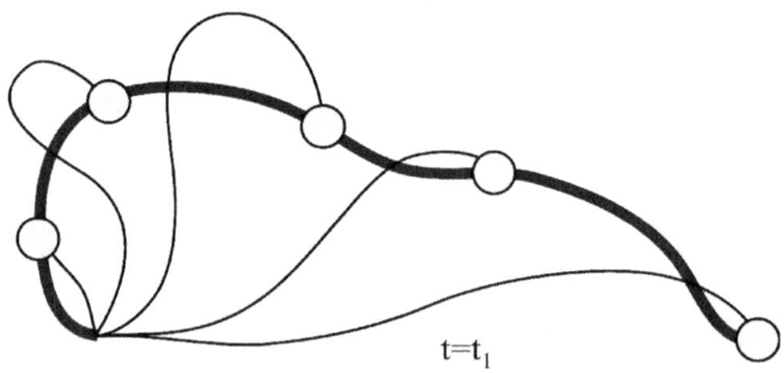

Figura 1.21. Línea de humo.

Las líneas de corriente y de humo reflejan una situación instantánea, mientras la línea de trayectoria está asociada a un tiempo de observación prolongado.

d) Tubo de corriente. Si se toma una curva cerrada cualquiera C en el espacio ocupado por el fluido en movimiento y se trazan todas las líneas de corriente que pasan por C en un instante $t = t_0$ se formará lo que se llama "tubo de corriente". Las paredes del tubo están formadas por líneas de corriente. Como en las líneas de corriente las velocidades son tangentes a ella, en las paredes del tubo se cumple que la componente de la velocidad en el sentido normal a la pared es nula, por lo tanto, no hay flujo a través de las paredes del tubo de corriente y el fluido escurre por su interior.

El tubo de corriente se comporta como si sus paredes fueran impermeables y para un instante dado rígidas. Pero si el régimen es impermanente este tubo se deforma en el tiempo. Se llama filamento de corriente al fluido que ocupa o llena un tubo de corriente. Figura 1.22.

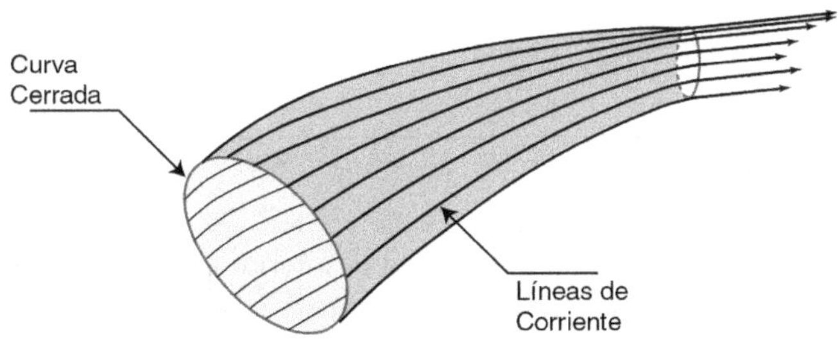

Figura 1.22. Definición de tubo de corriente. Las líneas de corriente que emergen desde los puntos que definen una curva cerrada en el espacio le otorgan la forma al tubo. Si el régimen es permanente, la forma y dimensiones del tubo no cambian en el tiempo.

EJEMPLO 1.9

Dibujar las líneas de corriente para el caso de un cuerpo aerodinámico que se mueve en un fluido en reposo y para el de un cuerpo similar, pero en reposo colocado en una corriente de fluido.

SOLUCIÓN:

En el primer caso, se trata de un movimiento relativo que desde el punto de vista de un observador fijo en el espacio es no permanente. En un instante dado las partículas que se encuentran delante del cuerpo tienden a alejarse de él y las que están detrás avanzan hacia él. Esto genera una familia de líneas de corriente que necesariamente debe avanzar con el cuerpo a medida que este se desplaza. Mientras, cada partícula sigue una trayectoria tal que después de alejarse momentáneamente de su posición original para dejar pasar al cuerpo vuelve a ella una vez que este se ha alejado. Las líneas de corriente y de trayectoria son claramente diferentes, como se ilustra en la Figura 1.23.

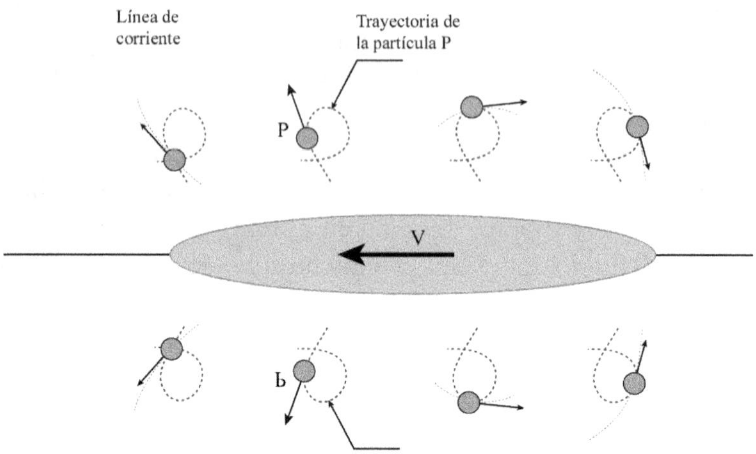

Figura 1.23. Líneas de corriente y de trayectoria provocadas por un cuerpo que se mueve en un fluido en reposo.

En el caso en que el cuerpo permanece fijo en el interior de una corriente de fluido se trata de un escurrimiento permanente desde el punto de vista de un observador en reposo y las líneas de corriente y de trayectoria coinciden, como se ilustra en la Figura 1.24. Es interesante notar que el caso anterior se puede reducir a este, si el observador, en lugar de estar fijo en el espacio, se coloca solidario al cuerpo.

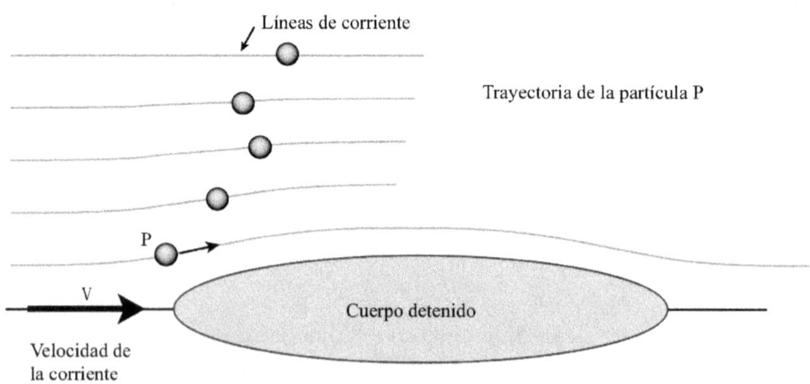

Figura 1.24. Líneas de corriente y de trayectoria provocadas por un cuerpo sumergido en una corriente de velocidad uniforme.

1.4.3 Enfoques de Euler y Lagrange para la descripción del movimiento

La descripción cinemática desde el punto de vista diferencial, asociado al continuo, se realiza comúnmente a partir de dos estrategias que involucran distintos marcos de referencia, llamados métodos de Lagrange y de Euler. Cada uno de estos enfoques tiene un esquema matemático de descripción asociado a él.

El **método de Lagrange** (1736-1812) es el más tradicional que comúnmente se emplea para describir el movimiento de cuerpos en el espacio, como por ejemplo la trayectoria de un proyectil. En el caso del movimiento de un fluido, el método consiste en describirlo mediante el conocimiento de lo que le ocurre a cada uno de los elementos diferenciales que lo forman, es decir, se propone encontrar la posición instantánea de cada volumen elemental de fluido en función del tiempo. Este método supone que es posible determinar las trayectorias en función del tiempo. Si $\vec{\boldsymbol{r}}$ define la posición en el instante t del elemento que pasó por $\vec{\boldsymbol{r}}_0$ en t_0, esto requiere funciones del tipo:

$$\vec{\boldsymbol{r}} = f(\vec{\boldsymbol{r}}, t_0, t)$$

Siendo el vector posición del elemento de fluido, con componentes $\vec{\boldsymbol{r}} = x\hat{\imath} + y\hat{\jmath} + z\hat{k}$, cada una de las cuales es, a su vez, una función del tiempo y de la posición del volumen elemental en el instante inicial:

$$\begin{aligned} x &= f_x(\vec{\boldsymbol{r}}_0, t_0, t) \\ y &= f_y(\vec{\boldsymbol{r}}_0, t_0, t) \\ z &= f_z(\vec{\boldsymbol{r}}_0, t_0, t) \end{aligned} \tag{1.34}$$

donde $(\vec{\boldsymbol{r}}_0, t_0)$ identifican el volumen elemental y las coordenadas (x, y, z) definen su posición en un instante dado. A partir de estas ecuaciones es posible determinar la velocidad y la aceleración en cada instante para cada elemento de fluido como:

$$V = \left(\frac{\partial r}{\partial t}\right)_r = V(t, r) \tag{1.35}$$

$$a = \left(\frac{\partial V}{\partial t}\right)_r = a(t, r) \tag{1.36}$$

Se puede ver que, en este caso, la descripción pone atención en las líneas de trayectoria, y corresponde en el fondo a adoptar el punto de vista de la cinemática de las partículas que conforman el fluido para utilizarla en la descripción del movimiento del medio continuo.

Este método, en apariencia simple, resulta muy complejo en la práctica, especialmente en dominios espaciales abiertos, en que la descripción cinemática a partir del movimiento de innumerables elementos de fluido, cuyas trayectorias pueden divergir rápidamente, se vuelve impracticable.

Por otra parte, el **método de Euler** (1707-1783) se basa en el marco de referencia cartesiano definido por el observador. El enfoque consiste en determinar para cada instante el campo de velocidades en cada punto del espacio ocupado por el fluido. En cada punto fijo del espacio de coordenadas (x, y, z) se observa para cada instante t la velocidad del elemento de fluido que pasa por ese punto en ese instante. Así la velocidad es un vector que puede representarse mediante:

$$\vec{V} = u\hat{\imath} + v\hat{\jmath} + w\hat{k} \tag{1.37}$$

Cada una de estos componentes dependen del punto y el instante elegido:

$$\begin{aligned} u &= f_u(x, y, z, t) \\ v &= f_v(x, y, z, t) \\ w &= f_w(x, y, z, t) \end{aligned} \tag{1.38}$$

De esta manera, a cada punto del espacio por donde pasa fluido se la asigna solo un vector velocidad variable en el tiempo, que corresponde a la velocidad de la partícula que en ese mismo instante pasa por el punto de observación. Como se muestra en el esquema bidimensional de la Figura 1.25, en la descripción Euleriana, no se siguen elementos de fluido, sino que el flujo se describe exclusivamente a partir de los vectores de velocidad en cada punto del espacio. Este método entrega entonces información sobre las líneas de corriente.

En resumen, el método de Lagrange puede ser relevante en la investigación de procesos de mezcla, o en la identificación de estructuras del flujo que se forman por trayectorias que convergen hacia regiones específicas del espacio, comúnmente en flujos cerrados o en dominios limitados espacialmente.

En la práctica el método de Euler resulta mucho más simple y consistente con la forma en la que generalmente se realizan mediciones experimentales o modelos matemáticos en mecánica de fluidos. En fluidos en movimiento es más sencillo determinar el campo de velocidades por medición u observación directa en un dominio definido por el observador, y resulta por el contrario bastante complejo intentar describir el movimiento determinando las trayectorias de todos los elementos que se mueven. La descripción Euleriana genera, sin embargo, una expresión para la aceleración distinta, definida a partir de un campo que depende del tiempo y del espacio y que contiene variaciones en función de estas variables, conocidas como aceleración local y advectiva.

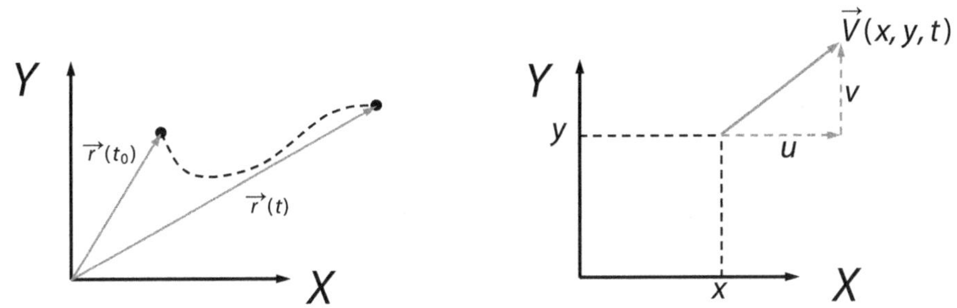

Figura 1.25. Comparación bidimensional entre Lagrange y Euler. El método de Lagrange representa el movimiento del fluido solo a partir de trayectorias de elementos individuales, el método de Euler describe el campo de velocidad instantáneo en todo el espacio, en cada punto (x, y) del dominio.

EJEMPLO 1.10

Describir el movimiento de un chorro de fluido que sale de una manguera de jardín según ambos métodos.

SOLUCIÓN:

El método de Lagrange dice que la partícula que sale de A en t_0 sigue la trayectoria AB durante el tiempo en estudio, llegando a B en el instante t_1. Se requiere considerar un período de análisis relativamente largo y repetirlo para todos los puntos del tipo A e instantes t_0 para completar la descripción del flujo de todo el chorro. Si el régimen es permanente, basta un instante t_0.

El método de Euler dice que, en un instante dado del tiempo, $t = t_0$, cada una de las partículas que forman el chorro tiene una velocidad determinada. Se requiere conocer la velocidad de todos los elementos en el instante y repetirlo para otros instantes.

Si el régimen es permanente ambos métodos entregan las mismas líneas. En cambio, si el régimen fuera no permanente las líneas que se obtienen por ambos métodos son muy diferentes. Analice, por ejemplo, los resultados a que se llega si la inclinación del chorro al salir del punto A cambia con el tiempo.

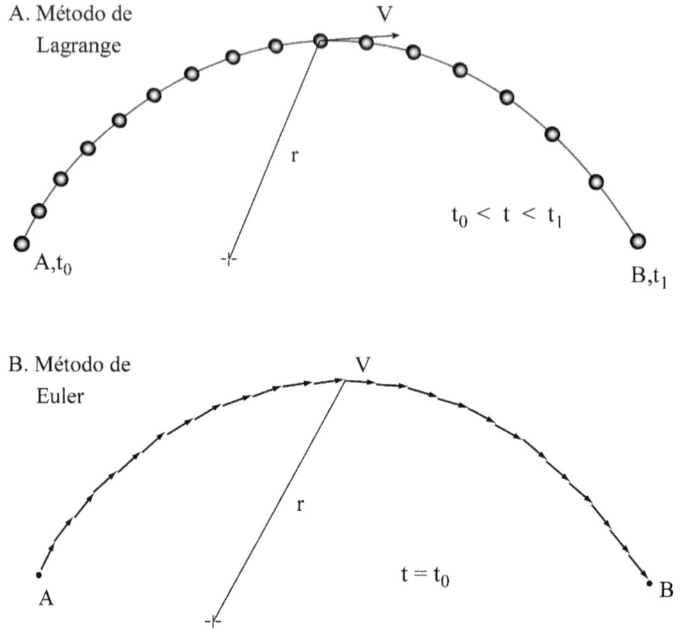

Figura 1.26. Descripción del movimiento de un chorro según a) Lagrange y b) Euler.

1.5 ENFOQUES PARA EL ANÁLISIS

En mecánica clásica se acostumbra a analizar el movimiento y la dinámica de la materia recurriendo a la idea de cuerpo libre. Es decir, se aísla el elemento en estudio del resto y se indican las fuerzas u otras relaciones que lo ligan con el exterior. Esto es simple de hacer cuando el cuerpo en cuestión es fácilmente identificable como ocurre en el estudio de los cuerpos rígidos, cuya forma es constante. En termodinámica, por otra parte, se prefiere hacer el análisis en un sistema, definido como una cantidad fija e identificable de masa, aunque su forma cambie. Los bordes del sistema pueden ser fijos o movibles, pero la masa no puede sobrepasar estos bordes. Un ejemplo típico es el análisis del comportamiento de una masa de gas encerrada en un pistón.

En mecánica de fluidos, la descripción y el análisis del flujo puede ser más complejo y en la mayoría de los casos no se puede usar la idea de cuerpo libre ni la de sistema, ya que es difícil fijar la atención sobre una parte identificable de masa que se mueve, desplaza y deforma continuamente en el espacio. En este caso es más simple tomar como elemento de análisis un volumen fijo en el espacio a través del cual el fluido escurre. Esta es la idea del **volumen de control**, una porción física del espacio con bordes bien definidos. La superficie que define al volumen de control puede ser real o imaginaria y puede estar fija o en movimiento, pero es indeformable.

Las leyes básicas de la mecánica y la termodinámica pueden aplicarse al caso de un fluido considerando ya sea un elemento infinitesimal de él o un volumen de control de dimensiones importantes. En el primer caso, se obtienen ecuaciones diferenciales para un punto y un instante que podrán integrarse una vez que se conozcan las condiciones iniciales y de borde. Se conoce como **análisis diferencial**. En el segundo caso, llamado **análisis global**, se pueden establecer ecuaciones integradas espacialmente que toman en cuenta las variables globales que intervienen. Ambos enfoques son útiles y se seguirán en el desarrollo del curso.

Frecuentemente, en muchas situaciones prácticas, no se requiere un grado de detalle importante. Basta con conocer magnitudes globales o los valores promedio de las variables que describen el flujo. Esto se logra fácilmente con un análisis global para la aplicación de las leyes básicas de la mecánica y la termodinámica a un volumen de control adecuadamente elegido. Es así como el análisis global permite abordar la gran mayoría de las situaciones que se presentan en la práctica de la ingeniería, en las cuales la solución consiste en seleccionar un equipo o elementos ya diseñados. Un ejemplo sencillo es la evaluación de un equipo de bombeo para llenar un estanque con un líquido en un tiempo determinado. Para ello basta conocer el volumen del estanque, el tiempo de llenado y la altura a la cual hay que impulsar el líquido para seleccionar una bomba en el mercado. No es necesario saber detalles como la forma del estanque, ni la forma específica de la bomba o de su mecanismo.

Si por otra parte se dispone de una ecuación diferencial y se conocen las condiciones de borde, mediante la integración de ella a un caso particular puede conocerse el detalle de lo que ocurre con una variable, por ejemplo, el valor de la presión en cada punto del espacio. En general, este enfoque entrega mucha más información sobre el comportamiento del fluido, pero es más laborioso de realizar, y comúnmente requiere implementar algoritmos numéricos de solución del sistema de ecuaciones diferenciales parciales. Este enfoque permite diseñar los elementos y equipos con un gran nivel de detalle, como puede ser el fuselaje de un avión, la forma de una hélice, el contorno de una canalización, etc.

Si los métodos analíticos o numéricos no entregan la precisión que se necesita, o son incapaces de modelar la situación de interés ya sea por su complejidad o por factores que no se pueden cuantificar con el nivel de detalle necesario para el análisis, se puede recurrir a **métodos experimentales**. Así, en mecánica de fluidos es común recurrir a la realización en laboratorio de un modelo físico reducido a escala de la situación que se desea estudiar. En este modelo se representa el fenómeno y se miden las variables de interés, las que posteriormente se trasladan a unidades de la situación real para lo cual existe una bien desarrollada teoría de modelos y análisis dimensional. Es de esta manera como normalmente se estudian obras hidráulicas complejas como puertos, captaciones en ríos, y evacuadores de embalse entre otras, y también como se perfeccionan nuevos diseños de aviones, barcos y vehículos en general.

Finalmente, si ninguno de los procedimientos anteriores entrega los resultados deseados, o la precisión requerida, es posible elaborar un prototipo de prueba y medir directamente en él las variables de interés cuando se le somete a ensayos que reproducen las condiciones de diseño, como ocurre con los aviones, cuya industria cuenta con "pilotos de prueba" de prototipos a escala real para verificar que el diseño cumpla con las características requeridas.

El estudio de problemas complejos o de obras importantes, o el desarrollo de nuevos elementos, puede requerir abordar el estudio siguiendo todas las etapas mencionadas. Primero, se efectúa un análisis global, relativamente simple, con el cual se tiene una idea del orden de magnitud de los valores involucrados. Después, se analiza teóricamente el comportamiento de algunas variables de interés mediante procedimientos de cálculo más complejos y se obtienen resultados con mayor detalle. A partir de estos análisis se dispone de elementos suficientes como para abordar el estudio de un modelo a escala reducida en el cual se visualizan las posibilidades de mejorar los diseños frente a condiciones más complejas. Por último, con toda la información reunida de los estudios anteriores se está en condiciones de elaborar un prototipo del aparato o de la obra que se someterá a ensayos de prueba. Es obvio que esto último es posible hacerlo solo en el caso de desarrollos industriales en los cuales se espera confeccionar muchas réplicas del aparato deseado. En el caso de obras de ingeniería civil elaborar un prototipo para terminar el diseño no resulta posible ya que la obra es única, por lo que se necesita que los proyectos y diseños sean lo más confiable posibles.

RESUMEN

Un fluido es una sustancia que escurre, o se deforma continuamente, cuando está sometido a un esfuerzo de corte o tangencial. En reposo solo soporta esfuerzos normales.

La mecánica de los fluidos estudia el comportamiento de estos como un medio continuo, sin considerar lo que ocurre a nivel de sus moléculas.

Se definen como propiedades intensivas las que no dependen de la cantidad de materia comprometida y extensivas las que dependen de la masa o volumen. Las intensivas siempre se pueden definir en un punto. Las propiedades extensivas solo se pueden definir puntualmente en materiales homogéneos dividiendo el valor numérico por la cantidad de masa o volumen. Entonces, se le agrega el calificativo de específica.

Para cuantificar el comportamiento de los fluidos se utilizan ciertas magnitudes de referencia para las dimensiones básicas. En este texto se utiliza el Sistema Internacional, SI, que se basa en el sistema MKS con algunas modificaciones. Las unidades básicas son el metro, el segundo, el kilogramo y el grado kelvin, para la longitud, tiempo, masa y temperatura respectivamente. La unidad de fuerza es el newton.

Para los fluidos se definen las siguientes propiedades mecánicas:

- Masa específica, ρ, cantidad de materia por unidad de volumen.
- Peso específico, γ, peso por unidad de volumen.
- Densidad, d, relación entre la masa, o el peso específico de una sustancia, y el de una sustancia de referencia.

La propiedad más importante de los fluidos es la viscosidad que representa la resistencia que opone el fluido a escurrir cuando se le somete a un esfuerzo de corte. Para el caso de fluidos newtonianos se cumple:

$$\tau = \mu \frac{dV}{dy}$$

Los fluidos se pueden clasificar, de acuerdo a si cumplen o no esta relación, como ideales, newtonianos, plásticos, pseudoplásticos y dilatantes.

En el caso de los líquidos, la viscosidad disminuye si se aumenta la temperatura y en los gases aumenta.

La presión corresponde a la magnitud del esfuerzo normal que ejerce un fluido sobre una superficie en contacto con él.

Se define como ecuación de estado la relación entre las variables macroscópicas de presión, volumen y temperatura para una sustancia en equilibrio termodinámico. Existen expresiones explícitas solo en algunos casos simples. Por ejemplo, en los gases ideales se cumple:

$$P = \rho RT$$

La compresibilidad representa la mayor o menor facilidad que tiene un fluido para variar su volumen cuando se somete a cambios de presión. Se define el módulo de compresibilidad como:

$$E_T = \rho \left(\frac{dP}{d\rho}\right)_{T=T_0}$$

Los líquidos se pueden considerar incompresibles bajo condiciones normales y los gases altamente compresibles.

La presión de vapor corresponde a la presión a la cual un líquido pasa a la fase de gas para una temperatura dada.

La tensión superficial permite cuantificar las fuerzas que se originan en la interfase entre dos fluidos que no se mezclan. Estas fuerzas son de pequeña magnitud de manera que sus efectos son importantes en fenómenos de pequeñas dimensiones.

El agua es el líquido más común en la naturaleza con una masa específica de 1.000 kg/m^3, una viscosidad dinámica de 1 centipoise y es prácticamente incompresible, con un módulo de compresibilidad de 22.000 bar. Entre los gases, el aire es el más abundante con una masa específica de 1,2 kg/m^2, una viscosidad dinámica de 0,02 (g/ms) y fácilmente compresible.

Los escurrimientos se clasifican en base a la variación de sus propiedades en el tiempo como permanente o impermanente, y de acuerdo a la variación en el espacio como uniforme o variado.

Para describir el flujo se utilizan las llamadas formas cinemáticas entre las que están las líneas de trayectoria, de corriente y de humo. Cada una de ellas tiene asociado un método experimental para observarlas. En régimen permanente todas ellas coinciden, mientras en régimen impermanente son diferentes.

Existen distintos enfoques para describir el movimiento de un fluido. El método de Lagrange se basa en las líneas de trayectoria, mientras en de Euler en las líneas de corriente.

El estudio de los fluidos se puede abordar considerando un enfoque global, uno diferencial o uno experimental. El primero se aplica a un volumen de control consiguiendo relaciones integradas de variables globales. El segundo se aplica a un punto mediante ecuaciones diferenciales. El ultimo recurre al análisis dimensional para desarrollar modelos empíricos de las situaciones de interés.

RESUMEN DE LOS OBJETIVOS DE ESTE CAPÍTULO

Al final de este capítulo Ud. deberá ser capaz de:

- Dar ejemplos en los cuales la mecánica de fluidos juega un papel importante en la práctica de la ingeniería.
- Distinguir el comportamiento de un fluido en comparación con el de otros estados de la materia.
- Clasificar como fluido o no a materiales comunes de acuerdo a su comportamiento bajo la acción del esfuerzo de corte, así como proponer experimentos simples para efectuar esta clasificación.
- Conocer las unidades y dimensiones básicas del sistema SI.
- Dar definiciones operacionales de masa específica, peso específico, densidad, fluido, viscosidad dinámica, viscosidad cinemática, presión, compresibilidad, presión de vapor, ecuación de estado, ecuación característica y tensión superficial.
- Dar definiciones operativas de la presión, conocer sus propiedades y unidades.
- Conocer el orden de magnitud de las propiedades básicas del agua y del aire.
- Clasificar el flujo según su comportamiento cinemático y conocer los métodos de descripción del movimiento y aplicarlos a casos simples.
- Dar definiciones de las formas cinemáticas y distinguirlas.
- Contestar preguntas sencillas y resolver problemas del tipo de los que se indican en los ejemplos y al final de este capítulo.

PREGUNTAS

1.1.- Indique si cada una de las afirmaciones siguientes es verdadera o falsa:

a) La Mecánica de Fluidos como tal nace en el siglo XX con los aportes de Prandtl.

b) En un fluido con memoria el esfuerzo de corte depende de la deformación instantánea solamente.

c) En un fluido con memoria el esfuerzo de corte depende de la historia de la deformación.

d) Un fluido newtoniano en reposo se porta igual que uno ideal.
e) Un fluido newtoniano en reposo se porta igual que uno con memoria.
f) No se requiere esfuerzo de corte para que comience a escurrir un fluido plástico.
g) Se requiere esfuerzo de corte mínimo para que comience a escurrir un fluido newtoniano.
h) Para la viscosidad de los líquidos es más importante la cantidad de movimiento que las fuerzas de atracción molecular.
i) Para la viscosidad de los gases es más importante la cantidad de movimiento que las fuerzas de atracción molecular.
j) Al aumentar la temperatura de un gas disminuye su viscosidad dinámica.
k) Al aumentar la temperatura de un líquido aumenta su viscosidad dinámica.
l) La presión de vapor del agua a 90 °C es mayor que la presión atmosférica.
m) La presión de vapor del agua a 110 °C es mayor que la presión atmosférica.
n) La tensión superficial de los líquidos depende de las fases en contacto.
ñ) La tensión superficial de un líquido depende sólo del líquido.

1.2.- Seleccione, entre las palabras escritas en itálica, las correctas para completar las siguientes frases:

a) Son propiedades intensivas: *calor*, *forma*, *color*, *temperatura*, *altura*, *presión*, *porosidad*.
b) Son propiedades extensivas: *calor*, *forma*, *color*, *temperatura*, *altura*, *presión*, *porosidad*.
c) Una central hidroeléctrica de 500 megawatts puede encender 10^3, 10^4, 10^5, 10^6, 10^7, 10^8, lámparas de 0,5 kilowatts.
d) El aire tiene *más*, *menos* o *igual* viscosidad dinámica que el agua a la misma temperatura.
e) El agua tiene *más*, *menos* o *igual* viscosidad cinemática que el aire a la misma temperatura.
f) El aire es del orden de *10*, *100* o *1.000* veces más liviano que el agua.
g) El aire es aproximadamente *200*, *20.000*, *200.000* veces más compresible que el agua.
h) El módulo de compresibilidad de un gas ideal en un proceso isotérmico es 0, *P*, ∞.
i) El módulo de compresibilidad de un gas ideal en un proceso isocórico es 0, *P*, ∞.
j) El módulo de compresibilidad de un gas ideal en un proceso isobárico es 0, *P*, ∞.

1.3.- Indique las dimensiones y las unidades en que se mide cada una de las siguientes variables en el sistema SI: masa específica, tensión superficial, presión de vapor, presión, módulo de compresibilidad, viscosidad cinemática, esfuerzo de corte, peso específico.

1.4.- Complete las siguientes frases con los valores o palabras adecuadas:

a) El peso específico del agua, en unidades SI, es de .... Newton/m^3.
b) La masa específica del aire, en unidades SI, es de .... Kg/m^3.
c) La densidad del agua, en unidades SI, es ....
d) La pintura puede considerarse como un ejemplo de fluido ....
e) La pasta de dientes puede considerarse como un ejemplo de fluido ....
f) La mayonesa puede considerarse como un ejemplo de fluido ....
g) La rama de la ciencia que estudia las relaciones entre los esfuerzos de corte y el escurrimiento se llama ....

1.5.- Proponga ensayos para mostrar que un líquido cualquiera se comporta como un fluido. Proponga otros ensayos pare demostrar que un gas se comporta como un fluido.

1.6.- Algunos materiales son nieve, pasta de dientes, arcilla, arena, azúcar, tinta de imprenta, cera y jalea. Analice el comportamiento de cada uno de ellos desde el punto de vista de la definición de fluidos.

1.7.- Algunos fluidos típicos son pintura, aire, barro, mezcla de hormigón fresco, alquitrán caliente, vapor de agua. Analice el comportamiento reológico de cada uno de ellos cuando se someten a un esfuerzo de corte.

1.8.- ¿La pasta de dientes es un ejemplo típico de comportamiento newtoniano, fluido ideal o fluido plástico?

1.9.- Se dispone de un fluido newtoniano y de un fluido plástico ideal para lubricar el descanso de un eje cilíndrico. ¿Cuál de ellos utilizaría para minimizar el roce a bajas velocidades y cuál a altas velocidades?

1.10.- ¿Cuánto mayor es la viscosidad dinámica del agua a 0 °C que a 100 °C? ¿Cuánto mayor es su viscosidad cinemática para el mismo intervalo de temperatura?

1.11.- La viscosidad dinámica del agua es aproximadamente 70 veces superior a la del aire a temperaturas normales. Entonces ¿qué relación existe entre la viscosidad cinemática del agua y la del aire?

1.12.- Selecciones la palabra correcta entre las que se muestran en *itálica*, para completar cada frase:

a) La presión es un *escalar*, *vector*.
b) La presión de un fluido genera una fuerza sobre la superficie que es *normal*, *tangencial*, o *sin dirección* sobre ella.
c) La ecuación de estado es una ecuación *vectorial*, *escalar*.

1.13.- Indique las unidades de los siguientes parámetros en el sistema SI:

a) Fuerza,
b) aceleración,
c) presión,
d) temperatura,
e) masa específica,
f) Viscosidad cinemática.

1.14.- Seleccione, entre las palabras escritas en itálica, las correctas para completar las siguientes frases:

a) En régimen permanente y variado la aceleración local es $=0$; >0; <0; $\neq 0$, mientras la aceleración convectiva es $=0$; >0; <0; $\neq 0$.
b) En un flujo permanente uniforme los elementos del fluido están *siempre*, *a veces*, *nunca* sometidos a aceleración.
c) Si el campo de velocidades de un flujo está dado por la expresión2: $\vec{V} = 2xt\hat{i} + 3x\hat{j}$, entonces el valor de la componente según X de la aceleración convectiva en el punto (x=2; y=2; z=2) en el instante t=2 es: *8*, *16*, *32*.
d) El método de descripción de flujo de Lagrange utiliza para la descripción las líneas de *corriente*, *trayectoria*, *humo*, *todas* o *ninguna de ellas*.
e) En un flujo irrotacional los elementos del fluido siguen *trayectorias rectilíneas*, *trayectorias curvas*, *cualquiera*.
f) La existencia de circulación indica *siempre*, *a veces*, *nunca* existencia de vorticidad.

1.15.- Un regador de jardín típico consiste en un tubo con una salida en cada extremo que puede girar en un plano horizontal sobre un eje vertical. Clasifique el escurrimiento que produce desde el punto de vista de las variaciones en el tiempo y el espacio si se observa el flujo del chorro desde el jardín. Analice el mismo caso si el observador gira a igual velocidad que el regador y se ubica sobre el mismo eje.

1.16.- Una persona se mueve sobre las olas que llegan a una playa utilizando para ello una tabla de deslizar. Defina el flujo del mar desde el punto de vista de esa persona. Clasifique la misma situación, pero considerando el punto de vista de un observador que se encuentra en la playa.

1.17.- Supóngase que como consecuencia de la caída de un cuerpo en una piscina se produce una onda superficial que viaja sobre el agua quieta. Analice si la línea que define la intersección entre un plano vertical y la superficie libre que incluye la onda, es una línea de corriente, de trayectoria, de humo o ninguna de ellas, para un observador que se encuentra fuera de la piscina. Repita el análisis para el caso en que el observador se desplaza con la onda sobre la superficie del agua.

1.18.- Con el objeto de visualizar el escurrimiento superficial en un modelo de laboratorio para estudiar el funcionamiento de un embalse se agregan pequeños trocitos de papel a la corriente y se toma una fotografía con un tiempo de exposición relativamente largo, por ejemplo 0,2 segundos. Como resultado se obtiene una fotografía con líneas marcadas. Indique a que tipo de forma cinemática corresponden las líneas de la foto, en el caso en que el flujo en el modelo es impermanente y cuando es permanente.

PROBLEMAS

1.19.- Se tienen tres cubos del mismo peso y dimensiones apoyados sobre un plano inclinado un ángulo α. Uno está sin lubricante, otro con un fluido newtoniano y el tercero con fluido ideal. Plantee la ecuación diferencial del movimiento en cada caso y en base a ella analice las condiciones de inicio del movimiento de cada cubo a medida que se aumenta el ángulo α desde 0 hasta un valor grande.

1.20.- Un cilindro de diámetro D y largo L con un peso total W se desliza en el interior de un tubo de diámetro D+2e, donde D>>e, y la separación entre ambos está llena de un líquido lubricante.

a) Estime la velocidad final que adquiere el cilindro interior si se deja libre si el fluido lubricante es newtoniano.

b) Determine el valor mínimo de W necesario para que inicie el movimiento el cilindro interior si el fluido es del tipo plástico.

1.21.- Una placa plana de gran superficie A se mueve con velocidad V paralela a los bordes en una ranura de altura h. A un lado de la placa hay aceite de viscosidad dinámica μ y al otro aceite de viscosidad dinámica $k\mu$. Calcular la posición de la placa de modo que la fuerza necesaria para arrastrarla sea mínima.

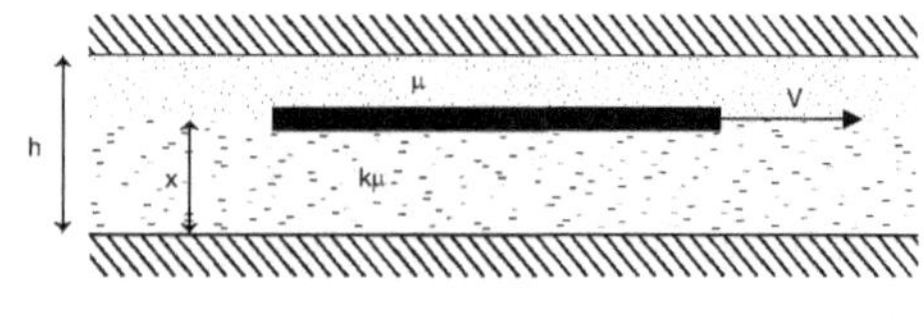

1.22.- Un eje cilíndrico vertical de diámetro d soporta un peso W, y se apoya en un descanso con alguna de las formas que se indican en la figura. Determine la potencia necesaria para hacerlo girar a una velocidad constante ω en las siguientes situaciones:

a) Superficie sin lubricación con coeficiente de roce dinámico entre ambos materiales igual a tg ϕ.
b) Con un espesor e de lubricante de viscosidad dinámica μ entre ambas superficies.

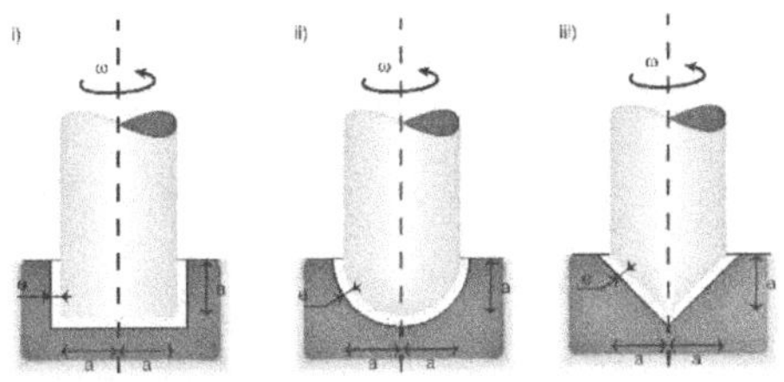

1.23.- Un estanque contiene 1 m^3 de aire a 20 °C y 2 bar de presión. Determine el aumento de presión necesaria para disminuir el volumen en 2 litros manteniendo la temperatura constante. Resuelva el mismo caso si en lugar de aire el estanque contiene agua.

1.24.- Un gas ideal que está a una presión de 101 kPa y a una temperatura de 15 °C es sometido a una compresión adiabática (k = 1,4) hasta llegar a una presión de 180 kPa. Posteriormente se le expande isotérmicamente hasta que alcanza una presión de 150 kPa. En este punto la masa específica del gas es de 1,315 kg/m^3.

a) Calcule la masa específica, el peso específico y el volumen específico del gas al comenzar la compresión adiabática.
b) Determine la temperatura y la masa, peso y volumen específicos al terminar la compresión adiabática.
c) Encuentre la temperatura, el peso y volumen específicos al final de la expansión isotérmica.
d) ¿Cuál es el valor medio del módulo de elasticidad volumétrico en la compresión adiabática y en la expansión isotérmica?

1.25.- Para determinar la tensión superficial de un líquido se mide la fuerza necesaria para levantar desde la superficie libre un anillo de alambre de platino. Estime la fuerza adicional al peso necesaria para levantar un anillo de 2,5 cm de diámetro desde la superficie del agua a 20 °C.

Capítulo II
Estática de los fluidos

La estática de los fluidos estudia las condiciones de equilibrio bajo las cuales un fluido está en reposo, sabiendo que para ello se requiere que todos los elementos que lo forman se muevan a la misma velocidad, es decir, que no se desplacen unos con respecto a los otros y, por lo tanto, que no haya escurrimiento. El fluido está, entonces, detenido o se mueve como si fuera un cuerpo rígido sin deformarse. La ausencia de escurrimiento y, por lo tanto, de deformación angular, lleva implícita la ausencia de esfuerzo de corte. Para dos puntos cualquiera que se encuentran a lo largo de una coordenada Y se cumple:

$$Reposo \Leftrightarrow \frac{dV}{dy} = 0 \Leftrightarrow \tau = 0$$

Bajo estas condiciones sobre las superficies que están en contacto con el fluido solo se desarrollan esfuerzos normales. Debido a la ausencia de esfuerzos tangenciales la viscosidad no tiene importancia, de modo que los principios y ecuaciones de la hidrostática son aplicables a cualquier tipo de fluido ya sea viscoso o real, ideal o perfecto.

Mediante el uso adecuado de los principios de la estática de los fluidos es posible encontrar respuestas razonables a las siguientes preguntas:

- ¿Cuáles son las condiciones necesarias para que un fluido esté en reposo? Por ejemplo, estimar las condiciones bajo las cuales grandes masas de fluido como los océanos y la atmósfera permanecen en reposo.
- Si un fluido está en reposo, ¿cómo se comportan sus propiedades en el interior de una masa de fluido? Es decir, ¿qué valores adquieren en cualquier punto de él propiedades como la presión, temperatura o masa específica?

- ¿Cómo se puede medir, o qué instrumentos se pueden utilizar, para evaluar la presión en cualquier punto de un fluido en reposo?
- ¿Qué fuerzas ejerce el fluido en reposo sobre superficies en contacto con él, como recipientes o cuerpos sumergidos?
- ¿Cuáles son las condiciones de equilibrio para que un cuerpo sumergido o flotando en un fluido en reposo permanezca en equilibrio estable?

2.1 COMPORTAMIENTO DE LA PRESIÓN

De la mecánica clásica se sabe que un sistema está en equilibrio cuando la resultante de todas las fuerzas y de todos los momentos elementales que actúan sobre todos los puntos de él es cero. En estas condiciones, los elementos que lo forman ni se desplazan ni giran, unos con respecto a otros. Esto es:

$$\int d\vec{F} = \int d\vec{M} = \vec{0}$$

Sobre un elemento de fluido de volumen V rodeado por una superficie S actúan dos tipos de fuerzas: de superficie y de volumen.

Las fuerzas de superficie, $\vec{F}_S$, traducen el efecto que tiene sobre el elemento el resto del universo, el cual actúa por contacto a través de la superficie que define al cuerpo. Estas fuerzas son proporcionales al área superficial a través de la cual se produce la interacción. Definiendo, en el caso general, el esfuerzo en un punto en base a sus componentes según tres direcciones ortogonales, para un elemento de superficie ds, la fuerza de superficie es:

$$\vec{\boldsymbol{F}}_S = \int_S (\sigma\hat{\boldsymbol{n}} + \tau\hat{\boldsymbol{t}})ds \tag{2.1}$$

Para el caso de un fluido en reposo, en el cual los esfuerzos tangenciales son nulos, la fuerza de superficie incluye solo esfuerzos normales, y estos son la presión sobre la superficie, de manera que en este caso se puede reemplazar $(\sigma + \tau)$ por p.

Las fuerzas de volumen, másicas o del cuerpo, $\vec{F}_m$, traducen el efecto del campo de fuerzas en el cual se realiza el experimento. Estas fuerzas son inherentes al cuerpo y proporcionales a su volumen o masa. Para un cuerpo de masa específica ρ y volumen V, la fuerza másica total está dada por:

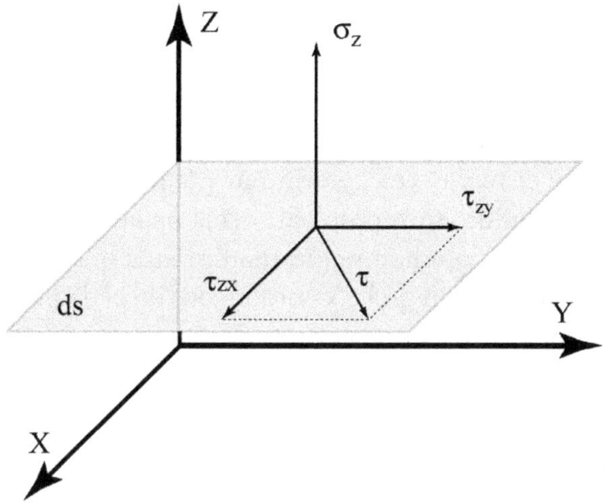

Figura 2.1. Esfuerzos sobre una superficie elemental.

$$\vec{F}_m = \int_v \rho \vec{f}_m \, dv \qquad (2.2)$$

donde $\vec{f}_m$ representa la intensidad del campo de fuerzas y corresponde a la aceleración que adquiere un cuerpo de masa unitaria colocado libremente en ese campo. La fuerza másica total tiene la misma dirección que la intensidad del campo de fuerzas. Sobre la superficie terrestre:

$$\vec{f}_m = -g\hat{k} \qquad (2.3)$$

siendo g la denominada aceleración de gravedad y $\hat{k}$ un vector unitario según el radio de la tierra dirigido hacia el exterior. La condición general de equilibrio del sistema total considerando el fluido en reposo, está dada por:

$$\int_s p\hat{n}ds + \int_v \rho\vec{f_m}\, dV = 0 \qquad (2.4)$$

Existen también otros tipos posibles de fuerza del cuerpo, como las eléctricas y magnéticas, las que por simplicidad no serán consideradas en este libro.

Es claro, entonces, que las condiciones de equilibrio de un fluido en reposo dependen de la naturaleza y características de la presión y del campo de fuerzas. Este último refleja las condiciones mecánicas del lugar en que se encuentra el fluido.

2.1.1 Ley hidrostática o la presión en el espacio

Se sabe que la presión es un escalar, de manera que en un punto su magnitud no depende de la superficie sobre la que actúa. Esta propiedad de la presión se conoce como el principio de Pascal. Sabiendo cómo se comporta la presión en un punto el siguiente paso es determinar cómo varía de un punto a otro en el interior de un fluido en reposo. En otras palabras, interesa conocer la distribución de presiones o una función matemática que permita describir el valor de la presión en función de las coordenadas de cada punto en el interior del fluido en reposo.

Supóngase un volumen elemental de fluido, dV, de forma cúbica y dimensiones Δx, Δy, Δz, en el interior de un fluido en reposo en un campo de fuerzas de intensidad $\vec{f}_m$, en cuyo centro de gravedad la masa específica es ρ y la presión P. Como resultado de la existencia de presiones cada una de las superficies planas que definen el cubo en cuestión está sometida a las fuerzas que se indican en la Figura 2.2, que representan la acción sobre el cubo del fluido que lo rodea. Además, el cubo completo está sometido a una fuerza volumétrica aplicada en su centro de gravedad dada por:

$$\vec{W} = \rho \vec{f}_m dV = \rho\left(f_{mx}\hat{\imath} + f_{my}\hat{\jmath} + f_{mz}\hat{k}\right)dV \tag{2.5}$$

Para que el volumen dv esté en equilibrio es necesario que la resultante de todas las fuerzas que actúan sobre él sea nula. Esto es:

$$\sum \vec{F}_s + \sum \vec{F}_m = 0$$

Según el eje vertical Z:

$$\left(P - \frac{\partial P}{\partial z}\frac{\Delta z}{2}\right)\Delta x\Delta y - \left(P + \frac{\partial P}{\partial z}\frac{\Delta z}{2}\right)\Delta x\Delta y + \rho f_{mz}\Delta x\Delta y\Delta z = 0$$

Dividiendo por dv=dx·dy·dz y sumando:

$$\frac{\partial P}{\partial z} = \rho f_{mz}$$

Si se impone la condición de equilibrio en los ejes X e Y se obtienen ecuaciones similares. De modo que para que el fluido en reposo esté en equilibrio de fuerzas debe cumplirse:

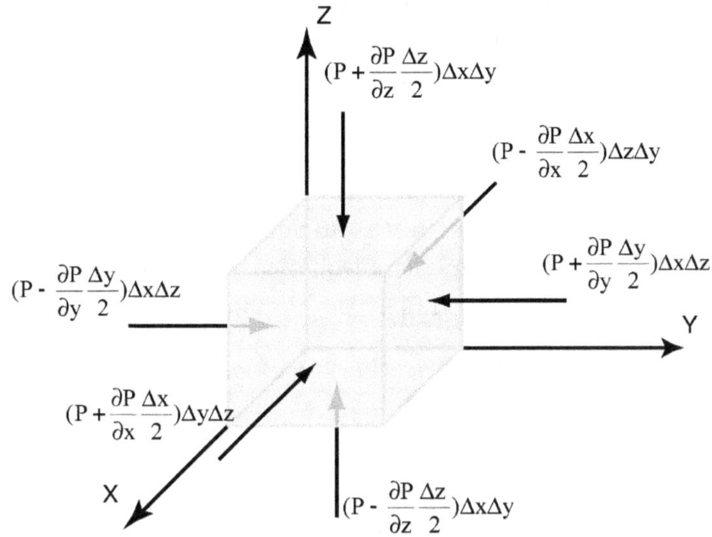

Figura 2.2. Fuerzas sobre la superficie de un elemento de fluido en reposo.

$$\begin{cases} \dfrac{\partial P}{\partial x} = \rho f_{mx} \\ \dfrac{\partial P}{\partial y} = \rho f_{my} \\ \dfrac{\partial P}{\partial z} = \rho f_{mz} \end{cases} \tag{2.6}$$

Recordando que el gradiente de una función escalar G se define como:

$$\vec{\nabla} G = \text{grad}G = \frac{\partial G}{\partial x}\hat{\imath} + \frac{\partial G}{\partial y}\hat{\jmath} + \frac{\partial G}{\partial z}\hat{k}$$

Las condiciones de equilibrio para un fluido en reposo se pueden resumir como:

$$\vec{\nabla} P = \rho \vec{f}_m \tag{2.7}$$

Ecuación que recibe el nombre de **ley hidrostática** y define las condiciones de equilibrio de un fluido en reposo bajo la acción de un campo de fuerzas cualquiera. La ley hidrostática expresa que el gradiente de presión tiene la misma dirección que la intensidad del campo de fuerzas y la magnitud del cambio de presiones es proporcional al producto de la masa específica del fluido por la intensidad de ese campo. En otras palabras, la dirección en la cual se produce el mayor aumento de la presión en el interior de un fluido en reposo corresponde a aquella en que actúa el campo de fuerzas gravitacionales o másicas.

A las superficies sobre las cuales la presión permanece constante se les denomina superficies **isobáricas**. Si $\hat{n}$ es un vector unitario que define en cada punto la orientación de una superficie isobárica sobre ella se cumple:

$$\hat{\boldsymbol{n}} \cdot \mathbf{grad}P = |\boldsymbol{gradP}|$$

y de acuerdo con la ley hidrostática la dirección de **grad** P es la misma que $\vec{f}_m$, por lo tanto:

$$\hat{n} = \frac{\vec{f}_m}{\left|\vec{f}_m\right|} \tag{2.8}$$

Entonces, los vectores $\vec{f}_m$ del campo de fuerzas, $\vec{\nabla} P$ el gradiente de presiones y $\hat{n}$ que define la superficie isobárica en un punto, son todos colineales.

Bajo la acción del campo gravitacional terrestre, esto es, para los fenómenos que ocurren normalmente sobre la superficie de la tierra, $\vec{f}_m = -g\hat{k}$, entonces:

$$\text{grad}P = -\rho g\hat{k} \tag{2.9}$$

de manera que:

$$\begin{cases} \dfrac{\partial P}{\partial x} = 0 \\ \dfrac{\partial P}{\partial y} = 0 \\ \dfrac{\partial P}{\partial z} = -\rho g \end{cases}$$

Como P no cambia en el plano XY, en este caso las superficies isobáricas son planos horizontales. Para un fluido en reposo sobre la superficie de la tierra la ley hidrostática expresa que la presión cambia con la altura en una magnitud igual al peso específico del fluido. En rigor sobre la superficie terrestre las superficies isobáricas son esferas de gran diámetro y para los efectos prácticos, en un lugar, pueden suponerse como planos horizontales.

Debido a que en este caso las variaciones de P son solo función de la altura z, se pueden reemplazar las derivadas parciales por totales y la ley hidrostática en estas condiciones se expresa como:

$$\frac{dP}{dz} = -\rho g = -\gamma \tag{2.10}$$

Para poder conocer el valor de la presión en cada uno de los puntos al interior de un fluido en reposo será necesario integrar la ecuación de la ley hidrostática. Esta integración puede hacerse si se conoce la intensidad del campo de fuerzas y la masa específica del fluido en función de la presión o la posición.

2.1.2 Variaciones de la presión en un fluido en reposo

Para encontrar como varía la presión en el interior de un fluido en reposo, se puede confeccionar un modelo matemático de esa situación. Este modelo caracteriza cada una de las variables de estado del fluido, (P, ρ, T) en cada punto del espacio, (X,Y,Z). Este modelo está formado por la ley hidrostática, el comportamiento de (P, ρ, T) y la intensidad del campo de fuerzas.

En un fluido en reposo la condición de equilibrio está dada por la ley hidrostática. En ella tanto ρ como $\vec{f}_m$ pueden ser variables y cambiar ya sea con la presión misma o con la ubicación. Por ejemplo, la aceleración de gravedad cambia sobre la superficie de la tierra y también con la altura. Sin embargo, estos cambios son tan pequeños que para la mayoría de las situaciones prácticas se puede suponer g como una constante. No obstante, existen otras situaciones en que la intensidad del campo de fuerzas cambia de manera importante con la posición, como ocurre al interior de una centrífuga, por ejemplo. Las variaciones de la masa específica sin embargo pueden ser más apreciables en la mayoría de las situaciones en que intervienen gases. Combinando la ley hidrostática con una relación que identifica el comportamiento del fluido y otra que caracteriza el lugar, es posible confeccionar modelos matemáticos para una gran cantidad de situaciones prácticas de fluidos reales en reposo.

Algunos ejemplos en que se combina la descripción de un lugar con las características de un fluido en condiciones de reposo, para dar origen a un modelo en particular, se muestran en la Tabla 2.1.

Tabla 2.1. Ejemplos de modelos hidrostáticos del comportamiento de fluidos en reposo.

Lugar	Fluido	Ejemplo	Modelo
En un lugar de la superficie terrestre. $\vec{f}_m = -g\hat{k}$	Líquidos incompresibles. $\rho = \rho_0$	Líquidos en reposo en recipientes pequeños o medianos (estanques, embalses, etc.).	$\vec{\nabla}P = \rho\vec{f}_m$ $\vec{f}_m = -g\hat{k}$ $\rho = \rho_0$
	Líquidos compresibles. $\frac{d\rho}{dP} = \frac{\rho}{E}$	Grandes masas de líquido (agua a grandes profundidades en el mar).	$\vec{\nabla}P = \rho\vec{f}_m$ $\vec{f}_m = -g\hat{k}$ $\frac{d\rho}{dP} = \frac{\rho}{E}$
	Gas ideal a temperatura cte. $P = \rho R T_0$	Aire en las capas bajas de la atmósfera (hasta 500 m).	$\vec{\nabla}P = \rho\vec{f}_m$ $\vec{f}_m = -g\hat{k}$ $P = \rho R T_0$
	Gas ideal en condiciones adiabáticas. $P = \rho R T$ $\frac{dP}{d\rho} = \frac{kP}{\rho}$	Aire a cualquier altura en la atmósfera.	$\vec{\nabla}P = \rho\vec{f}_m$ $\vec{f}_m = -g\hat{k}$ $P = \rho R T$ $\frac{dP}{d\rho} = \frac{kP}{\rho}$
Recipiente que gira sobre un eje. $\vec{f}_m = r\omega^2\hat{r} - g\hat{k}$	Líquidos incompresibles. $\rho = \rho_0$	Líquido en una centrífuga.	$\vec{\nabla}P = \rho\vec{f}_m$ $\vec{f}_m = r\omega^2\hat{r} - g\hat{k}$ $\rho = \rho_0$
En cualquier lugar. $\vec{f}_m = \vec{f}(x,y,z)$	Cualquier fluido $\rho = f(P,T)$ en un proceso arbitrario $f(P,\rho,T) = 0$	Fluido en reposo en cualquier lugar en un proceso cualquiera.	$\vec{\nabla}P = \rho\vec{f}_m$ $\vec{f}_m = \vec{f}(x,y,z)$ $\rho = f(P,T)$ $f(P,T,\rho) = 0$

a) Fluido incompresible

Los líquidos pueden considerarse como incompresibles si los cambios de presión son pequeños y no se producen en forma brusca. Entonces:

$$\begin{aligned} \frac{\partial \rho}{\partial P} &= 0 \\ \rho = \rho_0 &= Cte \end{aligned} \tag{2.11}$$

Sin embargo, aun en el caso de fluidos incompresibles, la masa específica puede variar dependiendo de la ubicación, como ocurre cuando se tienen dos o más líquidos inmiscibles en reposo. En estas condiciones será necesario integrar la ecuación de la ley hidrostática para cada uno de los líquidos en cuestión. Si se trata de un solo fluido incompresible en reposo el modelo que representa las condiciones básicas de equilibrio del sistema es:

Fluido en reposo: $\vec{\nabla} P = \rho \vec{f}_m$

Incompresible: $\rho = \rho(T) = \rho_0$, con T = constante

En la tierra: $\vec{f}_m = -g\hat{k}$

Combinando las tres expresiones del modelo se obtiene:

$$\frac{dP}{dz} = -\rho_0 g$$

Si se seconoce la presión P_0 a un nivel cualquiera z_0 entonces la presión a cualquier otro nivel z, en el interior del mismo fluido, se puede obtener integrando:

$$\int_{P_0}^{P} dP = -\rho_0 g \int_{z_0}^{z} dz$$

de donde:

$$P - P_0 = -\gamma(z - z_0)$$

Esta ecuación se acostumbra a poner:

$$\frac{P}{\gamma} + z = \frac{P_0}{\gamma} + z_0 = Cte \tag{2.12}$$

siendo z la altura del punto, con presión P, con respecto a un nivel de referencia z_0 cualquiera con presión P_0 y γ el peso específico del líquido. Esta expresión indica claramente que si las alturas son iguales entonces las presiones también lo son. Es decir, las superficies isobáricas son planos horizontales en los cuales z=cte. Todos los términos que participan en esta ecuación tienen unidades de longitud, por lo tanto de altura. Al término P/γ se le llama **altura de presión**, al término z se le conoce como **cota geométrica** y a la suma ($P/\gamma+z$) se le designa como **cota piezométrica**.

En los líquidos en reposo a menudo se utiliza un punto cualquiera en la superficie libre como referencia. La superficie libre corresponde a la zona de contacto entre el líquido y la atmósfera y como tal corresponde a una superficie isobárica cuya presión es la atmosférica. Este concepto se extiende para casos en los cuales puede no haber un contacto real entre el líquido, o el fluido, y la atmósfera y se designa como superficie libre a una superficie ficticia colocada en una posición tal que en ella la presión es igual a la atmosférica si el líquido llegara hasta ese nivel.

EJEMPLO 2.1

Se desea conocer la diferencia de presión entre dos recipientes cerrados A y B con agua en su interior. Para ello se instala un tubo de vidrio en forma de U con mercurio (densidad 13,6) en su parte inferior, como se indica en la Figura 2.3.

SOLUCIÓN:

La presión en dos puntos que se encuentran al mismo nivel, en el mismo fluido en reposo, es igual y por lo tanto:

$$P_M = P_N$$

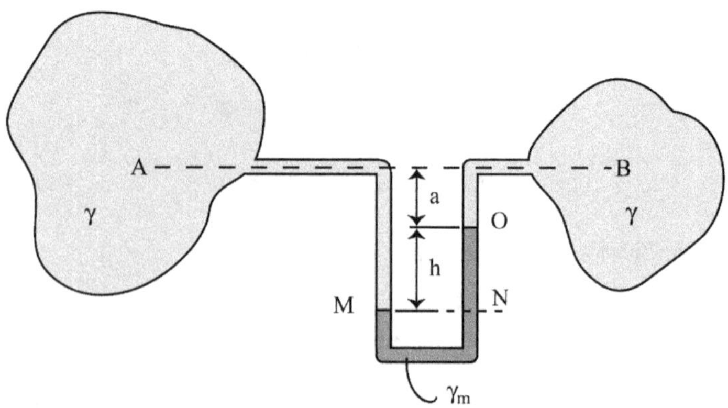

Figura 2.3. Medida de la diferencia de presiones entre A y B.

Además, las presiones en A y M se pueden relacionar utilizando la expresión (2.12) de la ley hidrostática.

$$P_M = P_A + \gamma(a + h)$$

donde γ es el peso específico del agua y (a+h) es la diferencia de altura entre el punto A y el M.

De manera similar, entre O y B se establece:

$$P_O = P_B + a\gamma$$

Entre O y N, considerando mercurio:

$$P_N = P_O + h\gamma_m$$

donde γ_m es el peso específico del mercurio. Por lo tanto:

$$P_N = P_B + a\gamma + h\gamma_m$$

Igualando las expresiones para P_N y P_M se obtiene:

$$P_A + (a + h)\gamma = P_B + a\gamma + h\gamma_m$$

de donde:

$$P_A - P_B = h(\gamma_m - \gamma) = h\gamma(d - 1)$$

Como el peso específico del agua es aproximadamente 9.800 N/m³, si el valor de h fuera 5 cm, se obtiene para la diferencia de presiones:

$$P_A - P_B = (0{,}05)(9.800)(13{,}6 - 1) = 6.174(N/m^2)$$

b) Líquidos compresibles

Los líquidos, que normalmente pueden considerarse como incompresibles, sufren pequeñas variaciones de volumen si los cambios de presión son importantes. El módulo de compresibilidad, E, tiene un valor relativamente grande y es independiente de la presión. Las variaciones de la masa específica con la presión son, según la definición del módulo de compresibilidad:

$$\frac{d\rho}{dP} = \frac{\rho}{E}$$

Si se conoce la masa específica, ρ_0, a una presión dada P_0, a otra presión cualquiera ella será la que resulte de integrar esta ecuación entre los dos estados:

$$\int_{\rho_0}^{\rho} \frac{d\rho}{\rho} = \frac{1}{E}\int_{P_0}^{P} dP$$

$$Ln\left(\frac{\rho}{\rho_0}\right) = \frac{(P-P_0)}{E}$$

De aquí se obtiene para un líquido compresible, si las condiciones de temperatura permanecen constantes:

$$\rho = \rho_0 e^{\left(\frac{P-P_0}{E}\right)} \tag{2.13}$$

Entonces, este sistema se puede modelar con:

Fluido en reposo: $\vec{\nabla} P = \rho \vec{f}_m$

Compresible: $\rho = \rho_0 e^{\left(\frac{P-P_0}{E}\right)}$

En la tierra: $\vec{f}_m = -g\hat{k}$ (2.14)

Reemplazando las expresiones para ρ y $\vec{f}_m$ en la ley hidrostática, se obtiene:

$$\frac{dP}{dz} = -g\rho_0 e^{\left(\frac{P-P_0}{E}\right)} \tag{2.15}$$

de manera que se puede conocer la presión en cualquier punto integrando:

$$\int_{P_0}^{P} e^{-\left(\frac{P-P_0}{E}\right)} dP = -g\rho_0 \int_{z_0}^{z} dz$$

lo que resulta en:

$$E - Ee^{-\left(\frac{P-P_0}{E}\right)} = -g\rho_0(z - z_0) \tag{2.16}$$

o colocando la presión en función de la altura:

$$P = P_0 - E\, ln\left(\frac{E + g\rho_0(z - z_0)}{E}\right) \tag{2.17}$$

EJEMPLO 2.2

Si el agua tiene un módulo de compresibilidad de $E=2\cdot10^9$ (N/m^2) determine la presión y la masa específica en el mar a 6.000 m de profundidad. Suponga, además, que la masa específica en la superficie es de 1.000 Kg/m^3 y considere el agua compresible. Compare con lo que se obtiene si se desprecia la compresibilidad del agua.

SOLUCIÓN:

Utilizando la ecuación (2.17) con los siguientes valores numéricos:

$$E = 2 \cdot 10^9 \ (N/m^2)$$

$$\rho_0 = 1.000 \ (Kg/m^3)$$

$$z_0 = 0$$

$$z = -6.000 \ m$$

$$P_0 = P_{atmosférica}$$

Entonces:

$$P = P_0 - 2 \cdot 10^9 \ ln\left(\frac{2 \cdot 10^9 + 9{,}8 \cdot 10^3(-6.000)}{2 \cdot 10^9}\right)$$

$$P - P_0 = 6{,}06 \cdot 10^7 \ N/m^2$$

Por lo tanto, a 6.000 m de profundidad la diferencia de presión con la superficie es de $6{,}06\cdot10^7$ (N/m^2).

Para un líquido compresible la masa específica ρ a una presión P está dada por la expresión (2.13), por lo tanto:

$$\rho = 1.000 e^{\left(\frac{5{,}97 \cdot 10^7}{2 \cdot 10^9}\right)} = 1.030 \ kg/m^3$$

lo que indica que, a esa profundidad, si se considera la compresibilidad del agua, su masa específica ha aumentado en 3%, respecto a la que tiene en la superficie.

Si el agua se considerara incompresible para tener esta misma presión sería necesario una profundidad de:

$$z = \frac{P - P_0}{\gamma} = \frac{6{,}06 \cdot 10^7}{9.800} = 6.184 \ m$$

Mientras a los 6.000 m de profundidad con agua de masa específica constante de 1.000 Kg/m^3, la presión es de:

$$P - P_0 = -\gamma(z - z_0) = -9{,}8 \times 1.000 \ \cdot \ (-6.000) = 5{,}88 \cdot 10^7 \ (N/m^2)$$

c) Gases compresibles

Los gases son fácilmente compresibles y, además, las variaciones de presión y masa específica están relacionadas con variaciones de temperatura. Bajo estas condiciones, para poder conocer la presión en cualquier punto se requiere saber cómo se comporta la masa específica en función de la presión y, a su vez, el comportamiento de la temperatura. Una ecuación muy usada que relaciona estas tres variables es la de los gases ideales. Además de ella se requiere alguna relación adicional que indique el comportamiento de la temperatura.

Un caso interesante de gases en equilibrio estático lo constituye la situación de la atmósfera terrestre suponiendo que ella está formada por aire en reposo. Existen diversos modelos para analizar las condiciones de equilibrio de la atmósfera. Uno de ellos corresponde a suponer que está formada por un gas ideal en reposo (aire) y que la temperatura disminuye linealmente con la altura a razón de λ °C por metro. Este modelo es bastante adecuado para la zona baja de la atmósfera. El modelo es un sistema de ecuaciones definido por la ley hidrostática, la ecuación de los gases ideales, la condición de temperatura y la intensidad del campo de fuerzas, es decir:

$$\begin{array}{llcl} \text{Fluido en reposo:} & \vec{\nabla} P & = & \rho \vec{f}_m \\ \text{Gas ideal:} & P & = & \rho R T \\ \text{Temperatura:} & T & = & T_0 - \lambda(z - z_0) \\ \text{Superficie terrestre:} & \vec{f}_m & = & -g\hat{k} \end{array} \qquad (2.18)$$

La masa específica puede expresarse en función de la presión y la altura como:

$$\rho = \frac{P}{R[T_0 - \lambda(z - z_0)]} \qquad (2.19)$$

que introducida en la ley hidrostática:

$$\frac{dP}{P} = -\frac{g dz}{R[T_0 - \lambda(z - z_0)]}$$

la que es integrable si se conoce la presión P_0 en un punto de altura z_0=0:

$$\int_{P_0}^{P} \frac{dP}{P} = -\frac{g}{R}\int_{z_0}^{z} \frac{dz}{T_0 - \lambda(z - z_0)}$$

de donde se obtiene:

$$P = P_0 \left(\frac{T_0 - \lambda(z - z_0)}{T_0}\right)^{\frac{g}{R\lambda}} \tag{2.20}$$

Los altímetros utilizan una relación de este tipo para medir de manera aproximada alturas mediante una medida de la presión local de la atmósfera.

Según el modelo empleado, el espesor total de la atmósfera sería el valor de z para el cual la presión es cero, es decir, hay vacío total. En las condiciones mencionadas eso equivale a que el término $T_0-\lambda(z-z_0)$ se anule, es decir, la temperatura absoluta también es cero. Por lo tanto, el espesor de esta atmósfera ideal será T_0/λ, siendo T_0 la temperatura absoluta a nivel del mar.

Existen otros modelos para explicar el comportamiento de la atmósfera en reposo, como suponer que la temperatura es constante o que se encuentra en equilibrio adiabático. En la práctica se ha llegado a definir una atmósfera típica que indica la temperatura en función de la altura desde el nivel del mar hasta 50 km, basada en antecedentes empíricos.

EJEMPLO 2.3

En una ciudad se mide a nivel del suelo una temperatura de 20 °C, una presión de 970 mb y el aire tiene una masa específica de 1,15 (Kg/m^3). Interesa estimar los valores de P, T, ρ a 1.000 metros de altura sobre la ciudad, si el gradiente vertical de temperatura es de 0,01 °C/m.

SOLUCIÓN:

Se puede suponer que el aire atmosférico sobre la ciudad está en reposo y se comporta como un gas ideal. Entonces, si:

$$P_0 = 970\ mb$$

$$T_0 = 20\,{}^{\underline{o}}C = 20 + 273 = 293\,{}^{\underline{o}}K$$

$$\lambda = 0{,}01({}^{\underline{o}}C\,/m) = 0{,}01({}^{\underline{o}}K\,/m)$$

$$R = 288\left(\frac{m^2}{{}^{\underline{o}}K \cdot s^2}\right)$$

Reemplazando en la ecuación (2.20) se obtiene a 1000m:

$$P = 970 \cdot \left(\frac{293-0{,}01(1000-0)}{293}\right)^{\frac{9{,}8}{0{,}01\cdot 288}} = 970 \cdot (0{,}966)^{3{,}403} = 862\ mb$$

La masa específica del aire a 1.000 m se puede estimar con (2.19) para la presión de 862 mb que corresponden a:

$$P = 862\ mb = 0{,}862\ bar = 0{,}862 \cdot 10^5 (N/m^2) = 86.200\ (N/m^2)$$

Entonces:

$$\rho = \frac{P}{RT} = \frac{86.200}{288 \cdot (293 - 0{,}01 \cdot 1.000)} = 1{,}06\, Kg/m^3$$

y la temperatura es:

$$T = 20\,^{\circ}C - 0{,}01 \cdot 1.000 = 10\,^{\circ}C$$

d) Situaciones no gravitacionales

Existen muchas situaciones en las cuales el fluido al interior de un recipiente queda sometido a fuerzas másicas diferentes a la gravedad o adicionales a ella, pero en condiciones de equilibrio tales que no hay escurrimiento, es decir, se puede suponer que está en reposo, aunque el conjunto se mueve. Situaciones de este tipo se pueden observar en un estanque sobre un móvil que acelera o frena, o en un tambor que gira sobre su eje, o incluso si se observan la atmósfera y los océanos de la Tierra desde el espacio en la cual el recipiente es interior y el fluido permanece atraído a ella en la capa externa. Bajo estas condiciones la intensidad del campo de fuerzas es un vector de varios componentes y, por lo tanto, la ecuación de la ley hidrostática es una ecuación vectorial o un sistema de ecuaciones diferenciales parciales.

El caso de un líquido en el interior de un tambor cilíndrico que se hace girar a velocidad angular constante, ω, en torno a su eje vertical, es útil para plantear el caso general.

En estas condiciones el modelo del líquido en equilibrio está representado por:

Fluido en reposo: $\vec{\nabla} P = \rho \overrightarrow{f_m}$

Líquido incompresible: $\rho = \rho_0$

En el cilindro que gira: $\overrightarrow{f_m} = r\omega^2 \hat{r} - g\hat{k}$

En este caso conviene adoptar un sistema de coordenadas cilíndricas (r, θ, z) y, por lo tanto, emplear la expresión del gradiente en ese sistema:

$$\vec{\nabla} P = \frac{\partial P}{\partial r}\hat{r} + \frac{1}{r}\frac{\partial P}{\partial \theta}\hat{\theta} + \frac{\partial P}{\partial z}\hat{k}$$

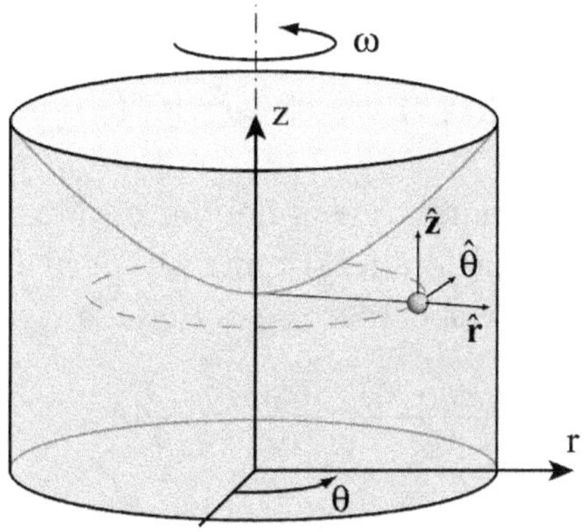

Figura 2.4. Equilibrio de un líquido en un estanque cilíndrico que gira sobre su eje.

Utilizando esta expresión en la ley hidrostática y reemplazando los valores de masa específica y de intensidad de campo de fuerzas se obtiene la siguiente expresión vectorial:

$$\frac{\partial P}{\partial r}\hat{r} + \frac{1}{r}\frac{\partial P}{\partial \theta}\hat{\theta} + \frac{\partial P}{\partial z}\hat{k} = \rho r\omega^2\hat{r} - \rho g\hat{k}$$

Para que ambos vectores sean iguales es necesario que cada uno de sus componentes lo sean. Por lo tanto, esta igualdad da origen al siguiente sistema de ecuaciones:

$$\left.\begin{array}{l} \dfrac{\partial P}{\partial r} = \rho r\omega^2 \\ \dfrac{1}{r}\dfrac{\partial P}{\partial \theta} = 0 \\ \dfrac{\partial P}{\partial z} = -\rho g \end{array}\right\}$$

Este sistema permite encontrar la distribución de presiones en el fluido contenido en el cilindro, es decir, una función $P(r, \theta, z)$ para la presión en cualquier punto. De la segunda ecuación se observa que la presión no depende de θ, es decir, la presión es la misma en cualquier punto de una circunferencia de radio r ubicada a una altura z. Entonces la función $P(r, \theta, z)$ es en realidad $P(r, z)$ y según la primera ecuación:

$$\frac{\partial P(r,z)}{\partial r} = \rho r\omega^2$$

Integrando:

$$P(r,z) = \frac{1}{2}\rho r^2\omega^2 + f(z)$$

Se comprueba fácilmente que al derivar esta expresión con respecto a r se obtiene la primera ecuación del sistema y al derivarla con respecto a θ la segunda. Al derivarla con respecto a z se obtiene la tercera, por lo tanto:

$$\frac{\partial P(r,z)}{\partial z} = \frac{\partial f(z)}{\partial z} = -\rho g$$

que integrada indica:

$$f(z) = -\rho g z + c$$

donde c es una constante. Reemplazando en la expresión de $P(r,z)$ se obtiene finalmente:

$$P = \frac{1}{2}\rho r^2\omega^2 - \rho g z + c$$

En este caso, las superficies isobáricas, $P=cte$, son paraboloides de revolución y, por lo tanto, la superficie libre también.

2.1.3 Medidas de la presión e instrumentos

La presión tiene unidades de fuerza por unidad de superficie. En el sistema SI la unidad de presión es el **pascal**, que corresponde a:

$$1 \textbf{ pascal} = 1 \textbf{ Pa} = 1\left(\frac{N}{m^2}\right) \tag{2.21}$$

El pascal es una unidad de medida muy pequeña, de manera que en la práctica se recurre a una unidad derivada, el **bar**, que corresponde a:

$$1 \textbf{ bar} = 10^5 \textbf{ Pa} = 10^5 \left(\frac{N}{m^2}\right) \tag{2.22}$$

Dos unidades muy empleadas en meteorología son el milibar, mb, y el hectopascal, hPa, que son equivalentes ya que:

$$1\,\text{mb} = 10^{-3}\ \textbf{bar} = 10^{-3}\cdot 10^5 \left(\frac{N}{m^2}\right) = 10^2 \left(\frac{N}{m^2}\right) = 10^2\ \text{Pa} = 1\,\text{hPa}$$

Otra forma de medir la presión consiste en recurrir a la idea de altura piezométrica, expresándola en términos de altura de fluido de peso específico conocido. Entre estas la más usada es:

$$1(m.c.agua) \approx 10^4 \text{ Pa} = 0{,}1 \textbf{ bar}$$

donde m.c. indica "metros de columna de", que corresponde a la presión que hay en la base de una columna llena con ese fluido suponiéndolo incompresible.

La presión se mide con respecto a un nivel de referencia. De hecho, lo que comúnmente se mide es la diferencia entre la presión en un punto y la presión de referencia. Si el nivel de referencia es el vacío absoluto, al cual se le asigna el valor cero, la presión medida con respecto a él se denomina presión **absoluta**. Cuando el nivel de referencia es la presión ambiente en el lugar donde se realiza la experiencia, usualmente llamada presión atmosférica, la presión así medida se llama presión **manométrica** o **relativa**. Lo que realmente miden muchos de los medidores de presión es la diferencia entre la presión atmosférica y la del punto de interés. También debe considerarse que en la mayoría de los fenómenos que ocurren sobre la superficie de la Tierra la presión atmosférica está siempre presente y actúa en todas partes, de manera que lo que realmente interesa son las diferencias con respecto a ella. Torricelli (siglo XVII) ponía de manifiesto esto haciendo notar que la humanidad no solo vive sobre la superficie terrestre, si no que en realidad lo hace en el fondo de un océano de aire (la atmósfera).

La presión absoluta es siempre positiva ya que su valor mínimo es cero. La presión relativa puede ser positiva, si es mayor que la atmosférica, o negativa si es menor que ella. Estas relaciones se pueden apreciar gráficamente en la Figura 2.5.

Entre las medidas de presión absoluta y relativa existe la siguiente relación:

$$P_{absoluta} = P_{relativa} + P_{atmosférica} \tag{2.23}$$

La presión atmosférica representa el efecto del peso de la atmósfera por unidad de superficie sobre el lugar en que se realiza la experiencia y, por lo tanto, depende, entre otros factores, de la elevación del punto sobre el nivel del mar; además, varía localmente en función de las condiciones de temperatura, densidad, vientos y otros fenómenos que se desarrollan en ella. El **barómetro** mide la presión atmosférica absoluta del lugar. En condiciones normales, al nivel del mar, a 45° de latitud y a 15 °C de temperatura, se ha adoptado que la presión atmosférica es:

$$P_{atm} = 1{,}013\ \mathbf{bar} = 1013\ \text{mbar} = 1013\ \text{hPa}$$

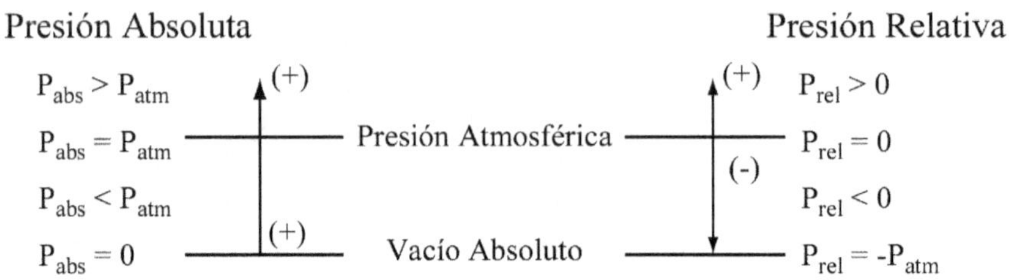

Figura 2.5. Niveles de referencia para las presiones absoluta y relativa.

Los piezómetros y los manómetros son instrumentos de relativo bajo costo y por ello se utilizan frecuentemente para medir presiones. Su funcionamiento está basado en la aplicación directa de la ley hidrostática.

El tubo piezométrico consiste en un tubo conectado en un extremo al fluido en que se desea medir la presión y abierto en su otro extremo a la presión atmosférica, lo que permite al líquido subir a través de él hasta que la superficie libre alcance la condición de equilibrio (Figura 2.6a). La presión relativa en el punto donde se encuentra conectado se determina en forma directa y es igual a:

$$P_a = \gamma h$$

Cuando la presión alcanza valores altos este instrumento es incómodo ya que requiere longitudes apreciables del tubo. En cualquiera de estas condiciones se recurre a intercalar un líquido más denso de manera de disminuir la altura necesaria para el equilibrio o mantener atrapado al fluido más liviano, como se muestra en la Figura 2.6 b), o a manómetros que miden diferencias de presión entre dos puntos. En la Figura 2.7 se muestra uno de estos aparatos en el cual el líquido manométrico es más liviano que los líquidos de cada uno de los recipientes. El caso en que el fluido manométrico es más pesado que los otros dos es más habitual y funciona de manera similar. También se puede aumentar el rango de la altura de lectura intercalando recipientes de mayor volumen, como ocurre con el micromanómetro de la Figura 2.8. O inclinando el tubo en el cual se encuentra el líquido manométrico, para dar mayor precisión a la lectura, como en el manómetro inclinado de la Figura 2.9.

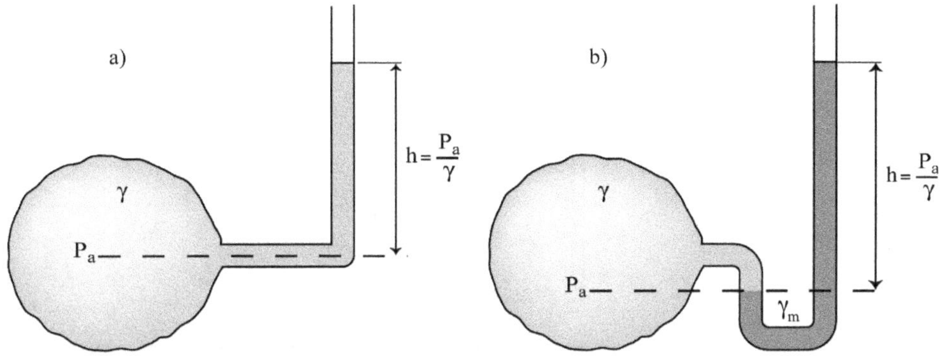

Figura 2.6. Tubos piezométricos. Izquierda para un fluido más pesado que el aire. Derecha para un fluido menos pesado que el aire.

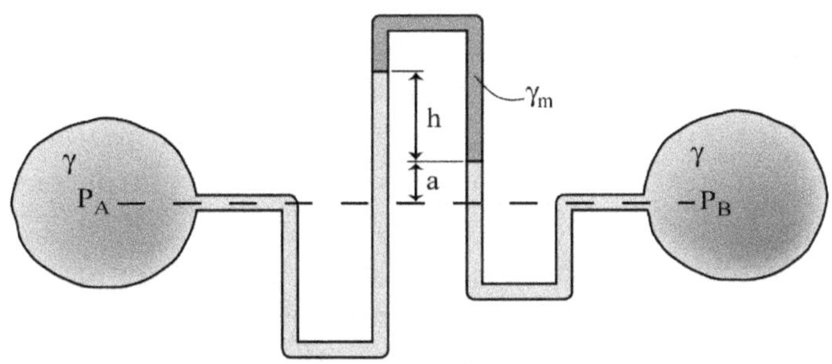

Figura 2.7. Manómetro diferencial.

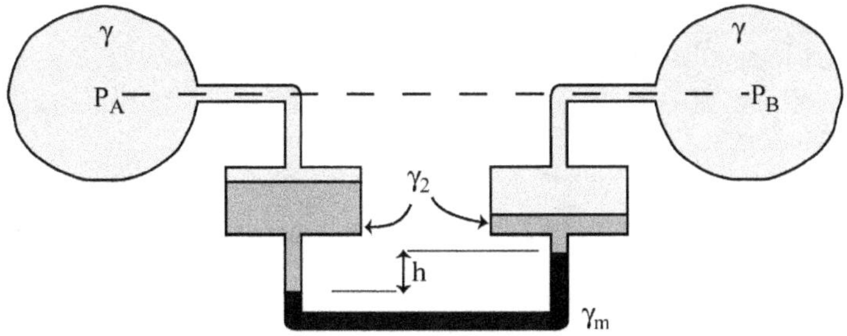

Figura 2.8. Micromanómetro.

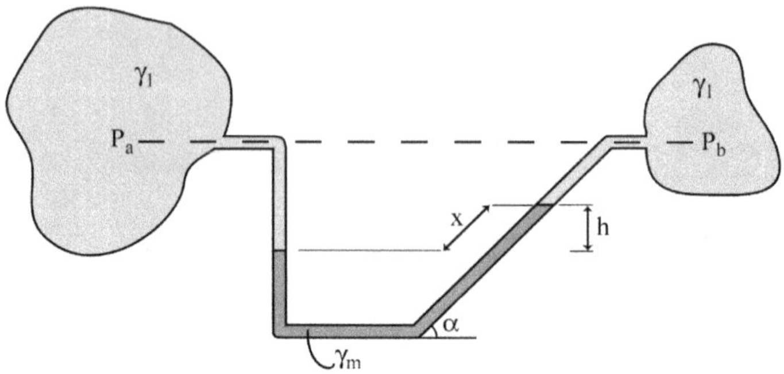

Figura 2.9. Manómetro inclinado.

La ley hidrostática tiene aplicaciones inmediatas adicionales a las mencionadas hasta aquí. Una de ellas es la que se conoce como vasos comunicantes que expresa que en dos o más recipientes en contacto el líquido alcanza el mismo nivel en todos ellos. Esto corresponde a una deducción directa ya que según la ley hidrostática las superficies isobáricas son planos horizontales, por lo tanto, las superficies con presión atmosférica en cada uno de los vasos deben estar al mismo nivel.

Otra aplicación inmediata es la denominada prensa hidráulica, o máquina de Pascal, Figura 2.10, la cual permite aumentar las fuerzas mediante la transmisión de presiones. En este caso, como las presiones son iguales al mismo nivel:

$$\frac{F_1}{A_1} = \frac{F_2}{A_2}$$

De donde se observa que:

$$F_2 = \frac{A_2}{A_1} F_1$$

lo que permite aumentar la fuerza F_1 amplificándola según la razón entre las áreas de los pistones.

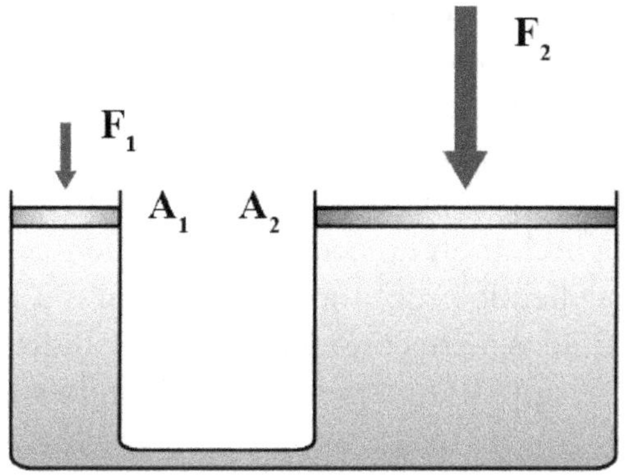

Figura 2.10. Prensa hidráulica.

2.2 FUERZAS SOBRE SUPERFICIES

Las presiones que existen en el interior de un fluido en reposo generan fuerzas sobre las superficies que están en contacto con él. Estas reciben el nombre de fuerzas hidrostáticas y representan el efecto del fluido en reposo sobre la superficie en cuestión. Sobre cada elemento de la superficie, el fluido ejerce una fuerza que depende de la presión y del área de ese elemento, en una dirección normal a ella. Esto significa una distribución continua de fuerzas en el espacio. Para facilitar el análisis mecánico, desde el punto de vista práctico interesa determinar la magnitud, dirección y punto de aplicación de la resultante de estas fuerzas. Esta resultante es una ficción, lo único que realmente existe es el conjunto de fuerzas elementales sobre cada punto de la superficie. Desde el punto de vista del análisis resulta más simple reemplazar todas estas fuerzas por una sola cuyos efectos mecánicos son los mismos, a la cual se le llama resultante de las fuerzas hidrostáticas.

Se sabe la dirección de las fuerzas elementales ya que las presiones generan fuerzas normales a las superficies en contacto con el fluido. El caso más simple es aquel en el cual la superficie es plana ya que en estas condiciones las fuerzas elementales son paralelas y, por lo tanto, fácilmente sumables. Cuando la superficie es curva las fuerzas elementales tienen diferentes direcciones y para sumarlas se procede por componentes.

Las características de las fuerzas que se generan dependen del comportamiento de la presión, la que a su vez está condicionada por la masa específica del fluido y la intensidad del campo de fuerzas. En lo que sigue se analiza el caso simple de fluidos incompresibles, en los cuales la masa específica es constante en un campo de fuerza gravitacional terrestre. En el caso de gases, si las dimensiones son reducidas, por ejemplo, hasta unos pocos metros, las fuerzas se pueden estimar como si fueran incompresibles con razonable precisión. En otros casos se deberá incluir en las ecuaciones elementales las características que correspondan, siguiendo procedimientos similares a los que se presentan para el caso de los líquidos, pero considerando la ley hidrostática para estimar las presiones en cada punto de contacto entre el fluido y la superficie.

2.2.1 Fuerza hidrostática sobre superficies planas

Con el objeto de encontrar las propiedades de la fuerza hidrostática sobre un plano se puede estudiar el caso general de una superficie plana de área S en contacto con un fluido en reposo de peso específico γ e inclinada un ángulo α con respecto a la superficie libre del fluido, como se indica en la Figura 2.11. Un elemento de área ds que se encuentra a una profundidad D está sometido a una fuerza $\overrightarrow{\mathrm{dF}}$ dada por:

$$\overrightarrow{\mathrm{dF}} = P\,\overrightarrow{\mathrm{ds}}$$

siendo P la presión que existe a esa profundidad. La fuerza $\overrightarrow{\mathrm{dF}}$ es perpendicular al plano que contiene la superficie $\overrightarrow{\mathrm{ds}}$. Debido a que la superficie es plana, todas las fuerzas elementales son paralelas. La presión es función de la profundidad y el peso específico del fluido, de manera que:

$$dF = \gamma D ds$$

Esta expresión permite calcular la magnitud de las fuerzas que ejerce el fluido sobre cada elemento de la superficie. Estas son las fuerzas que realmente ejerce el fluido. La resultante de ellas es una ficción mecánica y no tiene existencia real, aunque desde el punto de vista mecánico tenga los mismos efectos. Las fuerzas elementales se pueden representar mediante gráficos o tablas.

Expresando la profundidad D en función de la coordenada y:

$$dF = \gamma y \, sen\, \alpha \, ds$$

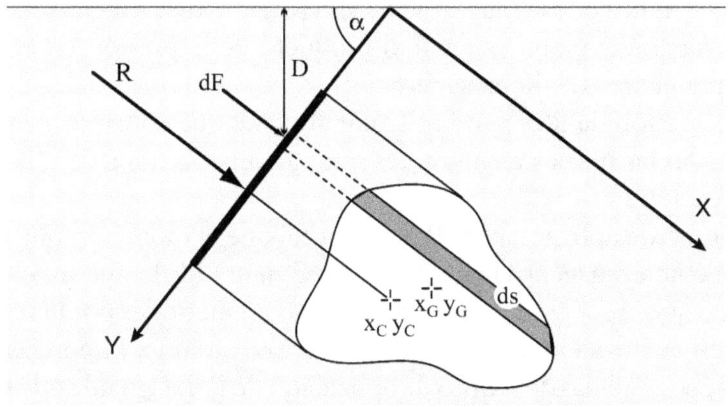

Figura 2.11. Elementos para calcular la fuerza hidrostática sobre una superficie plana.

La magnitud de la resultante total será la suma de todas estas fuerzas elementales

$$R = \int_S dF = \int_S P ds = \int_S \gamma y \, sen\, \alpha \, ds \tag{2.24}$$

Como α es constante y el peso específico del fluido no cambia

$$R = \gamma \, sen\, \alpha \int_S y ds$$

Se sabe que de acuerdo con la definición de centro de gravedad para una superficie plana se cumple:

$$\int_S y ds = y_G S$$

donde y_G es la coordenada del centro de gravedad de la superficie y S su área total. Entonces:

$$R = \gamma y_G S \, sen\, \alpha$$

pero $y_G sen\alpha$ corresponde a la profundidad del centro de gravedad, D_G, siendo γD_G la presión a esa profundidad, por lo tanto, la magnitud de la resultante es:

$$R = P_G S \tag{2.25}$$

Lo que indica que la magnitud de la resultante de las fuerzas hidrostáticas sobre una superficie plana es igual al producto de la presión en el centro de gravedad por el área de dicha superficie.

La dirección de *R* es perpendicular al plano que contiene a la superficie ya que si todas las fuerzas elementales son paralelas la suma de ellas tendrá la misma dirección.

El punto de aplicación de *R* debe ser tal que el momento que ella ejerce sobre la superficie sea igual a la suma de los momentos de las fuerzas elementales, de tal modo que al ser reemplazadas las fuerzas elementales por la resultante la situación en cuanto a momentos permanezca invariable. Supóngase que (x_C, y_C) son las coordenadas del punto de aplicación de *R*. La igualdad de momentos respecto al eje X exige:

$$Ry_C = \int_S ydF = \int_S yPds \tag{2.26}$$

Reemplazando los valores de *R* y de *dF* por las expresiones respectivas y simplificando se obtiene:

$$y_C y_G S = \int_S y^2 ds = I_{XX} \tag{2.27}$$

Al término de la derecha se le conoce como momento de inercia de la superficie S con respecto al eje X colocado en la superficie libre. Esta es una característica habitual en mecánica e indica una medida de la resistencia que opone la superficie a girar con respecto a ese eje. Puede expresarse en función del momento de inercia de esta misma superficie con respecto a un eje paralelo al X que pasa por el centro de gravedad de la superficie, I_{XG}, como:

$$I_{XX} = I_{XG} + y_G^2 S$$

De esta manera, la coordenada del punto de aplicación de la resultante es:

$$y_C = y_G + \frac{I_{XG}}{y_G S} \tag{2.28}$$

Expresión que refleja el hecho de que el punto de aplicación de la resultante de las fuerzas hidrostáticas se encuentra siempre a una profundidad mayor que el centro de gravedad de la superficie.

La igualdad de momento respecto al eje Y plantea:

$$Rx_C = \int_S xdF$$

Reemplazando *R* y *dF* por sus respectivos valores y simplificando

$$x_C y_G S = \int_S xyds \qquad (2.29)$$

El término de la derecha se conoce como producto de inercia de la superficie *S* con respecto al sistema de ejes XY y se acostumbra a designarlo por I_{XY}. El producto de inercia es nulo con respecto a un eje de simetría, de manera que si la superficie es simétrica con respecto a un eje vertical la resultante de la fuerza hidrostática se ubicará sobre dicho eje, ya que con respecto a él la coordenada x_C está dada por:

$$x_C = \frac{I_{XY}}{y_G S} \qquad (2.30)$$

Si la superficie no es simétrica la ubicación de *R* se podrá calcular ya sea mediante las expresiones correspondientes para (x_C,y_C), o también descomponiendo la superficie en la suma de otras simétricas y ponderando adecuadamente el efecto de las fuerzas sobre cada una de ellas.

EJEMPLO 2.4

Calcular la resultante de las fuerzas hidrostáticas sobre el muro de ancho b de la presa gravitacional de pequeña altura de la Figura 2.12. El muro se encuentra apoyado sobre roca de manera que no existen subpresiones bajo él.

SOLUCIÓN:

La magnitud de la resultante es $R = P_G S$.

El centro de gravedad de la superficie de contacto entre la presa y el agua se encuentra a una profundidad $\frac{h}{2}$. Aplicando la ley hidrostática entre la superficie libre y el centro de gravedad; utilizando presiones relativas (P_{atm}=0):

$$h = \frac{P_G}{\gamma} + \frac{h}{2}$$

de donde

$$P_G = \gamma \frac{h}{2}$$

El área de la superficie en contacto con el agua es:

$$S = b\frac{h}{sen\,\alpha} = ba$$

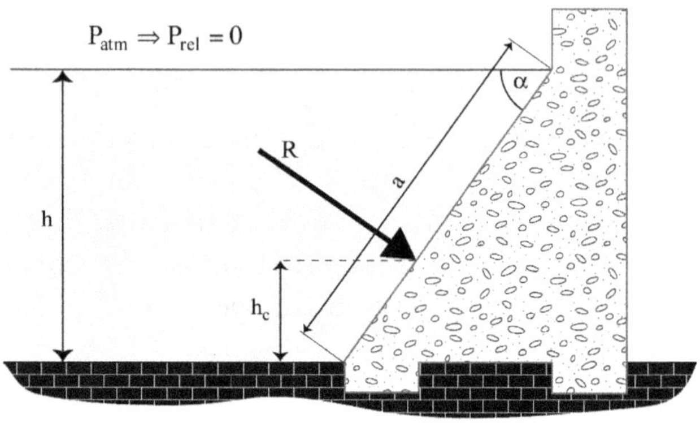

Figura 2.12. Muro de presa para el ejemplo 2.4.

Por lo tanto, la resultante vale:

$$R = \gamma ab\frac{h}{2}$$

Para determinar la ubicación de la resultante se requiere conocer, además, el momento de inercia de la superficie con respecto a un eje horizontal que pasa por su centro de gravedad. Se trata de un rectángulo de ancho b y altura a, entonces:

$$I_{XG} = \frac{ba^3}{12}$$

Por lo tanto:

$$y_C = y_G + \left(\frac{ba^3}{12}\right)\left(\frac{1}{ab}\right)\left(\frac{2}{a}\right) = \frac{a}{2} + \frac{a}{6} = \frac{2a}{3}$$

Lo que significa que la resultante se encuentra aplicada a una altura de *h/3* sobre el fondo.

Algunas veces se prefiere analizar este tipo de problemas utilizando lo que se denomina volumen de presiones, que corresponde a una representación gráfica de la magnitud de la presión sobre la superficie en cuestión. Un volumen elemental corresponde al producto de la presión por el área, que es la fuerza sobre el elemento de superficie. De manera que el volumen de presiones es la fuerza hidrostática total sobre la superficie en cuestión.

En el caso de la Figura 2.12 la presión es nula en la superficie libre y aumenta linealmente con la profundidad hasta llegar a un máximo de γh en el fondo, por lo tanto, el volumen de presiones tiene lados triangulares, de altura a y base γh, como se indica en la Figura 2.13.

La magnitud de la resultante equivale al volumen de presiones, esto es:

$$R = \gamma b a \frac{h}{2}$$

el cual es coincidente con el resultado anterior. El punto de aplicación corresponde al centro de gravedad de este volumen, que como tiene sección triangular está a *h/3* del fondo.

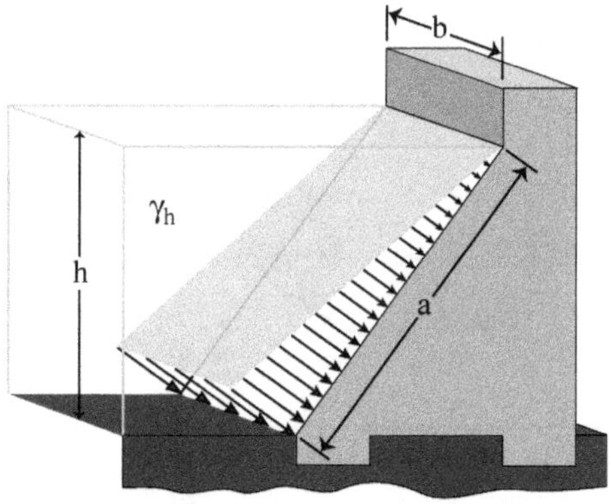

Figura 2.13. Volumen de presiones sobre el muro de la presa.

Cuando se trata de superficies simples es sencillo imaginar y dibujar el volumen de presiones y, por lo tanto, el análisis puede hacerse fácilmente en base a él. Cuando las superficies, aunque planas, son de forma compleja es difícil dibujar el volumen de presiones y será más conveniente recurrir al análisis general efectuado anteriormente basado en encontrar la resultante. En el caso de superficies curvas es prácticamente imposible de imaginar resolver situaciones reales en base al método del volumen de presiones.

2.2.2 Fuerza hidrostática sobre superficies curvas

En este caso se trata de encontrar la resultante de las fuerzas hidrostáticas sobre una superficie curva cualquiera que se encuentra en contacto con un fluido en reposo. Por tratarse de una superficie curva las fuerzas elementales no son paralelas de manera que la dirección de la resultante no es conocida con anticipación y debe calcularse. Una superficie curva cualquiera corresponde a una generalización de las superficies planas, de manera que estas últimas son un caso particular.

Supóngase una superficie S de forma cualquiera sumergida en el interior de un fluido en reposo de peso específico γ, como se indica en la Figura 2.14.

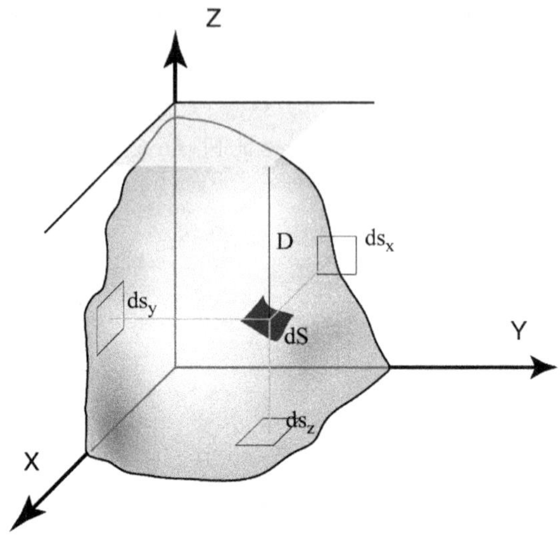

Figura 2.14. Superficie curva sometida a la acción de un fluido en reposo.

Para un elemento de superficie $\overrightarrow{\mathrm{ds}}$ que se encuentra a una profundidad D bajo la superficie libre donde existe una presión P, la fuerza hidrostática será:

$$\overrightarrow{\mathrm{dF}} = P\,\overrightarrow{\mathrm{ds}} = \gamma D\,\overrightarrow{\mathrm{ds}} \tag{2.31}$$

En este caso en que se deben sumar fuerzas de distinta dirección se acostumbra a sumar las componentes del vector en un sistema de coordenadas adecuado.

Tanto el vector $\overrightarrow{\mathrm{dF}}$ como el $\overrightarrow{\mathrm{ds}}$ pueden expresarse en función de sus componentes:

$$\overrightarrow{\mathrm{dF}} = dF_x\hat{\imath} + dF_y\hat{\jmath} + dF_z\hat{k} \tag{2.32}$$

$$\overrightarrow{\mathrm{ds}} = ds_x\hat{\imath} + ds_y\hat{\jmath} + ds_z\hat{k} \tag{2.33}$$

La fuerza total o resultante corresponde a la suma vectorial de todas las fuerzas elementales:

$$\vec{R} = \int_S \overrightarrow{\mathrm{dF}} = \int_S P\,\overrightarrow{\mathrm{ds}}$$

Lógicamente la resultante también se puede descomponer en sus componentes:

$$\vec{R} = R_x\hat{\imath} + R_y\hat{\jmath} + R_z\hat{k} \tag{2.34}$$

Las componentes de cada uno de estos vectores corresponden al producto escalar del vector por un vector unitario en la dirección deseada. Para la resultante:

$$R_x = \vec{R} \cdot \hat{\imath} \quad ; \quad R_y = \vec{R} \cdot \hat{\jmath} \quad ; \quad R_z = \vec{R} \cdot \hat{k} \tag{2.35}$$

La componente en la dirección X puede calcularse como:

$$R_x = \vec{R} \cdot \hat{\imath} = \int_S P\,\overrightarrow{\mathrm{ds}} \cdot \hat{\imath} = \int_{S_x} P ds_x$$

donde S_x es la proyección de la superficie curva sobre un plano vertical que contiene a los ejes YZ, esto es con dirección $\hat{\boldsymbol{\imath}}$. Se trata, por lo tanto, de una superficie plana. Las componentes en las otras direcciones pueden obtenerse similarmente de manera que, en general:

$$R_x = \int_{S_X} P ds_x \quad ; \quad R_y = \int_{S_Y} P ds_y \quad ; \quad R_z = \int_{S_Z} P ds_z \tag{2.36}$$

Las expresiones para R_x y R_y son absolutamente similares a la encontrada para la magnitud de la resultante (2.25) que se obtuvo en el caso de superficies planas, ya que S_x, S_y son de hecho superficies planas y P es la presión sobre cada uno de sus elementos. De aquí se concluye que la fuerza horizontal (R_x,R_y) sobre una superficie curva es igual a la que ejerce el fluido sobre una superficie plana vertical de área igual a la proyección de la superficie en la dirección de la fuerza. El punto de aplicación será aquel que le corresponda a la fuerza sobre la superficie plana que resulta en la proyección.

El caso de la resultante vertical es ligeramente diferente. Teniendo en cuenta que la presión en un punto cualquiera sobre la superficie puede calcularse como $P=\gamma D$, donde D es la distancia desde la superficie libre a la superficie en cuestión, la fuerza vertical se puede evaluar como:

$$R_z = \int_{S_z} P ds_z = \int_{S_z} \gamma D ds_z = \int_{V_z} \gamma dV = \gamma V_z \tag{2.37}$$

siendo dV el volumen elemental que hay entre la superficie en cuestión y la superficie libre.

De donde se aprecia que la fuerza vertical se puede calcular como el peso de fluido contenido en el volumen definido entre la superficie libre y la superficie curva como si el fluido gravitara sobre la superficie.

Los puntos de aplicación de cada una de las componentes de la fuerza hidrostática sobre una superficie curva se pueden calcular entendiendo que estos deben ser tales que si la resultante se aplica en ellos el momento que ejercen debe ser igual a la suma de los momentos elementales de las fuerzas a las cuales reemplazan. Para el caso de la ubicación del punto de aplicación de la fuerza horizontal supóngase que se instala el sistema de coordenadas de manera que el eje X coincide con la dirección de la resultante horizontal. Entonces se trata de determinar un punto de coordenadas (y_H, z_H) por donde pasa esta resultante. Tomando momentos con respecto al eje Z se obtiene:

$$y_H R_H = \int_S y dF_H = \int_{S_H} y P ds_H$$

donde S_H es la proyección de la superficie sobre un plano vertical. De manera que:

$$y_H = \frac{1}{R_H} \int_{S_H} y P ds_H \tag{2.38}$$

Esta expresión es similar a la que se obtuvo en el caso de una superficie plana de dimensiones y forma dada por S_H. Por lo tanto, el punto de aplicación de la fuerza horizontal es el que resulta si se considera una superficie plana vertical igual a la proyección de la superficie en cuestión sobre un plano que tiene la dirección de la resultante.

Para el caso de la fuerza vertical debe ubicarse un punto de coordenadas (x_V, y_V) tal que si la línea de acción de la resultante vertical pasa por este punto el momento que ella ejerce es igual a la suma de los momentos de las fuerzas elementales sobre ese mismo eje. Esto es:

$$x_V R_z = \int_S x dF_z = \int_{S_z} x P ds_z$$

Pero se sabe que $R_z = \int_{S_z} P ds_z$ y la presión puede calcularse como $P = \gamma D$ de manera que si el fluido es homogéneo:

$$x_V \int_{S_z} \gamma D ds_z = \int_{S_z} x \gamma D ds_z \tag{2.39}$$

tal que simplificando el peso específico:

$$x_V = \frac{\int x dV}{\int dV} \tag{2.40}$$

donde dV representa un elemento de volumen de altura D y área ds_z. De manera que la coordenada del punto de aplicación de la componente vertical no es otra que la del centro de gravedad del volumen que hay entre la superficie libre y la superficie en cuestión.

Es necesario destacar algunos aspectos que están implícitos en el análisis que se ha efectuado. En primer lugar, las componentes de la fuerza hidrostática sobre superficies curvas no son necesariamente concurrentes sobre la misma superficie. Es decir, dependiendo de la forma de la superficie es posible que resulte una fuerza y además un momento neto sobre ella, en cuyo caso la superficie deberá estar soportada por elementos externos para permanecer en equilibrio frente a la acción de las presiones. Debe tenerse presente que no es necesario que exista fluido entre la superficie en cuestión y la superficie libre, de todas maneras, la fuerza vertical se puede calcular como si esa zona estuviera con fluido ficticio. Incluso en algunos casos en los cuales hay presiones negativas, la superficie libre puede estar bajo la superficie sobre la cual se desea conocer la fuerza hidrostática. En cualquier caso, la componente vertical se puede estimar como el peso del volumen de fluido entre la superficie en cuestión y la superficie libre dondequiera que ella se encuentre.

EJEMPLO 2.5

En una de las paredes verticales de un acuario se instala una ventana de observación consistente en una semiesfera de plástico transparente hacia adentro del acuario como se indica en la Figura 2.15. Calcular las componentes horizontal y vertical de la fuerza hidrostática sobre la ventana. Suponga h=2m y R=1m.

Figura 2.15. Ventana semiesférica en la pared vertical de un acuario.

SOLUCIÓN:

Para la componente horizontal se considera que la proyección de la semiesfera sobre un plano vertical es un círculo de igual radio. Entonces:

$$\begin{aligned} R_H &= P_G S_H = \gamma h \pi R^2 = \rho g h \pi R^2 \\ &= 1000 \cdot 9{,}8 \cdot 2 \times \pi \times 1^2 = 61.575\ N \end{aligned}$$

Su punto de aplicación se calcula como si se tratara de una superficie plana de forma circular:

$$\begin{aligned} y_C &= y_G + \frac{I_{XG}}{y_G A} = h + \frac{\pi R^4}{h \cdot 4 \cdot \pi R^2} = h + \frac{R^2}{4h} \\ &= 2 + \frac{1}{4 \cdot 2} = 2 + 0{,}125 = 2{,}125\ m \end{aligned}$$

Para la componente vertical se puede considerar la semiesfera dividida a su vez en dos mitades por un plano horizontal que pasa por su centro. La fuerza vertical sobre la ventana será igual a la suma de la fuerza sobre la parte inferior más la fuerza sobre la parte superior.

Sobre la mitad superior de la semiesfera, la fuerza vertical equivale al peso del volumen de fluido entre ella y la superficie libre. Este volumen es igual al de un semicilindro de altura h y base semicircular de radio R, menos el volumen de la mitad de la semiesfera. Es decir:

$$\begin{aligned} F_{v1} &= \gamma \left(h \cdot \frac{\pi R^2}{2} - \frac{1}{2} \cdot \frac{1}{2} \cdot \frac{4 \pi R^3}{3} \right) = \gamma \left(h \pi \frac{R^2}{2} - \frac{\pi R^3}{3} \right) \\ &= \rho g \left(2 \cdot \pi \cdot \frac{1^2}{2} - \frac{\pi \cdot 1^3}{3} \right) = 1000 \cdot 9{,}8 \cdot \left(\pi - \frac{\pi}{3} \right) = 20.525\ N \end{aligned}$$

Esta componente es vertical hacia abajo.

Sobre la mitad inferior de la esfera, el fluido ejerce una fuerza vertical hacia arriba equivalente al peso del volumen que hay entre ella y la superficie libre. Se debe notar que ello se calcula así a pesar de que en la realidad no todo este volumen está ocupado por el líquido. Ello se debe a que las presiones en la parte inferior de la semiesfera son iguales a la profundidad por el peso específico del líquido.

$$\begin{aligned} F_{v2} &= \gamma \left[h \cdot \frac{\pi R^2}{2} + \frac{1}{2} \cdot \frac{1}{2} \cdot \frac{4}{3} \cdot \pi R^3 \right] \\ &= 1000 \cdot 9{,}8 \cdot \left(\pi + \frac{\pi}{3} \right) = 41.050\ N \end{aligned}$$

Entonces, la componente vertical neta es:

$$F_v = -F_{v1} + F_{v2} = -20.525 + 41.050 = 20.525\ N$$

Se puede observar que esta fuerza es idéntica al peso de la semiesfera llena de agua, pero hacia arriba.

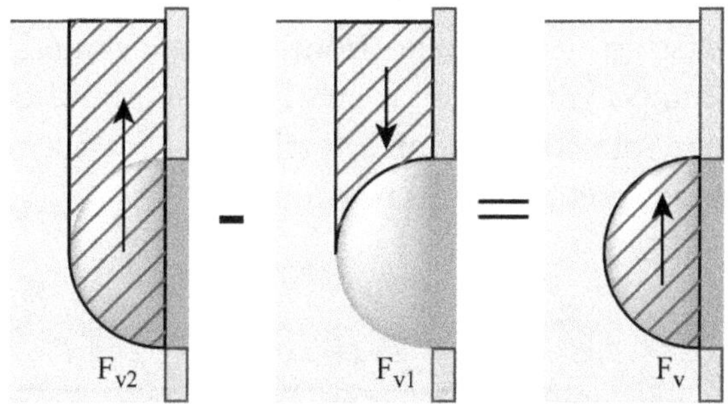

Figura 2.16. Volúmenes considerados en el análisis de la fuerza vertical.

¿Qué pasa con la resultante horizontal y vertical si la ventana semiesférica en lugar de colocarse hundida hacia el interior del acuario se coloca saliendo hacia el exterior?

2.3 FUERZAS SOBRE CUERPOS

2.3.1 Fuerzas sobre cuerpos sumergidos. Empuje.

Un cuerpo sumergido corresponde, desde el punto de vista del fluido que actúa sobre él, a un volumen definido por una superficie cerrada que lo limita. Lo que hay al interior de la superficie, no lo sabe el fluido, ni interesa. La acción del fluido en reposo sobre este cuerpo será igual a la resultante del efecto de las presiones sobre la superficie que define al cuerpo. El fluido solo actúa sobre la superficie, independientemente de lo que haya en su interior y, por lo tanto, de cómo esté ocupado el volumen del cuerpo.

En la Figura 2.17 se muestra un cuerpo totalmente sumergido de volumen v_c. Se ha designado por v_1 al volumen de líquido entre la superficie libre y la superficie superior del cuerpo, limitado por el manto de un cilindro vertical tangente al cuerpo. De esta forma v_1 corresponde al volumen de líquido que gravita sobre el cuerpo.

Si el fenómeno se desarrolla en un campo de fuerza gravitacional, $\vec{f}_m = -g\hat{k}$, la resultante de las fuerzas horizontales es nula ya que sobre una superficie curva cualquiera la fuerza hidrostática horizontal es igual a la que se produce sobre la proyección de dicha superficie en un plano vertical. Si el cuerpo se observa horizontalmente desde dos puntos opuestos se ve la misma superficie, por lo tanto, las fuerzas horizontales son iguales y contrarias y se anulan. Entonces la resultante de las fuerzas hidrostáticas puede ser solo vertical.

Si la fuerza horizontal no fuera nula, o dependiera de la forma del cuerpo, este tendería a desplazarse en el sentido horizontal al estar sumergido, cuestión que no ocurre en un campo gravitacional en el cual la intensidad del campo de fuerzas másicas tiene solo componentes verticales, pero puede ocurrir en otros campos de fuerzas con componentes horizontales.

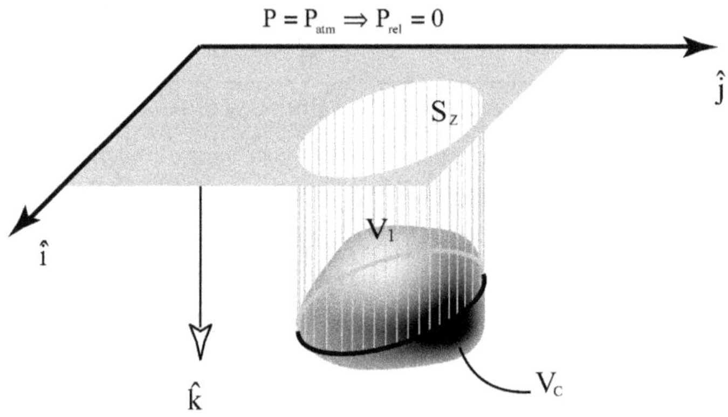

Figura 2.17. Análisis de un cuerpo sumergido de volumen V_c.

La fuerza vertical total corresponde a la suma de la fuerza hidrostática sobre la superficie inferior más la que actúa sobre la superficie superior que define al cuerpo. Sobre la superficie superior la fuerza es hacia abajo igual a:

$$F_1 = \gamma v_1 \tag{2.41}$$

Sobre la superficie inferior es hacia arriba con valor:

$$F_2 = \gamma (v_1 + v_c) \tag{2.42}$$

La fuerza hidrostática total será la suma vectorial de ambas:

$$F_v = F_2 - F_1 = \gamma (v_1 + v_c) - \gamma v_1 = \gamma v_c$$

Lo que se acostumbra a poner como:

$$E = \gamma v_c \tag{2.43}$$

La fuerza hidrostática total es vertical hacia arriba e igual al peso del volumen de fluido desalojado por el cuerpo. Se evalúa como el producto del volumen del cuerpo por el peso específico del fluido.

Esta relación, válida para cualquier cuerpo sumergido en un fluido en reposo bajo la acción de la gravedad, se conoce como principio de Arquímedes (siglo III a. C.). La resultante recibe el nombre de **empuje** o **subpresión**. No está de más recalcar que el empuje corresponde a la resultante de fuerzas de superficie, aunque desde el punto de vista práctico se utilice el volumen del cuerpo para calcularlo.

El empuje actúa en el centro de gravedad del volumen sumergido considerando que está lleno de fluido, que recibe el nombre de **volumen de carena** y el punto de acción, **centro de carena.** El centro de carena no siempre coincide con el centro de gravedad del cuerpo, sólo ocurre así en el caso de cuerpos homogéneos sumergidos en fluidos homogéneos.

El principio de Arquímedes puede demostrarse extendiéndolo al caso de un campo de fuerzas cualquiera no necesariamente gravitacional. Para ello debe evaluarse la fuerza total que ejerce el fluido sobre la superficie cerrada S que define al cuerpo de volumen *V*. Sobre cada elemento de superficie $\overrightarrow{\mathrm{ds}}$ la presión *P* ejerce una fuerza $\overrightarrow{\mathrm{dF}}$ hacia el interior del cuerpo dada por:

$$\overrightarrow{\mathrm{dF}} = P\,\overrightarrow{\mathrm{ds}} \tag{2.44}$$

La fuerza total, el empuje, sobre toda la superficie cerrada S corresponderá a la suma de estas fuerzas:

$$\vec{\boldsymbol{E}} = \int_S P\,\overrightarrow{\mathbf{ds}} = -\int_S P\hat{\boldsymbol{n}}ds \tag{2.45}$$

siendo $\hat{\boldsymbol{n}}$ un vector unitario dirigido hacia el exterior de la superficie *ds*.

Para evaluar la integral se puede utilizar el teorema del gradiente el cual establece que si f es una función escalar definida y $\hat{\boldsymbol{n}}$ un vector unitario dirigido hacia el exterior de la superficie se cumple la siguiente igualdad:

$$\int_S f\hat{\boldsymbol{n}}ds = \int_V \mathbf{grad}f dv$$

siendo *V* el volumen encerrado por la superficie *S*. Entonces, utilizando esta relación en el caso del empuje:

$$\vec{\boldsymbol{E}} = -\int_S P\hat{\boldsymbol{n}}ds = -\int_V \mathbf{grad}P dv \tag{2.46}$$

pero según la ley hidrostática $\mathbf{grad}P = \rho_f \vec{f}_m$, siendo ρ_f la masa específica del fluido y $\vec{f}_m$ la intensidad del campo de fuerzas. Entonces:

$$\vec{\boldsymbol{E}} = -\int_V \rho_f \overrightarrow{\boldsymbol{f}_m} dv \tag{2.47}$$

Expresión general para el empuje. Si el fluido es homogéneo y la intensidad del campo de fuerzas es constante en el volumen V, esta ecuación se puede integrar fácilmente y se obtiene:

$$\vec{\boldsymbol{E}} = -\rho_f \overrightarrow{\boldsymbol{f}_m} V_c \tag{2.48}$$

La fuerza de empuje tiene la misma dirección y sentido contrario a la intensidad del campo de fuerzas.

En el caso particular de un campo de fuerzas gravitacional en que $\overrightarrow{\boldsymbol{f}_m} = -g\hat{\boldsymbol{k}}$, se obtiene lo que planteara Arquímedes: el empuje es igual al peso del volumen de fluido desalojado por el cuerpo y su dirección es vertical hacia arriba.

EJEMPLO 2.6

Un cuerpo homogéneo de pequeñas dimensiones de masa específica ρ_1 y volumen v está sumergido en un recipiente que contiene fluido de masa específica ρ_0 y gira a velocidad angular constante ω. Analizar las posiciones de equilibrio del cuerpo, que puede considerarse como una partícula de material que está sumergida en un fluido en el interior de una centrífuga.

SOLUCIÓN:

Para este caso, considerando un sistema de coordenadas cilíndricas:

$$\vec{f}_m = -g\hat{k} + R\omega^2\hat{r}$$

Entonces la fuerza total sobre la partícula sumergida es:

$$\begin{aligned}\vec{\mathbf{F}}_T = \vec{\mathbf{E}} + \vec{\mathbf{W}} &= -\int_V \rho_0 \vec{\mathbf{f}}_m dv + \int_V \rho_1 \vec{\mathbf{f}}_m dv = -(\rho_0 - \rho_1)\int_V \vec{\mathbf{f}}_m dv \\ &= -(\rho_0 - \rho_1)\left[-g\hat{\mathbf{k}}\int_V dv + \omega^2\hat{\mathbf{r}}\int_V R dv\right]\end{aligned}$$

Si la partícula es pequeña, la segunda integral puede reemplazarse por el producto de la distancia desde su centro de gravedad por su volumen, por lo tanto:

$$\vec{F}_T = -(\rho_0 - \rho_1)(-gV\hat{k} + R\omega^2 V\hat{r})$$

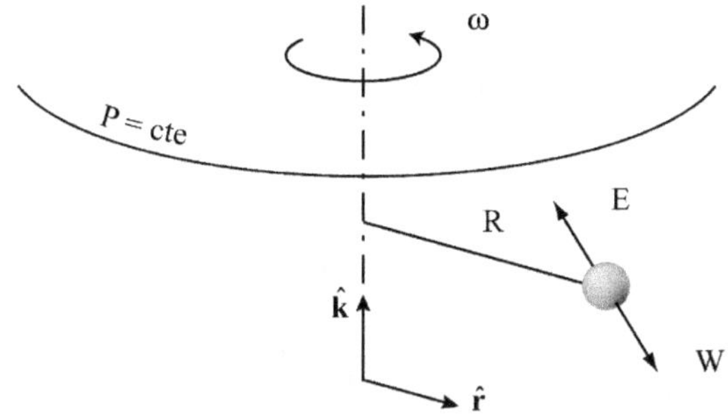

Figura 2.18. Situación de una partícula sumergida en un fluido en movimiento giratorio.

La fuerza total sobre el cuerpo puede descomponerse en la suma de una fuerza horizontal y otra vertical.

$$\vec{F}_T = \vec{F}_H + \vec{F}_V$$

Donde:

$$F_V = (\rho_0 - \rho_1) g V$$

$$F_H = -(\rho_0 - \rho_1) R V \omega^2$$

Si $\rho_0 = \rho_1$, partículas de igual masa específica que el fluido, entonces $F_H=0$ y $F_V=0$. Por lo tanto, el cuerpo permanece sumergido en una posición cualquiera sin desplazarse. Esto es lo que les ocurre a partículas del propio fluido.

Si $\rho_0 < \rho_1$, partículas más pesadas que el fluido, entonces $F_H>0$ y $F_V<0$. Estas partículas tienden a sumergirse y a alejarse del eje.

Si $\rho_0 > \rho_1$, partículas más livianas que el fluido, entonces $F_H<0$ y $F_V>0$. En este caso las partículas tienden a acercarse del eje y flotar.

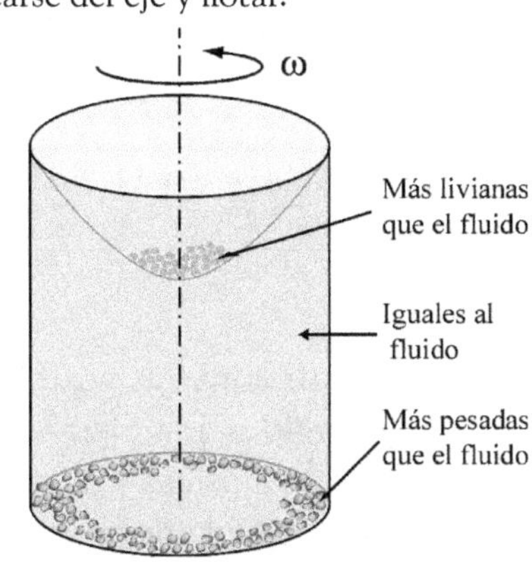

Figura 2.19. Posiciones de equilibrio de partículas en una centrífuga.

Este comportamiento es aplicable en las centrífugas y en los ciclones para la separación y selección de partículas. La rapidez con que se acercan o alejan del eje depende de $\rho_1 - \rho_0$ y de la velocidad de rotación del fluido en su interior.

2.3.2 Equilibrio y estabilidad de cuerpos sumergidos

Conocidas las fuerzas que actúan sobre cuerpos sumergidos se pueden analizar las condiciones de equilibrio. El equilibrio supone que la suma de todas las fuerzas y momentos que actúan sobre el cuerpo es nula, de manera que el cuerpo no se mueve. Sin embargo, si por cualquier circunstancia es desplazado de su posición queda en evidencia que el equilibrio puede ser estable, indiferente o inestable, que corresponden a situaciones similares a las que se muestran en la Figura 2.20.

El equilibrio estable corresponde a situaciones en las cuales, al desplazar levemente el cuerpo desde su posición de equilibrio, este tiende a volver a la situación primitiva.

El equilibrio es indiferente si al desplazarlo no tiende ni a acercarse ni a alejarse de su posición original.

Finalmente, es inestable si un desplazamiento leve hace que el cuerpo se aleje de su posición de equilibrio original.

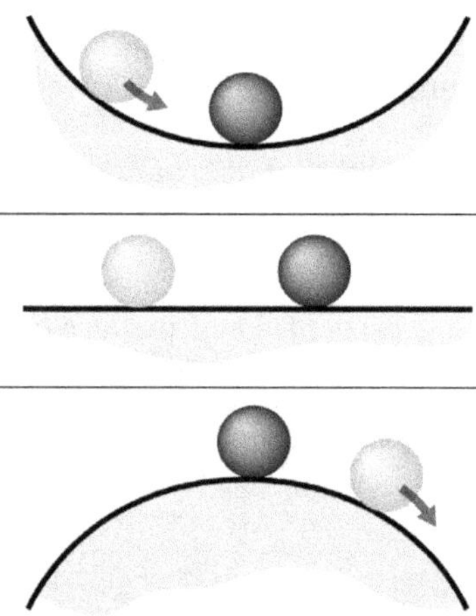

Figura 2.20. Condiciones típicas de equilibrio estable, indiferente e inestable de un cuerpo frente a un pequeño desplazamiento.

Teniendo en cuenta estas definiciones es posible determinar las condiciones de equilibrio de cuerpos sumergidos. Las fuerzas totales que actúan sobre un cuerpo sumergido son de dos tipos: másicas y de superficie.

Las fuerzas másicas son inherentes al cuerpo y a la acción del campo de fuerzas a que está sometido. Se calculan como:

$$\vec{W} = \int_V \rho_c \vec{f}_m \, dv \tag{2.49}$$

donde ρ_c es la masa específica del cuerpo.

La resultante está aplicada en el centro de gravedad del cuerpo en la misma dirección que la intensidad del campo de fuerzas. En un campo de fuerzas gravitacionales corresponden al peso propio del cuerpo.

Las fuerzas de superficie son el resultado de la acción del fluido sobre la superficie del cuerpo. Se traducen en el empuje y actúan en el centro de carena. Para un campo de fuerzas cualquiera se tiene:

$$\vec{\boldsymbol{E}} = -\int_V \rho_f \vec{\boldsymbol{f}}_m dv \tag{2.50}$$

donde ρ_f es la masa específica del fluido.

Para un cuerpo sumergido el equilibrio exige:

$$\vec{\boldsymbol{E}} + \vec{\boldsymbol{W}} = \boldsymbol{0} \tag{2.51}$$

Si el empuje es mayor que el peso el cuerpo tenderá a flotar. Si es menor el cuerpo tiende a hundirse. Si el empuje y el peso son iguales entonces el cuerpo está en equilibrio. Este equilibrio puede ser estable, inestable o indiferente frente a un pequeño desplazamiento o frente a un pequeño giro dependiendo de cómo cambie el empuje y el peso del cuerpo al desplazarlo, o de las posiciones relativas entre el centro de carena y el centro de gravedad.

Para analizar las condiciones de equilibrio frente a desplazamientos será necesario evaluar los cambios que experimenten el peso y el empuje cuando el cuerpo se desplaza. Si ambas fuerzas permanecen iguales, como ocurre con cuerpos de peso constante en fluidos incompresibles, el equilibrio es indiferente. Si el volumen del cuerpo cambia al desplazarse, o el equilibrio involucra fluidos compresibles, las condiciones de estabilidad deben analizarse con detención.

Las condiciones de equilibrio frente a pequeños giros pueden analizarse con ayuda de la Figura 2.21.

El equilibrio será estable si el centro de carena, C, queda sobre el centro de gravedad, G, ya que, en este caso, al girar el cuerpo levemente se genera un momento que tiende a hacerlo volver a su posición original.

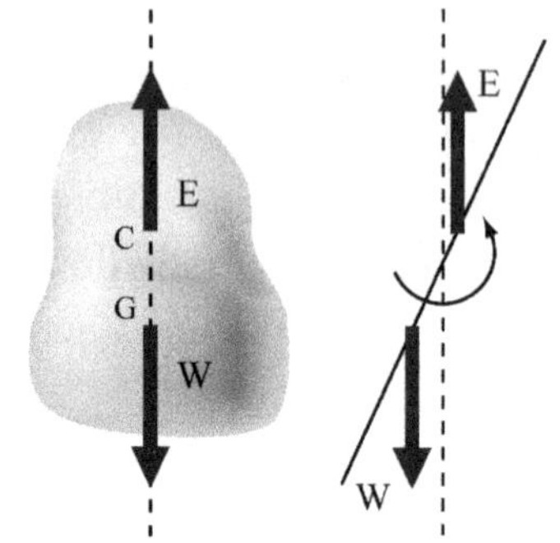

El equilibrio es indiferente si ambos puntos coinciden, ya que frente a un pequeño giro no se genera ningún momento y el cuerpo permanece en su nueva posición.

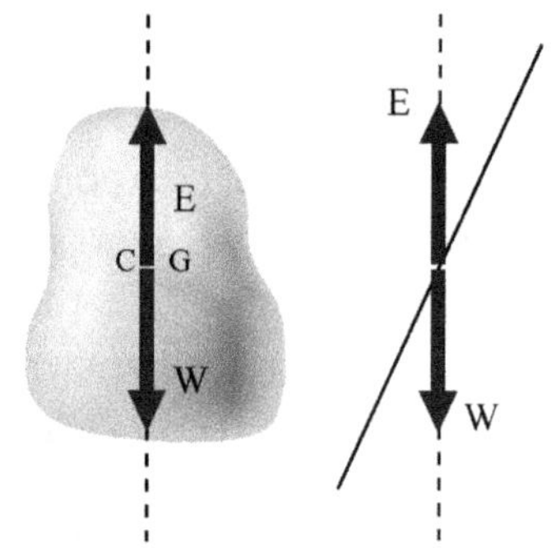

Finalmente, el equilibrio es inestable si el centro de carena está bajo el centro de gravedad. En esta situación, al girar el cuerpo se genera un momento que tiende a alejarlo de su posición original.

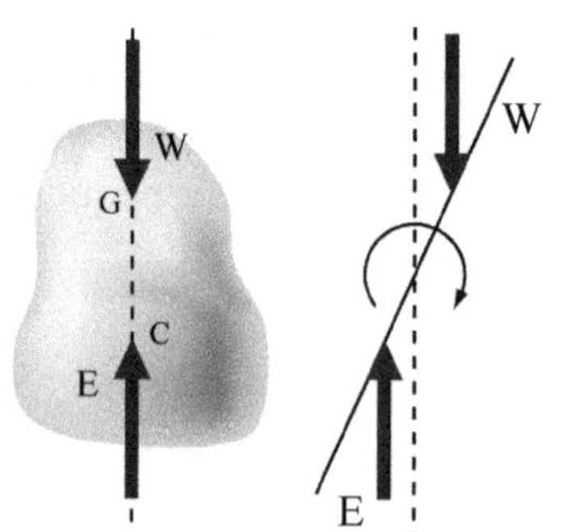

Figura 2.21. Condiciones de equilibrio estable, indiferente e inestable de un cuerpo sumergido, frente a un pequeño giro.

EJEMPLO 2.7

Un globo aerostático tiene un volumen fijo de v_1=500 m^3. En su parte inferior está abierto a la atmósfera donde se instala un quemador que permite aumentar la temperatura del aire dentro del globo el cual puede considerarse como un gas ideal.

El peso del aparato y del pasajero es de W=1.500 N, sin incluir el del aire dentro del globo. La atmósfera que rodea al globo también puede suponerse como un gas ideal en reposo en la cual la temperatura disminuye linealmente con la altura a razón de 0,01K por metro. Se puede considerar que, a nivel del suelo, z=0, la temperatura absoluta es de T_0=293K, la masa específica del aire es ρ_0=1,23 kg/m^3 y la presión absoluta P_0=1 bar.

Se pide determinar la temperatura a que debe calentarse el aire en el interior del globo para que comience a subir desde el suelo. Además, se desea saber a qué altura se alcanza el equilibrio si el aire del interior del globo se calienta a T_1=400K.

SOLUCIÓN:

Para que el globo comience a subir es necesario que:

$$E - W_{globo} - W_{aire} \geq 0$$

donde el peso del aire al interior del globo es:

$$W_{aire} = \rho_c v_1 g$$

siendo ρ_c la masa específica del aire caliente dentro del globo. El empuje está dado por $E=\rho_a v_1 g$, siendo ρ_a la masa específica del aire atmosférico que rodea al globo. Entonces la condición necesaria para que el globo comience a subir es:

$$\rho_a v_1 g - \rho_c v_1 g - W \geq 0$$

de donde:

$$\rho_c \leq \frac{\rho_a v_1 g - W}{g v_1}$$

Reemplazando los valores numéricos se obtiene:

$$\rho_c \leq 0{,}924\ kg/m^3$$

Como se trata de un gas ideal y mientras está a nivel del suelo la presión es constante, la temperatura del aire en el interior para que comience a subir debe ser:

$$T_c = \frac{\rho_0 T_0}{\rho_c} = \frac{1{,}230}{0{,}924} \cdot 293 = 390°K$$

Si el aire en el interior se calienta a 400 °K, el globo comenzará a subir hasta alcanzar una nueva posición de equilibrio a una altura z tal que:

$$E - W - \rho_c v_1 g = 0$$

donde ahora ρ_c representa la masa específica del aire caliente a 400 °K y a una presión que corresponde a la de la atmósfera a esa altura. Además, $E=\rho_a v_1 g$ siendo ρ_a la masa específica del aire atmosférico a la altura z. Entonces la condición de equilibrio es:

$$\rho_a v_1 g - W - \rho_c v_1 g = 0$$

Como tanto el aire atmosférico como el que hay en el interior del globo son gases ideales, sus masas específicas pueden calcularse en función de la temperatura y la presión por:

$$\rho_c = \frac{P_z}{RT_1}$$

$$\rho_a = \frac{P_z}{RT_z} = \frac{P_z}{R(T_0 - \lambda z)}$$

Es claro, además, que la constante R puede reemplazarse por:

$$R = \frac{P_0}{T_0 \rho_0}$$

Entonces, para calcular ρ_a y ρ_c se requiere conocer la presión a la altura z, P_z. Para ello se puede recurrir al desarrollo 2.1.2 c) donde se obtuvo la expresión (2.20):

$$P_z = P_0 \left[\frac{T_0 - \lambda z}{T_0}\right]^{\frac{g}{\lambda R}}$$

Reemplazando este valor en las expresiones para ρ_a y ρ_c y éstas a su vez en la condición de equilibrio se obtiene:

$$g v_1 \frac{\rho_0 T_0}{T_0 - \lambda z} \left[\frac{T_0 - \lambda z}{T_0}\right]^{\frac{g \rho_0 T_0}{\lambda P_0}} - W - g v_1 \frac{\rho_0 T_0}{T_1} \left[\frac{T_0 - \lambda z}{T_0}\right]^{\frac{g \rho_0 T_0}{\lambda P_0}} = 0$$

$$g v_1 \rho_0 \left[\frac{T_0 - \lambda z}{T_0}\right]^{\frac{g \rho_0 T_0}{\lambda P_0} - 1} - W - g v_1 \rho_0 \frac{T_0}{T_1} \left[\frac{T_0 - \lambda z}{T_0}\right]^{\frac{g \rho_0 T_0}{\lambda P_0}} = 0$$

Ecuación que debe resolverse para z. Reemplazando los valores numéricos y simplificando se obtiene:

$$6027 \cdot \left[\frac{293 - 0{,}01z}{293}\right]^{2{,}532} - 1500 - 4415 \cdot \left[\frac{293 - 0{,}01z}{293}\right]^{3{,}532} = 0$$

Resolviendo numéricamente esta ecuación se obtiene f(z)=0 para z=4.528 m.

2.3.3 Equilibrio estable de fluidos en reposo

Un fluido incompresible homogéneo en reposo está siempre en equilibrio indiferente ya que al desplazar un pequeño volumen de él su peso y empuje no cambian, por lo tanto, en la nueva posición el equilibrio de fuerzas es idéntico al existente en la posición original. Si el fluido es incompresible pero no homogéneo, la condición de equilibrio estable exige que el fluido más pesado se encuentre abajo. Esta es la condición típica para los líquidos cuya masa específica permanece constante. Por lo tanto, el peso de un volumen elemental no cambia al desplazarlo, pero sí su empuje, el que depende del fluido que lo rodea, y como consecuencia disminuye si el volumen elemental se desplaza verticalmente hacia arriba, generándose en esta nueva posición una fuerza que tiende a hacerlo volver a su situación original. Si se considera la compresibilidad del líquido, o los pequeños cambios de masa específica asociados a variaciones de temperatura, las condiciones de equilibrio estable deben evaluarse en función de la relación que exista entre esas variables.

En el caso de los gases, que son altamente compresibles, las condiciones de equilibrio estable no son simples. De hecho, no es suficiente para ello que el gas más pesado se encuentre abajo ya que al desplazarlo verticalmente la masa específica dependerá de las condiciones de presión y temperatura existentes en la nueva posición, y puede ocurrir que en este caso la masa específica disminuya más que la del gas que lo rodea tendiendo a alejarlo de su posición de equilibrio original, dando lugar a una condición de inestabilidad.

EJEMPLO 2.8

Un caso interesante de analizar en relación con el equilibrio estable de un gas es el que ocurre con el aire en la atmósfera. Cuando se desplaza una partícula de él en forma vertical ella adoptará la presión del aire que lo rodea. Este cambio de presión produce un cambio de la masa específica del elemento desplazado. El nuevo valor de la masa específica puede ser mayor, menor o igual que la del aire que la rodea, lo que indica que la condición de equilibrio estable no es necesariamente que el aire más pesado esté abajo. Si la masa específica en la nueva posición resulta ser menor que la del aire que la rodea, el sistema está en equilibrio inestable ya que las partículas desplazadas tenderán a seguir subiendo.

Las condiciones de estabilidad del aire atmosférico tienen consecuencias prácticas importantes en la mantención del *smog* sobre las ciudades, así como en las grandes inestabilidades verticales que son la causa de las tormentas convectivas y granizadas. Suponiendo que los procesos atmosféricos pueden considerarse adiabáticos, encuentre la condición de equilibrio estable del aire en la atmósfera indicando cuál debe ser la variación de su masa específica con la altura. Si se supone, además, que el aire es un gas ideal exprese la condición de estabilidad en función de la variación de la temperatura con la altura.

SOLUCIÓN:

Supóngase que la atmósfera está en reposo de manera que a una altura Z_0 tiene una presión P_0, una temperatura T_0 y una masa específica ρ_0 que satisfacen las condiciones de equilibrio. Si se toma un pequeño volumen de aire en estas condiciones y se desplaza verticalmente una altura dz en forma adiabática, en su nueva posición adoptará condiciones ρ_1, P_1 y T_1 mientras el aire que lo rodea tiene características ρ, P, T. La condición de equilibrio estable se obtiene de comparar ρ_1 con ρ ya que la fuerza total es la suma de peso y empuje:

$$F_T = E - W$$

$$F_T = \rho g v - \rho_1 g v$$

$$F_T = (\rho - \rho_1) g v$$

Si $\rho_1 < \rho$ el empuje es mayor que el peso y el volumen de aire desplazado tiende a seguir subiendo (equilibrio inestable).

Si $\rho_1 = \rho$ permanece en la nueva posición (indiferente).

Si $\rho_1 > \rho$ la partícula baja, o se devuelve a su posición original, y el equilibrio es estable.

Como al desplazar el volumen sigue un proceso adiabático:

$\frac{P_1}{\rho_1^{\kappa}} = \frac{P_0}{\rho_0^{\kappa}}$ con κ=1,4 para el aire

la masa específica del aire desplazado es:

$$\rho_1 = \rho_0 \left(\frac{P_1}{P_0}\right)^{\frac{1}{\kappa}}$$

pero se puede aceptar que P_1=P que es la presión de la atmósfera a la altura $z+dz$ que rodea al volumen desplazado, la que se puede estimar mediante:

$$P = P_0 + \left(\frac{\partial P}{\partial z}\right)_0 dz$$

Entonces reemplazando P_1 por P y expresando esta en función de P_0 en la expresión para ρ_1 se tiene:

$$\rho_1 = \rho_0 \left[1 + \left(\frac{\partial P}{\partial z}\right)_0 \frac{dz}{P_0}\right]^{\frac{1}{\kappa}}$$

recordando que si x es pequeño $(1+x)^a=1+ax+\ldots$, la masa específica del aire desplazado en función de las condiciones originales es:

$$\rho_1 = \rho_0 + \frac{\rho_0}{\kappa P_0}\left(\frac{\partial P}{\partial z}\right)_0 dz$$

la que se debe comparar con la masa específica ρ del aire atmosférico a la altura de $z+dz$ que en función de lo que ocurre en z_0 es:

$$\rho = \rho_0 + \left(\frac{\partial \rho}{\partial z}\right)_0 dz$$

Comparando ρ_1 con ρ en la condición de equilibrio inestable se tiene:

$$\frac{\rho_0}{\kappa P_0}\left(\frac{\partial P}{\partial z}\right)_0 < \left(\frac{\partial \rho}{\partial z}\right)_0$$

Como el aire que rodea al pequeño volumen desplazado se encuentra en reposo cumple con la ley hidrostática:

$$\frac{\partial P}{\partial z} = -\rho g$$

Entonces, para una altura z cualquiera el equilibrio es inestable si:

$$\left(\frac{\partial \rho}{\partial z}\right)_0 > -\frac{g\rho_0^2}{\kappa P_0}$$

Esto indica que puede haber inestabilidad, aunque la masa específica disminuya con la altura, es decir, aunque $\frac{\partial P}{\partial z}$ sea negativo.

Debido a que la masa específica es más difícil de medir que la temperatura, es interesante expresar la condición de inestabilidad en función de esta. Si el aire es un gas ideal:

$$T = \frac{P}{\rho R}$$

$$\frac{dT}{dz} = \frac{1}{R}\left(\frac{1}{\rho}\frac{dP}{dz} - \frac{P}{\rho^2}\frac{d\rho}{dz}\right)$$

Reemplazando $\frac{\partial P}{\partial z}$ por la condición de equilibrio crítico y $\frac{\partial P}{\partial z}$ por la ley hidrostática se obtiene:

$$\frac{dT}{dz} = -\frac{g}{R}\left(1 - \frac{1}{\kappa}\right)$$

Para el aire atmosférico, considerando R=288 se obtiene inestabilidad si:

$$\frac{dT}{dz} < -0{,}0097°C/m \approx -1°C/100m$$

Este valor se conoce como el gradiente adiabático seco.

Si se mide la temperatura en función de la altura y se observa que esta disminuye más de 1 °C cada 100 metros se está frente a una condición de inestabilidad en la cual se crea una corriente vertical ascendente. Esto ocurre habitualmente en las épocas de calor durante las cuales la superficie del suelo se calienta, y por lo tanto el aire en contacto con él. Durante las épocas frías ocurre lo contrario el aire cerca del suelo está frío y tiende a ser estable ya que apenas disminuye la temperatura con la altura, pudiendo ocurrir incluso que aumente en algunas capas, lo que se conoce como inversión térmica, que es muy estable. Bajo estas condiciones el aire sucio cerca del suelo tiende a permanecer, como ocurre en invierno en ciudades con esmog. Estas condiciones se ilustran gráficamente en la Figura 2.22 para tres casos típicos.

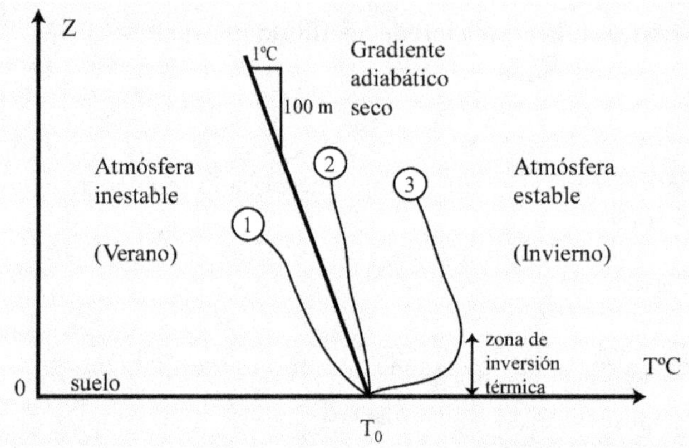

Figura 2.22. Condiciones de estabilidad del aire atmosférico y tres posibles perfiles verticales de temperatura.

2.3.4 Equilibrio de cuerpos flotantes

El empuje en cuerpos flotantes, al igual que en el caso de cuerpos sumergidos, corresponde al peso del volumen de fluido desplazado y actúa en el centro de gravedad de este volumen, el centro de carena. Para que un cuerpo flotante esté en equilibrio se requiere como condición básica que su peso y el empuje se anulen:

$$\vec{E} + \vec{W} = 0$$

Es fácil apreciar que un cuerpo indeformable que flota está siempre en equilibrio estable frente a pequeños desplazamientos verticales y está en equilibrio indiferente frente a desplazamientos horizontales. Frente a pequeños giros, lógicamente un cuerpo flotante estará en equilibrio estable si su centro de gravedad, G, está bajo el centro de carena, C, pero esto no se puede conseguir con un cuerpo homogéneo a menos que esté totalmente sumergido.

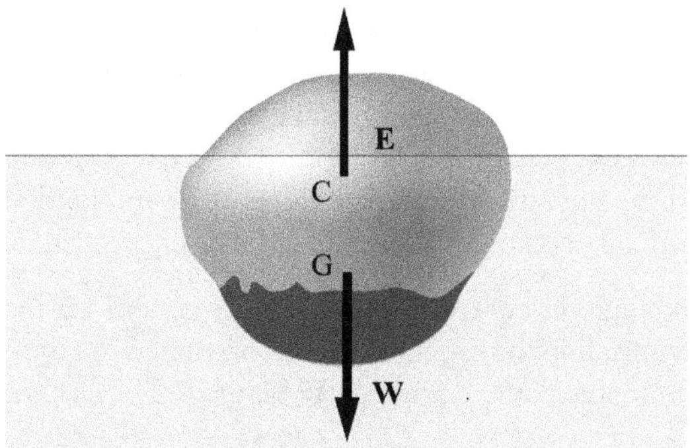

Figura 2.23. Equilibrio estable de un cuerpo flotante no homogéneo.

Cuando un cuerpo homogéneo flota, parte de su volumen está sobre la superficie libre, de modo que siempre su centro de gravedad se encuentra más arriba que el centro de carena. Sin embargo, puede haber equilibrio estable a pesar de ello. Esto se explica porque cuando el cuerpo se desplaza, mientras permanece en equilibrio vertical, el volumen de carena cambia de forma, pero no de tamaño y por lo tanto el centro de carena cambia de posición relativa en el interior del cuerpo, de tal modo que puede generarse un momento que tienda a volver al cuerpo a su posición de equilibrio original, debido a que el punto de aplicación del empuje se mueve dentro del volumen de carena. Entonces, la condición de que el centro de gravedad esté bajo el centro de carena, aunque es suficiente para el equilibrio estable de un cuerpo flotante, no es necesaria. Se intentará encontrar la condición necesaria para este equilibrio.

EJEMPLO 2.9

Una balsa relativamente liviana tiene encima un peso importante inicialmente colocado de manera que el centro de gravedad y el de carena se encuentran en la misma vertical. Analice las condiciones de estabilidad si este peso se desplaza lateralmente sobre la balsa. En particular, establezca las condiciones para que el conjunto permanezca en equilibrio estable frente a pequeños desplazamientos de la carga.

SOLUCIÓN:

El flotador con la carga centrada está en equilibrio con el empuje igual al peso total y el centro de gravedad del conjunto, G, en la misma vertical que el centro de carena C, Figura 2.24 a).

A pesar de que el centro de gravedad está sobre el centro de carena no es posible deducir inmediatamente si está en una situación de equilibrio estable o no. De hecho, si la carga se desplaza hacia la izquierda, Figura 2.24 b), con ella se desplaza el centro de gravedad del conjunto a una posición G_1, generando un momento que tendería a volcar la balsa. Pero al mismo tiempo produce que esta se hunda en esa parte, cambiando la forma del volumen de carena y desplazando el centro de carena a C_1, también a la izquierda.

Si este se desplaza más que el centro de gravedad se genera un momento que tiende a restituir la posición original, luego es estable como ocurre en la Figura 2.24 b). Si el centro de carena se desplaza menos, como ocurre en la Figura 2.24 c), es inestable.

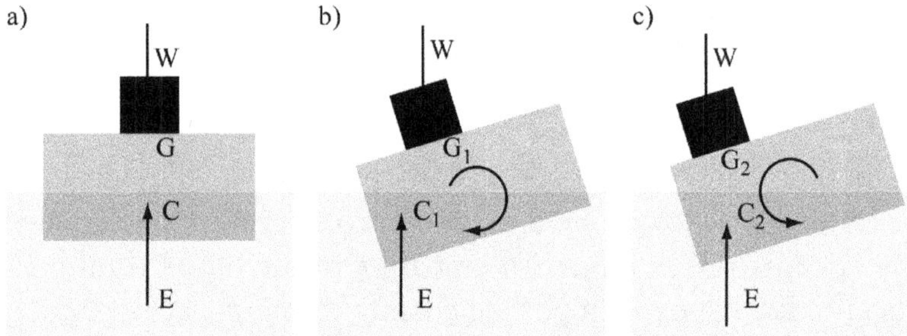

Figura 2.24. Condiciones de estabilidad de un flotador frente a desplazamientos de la carga.

Para analizar las condiciones necesarias de equilibrio estable de un flotador supóngase un cuerpo homogéneo de forma simple flotando en un líquido como se indica en la Figura 2.25.

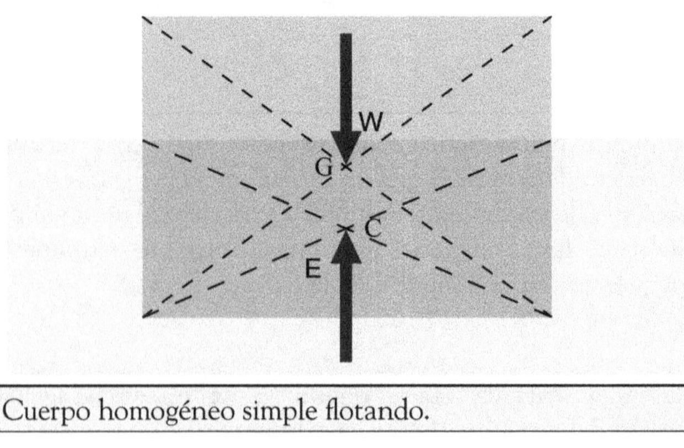

Figura 2.25. Cuerpo homogéneo simple flotando.

El equilibrio vertical exige que el peso y el empuje se igualen, por lo tanto:

$$\gamma_c V_{cuerpo} = \gamma_f V_{carena}$$

El peso está aplicado en el centro de gravedad del cuerpo y el empuje en el centro de carena.

Cuando el cuerpo gira debe seguir existiendo equilibrio vertical por lo tanto el volumen de carena debe permanecer de un tamaño constante ya que el peso del cuerpo no cambia. Esto significa que frente a un giro del cuerpo el volumen de carena solo cambia de forma. Si el cuerpo experimenta un pequeño giro la nueva posición corresponde a la que se indica en la Figura 2.26.

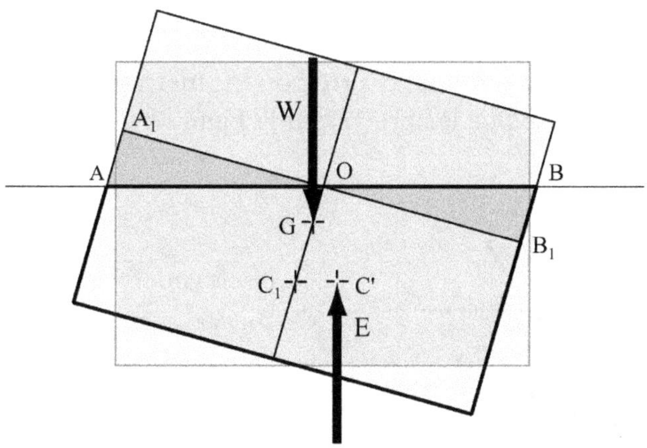

Figura 2.26. Ubicación de las fuerzas que intervienen una vez que se le ha aplicado un pequeño giro al cuerpo.

El cuerpo gira en torno al punto O, mientras el volumen de carena permanece constante en tamaño. Para ello el volumen de la cuña que se sumerge (OBB_1) debe ser igual al volumen de la que emerge (OAA_1).

$$V_{OAA_1} = V_{OBB_1}$$

El nuevo volumen de carena V'_C es:

$$V'_C = V_C + V_{OBB_1} - V_{OAA_1}$$
$$E' = E + e' - e$$

La cuña OAA_1 deja de aportar un empuje *e*, mientras la cuña OBB_1 comienza a aportar un empuje *e'*. Entonces:

$$E' - E = e' - e = 0$$

Como el empuje total antes y después del giro es igual, *E*=E', las cuñas deben ser de igual volumen, ya que *e*−e'=0.

La aparición de *e* y *e'*, si bien no generan ninguna fuerza vertical, ya que se anulan, generan un momento responsable de que el punto de aplicación del empuje se traslade de C_1 a C'. Este traslado es tal que el momento de *E'* respecto de C_1 debe ser igual al momento del par *e*−*e'*.

Momento de *e*−*e'* = Momento de *E'* respecto a C_1 (2.52)

E' debe estar en una posición tal, C', que el momento que hace sobre C_1, sea equivalente al que producen la aparición de *e* y *e'*. Haciendo abstracción del cuerpo y de su forma, lo que ocurre con las fuerzas que intervienen y sus puntos de aplicación se puede apreciar en la Figura 2.27.

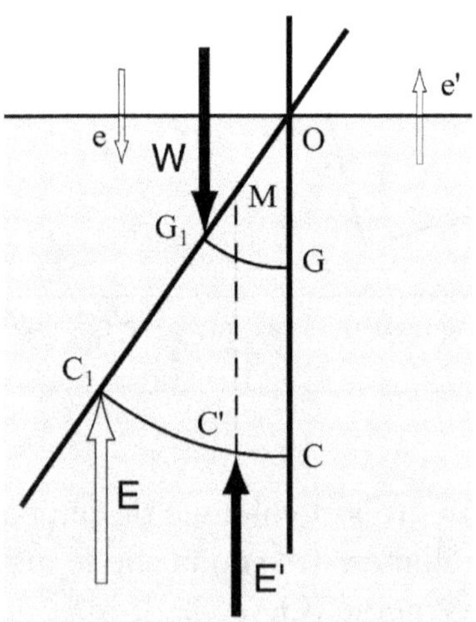

O: Eje de giro.

G: Posición original del centro de gravedad.

G_1: Posición del c. de g. una vez que se produce el giro.

C: Posición original del centro de carena.

C_1: Posición del centro de carena original una vez producido el giro.

C': Nuevo centro de carena debido a que el volumen de carena cambió de forma en la nueva posición.

M: Metacentro (intersección entre la vertical por C' y la recta que une G_1 con C_1).

Figura 2.27. Puntos de aplicación de las fuerzas que intervienen.

Para determinar las condiciones de equilibrio estable es necesario conocer la nueva posición del centro de carena y con ello el metacentro.

La Figura 2.28 muestra lo que ocurre con la superficie de flotación, la cual corresponde a la intersección entre el cuerpo y la superficie libre, cuando se produce un pequeño giro del cuerpo. Una parte del cuerpo se hunde, y en ella aparece una fuerza de empuje *e'*, mientras la otra emerge, haciendo que desaparezca el empuje *e* que aportaba.

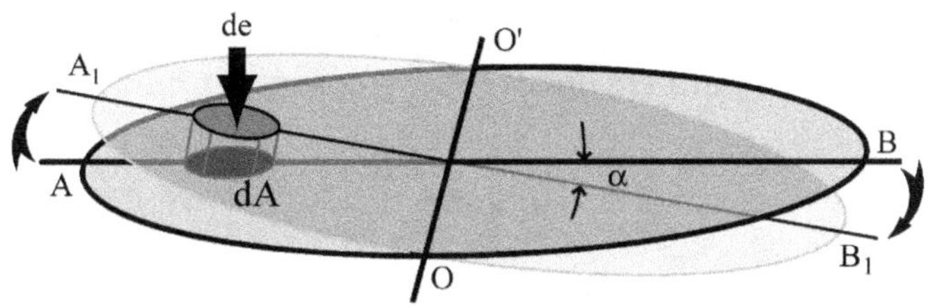

Figura 2.28. Situación de la superficie de flotación en un pequeño giro.

Entonces, para un elemento de esta superficie de área *dA*:

$$de = \gamma dv = \gamma \alpha x dA$$

donde *x* es la distancia desde el eje de giro al elemento *dA* y α el ángulo de giro. Por lo tanto, αx es la altura del volumen elemental que emerge.

Por lo tanto, el momento elemental es:

$$dM_e = xde = \gamma \alpha x^2 dA$$
$$M_e = \gamma \alpha \int x^2 dA = \gamma \alpha I_{OO'} \qquad (2.53)$$

Donde $I_{oo'}$ es el momento de inercia de la superficie de flotación con respecto al eje de giro OO'. Por otra parte, el momento del par *E–E'* es:

$$M_E = E\overline{C_1C'}$$

donde *E'* es igual al empuje en la situación original. Además:

$$\overline{C_1C'} = \overline{C_1M}\, sen\, \alpha$$

Por lo tanto:

$$M_E = \gamma V_C \overline{C_1M}\, sen\, \alpha$$

Igualando momentos:

$$\gamma \alpha I_{OO'} = \gamma V_C \overline{C_1 M}\, sen\, \alpha$$

de donde se puede calcular la ubicación del metacentro como:

$$\overline{C_1 M} = \frac{I_{OO'} \alpha}{V_C\, sen\, \alpha} \tag{2.54}$$

Si el giro es pequeño entonces *sen*α y α son aproximadamente iguales y, por lo tanto:

$$\overline{C_1 M} = \frac{I_{OO'}}{V_C} \tag{2.55}$$

La estabilidad exige que el momento que genera *E'* en su nueva posición, C', tienda a hacer volver al cuerpo a su posición original. Para ello es necesario que el metacentro, M, se ubique más arriba que el centro de gravedad. En la Figura 2.29 se ilustran las condiciones de equilibrio estable e inestable dependiendo de las posiciones relativas del metacentro y del centro de gravedad. Las condiciones de equilibrio estable para un cuerpo flotante se pueden resumir en las siguientes ecuaciones:

$$\vec{\boldsymbol{E}} + \vec{\boldsymbol{W}} = 0$$
$$\overline{CG} < \frac{I_{OO'}}{V_C} \tag{2.56}$$

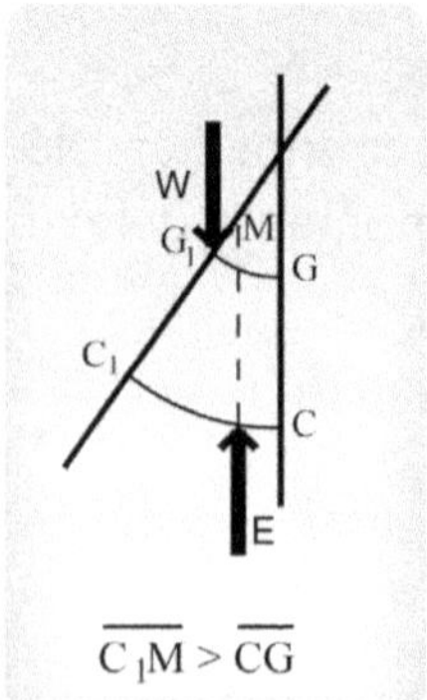

a) Estable

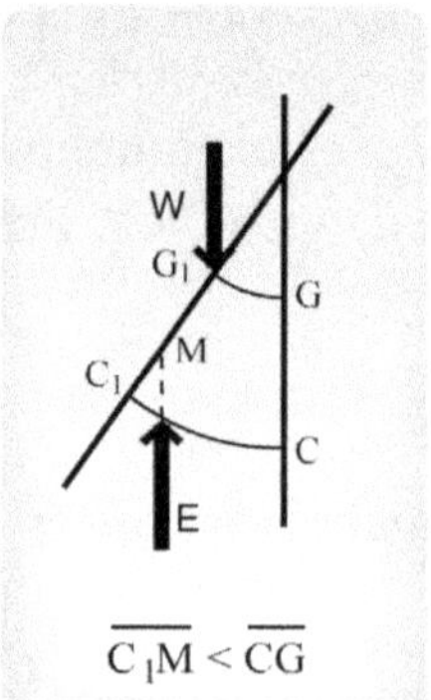

b) Inestable

Figura 2.29. Condiciones de estabilidad dependiendo de las posiciones relativas del metacentro y del centro de gravedad.

EJEMPLO 2.10

Se desea saber la relación que debe haber entre la altura y el ancho para hacer flotar de manera estable un paralelepípedo de madera de altura H, ancho B y largo L, donde L es mayor que B y que H. La densidad de la madera es d.

SOLUCIÓN:

El equilibrio vertical exige:

$$E = W$$

Con lo que se obtiene:

$$BhL\gamma = BHL\gamma_c$$

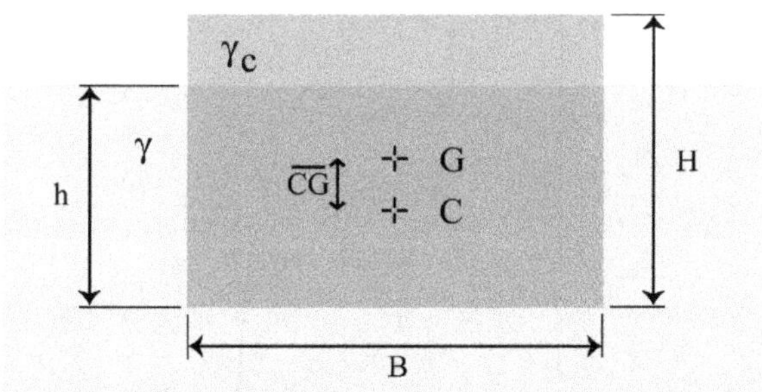

Figura 2.30. Paralelepípedo de madera, Ejemplo 2.10.

De donde se puede calcular hasta qué profundidad h se hunde el cuerpo

$$h = H \cdot d$$

donde *d* es la densidad del material, es decir $d = \frac{\gamma_c}{\gamma}$.

Para que el cuerpo flote se necesita que $h<H$, lo que significa que $d<1$. Suponiendo que esto se cumple para que el equilibrio sea estable se requiere, además:

$$\overline{CM} > \overline{CG}$$

donde

$$CM = \frac{I_{OO}}{V_C} = \frac{1}{12}B^3L\left(\frac{1}{BhL}\right) = \frac{B^2}{12Hd}$$

y

$$\overline{CG} = \frac{H}{2} - \frac{h}{2}$$

Por lo tanto, la condición de equilibrio estable es:

$$\frac{H-h}{2}=\frac{H}{2}(1-\mathrm{d})\leq\frac{B^2}{12Hd}$$

de donde se obtiene:

$$\left(\frac{B}{H}\right)^2\geq 6\mathrm{d}(1-\mathrm{d})$$

Esta función se puede graficar para valores de la densidad entre 0 y 1.

Si $B>1{,}22H$ el paralelepípedo será estable independientemente de la densidad del material. Para valores menores la estabilidad depende de la densidad.

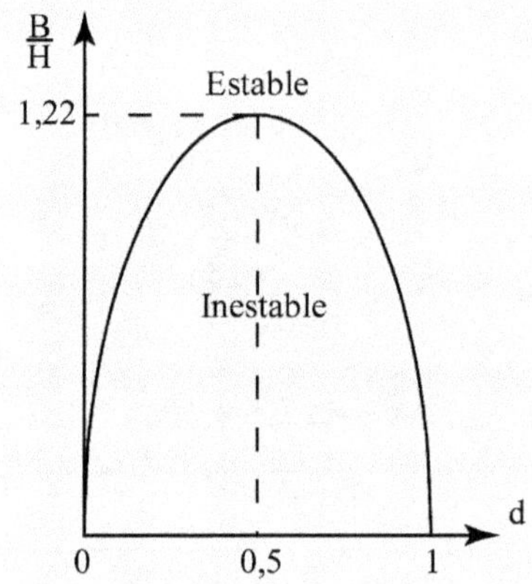

Figura 2.31. Región de estabilidad para el ejemplo.

EJEMPLO 2.11

Analizar las condiciones de flotación en función de la densidad en el ejemplo anterior si se trata de un cubo, en lugar de un paralelepípedo.

SOLUCIÓN:

Si B=H entonces la condición de equilibrio estable es:

$$1\geq 6\mathrm{d}(1-\mathrm{d})$$

de donde se obtiene la desigualdad:

$$6\mathrm{d}^2-6\mathrm{d}+1\geq 0$$

cuyas soluciones son:

$$\mathrm{d}_1\leq 0{,}212$$

$$d_2\geq 0{,}788$$

Como además $0 \leq d \leq 1$ las densidades para las cuales un cubo homogéneo flota en la forma indicada son:

$$0 \leq d \leq 0{,}212$$

$$0{,}788 \leq d \leq 1$$

A las maderas relativamente livianas que satisfacen la primera expresión se les llama "madera de balsa" y a las más pesadas que cumplen con la segunda se les denomina "maderas pesadas". Para densidades entre 0,212 y 0,788 un cubo de madera no puede flotar con una cara horizontal.

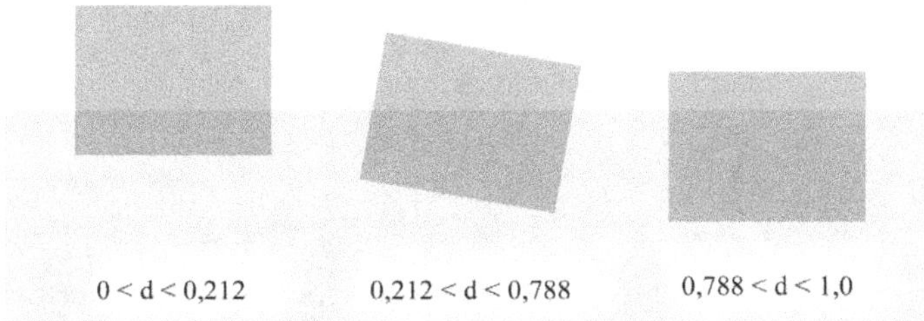

Figura 2.32. Flotación para distintos valores de densidad.

EJEMPLO 2.12

Analizar los períodos de oscilaciones pequeñas de un flotador en agua quieta. Para ello supóngase un flotador de peso W, con un empuje E, sacado de su posición de equilibrio haciéndolo girar un pequeño ángulo α.

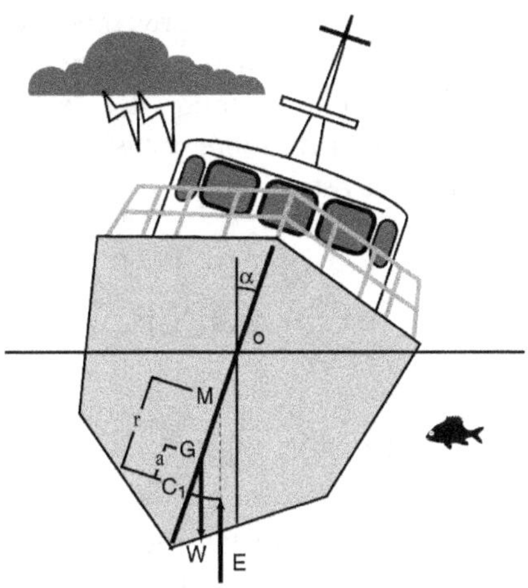

Figura 2.33b. Flotador en agua quieta, ejemplo 2.12.

SOLUCIÓN:

El flotador está sometido a un par o momento dado por:

$$
\begin{aligned}
Mto &= W\overline{GM}\, sen\, \alpha = \\
&= W\left(\overline{C_1M} - \overline{C_1G}\right) sen\, \alpha = \\
&= W(r - a)\, sen\, \alpha
\end{aligned}
$$

Si α es pequeño:

$$Mto = W(r - a)\alpha$$

Despreciando los frotamientos la ecuación del movimiento es:

$$W(r - a)\alpha = -K\left(\frac{d^2\alpha}{dt^2}\right)$$

donde K es el momento de inercia del cuerpo con respecto a un eje horizontal que pasa por O. La solución de esta ecuación, que es típica del movimiento armónico simple, indica que el flotador toma un movimiento oscilatorio de período:

$$T = 2\pi\sqrt{\frac{K}{W(r-a)}}$$

Para evitar la resonancia propia de los navíos, se trata de aumentar el período propio de estos, más allá del que podría tener una ola común a la cual pueden verse sometidos. Esto se traduce en una mayor comodidad en barcos de pasajeros. Para ello sería necesario disminuir la distancia metacéntrica $(r-a)$ que presenta el inconveniente de disminuir la estabilidad. Otra alternativa es aumentar el valor del momento de inercia, K, lo que se traduce en un aumento del ancho y en alejar los pesos importantes del eje longitudinal del barco. En el caso real existe, además, una fuerza de roce sobre el casco que no ha sido considerada en este análisis y que tiende a reducir las oscilaciones.

2.4 TENSIÓN SUPERFICIAL

Normalmente los efectos de la tensión superficial son despreciables en los problemas corrientes de ingeniería, ya que siendo una fuerza de pequeña magnitud su acción solo se aprecia si el resto de las fuerzas que actúan son similares. Debido a ello hasta ahora no ha sido considerada en el equilibrio o la acción de un fluido en reposo.

Sin embargo, en fenómenos de pequeñas dimensiones sus efectos pueden ser apreciables, como ocurre con los capilares, burbujas, gotas, y otros similares, y tener gran importancia práctica como son las mezclas de combustibles, las emulsiones, la formación de espumas, la contaminación y situaciones semejantes.

Se sabe que la tensión superficial es la responsable de que en las superficies de contacto entre un líquido y un gas se forme una película que se comporta como una membrana tensa. La tensión superficial es la fuerza necesaria para mantener en equilibrio una longitud unitaria de esta película. En la Figura 2.34 se define la tensión superficial como:

$$\sigma = \frac{F}{L} \tag{2.57}$$

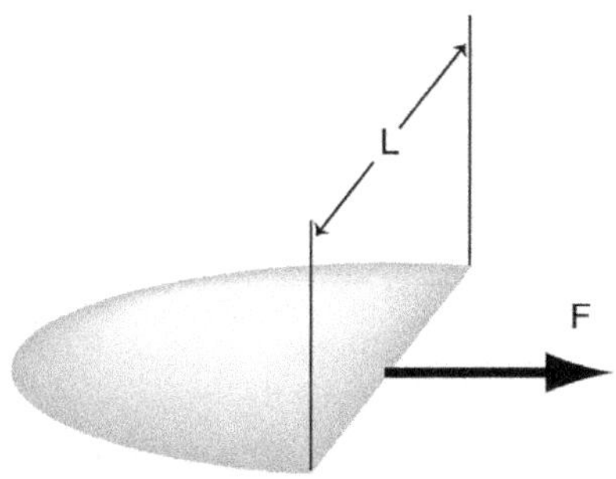

Figura 2.34. Definición de tensión superficial.

Si se tiene una superficie de separación de un líquido sometida a diferentes presiones la película de separación del líquido se comporta como si estuviera cargada. La fuerza que produce la diferencia de presiones sobre esta película queda en equilibrio con la tensión superficial sobre los bordes de la membrana.

Si se analiza el equilibrio de un pequeño trozo de esta película, en forma de rectángulo con sus medianas iguales, como se muestra en la Figura 2.35, para que exista equilibrio vertical:

$$\sum F_V = 0 :$$

$$(P_2 - P_1) ds_1 ds_2 = 2\left(\sigma ds_1 \, sen \frac{d\beta}{2}\right) + 2\left(\sigma ds_2 \, sen \frac{d\alpha}{2}\right)$$

pero $ds_1 = 2R_1\, sen\frac{d\alpha}{2}$ $\quad y \quad$ $ds_2 = 2R_2\, sen\frac{d\beta}{2}$

Reemplazando:

$$P_2 - P_1 = \sigma\left(\frac{1}{R_1} + \frac{1}{R_2}\right) \tag{2.58}$$

relación entre las presiones a que está sometida la membrana y su curvatura.

Si la curvatura de la superficie fuera esférica, es decir $R_1=R_2=R$, entonces:

$$P_2 - P_1 = \frac{2\sigma}{R}$$

Con lo cual se aprecia que a mayor radio de curvatura menor diferencia de presión, y viceversa.

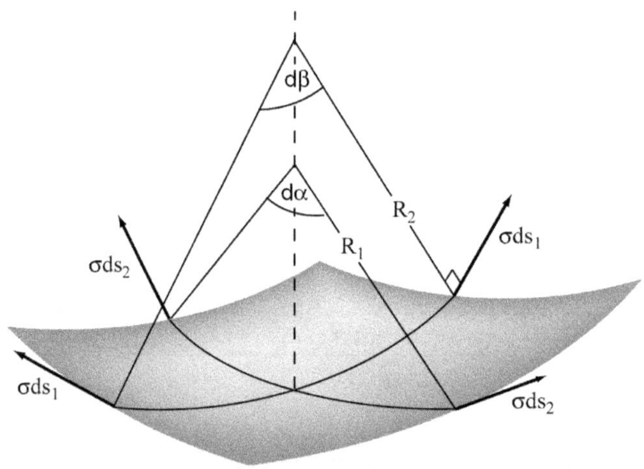

Figura 2.35. Condiciones de equilibrio de una película de fluido.

De forma similar, se puede analizar lo que ocurre con las gotas o las burbujas. En las primeras se trata de una esfera de líquido rodeada por gas y en las segundas de un gas en un ambiente líquido. Una gota de forma esférica de diámetro D tiene en su interior una presión P, mayor que la de la atmósfera que la rodea, equilibrada por el efecto de la tensión superficial sobre el manto, de manera que se cumple:

$$P = \frac{4\sigma}{D} \tag{2.59}$$

Es interesante observar que, como la presión interior es inversamente proporcional al tamaño de la gota, para formar una desde un diámetro nulo se requiere una presión de valor infinito. Esto explica porqué la formación de gotas en las nubes requiere necesariamente de la preexistencia de núcleos de condensación. Una situación completamente análoga ocurre con las burbujas.

La capilaridad consiste en que cualquier líquido en el interior de un tubo capilar asciende, o desciende, apreciablemente sobre la altura que toma fuera de él. Si se tiene un tubo capilar de diámetro *D* un fluido de peso específico alcanza en su interior una altura h_c, como se indica en la Figura 2.36. El ángulo α se llama ángulo de contacto y es una característica para cada líquido. Para el caso del agua α=0, para el mercurio α>90.

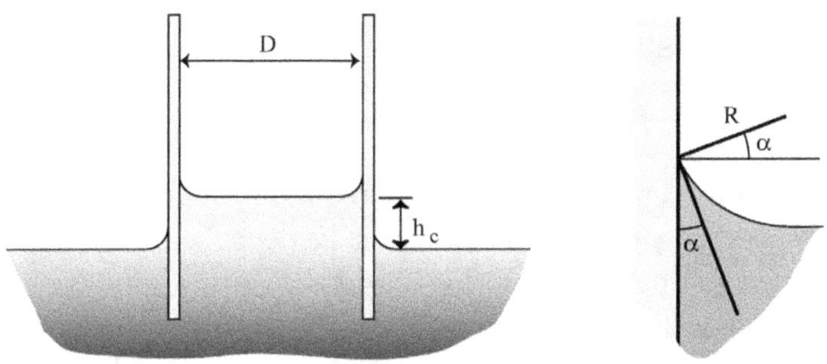

Figura 2.36. Capilaridad y ángulo de contacto.

La tensión superficial sobre el perímetro del menisco debe soportar el peso de la columna h_c:

$$4\sigma\pi D cos\alpha = \pi D^2 \gamma h_c$$

de donde:

$$h_c = \frac{\sigma cos\alpha}{4\gamma D} \tag{2.60}$$

RESUMEN

Un elemento de fluido está sometido a fuerzas de superficie y másicas. Cuando el fluido está en reposo las únicas fuerzas de superficie son esfuerzos normales debidos a la presión. No existen esfuerzos tangenciales. Las fuerzas másicas dependen del campo de fuerzas.

La presión es un escalar cuyo valor es igual a la magnitud de la fuerza normal por unidad de superficie. En el interior de un fluido en reposo la presión en un punto es independiente de la orientación.

La unidad de presión en el sistema SI es el pascal, igual a 1 (N/m^2). Como resulta una unidad muy pequeña, en la práctica se emplea el bar, igual a 10^5 Pa.

La relación que define la variación de la presión en función de la posición en el interior de un fluido en reposo se denomina ley hidrostática. Para un campo de fuerzas cualquiera se puede expresar como:

$$\mathbf{grad}P = \rho\overrightarrow{\boldsymbol{f_m}}$$

Para poder integrar esta ecuación se requiere conocer el comportamiento de la masa específica y el campo de fuerzas. Es decir, se deben definir el fluido y el lugar. Esto será diferente para los líquidos y gases.

La presión se mide en forma relativa o absoluta. La presión relativa considera como nivel de referencia la presión atmosférica local.

Si se conoce el valor de la presión en todos los puntos al interior de un fluido en reposo se pueden conocer las fuerzas que el fluido hace sobre superficies y cuerpos en contacto con él.

La fuerza total sobre una superficie plana de área S sumergida en un fluido de peso específico γ es perpendicular a dicha superficie y tiene por magnitud

$$R = P_G S$$

siendo P_G la presión en el centro de gravedad de la superficie. Su punto de aplicación depende de la forma de la superficie y debe calcularse en cada caso particular.

En el caso de una superficie curva es conveniente descomponer la fuerza total en tres componentes ortogonales. La componente horizontal puede calcularse como la fuerza sobre una superficie plana vertical igual a la proyección de la superficie curva en esa dirección. La componente vertical es igual al peso del fluido que gravita sobre la superficie curva, entre ella y la superficie isobárica de presión atmosférica.

En el caso de cuerpos sumergidos o flotantes la resultante de las fuerzas de superficie se denomina empuje. En el campo gravitacional terrestre su valor equivale al peso del volumen del fluido desplazado por el cuerpo. En general, está dado por:

$$\vec{\boldsymbol{E}} = -\rho \overrightarrow{\boldsymbol{f_m}} V_C$$

El punto de aplicación del empuje es el centro de gravedad del volumen de fluido desplazado y recibe el nombre de centro de carena.

Un cuerpo sumergido está en equilibrio estable si su centro de carena está sobre el centro de gravedad.

Los cuerpos flotantes están en equilibrio cuando el empuje es igual a su peso. Para que el equilibrio sea estable es necesario que, además, se cumpla la relación:

$$\overline{CG} < \frac{I_{OO'}}{V_C}$$

donde $\overline{CG}$ es la distancia entre el centro de gravedad y el de carena, $I_{OO'}$ el momento de inercia de la superficie de flotación y V_C el volumen de carena.

Los efectos de la tensión superficial son importantes en fenómenos de pequeñas dimensiones.

RESUMEN DE LOS OBJETIVOS DE ESTE CAPÍTULO

Después de estudiar este capítulo Ud. deberá ser capaz de:

- Escribir la ecuación de la ley hidrostática en forma general entendiendo claramente el significado de cada término.
- Integrar la ecuación de la ley hidrostática en el caso de cualquier fluido en reposo para determinar la distribución de presiones para un campo de fuerzas cualquiera.
- Diseñar aparatos simples para medir presión en un fluido en reposo. Conocer diferentes tipos de manómetros y su funcionamiento.
- Evaluar y calcular la fuerza que hace un fluido en reposo sobre superficies planas.
- Evaluar y calcular la fuerza que hace un fluido en reposo sobre superficies curvas.
- Calcular la fuerza que hace un fluido en reposo sobre cuerpos sumergidos y flotantes.

- Establecer las condiciones de equilibrio estable para cuerpos sumergidos y flotantes.
- Evaluar la fuerza debida a la tensión superficial.
- Resolver problemas del tipo de los que se indican al final de este capítulo.

PREGUNTAS

2.1.- Seleccione, entre las palabras escritas en itálica, las correctas para completar las siguientes frases:

a) Las fuerzas que ejerce un fluido en reposo sobre superficies en contacto con él son: *solamente normales a la superficie*, *en una dirección que depende de la intensidad del campo de fuerzas*, *solamente tangenciales a esa superficie*, *en cualquier dirección*.
b) Para que un elemento de fluido de coordenada z, velocidad V, presión P y masa específica ρ, esté en reposo debe cumplirse que $V=0$, $(dV/dz)=0$, $P=0$ y $V=0$, $(d\rho/dP)=0$.
c) Si la presión absoluta en un punto es de 3 atm, el valor de la presión relativa, en las mismas unidades, es de *3*, *−3*, *2*, *−2*, *−7*, *13*.
d) El vector que define la dirección de un elemento de una superficie isobárica es *igual*, *normal*, *contrario*, al vector que define la dirección de la intensidad del campo de fuerzas.
e) El empuje y el peso son fuerzas que *no necesariamente*, *siempre*, *a veces*, *nunca*, actúan en el mismo sentido.
f) La resultante de las fuerzas de presión sobre una superficie plana sumergida en un fluido en reposo actúa *algo más arriba*, *algo más abajo*, *en el mismo*, centro de gravedad de la superficie.
g) Si se aumenta el ancho de la superficie de flotación la altura metacéntrica de un cuerpo que flota *aumenta*, *disminuye*, *permanece igual*.
h) Si la distancia del centro de carena al metacentro es mayor que la que hay del centro de carena al centro de gravedad, entonces el cuerpo puede flotar de manera *estable*, *indiferente*, o *inestable*.
i) La presión en el interior de una burbuja de aire de 1 cm de diámetro en agua es *mayor*, *igual* o *menor* que la que existe en el interior de otra burbuja de 1 mm de diámetro.

2.2.- Conteste las siguientes preguntas cuantitativamente, aunque sea de manera aproximada:

a) ¿Cuál es el valor típico de la presión atmosférica local, en Hpa?
b) ¿Cuál es la magnitud de las variaciones típicas de la presión atmosférica local, en mb?
c) ¿Cuál es el valor de la presión sanguínea de una persona, en cm de Hg y en m. c. agua?
d) Sobre el émbolo de un pistón de un sistema de frenos que tiene una superficie de $0{,}01 m^2$ se aplica una fuerza de 1.000 N. Encuentre la presión a la que se encuentra el líquido en el interior del pistón, en Pascales.
e) En el interior de un estanque presurizado se encuentra un líquido de densidad 2. Si al conectar un piezómetro el líquido alcanza una altura de 0,8 m, indique el valor de la presión en el interior del estanque en m.c. agua.
f) Dibuje la forma de la superficie libre en un estanque que lleva líquido de un camión que viaja en la dirección X y que frena con aceleración constante igual a −0,5 g.
g) Dibuje la forma de la superficie libre en un estanque cilíndrico abierto en su parte superior que gira a velocidad angular constante sobre su eje vertical.

h) En la parte inferior de una pared vertical de un estanque que contiene 3 m de agua existe una abertura de 1 m de alto y 1 m de ancho, la que se cierra con una placa de iguales dimensiones. Indique el valor de la fuerza hidrostática sobre la placa, en Newtons.
i) En un estanque hay un líquido de densidad 2,5 en reposo en equilibrio estable hasta una altura de 2 m. Estime el valor de la presión relativa en el fondo del estanque y exprésela en m.c. agua.
j) Un globo esférico de 4 m^3 de volumen se encuentra a 1.000 msnm y contiene en su interior helio de densidad 0,1 en relación al aire del exterior que tiene una masa específica de 1 kg/m^3. Estime el valor del empuje sobre el globo.

2.3.- Discuta la relación que puede existir entre la capacidad de una persona para ejercer presión con la boca y su presión sanguínea. Por ejemplo ¿hasta qué altura podría hacer subir agua por una manguera soplando en un extremo una persona que tiene una presión máxima de 14 cm de mercurio?

2.4.- Analice las razones por las cuales se prefiere utilizar mercurio y no agua en un barómetro de vidrio.

2.5.- Suponga que se desea trasladar un recipiente de forma rectangular en planta, abierto en su parte superior y lleno de líquido. Para el traslado se utiliza un vehículo convencional sujeto a detenciones y aceleraciones bruscas. Se pide una recomendación sobre la forma en que conviene colocar el recipiente, si con el largo en la dirección del vehículo o atravesado con respecto a él.

2.6.- Para servirse un café en un tren en movimiento y evitar que se derrame, analice si es preferible una taza alta y delgada u otra ancha y baja.

2.7.- Un bote a remo lleva dos pasajeros. Analice la conveniencia de que se sienten cada uno en un asiento, uno detrás del otro a lo largo del bote, o ambos en el mismo asiento central, desde el punto de vista de la estabilidad del bote y de las oscilaciones que pueda tener como consecuencia del oleaje.

2.8.- Compare las condiciones de estabilidad de un barco vacío y cargado al máximo.

2.9.- ¿Cómo cree Ud. que influye en la estabilidad frente al vuelco de un flotador el hecho que contenga en su interior otro líquido? Específicamente conteste si es más, menos o igualmente estable que si tuviera un sólido de igual peso y volumen.

2.10.- Compare las condiciones de oscilación y estabilidad de un buque tanque-granelero cuando va cargado con el mismo peso de petróleo crudo de densidad 0,9 y cuando va con mineral a granel de una densidad aparente de 2,2.

2.11.- Compare la presión en el interior de una pompa de jabón con la presión atmosférica. En base a ello explique por qué para formar una pompa grande se debe soplar despacio y con cuidado, mientras que si se sopla con fuerza se obtienen muchas pompas pequeñas.

2.12.- Compare la presión en el interior de una gota de lluvia con la atmosférica. Analice lo que ocurre con el tamaño de las gotas que salen de un envase con líquido a presión a medida que se agota.

PROBLEMAS

2.13.- Determine la variación de la presión en función del radio en el fondo de un recipiente cilíndrico que contiene líquido y gira con velocidad angular constante en torno a un eje vertical, como si fuera un cuerpo rígido.

2.14.- Un tubo en forma de U, que tiene 0,20 m de separación entre sus ramas verticales, se llena hasta 40 cm de altura con agua y se hace girar a n rpm en torno a su eje de simetría vertical. Determine el valor de la presión en la mitad del tubo y calcule la velocidad angular necesaria para vaporizar el agua en ese punto.

2.15.- a) Demuestre que, suponiendo que el aire se comporta como un gas ideal y que los procesos que en él ocurren son politrópicos (P/ρ^k=cte. con k=1,4), la temperatura de la atmósfera varía linealmente en función de la altura z. Utilice como condiciones de referencia al nivel del mar: r_0= 1,29 kg/m^3; T_0=20°C; P_0=1 atm=1,013·10^5 Pa. b) Estime el espesor de la atmósfera en estas condiciones.

2.16.- Un líquido compresible, con módulo de compresibilidad E, se encuentra en equilibrio. Determine la condición de equilibrio estable en términos de la variación de la masa específica con la profundidad.

2.17.- La ecuación de estado de un cierto gas es (P+a)[(1/γ)−b]=RT, donde a, b, R son constantes para este gas y P es la presión absoluta. Determine la presión que existe a 10.000 m de altura, en una atmósfera isotérmica (T=300°K) si la presión a nivel del mar es de 1 atm y las constantes del gas son: a=0,2 bar; b=3030 m/bar; R=30 m/°K.

2.18.- Estudiar el equilibrio hidrostático de la atmósfera sobre la superficie de la tierra, considerada como una esfera homogénea de radio R aislada en el espacio, que gira a velocidad angular w en torno a un eje que pasa por los polos, de manera de encontrar la forma de la superficie que envuelve a la atmósfera y la diferencia de espesor de ella entre los polos y el ecuador.

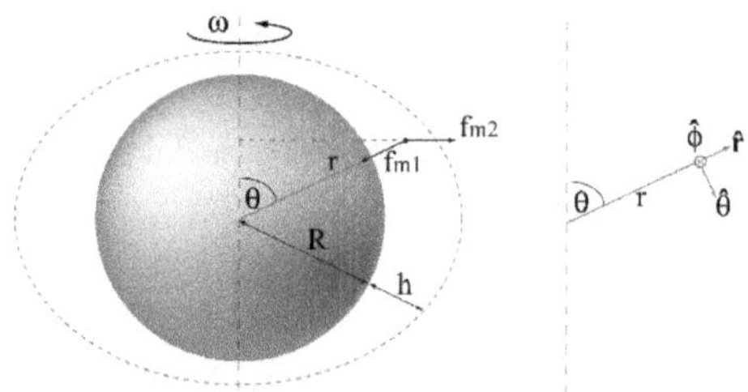

Para ello considere un elemento del aire de la atmósfera que se encuentra a una distancia r del centro de la tierra y en un ángulo θ con respecto al eje de rotación, sometido a una intensidad del campo de fuerzas tal que tiene una componente dirigida hacia el centro de la tierra producto de la gravedad, dada por:

$$f_{m1} = -g(r/R)^2$$

y otra componente centrífuga, producto de la rotación de la Tierra sobre su eje, dada por:

$$f_{m2} = r\omega^2 \operatorname{sen}\theta$$

Adopte un sistema de coordenadas esféricas (r, θ, φ), donde r es la distancia desde el centro de la Tierra, θ el ángulo con el eje de rotación y φ el ángulo en relación a un meridiano de referencia, cuyas orientaciones son las que se indican en la figura de la derecha.

a) Encuentre el valor de cada una de las componentes del vector intensidad del campo de fuerzas en el sistema de coordenadas (r, θ, φ).

b) La función gradiente en las coordenadas indicadas está dada por la expresión

$$\nabla P = \frac{\partial P}{\partial r}\hat{r} + \frac{1}{r}\frac{\partial P}{\partial \theta}\hat{\theta} + \frac{1}{r\,\text{sen}\,\theta}\frac{\partial P}{\partial \phi}\hat{\phi}.$$

Plantee la ecuación de la ley hidrostática para un elemento de la atmósfera en estas condiciones.

c) Suponga que la masa específica del aire puede considerarse aproximadamente constante e integre la componente r de la ley hidrostática para encontrar la presión en función de la distancia al centro.

d) Utilice la segunda componente, integrando la ecuación según θ, para encontrar la constante de integración de la ecuación anterior.

e) Para determinar la constante de integración puede considerar que en la superficie exterior de la atmósfera en los polos se tiene: r=R (aproximación), θ=0, P=0. Con ello exprese de manera explícita la función de la presión en cualquier punto de la atmósfera de tierra.

f) Encuentre una expresión para el espesor de la atmósfera, h, aceptando que en su superficie exterior la presión es nula y que este espesor es pequeño comparado con el radio de la tierra.

g) Finalmente encuentre la diferencia de h entre el ecuador y los polos.

2.19.- Un típico muro empleado en el sostenimiento de material suelto es el denominado muro L, como el que se muestra en la figura, el cual se apoya sobre el fondo y puede volcar girando sobre el punto B. Suponga que la parte horizontal que se apoya sobre el terreno no permite que ingrese agua entre el muro y el suelo, de manera que no existen subpresiones por debajo del muro. La dimensión del muro perpendicular al papel es de 1m.

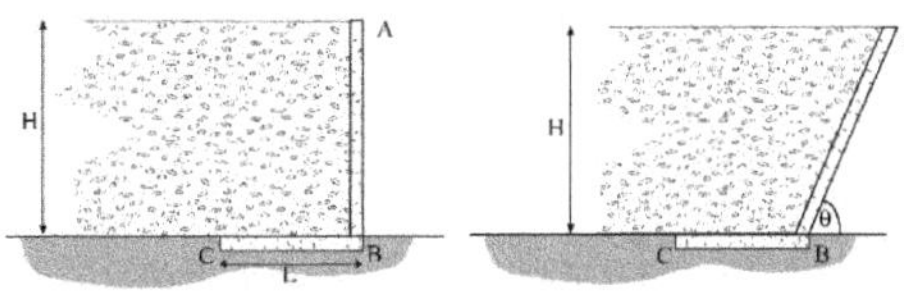

a) Encuentre el valor de la fuerza hidrostática sobre la pared vertical y la profundidad a la cual se aplica la resultante.

b) Suponiendo que el espesor del muro es despreciable frente a los valores H y L, encuentre el valor de L mínimo necesario para evitar que el muro vuelque.

c) Suponga que existe libertad para construir la parte AB inclinada hacia afuera o hacia adentro del estanque, de manera que AB forma un ángulo θ con la línea horizontal del terreno (θ =π/2 si es vertical), manteniendo la altura H del material en el estanque. Entonces encuentre el valor óptimo de θ que maximiza la estabilidad del muro, o que minimiza el momento que tiende a volcarlo.

2.20.- Un cuerpo cilíndrico de diámetro 2 m reposa con su eje horizontal en el borde de un estanque con agua, apoyado como se indica en la figura.

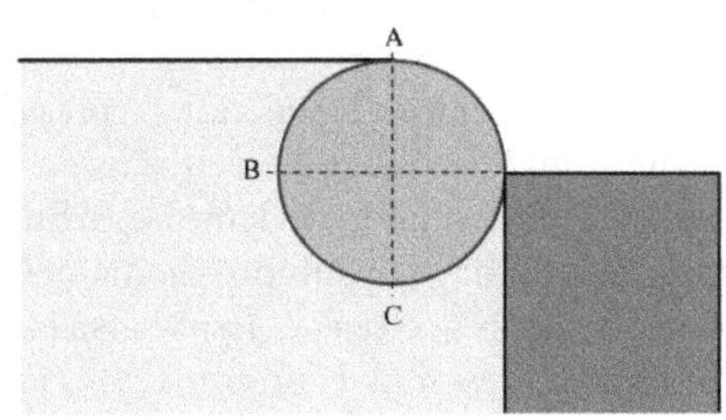

a) Calcule el valor de la fuerza horizontal total que ejerce el agua sobre el cilindro.

b) Calcule la fuerza vertical total que ejerce el agua sobre el cilindro.

c) Indique la profundidad a la que se ubica la resultante horizontal de la fuerza hidrostática sobre la superficie ABC.

2.21.- Un cubo de arista a, totalmente hueco en su interior, se llena de agua y se coloca apoyado sobre una de sus aristas horizontales como se indica en la figura.

a) Calcule el valor de la fuerza horizontal sobre la superficie BC.

b) Calcule la fuerza vertical sobre la superficie BAD.

c) Calcule la fuerza vertical sobre la superficie BCD.

d) Calcule la fuerza vertical sobre la superficie del cubo ABCD.

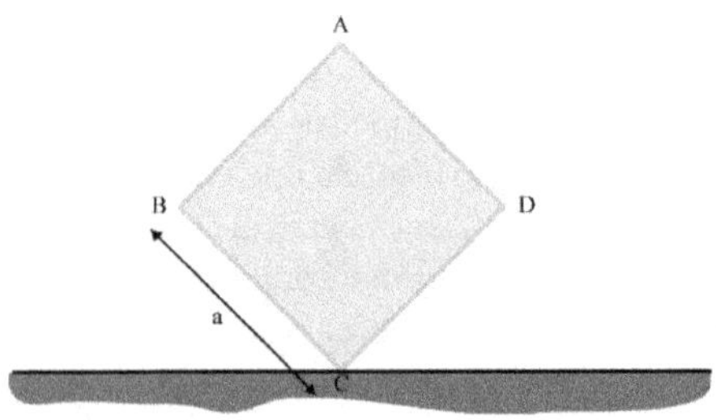

c) La válvula se cierra y el pistón se desplaza 1 m comprimiendo el contenido del estanque. Estime la presión absoluta a la que queda el aire si se supone una compresión isotérmica. Suponga a=0,4 m y al iniciar la compresión b=0,3 m.

d) Calcule la fuerza vertical que se ejerce sobre la tapa semicilíndrica superior en estas condiciones.

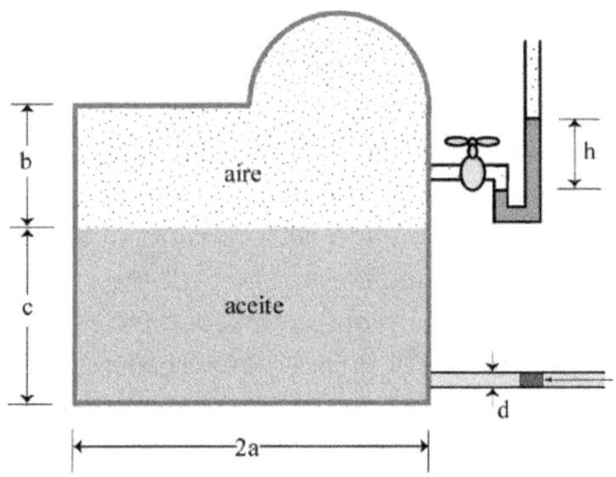

2.22.- El estanque de la figura es de forma rectangular con una base de ancho 2a y 1 m de largo, perpendicular al dibujo. La tapa superior tiene una parte plana y otra semicilíndrica de diámetro a y largo 1 m. El estanque contiene aceite de densidad 0,8 en la parte inferior y aire en la superior. La presión del aire se mide con un tubo en forma de U, que contiene un líquido de densidad 8. En la parte derecha hay un cilindro de diámetro d con un pistón que puede desplazarse para controlar la presión del conjunto. V es una válvula que puede estar totalmente abierta o totalmente cerrada.

a)Si inicialmente la válvula V está abierta, calcule la presión absoluta del aire en el interior del depósito en Pascales, cuando h mide 0,9 m.

b) Estime la fuerza que es necesario ejercer sobre el pistón en esas condiciones, en Newtons, si c=1 m y d=0,4 m.

2.23.- El estanque de la figura tiene forma esférica de radio r. La presión del líquido en el interior se mide mediante un tubo piezométrico, conociendo la altura h que alcanza el nivel libre del líquido en su interior. La fuerza necesaria para mantener unidos los dos casquetes semiesféricos del estanque depende de la presión interior. Haga un gráfico que muestre cómo varía esta fuerza para valores de h, desde h=0 hasta h=4r.

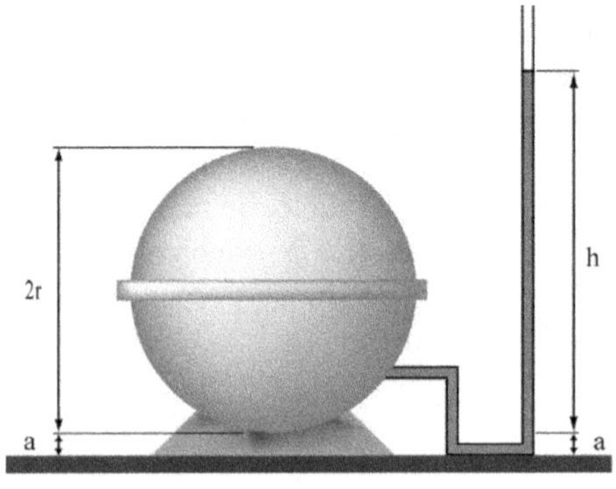

2.24.- Un orificio de forma rectangular de ancho a/2 y largo b en el fondo de un estanque que contiene líquido de masa específica ρ, se tapa mediante un tapón con forma de cuña de sección transversal igual a un triángulo equilátero de lado a y el mismo largo de la ranura, como se indica en la figura.

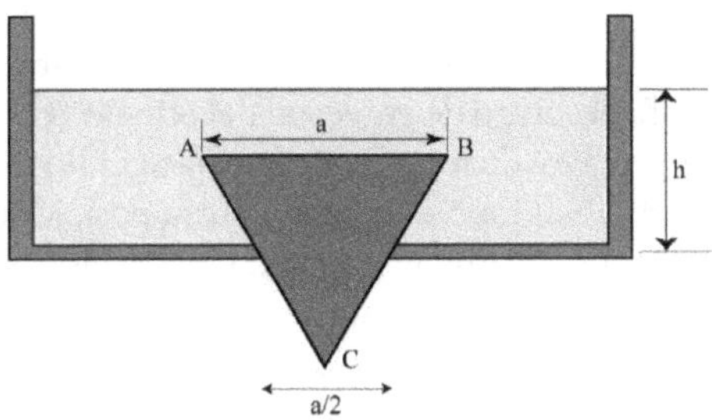

a) Encuentre el valor de la fuerza hidrostática horizontal sobre la cara BC cuando la superficie libre del líquido coincide con la cara AB del tapón.
b) Encuentre el valor de la fuerza hidrostática vertical sobre el tapón completo cuando la superficie libre del líquido coincide con la cara AB del tapón.
c) Muestre sobre la misma figura el volumen que debe considerarse para evaluar la fuerza hidrostática vertical sobre el tapón cuando la superficie libre del líquido está sobre AB, de manera que el líquido cubre totalmente al tapón.
d) Grafique el valor de la fuerza hidrostática horizontal sobre la cara BC en función de la altura del líquido en el estanque, desde h=0 hasta un valor de h grande, por ejemplo, igual a 2a.
e) Grafique el valor de la fuerza hidrostática vertical sobre el tapón completo en función de la altura del líquido en el estanque, desde h=0 hasta un valor de h grande, por ejemplo igual a 2a.
f) Suponga que el estanque completo es acelerado horizontalmente, de manera que la superficie libre se inclina. Dibuje el volumen que se consideraría para evaluar la fuerza hidrostática sobre el tapón en la dirección perpendicular a la superficie libre.

2.25.- Para cerrar el fondo de un estanque que contiene agua se debe tapar un orificio circular de diámetro d disponiendo de una esfera rígida de diámetro D>d, como se indica esquemáticamente en la figura. El orificio conecta el fondo del estanque a la atmósfera. El calce entre la esfera y el borde del orificio es perfecto.

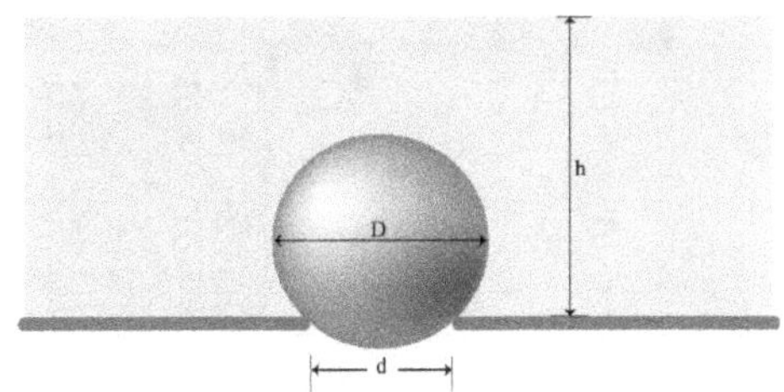

Suponga que inicialmente se tiene el estanque vacío y la esfera tapando el orificio. Entonces comienza a llenarse el estanque de manera que h crece desde 0 a 3D.
a) Calcule la fuerza que ejerce el agua cuando h<D/2.
b) Calcule la fuerza que ejerce el agua cuando D/2<h<D.
c) Similar a los casos anteriores, pero cuando h>D.
d) Indique el peso mínimo de la esfera para asegurar que siempre permanezca en su lugar para todas las alturas de agua.
Nota: El volumen de un sector esférico está dado por: $V=2\pi R^2h/3$, donde h se mide desde la parte superior.

2.26.- Para cerrar la salida de un estanque se piensa hacer descender verticalmente una esfera de diámetro D sujeta por un cable, hasta que ésta al llegar frente al orificio de salida, lo tape apretándose contra él. Posteriormente se puede destapar tirando el cable hacia arriba. La salida del estanque se encuentra sobre una pared vertical a una profundidad H y consiste en un tubo circular horizontal de diámetro d. La esfera tiene peso W y diámetro D>d. La figura muestra esquemáticamente la situación.

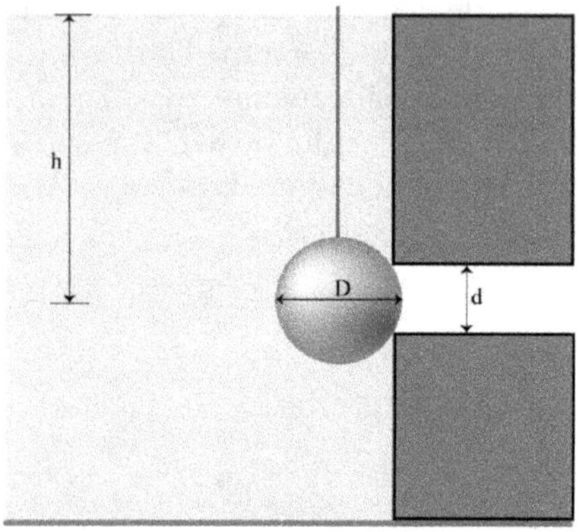

a) Calcule la magnitud de la fuerza horizontal que ejerce el agua sobre la esfera una vez que está en su posición tapando la salida.
b) Indique la ubicación del punto de aplicación de la fuerza horizontal referido al centro de la esfera.
c) Calcule la magnitud de la fuerza vertical que ejerce el agua sobre la esfera cuando está en su posición tapando la salida.
d) Indique la ubicación del punto de aplicación de la fuerza vertical, referido al centro de la esfera.
e) Indique la magnitud de la fuerza F que hay que hacer en el cable para levantar la esfera de su posición de cierre y volver a abrir la salida.
f) Determine el valor máximo que puede tener la razón D/d para que la esfera pueda permanecer cerrando la salida sin que naturalmente tienda a flotar. En este caso suponga que el peso de la esfera es despreciable.
Nota: Momento de inercia de un círculo de radio r: $I=\pi r^4/4$. Volumen de un segmento de esfera de radio R y altura del segmento h: $V=\pi h^2(3R-h)/2$.

2.27.- En las paredes de un estanque que contiene un líquido, existe un orificio de sección rectangular de ancho a y largo b, que se desea tapar colocando un cilindro del mismo largo y diámetro D mayor que a. El orificio puede abrirse en cualquiera de las paredes del estanque como se indica en la figura siguiente. La altura del líquido en el estanque se mide desde la superficie libre hasta el centro de gravedad del orificio (H). Interesa evaluar la fuerza que hace el líquido sobre el tapón colocado en su posición, cerrando el orificio en cada una de las opciones que se plantean. En particular para cada caso se pide:
a) Evalúe la magnitud de la componente horizontal de la fuerza hidrostática en función de la geometría del orificio y del tapón.
b) La componente vertical se puede calcular como el peso de un determinado volumen como si estuviera ocupado por el líquido del estanque. En cada caso indique el volumen que interviene en esta componente vertical.

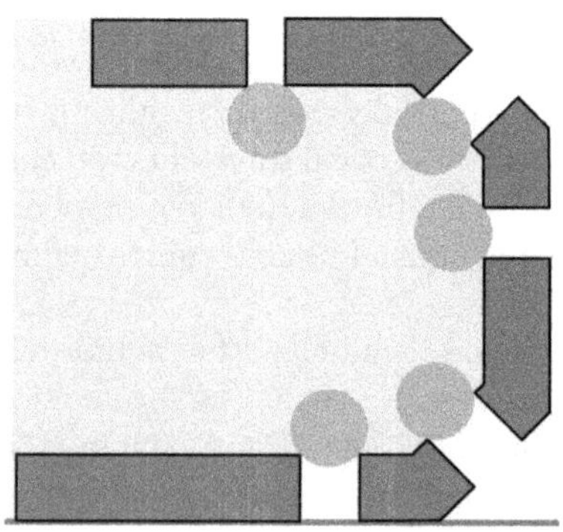

2.28.- La compuerta de la figura se utiliza en canales rectangulares para mantener constante el nivel de aguas arriba independientemente del caudal que circula. Consiste en una pantalla-flotador cilíndrica de generatriz horizontal que puede girar en torno al punto O equilibrada con un contrapeso. Cuando aumenta el nivel del agua el empuje del flotador también aumenta, haciendo que la pantalla se abra dejando pasar un mayor gasto y volviendo el nivel a su altura original. Cuando el nivel del agua baja, la compuerta tiende a cerrarse restituyéndose también el nivel. Aceptando que el comportamiento de esta compuerta puede analizarse suponiendo el agua en reposo:

a) Escriba la condición de equilibrio del sistema.

b) Demuestre que manteniendo fijos los demás parámetros se puede elegir una posición particular del centro de gravedad del conjunto $G(l_0,\beta_0)$ tal que la condición de equilibrio del sistema sea independiente del ángulo α y por lo tanto de la abertura de la compuerta, es decir, que la compuerta puede mantenerse independiente del caudal que escurre por ella. ¿Cuál es esta condición de equilibrio?

Nota: Recuerde que $\cos(\theta-\phi)=\cos\theta\cdot\cos\phi+\operatorname{sen}\theta\cdot\operatorname{sen}\phi$

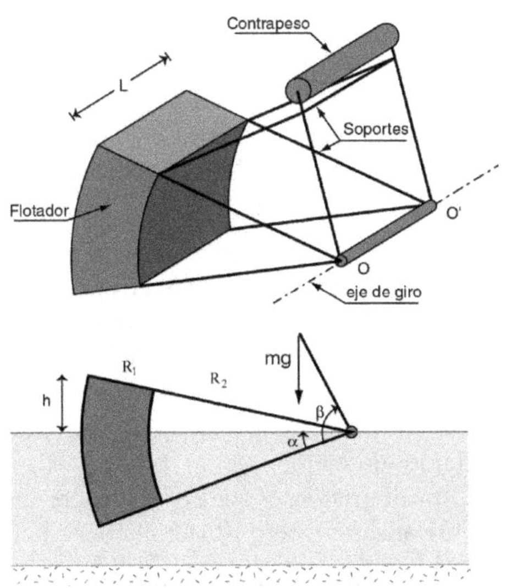

2.29.- Un globo tiene un volumen máximo, $V_{max}=500\ m^3$ y un peso total del envoltorio, la estructura y la carga de W=4.000 N, sin contar el del gas con que se rellena. Para hacerlo ascender desde el suelo se le llena con un volumen V_1, menor que V_{max}, de helio, cuya masa específica a presión atmosférica, a nivel del suelo, es $\rho_H=0{,}167\ kg/m^3$. La masa específica del aire a nivel del suelo es $\rho_a=1{,}23\ kg/m^3$ y su temperatura absoluta T=300 °K.

a) ¿Qué volumen de helio debe tener el globo para que comience a ascender desde el suelo?
b) Si se colocan 480 m^3 de helio al nivel del suelo, determine la aceleración vertical con que el aparato comienza a subir.
c) Suponiendo que el ascenso del globo es lo suficientemente lento como para que en todo momento la temperatura del helio sea igual a la del aire que lo rodea y que ambos tienen una temperatura constante, calcule la altura a la cual el envoltorio estaría totalmente inflado, es decir, el volumen de helio es igual a V_{max}.
d) Determine la aceleración vertical del aparato en el instante en que se infla totalmente.
e) Finalmente calcule la altura de equilibrio del globo en esas condiciones.

2.30.- Para rescatar un objeto valioso que se encuentra a 60 m de profundidad en el fondo del mar se le amarra un globo que será llenado con aire para hacerlo flotar. El objeto perdido tiene un volumen de 2,5 m^3 y una masa de 4.000 kg. El globo puede considerarse sin peso y puede tener un volumen máximo de 4 m^3 cuando está totalmente inflado. El agua de mar es incompresible con una masa específica de 1.030 kg/m^3 y una temperatura constante de 15 °C. El aire que se utiliza para llenar el globo puede considerarse como un gas ideal con una constante R = 288 $m^2/°K\cdot s^2$. Una vez que el conjunto comienza a ascender no se le agrega aire manteniéndose éste además a la temperatura del agua.

a) ¿Qué volumen de aire debe tener el globo para que el conjunto comience a subir desde los 60 m de profundidad?

b) ¿Qué masa de aire es necesario inyectar al globo para ello?

c) ¿A qué profundidad el globo estará totalmente inflado?

d) ¿Cuál es la fuerza neta de ascensión en ese instante?

e) ¿Para qué valor de la presión en el interior debiera calcularse el material del globo para que no se rompa?

2.31.- Para reflotar el casco de un barco hundido en una profundidad de 50 m en el fondo del mar se piensa incorporar un líquido más liviano que el agua pero muy compresible con un módulo de compresibilidad $E=22\times10^5$ N/m^2 y masa específica de 600 kg/m^3 a presión atmosférica. El líquido sólo puede incorporarse en las partes altas de las bodegas donde puede quedar atrapado, lo que se estima tiene un volumen máximo de 12,0 m^3, de manera que si se agrega más comienza a escapar por escotillas y puertas. El peso total del casco del barco es de 100.000 N y el volumen ocupado neto de 7,6 m^3.

a) ¿Cuál es la masa específica del líquido que se utilizará para reflotar el barco a la profundidad a que éste está hundido?

b) ¿Qué volumen de líquido se necesita inyectar para que el barco comience a subir?

c) ¿A qué profundidad se encuentra el barco cuando comienza a escaparse el líquido desde las bodegas?

d) ¿En ese momento cuál es la fuerza neta total sobre el barco?

e) ¿Cuál es la masa total de líquido con que llega el barco a la superficie?

2.32.- Una campana cilíndrica de paredes de 3 mm de espesor, 20 m de diámetro, 10 m de altura y una masa de 24.500 kg se coloca invertida en agua. Sólo se puede desplazar en sentido vertical y tiene su posición de equilibrio cuando el gas en su interior ocupa una altura x y el nivel de agua en el interior de la campana está a una altura h bajo el nivel exterior. La masa específica del gas es ρ_1=0,6 kg/m^3 y la del aire ρ_2=1,2 kg/m^3.

a) Establezca una relación entre h y x.

b) Muestre que el equilibrio es estable para pequeños desplazamientos verticales, pero es inestable si $x>X_0$.

c) Indique si frente a un pequeño giro el centro de carena tiende a desplazarse más o menos que en el caso en que el gas en el interior se solidifica y manteniendo su volumen no puede cambiar de forma.

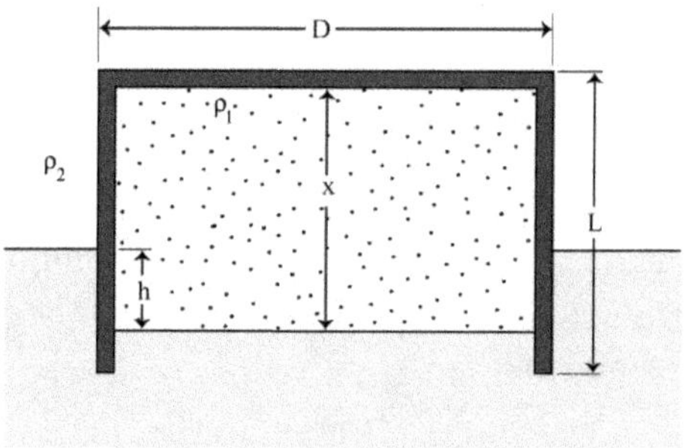

2.33.- Para analizar las condiciones de flotabilidad de un tronco de árbol este puede modelarse como un cilindro de diámetro D y largo L, con densidad d.

a) Si se desea hacer flotar de manera estable con su eje vertical, el largo del tronco debe estar limitado a un cierto máximo en relación al diámetro. Encuentre una relación entre (L/D) y la densidad de la madera para asegurar que el tronco flota de manera estable en la posición indicada.

b) Otra alternativa es que el tronco flote con su eje horizontal, pero ello también requiere que el largo cumpla ciertas condiciones en relación al diámetro. Encuentre una relación entre (L/D) y la densidad de la madera para asegurar que el tronco flota de manera estable con su eje horizontal.

c) Compare ambas relaciones gráficamente y analice en base a ellas las condiciones de flotabilidad del mencionado tronco.

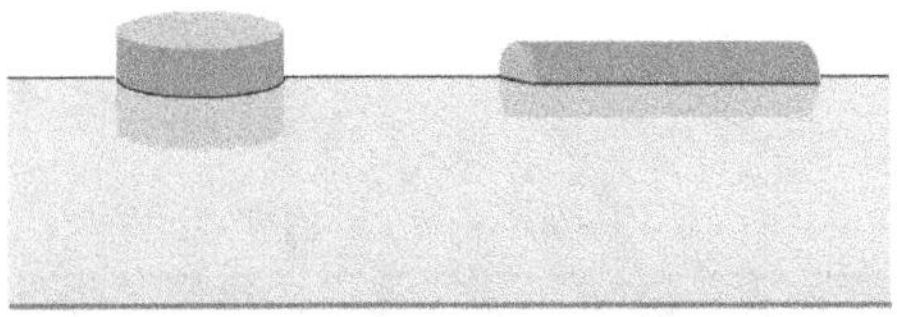

Nota: Momento de inercia de un rectángulo: $I_{oo} = \frac{ab^3}{12}$. Momento de inercia de un círculo: $I_{oo} = \frac{\pi D^4}{64}$.

2.34.- Calcule la relación que debe cumplir B y H en el cuerpo de peso específico γ de la figura, para que flote de manera estable en un líquido de peso específico γ_0.

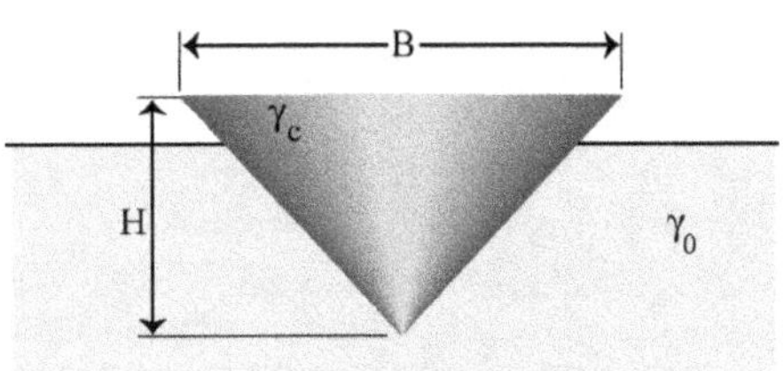

2.35.- Los elementos de fundación de un puente están formados por cilindros huecos verticales de paredes de hormigón cuyas características y dimensiones generales se indican en la figura. Las paredes son de un espesor de 0,30 m y el diámetro interior es de 6,0 m. Suponga que el hormigón tiene una masa específica de 2.500 kg/m³. Para trasladarlos desde su lugar de fabricación se piensa llevarlos flotando para luego hundirlos en su posición definitiva.

a) ¿Cuál es la máxima altura H que Ud. recomienda para que el traslado sea seguro?

b) ¿Cree Ud. que también habría que preocuparse por una altura mínima? ¿Qué valor le correspondería?

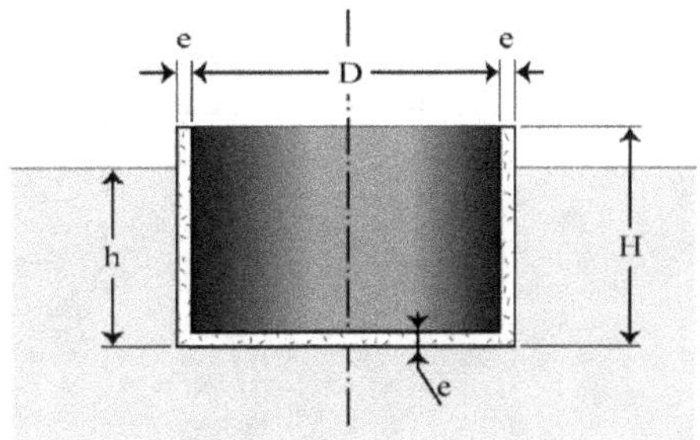

2.36.- Una baliza está formada por una linterna de peso W=500 N que se coloca a una altura x sobre un flotador consistente en un manto cilíndrico de radios R_1=2,5 m y R_2=2,0 m y altura a=0,8 m de material homogéneo de densidad d=0,7. Determine la máxima altura a que se puede colocar la linterna para que la baliza flote de manera estable.

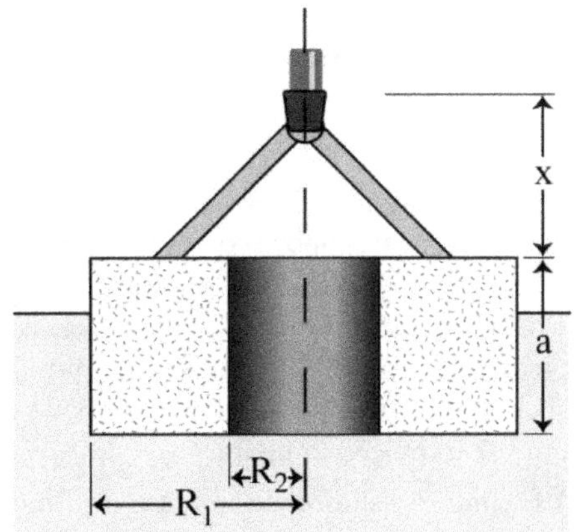

2.37.- Suponga que para un cubo de arista a y densidad 0,8 que flota en el agua, se coloca sobre el agua aceite de densidad 0,7, de manera que todo el cubo queda sumergido bajo el aceite y flotando en la interfase entre el agua y el aceite.

a) Calcule la parte de la altura del cubo que queda sumergido en cada uno de los líquidos.
b) Haga un análisis cualitativo del comportamiento del cubo frente al vuelco, e indique si en estas condiciones, es más, menos o igualmente estable que en el caso anterior.

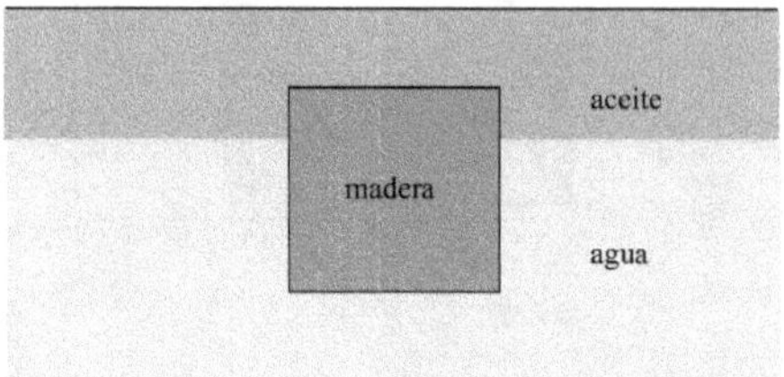

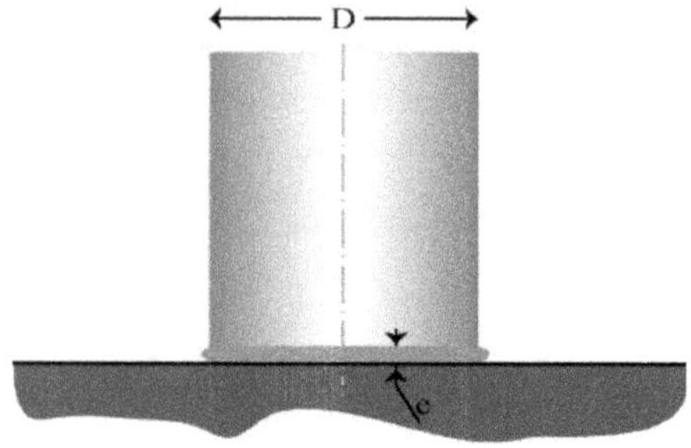

2.38.- Dos placas de vidrio paralelas están separadas a una distancia d pequeña y contienen entre ambas una cierta cantidad de líquido de tensión superficial σ, que tienen un área A de contacto con los vidrios y un perímetro L, como se indica en la figura. Encuentre la fuerza necesaria para separar las placas.

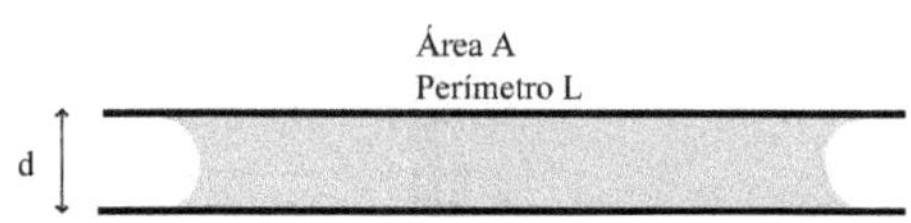

2.39.- Un cuerpo de peso W con forma de cilindro vertical se apoya con su base circular de diámetro D sobre una superficie plana horizontal. Entre ambas superficies existe una capa de espesor e de líquido cuya tensión superficial es σ, de manera que el apoyo es como se indica en la figura.

a) Estime el espesor de la capa de fluido que separa ambas superficies en función de (W,D, σ).
b) Estime la fuerza necesaria para levantar el cuerpo.

Capítulo III

Análisis global del comportamiento dinámico de los fluidos

En muchos de los problemas en que intervienen los fluidos se pueden encontrar soluciones adecuadas si se plantean los principios básicos de la mecánica y la termodinámica aplicados a valores promedio de las variables, considerando el conjunto del sistema donde actúa el fluido. Esto es especialmente útil cuando lo que importa es la interacción entre el fluido y el medio externo, donde interesa evaluar cantidades globales de esta interacción y no el detalle del comportamiento del fluido. Así, por ejemplo, si se analiza en forma global el comportamiento de una motobomba, bastará conocer la cantidad de fluido que entra en ella por unidad de tiempo sin que sea necesario detallar la distribución de velocidades en la sección de entrada o en el interior de la máquina. En casos como este es útil disponer de relaciones globales que representen las condiciones impuestas por los principios básicos de la física. De esta forma es posible abordar la gran mayoría de los problemas en que participan los fluidos, mediante la selección adecuada de elementos y equipos ya diseñados disponibles en el mercado y listos para ser utilizados, tales como tuberías, válvulas, estanques, bombas, turbinas, etc.

En el análisis global del comportamiento de los fluidos se recurre a la idea de **volumen de control**, así como en la termodinámica se utiliza la idea de sistema y en la mecánica es común recurrir al concepto de cuerpo libre.

Un sistema consiste en un conjunto de elementos de fluido formado siempre por los mismos elementos, de manera que, aunque el sistema cambie de forma, y sus límites físicos se desplacen, la cantidad de materia que lo constituye permanece invariable. Las ecuaciones típicas utilizadas en termodinámica están expresadas normalmente para un sistema. Desgraciadamente en un fluido en movimiento es muy difícil fijar la atención en un sistema ya que el fluido se deforma enormemente, incluso puede dividirse en varias partes y resulta poco práctico aplicar las ecuaciones a algo difícil de visualizar u observar.

Debido a lo anterior, para el análisis global del comportamiento de los fluidos se recurre a la idea de volumen de control. Este consiste en un volumen fijo en el espacio limitado por una superficie indeformable, llamada superficie de control, a través del cual el fluido se mueve, mientras la forma y dimensiones del volumen de control permanecen invariables. Un volumen de control, y su respectiva superficie de control, pueden coincidir con los límites de un aparato físico o ser totalmente imaginarios. El volumen de control más utilizado es el tubo de flujo. Para medir y cuantificar la cantidad de fluido comprometida en el escurrimiento a través del volumen de control se define el gasto, caudal y velocidad media.

Las leyes básicas que se aplican a un volumen de control en el análisis global del comportamiento de un fluido corresponden a la conservación de la masa, la conservación de energía, el cambio de entropía y el de cantidad de movimiento. También se conocen como continuidad, primera y segunda ley de la termodinámica y segunda ley de Newton respectivamente. Para poder traspasar la formulación hecha para un sistema a la requerida para un volumen de control se utiliza el teorema del transporte de Reynolds. Estas leyes básicas, expresadas en ecuaciones que permitan cuantificar las variables que intervienen, y algunas propiedades conocidas de los fluidos, como la ley de gases ideales, relaciones de compresibilidad y otras, permiten abordar en forma práctica una gran cantidad de problemas reales.

3.1 GASTO, CAUDAL Y VELOCIDAD MEDIA

Es importante poder evaluar la cantidad de fluido que está en movimiento. Al volumen de fluido que atraviesa una sección fija en el espacio por unidad de tiempo se le denomina **gasto**. Considérese un tubo de flujo limitado además por una sección transversal S, definida por una curva cerrada C, que en un instante t_0 tiene la forma que se indica en la Figura 3.1. Las paredes del tubo de flujo son líneas de corriente, de manera que a través de ellas no pasa fluido.

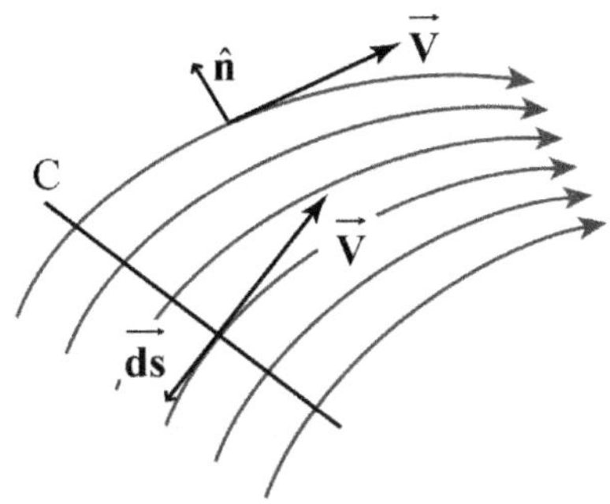

Figura 3.1. Definición de gasto en un tubo de flujo.

Si Δv es el volumen de fluido que ha pasado a través de un elemento Δs de la superficie cerrada por C durante Δt, se define el gasto elemental como:

$$dQ = \lim_{\Delta t \to 0} \left(\frac{\Delta v}{\Delta t} \right) \tag{3.1}$$

Si V es la velocidad con que el fluido atraviesa Δs esto se puede expresar como:

$$dQ = \lim_{\Delta t \to 0} \frac{\vec{\boldsymbol{V}}\, \Delta t \Delta \vec{\boldsymbol{s}}}{\Delta t} = \vec{\boldsymbol{V}} \cdot \Delta \vec{\boldsymbol{s}} \tag{3.2}$$

El gasto total, Q, a través de toda la superficie S corresponde a:

$$Q = \int_S \vec{\boldsymbol{V}} \cdot \overrightarrow{\mathbf{ds}} \tag{3.3}$$

Donde V es la velocidad en cada punto de S. Por otra parte, la velocidad media U en toda la sección S corresponde al promedio ponderado de las velocidades puntuales con el área correspondiente a cada una:

$$U = \frac{1}{S} \int_S \vec{\boldsymbol{V}} \cdot \overrightarrow{\mathbf{ds}} \tag{3.4}$$

de manera que el gasto y la velocidad media en una sección, ambas magnitudes escalares, están relacionados a través de la ecuación:

$$Q = US \tag{3.5}$$

Se define también como caudal, o gasto másico, a la masa de fluido que pasa a través de una sección en una unidad de tiempo. Se mide en kg/s y si la masa específica del fluido es constante en la sección puede calcularse como:

$$G = \rho Q = \rho U S$$

Si la masa del fluido varía en la sección S, el caudal se calcula como:

$$G = \int_S \rho \vec{\boldsymbol{V}} \cdot \overrightarrow{\boldsymbol{ds}}$$

3.2 TEOREMA DEL TRANSPORTE DE REYNOLDS

Los elementos del fluido que forman el sistema transportan ciertas propiedades que se trasladan con el fluido mismo, de manera que para todo el sistema la propiedad tiene un valor total dado por la suma de lo que transporta cada uno de los elementos que lo integran. Los principios básicos que se aplican requieren evaluar la variación temporal de cantidades que se mueven con el fluido referidas al conjunto de elementos que forman el sistema. Sin embargo, en la práctica es más simple utilizar en lugar del sistema un volumen de control fijo en el espacio, a través del cual se mueve el fluido. Entonces se necesita relacionar las variaciones de esa propiedad referida al sistema global con los cambios que experimenta esa misma cantidad si se considera el movimiento del fluido a través de la superficie de control y en el interior del volumen de control. El teorema del transporte de Reynolds entrega una relación cuantificable entre ambos enfoques.

Para ello se considera una propiedad extensiva cualquiera del fluido, N, con su correspondiente propiedad intensiva o específica, η, tal que para todo el sistema se tiene:

$$N = \int_{Masa} \eta dm = \int_{Volumen} \eta \rho dv \qquad (3.6)$$

Por ejemplo, si la propiedad considerada es la masa se tiene $N = M$ y $\eta = 1$.

La idea básica del teorema de Reynolds es poder expresar las variaciones de la propiedad extensiva para un sistema de elementos de fluido en movimiento en términos de los cambios de esta propiedad asociada a un volumen de control fijo en el espacio.

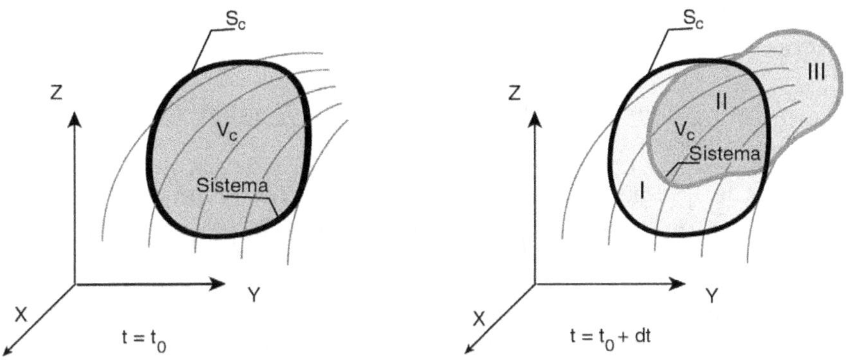

Figura 3.2. Volumen de control y sistema de elementos de fluido en dos instantes consecutivos.

Supóngase un conjunto de elementos fluidos moviéndose en un espacio donde el campo de velocidades está referido a un sistema de coordenadas XYZ. Se define un volumen de control fijo en el espacio tal que en un instante t_0 el volumen de control y el ocupado por el sistema coinciden. En el instante Δt siguiente el sistema se ha desplazado, de manera que parte de él ha abandonado el volumen de control y en el interior de este hay un espacio ocupado por elementos que no pertenecen al sistema. Entonces, para una propiedad extensiva N cualquiera del sistema se cumple, por definición, que:

$$\left(\frac{DN}{Dt}\right)_{sistema} = \lim_{\Delta t \to 0} \left[\frac{\left(N_{t_0+\Delta t} - N_{t_0}\right)}{\Delta t}\right]_{Sistema} \tag{3.7}$$

En el instante t_0 el sistema y el volumen de control coinciden. En el instante $t_0+\Delta t$ el sistema ocupa solo las regiones II y III, indicadas en la Figura 3.2, mientras la región I ha sido ocupada por elementos que no pertenecen al sistema y que ingresaron al volumen de control durante Δt.

La propiedad extensiva N se puede escribir para el instante $t_0+\Delta t$ como:

$$N_{t_0+\Delta t} = (N_{II} + N_{III})_{t_0+\Delta t} = (N_V - N_I + N_{III})_{t_0+\Delta t} \tag{3.8}$$

donde V representa el volumen de control.

Por otra parte, en el instante t_0:

$$N_{t_0} = (N_V)_{t_0} \tag{3.9}$$

Reemplazando estas expresiones en el límite que define la derivada total se obtiene:

$$\left(\frac{DN}{Dt}\right)_{sistema} = \lim_{\Delta t\to 0}\left(\frac{(N_V)_{t_0+\Delta t} - (N_V)_{t_0}}{\Delta t}\right) + \lim_{\Delta t\to 0}\left(\frac{(N_{III})_{t_0+\Delta t} - (N_I)_{t_0+\Delta t}}{\Delta t}\right) \tag{3.10}$$

Se puede apreciar que de acuerdo con la definición de derivada el primer término de la suma corresponde a la variación de la propiedad N al interior del volumen de control ya que:

$$\lim_{\Delta t\to 0}\left(\frac{(N_V)_{t_0+\Delta t} - (N_V)_{t_0}}{\Delta t}\right) = \left(\frac{\partial N_V}{\partial t}\right) = \frac{\partial}{\partial t}\left(\int_V \eta\rho dv\right) \tag{3.11}$$

Los límites que incluyen las regiones I y III en la ecuación (3.10) son más difíciles de evaluar. Para ello se puede analizar en detalle lo que ocurre con una pequeña parte de cada zona, como se aprecia en la Figura 3.3 para las regiones I y III.

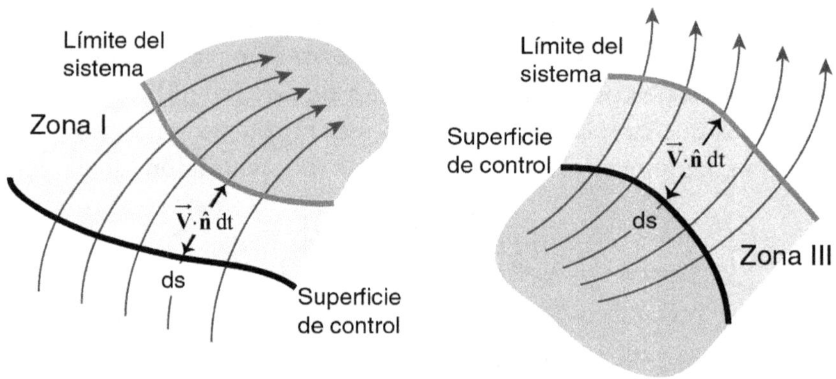

Figura 3.3. Detalle de un elemento de las superficies de control en las regiones I y III.

Se requiere evaluar la propiedad N en la región III para el instante $t_0+\Delta t$, la que se puede expresar como:

$$(N_{III})_{t_0+\Delta t} = \left(\int_{III} \eta\rho dv\right)_{t_0+\Delta t} = \left(\int_{S_{III}} \eta\rho\Delta t\vec{V}\cdot\hat{n}ds\right)_{t_0+\Delta t} \tag{3.12}$$

Donde el elemento de volumen de la región III se ha evaluado como $(\Delta t\vec{V} \cdot \hat{n}ds)$, siendo $\vec{V}$ la velocidad con que se mueve el elemento de fluido al pasar a la región III. Por lo tanto:

$$\lim_{\Delta t \to 0} \frac{\left(\int_{III} \eta\rho dv\right)_{t_0+\Delta t}}{\Delta t} = \lim_{\Delta t \to 0} \frac{\left(\int_{S_{III}} \eta\rho\Delta t\, \vec{V} \cdot \hat{n}ds\right)_{t_0+\Delta t}}{\Delta t} = \int_{S_{III}} \eta\rho\, \vec{V} \cdot \hat{n}ds \qquad (3.13)$$

donde S_{III} corresponde a la parte de S_c por la cual salen los elementos del sistema del volumen de control, es decir, en las cuales el producto $\vec{V} \cdot \hat{n}$ es positivo. Similarmente, en el caso de la región I, de acuerdo con lo que se ilustra en la Figura 3.3, la propiedad en esta región en $t_0+\Delta t$, N_I está dada por:

$$(N_I)_{t_0+\Delta t} = \left(\int_I \eta\rho dv\right)_{t_0+\Delta t} = \left(\int_{S_I} \eta\rho\Delta t\, \vec{V} \cdot \hat{n}ds\right)_{t_0+\Delta t} \qquad (3.14)$$

Entonces:

$$\lim_{\Delta t \to 0} \frac{\left(\int_{I} \eta\rho dv\right)_{t_0+\Delta t}}{\Delta t} = \lim_{\Delta t \to 0} \frac{\left(\int_{S_{I}} \eta\rho\Delta t\, \vec{V} \cdot \hat{n}ds\right)_{t_0+\Delta t}}{\Delta t} = \int_{S_{I}} \eta\rho\, \vec{V} \cdot \hat{n}ds \qquad (3.15)$$

Pero en esta zona el producto $\vec{V} \cdot \hat{n}$ es negativo. Reemplazando los términos obtenidos en las ecuaciones (3.11), (3.13) y (3.15) en la ecuación primitiva (3.10) se obtiene:

$$\left(\frac{DN}{Dt}\right)_{sistema} = \frac{\partial}{\partial t}\left(\int_V \eta\rho dv\right) - \int_{S_I} \eta\rho\, \vec{V} \cdot \hat{n}ds + \int_{S_{III}} \eta\rho\, \vec{V} \cdot \hat{n}ds \qquad (3.16)$$

Se puede apreciar que la superficie total del volumen de control corresponde a la suma del S_I y S_{III} más otras superficies a través de las cuales no hay flujo debido a que en ellas la velocidad no tiene componentes en la dirección del vector que define la superficie, es decir, en ellas $\vec{V} \cdot \hat{n} = 0$. Por lo tanto, se obtiene:

$$\left(\frac{DN}{Dt}\right)_{sistema} = \frac{\partial}{\partial t}\left(\int_{Vc} \eta\rho dv\right) + \int_{Sc} \eta\rho\, \vec{V} \cdot \hat{n}ds \qquad (3.17)$$

Ecuación que permite relacionar las variaciones totales referidas al sistema de una propiedad extensiva N, cuya propiedad específica es η que se mueve con el fluido, en términos de lo que ocurre en un volumen de control fijo en el espacio, definido por V_c y S_c. Es conveniente aclarar el significado físico de cada uno de los términos que intervienen en esta ecuación. El primero del lado derecho corresponde a la variación intrínseca que experimenta la propiedad en el interior del volumen de control, en el transcurso del tiempo. Este término es positivo si la cantidad aumenta y negativo si disminuye. Si el flujo es permanente este término es nulo. El segundo representa el flujo neto de la propiedad que es arrastrada por el fluido al entrar o salir del volumen de control a través de la superficie de control. Este término es positivo si la cantidad sale del volumen de control a través de la superficie de control. La suma de ambos es la variación total de la propiedad referida al sistema de elementos de fluido en movimiento. De manera que el teorema de Reynolds expresa en un lenguaje matemático lo que en palabras podría expresarse como:

Variación total de una propiedad del sistema en el tiempo.	=	*Variación de esa propiedad en el interior del volumen de control en el tiempo.*	+	*Flujo neto de la propiedad a través de la superficie de control.*

3.3 CONSERVACIÓN DE LA MASA

Los elementos de un fluido en movimiento deben cumplir con el requisito básico de la conservación de masa del sistema que conforman. El principio de conservación de la masa aplicado a un volumen de control se expresa matemáticamente en la ecuación de continuidad.

La aplicación de la idea de conservación de la masa al movimiento de un fluido es un caso típico en el cual se requiere fijar la atención sobre una cantidad de materia que se mueve, desplaza, deforma e incluso puede dividirse en el espacio. Esto hace que sea difícil utilizar como elemento de análisis el concepto de sistema y se recurre a la idea de volumen de control.

La variación total de la masa del sistema referida a lo que ocurre en el volumen de control se puede expresar, considerando $N = M$ y $\eta = 1$ en la ecuación (3.17), como:

$$\left(\frac{DM}{Dt}\right)_{sistema} = \frac{\partial}{\partial t}\left(\int_{Vc} \rho dv\right) + \int_{Sc} \rho \vec{V} \cdot \hat{n} ds \qquad (3.18)$$

En palabras esto significa que:

Variación total de la masa del sistema en el tiempo.	=	*Tasa de aumento de la masa en el tiempo en el volumen de control.*	+	*Flujo neto de masa a través de la superficie de control hacia afuera.*

El principio de conservación de la masa expresa que la masa total del sistema permanece constante:

$$\left(\frac{DM}{Dt}\right)_{sistema} = 0 \tag{3.19}$$

Entonces, utilizando como elemento de análisis un volumen de control, la ecuación de continuidad puede expresarse como:

$$\int_{Sc} \rho \vec{V} \cdot \hat{n} ds + \frac{\partial}{\partial t}\left(\int_{Vc} \rho dv\right) = 0 \tag{3.20}$$

Se puede ver que si un término es positivo el otro necesariamente debe ser negativo, y si uno es nulo ambos lo son. De ello se desprende que, si existe un flujo neto de fluido hacia el exterior del volumen de control, entonces necesariamente debe disminuir la masa de fluido en su interior. Si por otra parte no hay variación de la masa de fluido en el interior del volumen de control, entonces el flujo neto a través de la superficie de control es nulo, es decir, la cantidad de fluido que entra debe ser igual a la que sale en ese mismo instante.

A partir de esta expresión general pueden analizarse algunas situaciones particulares de interés como es el caso de régimen permanente en el cual la cantidad de masa en el interior del volumen es constante, por lo tanto, la ecuación de continuidad se reduce a:

$$\int_{Sc} \rho \vec{V} \cdot \hat{n} ds = 0 \tag{3.21}$$

Es decir, lo que entra al volumen de control debe ser igual a lo que sale, de manera que el flujo neto a través de la superficie de control sea nulo.

Si se elige bajo estas condiciones un volumen de control que es un tubo de flujo, como se indica en la Figura 3.4, y se aplica en él la ecuación de continuidad en régimen permanente, solo se deben evaluar las integrales en las secciones de entrada y salida ya que sobre las paredes del tubo el producto escalar de la velocidad por el elemento de superficie es nulo.

$$\int_{Sc} \rho \vec{V} \cdot \hat{n} ds = \int_{S1} \rho \vec{V} \cdot \hat{n} ds + \int_{S2} \rho \vec{V} \cdot \hat{n} ds + \int_{S3} \rho \vec{V} \cdot \hat{n} ds = 0 \tag{3.22}$$

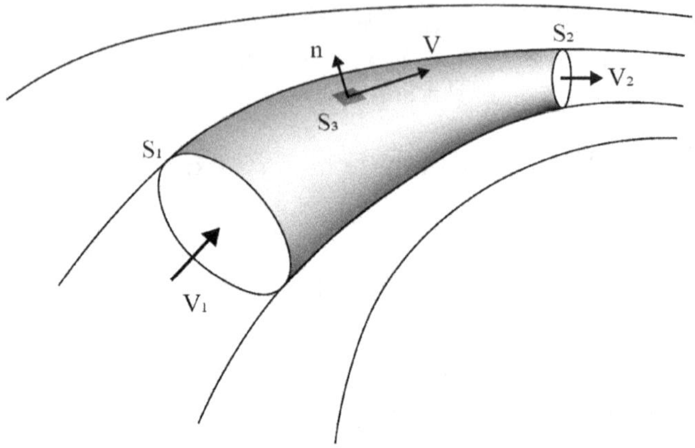

Figura 3.4. Ecuación de continuidad en un tubo de flujo.

Si la masa específica y la velocidad fueran constantes en cada sección las integrales de la ecuación anterior se pueden evaluar como:

$$\rho_1 V_1 S_1 = \rho_2 V_2 S_2 = G \tag{3.23}$$

G recibe el nombre de caudal, y corresponde a la masa de fluido que pasa a través de una sección por unidad de tiempo. Se mide en (Kg/s).

Para un fluido incompresible, en el cual ρ es constante, la ecuación (3.23) conduce a:

$$V_1 S_1 = V_2 S_2 = Q \tag{3.24}$$

Q se denomina gasto y corresponde al volumen de fluido que pasa a través de una sección por unidad de tiempo. *V* es la velocidad media en la sección transversal.

EJEMPLO 3.1

El techo de una fábrica consiste en un plano inclinado en cuyo borde inferior hay una canaleta que recoge el agua de la lluvia y la entrega a un ducto de bajada único. La proyección horizontal del techo tiene un área de 5.000 m^2. Estime el gasto que debiera bajar por el mencionado ducto durante una lluvia de larga duración y de intensidad constante igual a 26 mm/hora.

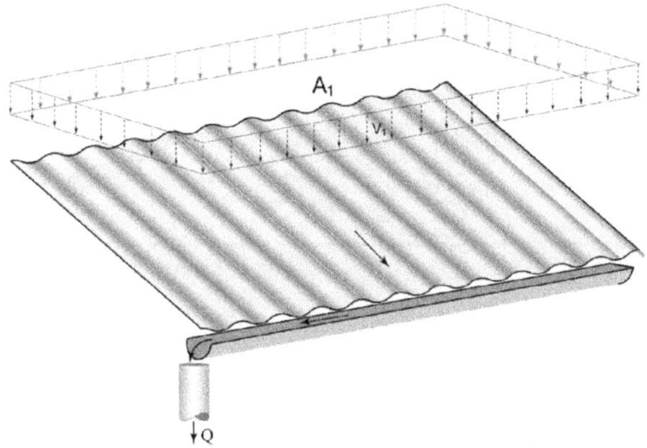

Figura 3.5. Ejemplo 3.1. Lluvia sobre el techo de una fábrica.

SOLUCIÓN:

El techo y la canaleta son parte de las paredes del tubo de flujo cuya sección de entrada está sobre el techo y la de salida es el ducto mismo.

Suponiendo que el conjunto opera en régimen permanente, de manera que no se acumula agua sobre el techo, la ecuación de continuidad expresa:

$$\begin{aligned} Q &= V_1 A_1 \\ &= 26 \text{ mm/hr} \cdot 5000\ m^2 \\ &= 0{,}026 \text{ m/hr} \cdot 5000\ m^2 = 130 \text{ m}^3\text{/hr} \\ &= 36\ lt/s \end{aligned}$$

EJEMPLO 3.2

Para ventilar un túnel en construcción se dispone de un ducto por la parte superior que incorpora aire desde el exterior con la ayuda de un ventilador y lo entrega al fondo del túnel. Este ducto se va alargando a medida que avanza la construcción del túnel. El área de la sección transversal completa del túnel es A = 30 m^2 y la del ducto es a = 1,5 m^2. Además, para retirar los materiales de la excavación se utiliza un camión de sección transversal estimada en C = 8 m^2 que se mueve en el interior del túnel a una velocidad absoluta de c = 60 km/hora. La cantidad de aire que incorpora el ducto es tal que permite renovar el volumen de aire de los 10 m del frente de trabajo del túnel a razón de 50 veces por hora. Se pide determinar la velocidad del camión relativa al aire que lo rodea cuando se mueve en el interior del túnel al entrar y al salir.

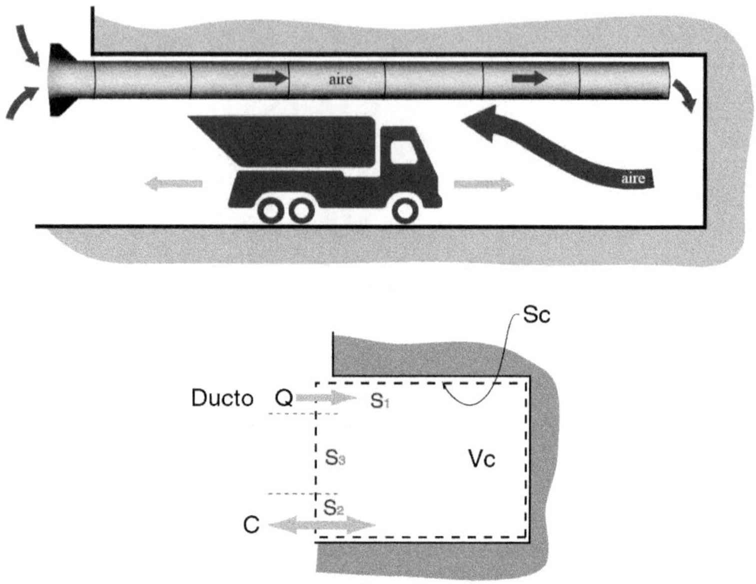

Figura 3.6. Ejemplo 3.2. Movimiento del aire en el interior de un túnel en construcción y volumen de control para el análisis.

SOLUCIÓN:

Se puede elegir un volumen de control que coincida con el fondo del túnel y que incluya la zona donde se mueve el camión. El aire se puede considerar incompresible y el fenómeno en régimen permanente, por lo tanto:

$$\int_{Sc} \vec{V} \cdot \hat{n} ds = 0$$

La superficie de control está formada por S_0, que comprende al fondo y las paredes del túnel, a través de la cual no hay flujo, S_1 la sección del ducto, S_2 ocupada por el camión en el área del túnel y S_3 el área libre del túnel. Entonces:

$$\int_{S_0} \vec{V} \cdot \hat{n} ds + \int_{S_1} \vec{V} \cdot \hat{n} ds + \int_{S_2} \vec{V} \cdot \hat{n} ds + \int_{S_3} \vec{V} \cdot \hat{n} ds = 0$$

donde:

$$\int_{S_0} \vec{V} \cdot \hat{n}\, ds = 0$$

$$\int_{S_1} \vec{V} \cdot \hat{n} ds = -Q$$

siendo Q el gasto de aire que entra al túnel a través del ducto que puede evaluarse como:

$$Q = \frac{\Delta Vol}{\Delta t} = \frac{ALn}{\Delta t} = \frac{30 \times 10 \times 50}{3600} = 4{,}17\, m^3/s$$

La integral sobre S_2 puede evaluarse como la cantidad de aire que se incorpora al volumen de control empujada por el camión en movimiento. El camión actúa como un pistón. Equivale a la velocidad del camión, c, por su área, C:

$$\int_{S_2} \vec{V} \cdot \hat{n}\, dA = cC$$

donde *c* es positivo si el camión sale y negativo si entra. Finalmente, en la sección libre del túnel, S_3:

$$\int_{S_3} \vec{V} \cdot \hat{n}\, dA = V(A - C - a)$$

donde *V* es la velocidad con que el aire sale del túnel a través de la sección libre que dejan el camión y el ducto. Si *V* es negativa significa que el aire entra al túnel a través de esta sección. Entonces, reemplazando los términos evaluados en la ecuación de continuidad primitiva se obtiene:

$$0 - Q + cC + V(A - C - a) = 0$$

de donde:

$$V = \frac{Q - cC}{A - C - a}$$

Así, cuando el camión entra, el aire sale por el espacio libre del túnel alrededor del camión con una velocidad de:

$$V = \frac{4{,}17 + \left(\frac{60}{3{,}6}\right)8}{30 - 8 - 1{,}5} = 6{,}7\, m/s = 24\, km/hr$$

y cuando el camión sale:

$$V = \frac{4{,}17 - \left(\frac{60}{3{,}6}\right)8}{30 - 8 - 1{,}5} = -6{,}3\, m/s = -22{,}7\, km/hr$$

es decir, cuando el camión sale el aire entra hacia el fondo del túnel.

Cuando entra la velocidad relativa del camión en relación al aire que lo rodea es:

$$V_r = 60 + 24 = 84\, km/hr$$

y cuando sale:

$$V = 60 + 22{,}7 = 82{,}7 \text{ km}$$

EJEMPLO 3.3

Una persona observa una crecida en un río en un tramo de 2 km entre dos puentes. En el puente de aguas abajo estima que en un instante dado pasan 300 m³/s, mientras el nivel del agua sube en esa sección a razón de 1 metro cada 5 minutos. Si se supone que lo mismo ocurre con el nivel del agua en todo el tramo entre los puentes, y el tramo tiene un ancho constante de 40 m, estime el gasto que está entrando al tramo bajo el puente de aguas arriba.

SOLUCIÓN:

Tomando un volumen de control que coincide con el tramo en cuestión, cuya sección de entrada comprende a la sección bajo el puente de aguas arriba y la de salida a la del puente de aguas abajo, se trata claramente de una situación impermanente, donde ρ es constante temporal y espacialmente, entonces:

$$\frac{\partial}{\partial t}\left(\int_{V_c} \rho \, dv\right) + \int_{S_c} \rho \vec{\mathbf{V}} \cdot \hat{\mathbf{n}} ds = 0$$

Donde

$$\frac{\partial}{\partial t}\int_{V_c} dv \approx \frac{\Delta v}{\Delta t} = \frac{1m \cdot 40m \cdot 2000m}{5min} = \frac{8000m^3}{5 \cdot 60s} = 266{,}7\, {m^3}/{s}$$

Además

$$\int_{Sc} \vec{\mathbf{V}} \cdot \hat{\mathbf{n}} ds = \int_{S_2} \vec{\mathbf{V}} \cdot \hat{\mathbf{n}} ds - \int_{S_1} \vec{\mathbf{V}} \cdot \hat{\mathbf{n}} ds = Q_{sale} - Q_{entra} = 300m^3/s - Q_{entra}$$

Por lo tanto

$$Q_{entra} = (266{,}7 + 300)\, {m^3}/{s} = 566{,}7\, {m^3}/{s}$$

3.4 PRIMERA LEY DE LA TERMODINÁMICA

Con el objeto de poder considerar tipos de energía distintos de los exclusivamente mecánicos, tener en cuenta intercambios de calor y variaciones de propiedades del fluido tales como su energía interna, reflejada en su temperatura, es interesante poder utilizar la primera ley de la termodinámica que establece un balance de energía considerando efectos mecánicos y térmicos.

La primera ley de la termodinámica expresa en términos simples que para un sistema durante un período de tiempo Δt:

$$\Delta E = \Delta C - \Delta W \tag{3.25}$$

Donde E es la energía interna del sistema, C la energía que recibe desde el exterior expresada en forma de calor y W el trabajo que el sistema realiza hacia el exterior. De esta manera, el balance de energía establece que la diferencia entre lo que el sistema recibe desde el exterior y lo que entrega se convierte en un cambio de energía interna. Para un sistema de elementos fluidos, esto se puede visualizar gráficamente en la Figura 3.7.

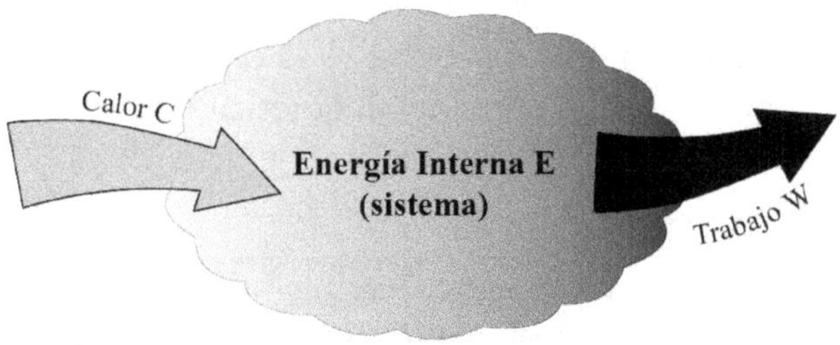

Figura 3.7. Intercambio energético para un sistema.

La primera ley de la termodinámica, así expresada, indica de manera explícita un balance de energía, y de forma implícita que calor, trabajo y energía son equivalentes, es decir, se pueden sumar. Cuantitativamente:

$$1 \text{ kcal} = 4.186 \text{ Joule}$$

La ecuación anterior supone que el tiempo en que se consideran los tres términos es el mismo. De tal modo que por unidad de tiempo se puede obtener el flujo de energía promedio para el sistema dividiendo por Δt:

$$\frac{\Delta E}{\Delta t} = \frac{\Delta C}{\Delta t} - \frac{\Delta W}{\Delta t}$$

y en el límite, cuando Δt se hace tender a cero:

$$\frac{dE}{dt} = \frac{dC}{dt} - \frac{dW}{dt} \tag{3.26}$$

Esta ecuación es útil en la medida que para cada caso particular se pueda evaluar cada uno de los términos que en ella intervienen.

En el caso de un fluido en movimiento se trata de cuantificar la energía que puede almacenar, el trabajo que realiza y la forma en que es capaz de recibir energía útil desde el exterior. Además, desde el punto de vista práctico es interesante poder relacionar las variaciones de estas cantidades referidas al sistema con los cambios que ocurren en un volumen de control fijo en el espacio. Esto da origen a la ecuación de energía para un fluido en movimiento.

3.4.1 Ecuación de energía

Si se supone un sistema de elementos de fluido en movimiento de manera que un elemento de masa m y temperatura T se encuentra en un instante t_0 a una altura z desplazándose con una velocidad V, la energía de este elemento está formada por la suma de energía potencial, cinética e interna. Estas formas de energía se pueden evaluar individualmente, de acuerdo con las expresiones que se indican a continuación:

Tipo de energía	*Energía para un elemento de masa m.*	*Energía específica (por unidad de masa)*
Potencial	mgz	gz
Cinética	$\frac{mV^2}{2}$	$\frac{V^2}{2}$
Interna	$mu(T)$	$u(T)$

Siendo $u(T)$ una función de la temperatura absoluta del elemento. Por lo tanto, la energía específica, por unidad de masa, está dada por:

$$e = gz + \frac{V^2}{2} + u \tag{3.27}$$

y la energía total, para todo el sistema de elementos de fluido:

$$E = \int_{sistema} e\rho dv = \int_{sistema} \left(gz + \frac{V^2}{2} + u \right) \rho dv \tag{3.28}$$

Para poder aplicar la primera ley de la termodinámica interesa poder evaluar la variación total de energía que experimenta el sistema de fluido por unidad de tiempo. Como la energía del fluido es una propiedad que se traslada con él, la variación total que experimenta en el sistema se puede expresar en términos de lo que ocurre en un volumen de control fijo en el espacio, utilizando para ello el teorema de Reynolds. Si se reemplaza N por E y η por e y se aplica la ecuación (3.17) se obtiene:

$$\left(\frac{dE}{dt}\right)_{sistema} = \int_{Sc} e\rho\vec{\boldsymbol{V}} \cdot \boldsymbol{d\vec{s}} + \frac{\partial}{\partial t}\int_{Vc} e\rho dv \qquad (3.29)$$

La primera integral representa el flujo neto de energía que sale del volumen de control arrastrada por el fluido que atraviesa la superficie de control, y la segunda corresponde a la variación intrínseca de energía que experimenta el fluido que se encuentra en el interior del volumen de control durante *dt*. De manera que en palabras:

Variación total de energía del sistema en el tiempo dt.	=	*Flujo neto de energía que sale a través de la superficie de control.*	+	*Tasa de aumento de energía en el volumen de control.*

El flujo neto de energía a través de la superficie de control corresponde a la diferencia entre la energía que sale y la que entra arrastrada por el fluido que atraviesa la superficie de control por unidad de tiempo.

El otro término que es necesario evaluar es el trabajo mecánico realizado por el sistema durante el instante dt, o por unidad de tiempo. El fluido en movimiento realiza dos tipos de trabajo mecánico: trabajo de flujo y trabajo útil hacia el exterior, de modo que:

$$\Delta W = \Delta W_f + \Delta W_e \qquad (3.30)$$

El trabajo de flujo, ΔW_f, corresponde al trabajo mecánico realizado por el fluido al desplazarse, para lo cual debe vencer ciertas fuerzas que se oponen a su movimiento. Entre ellas están las fuerzas normales debidas a la presión y las tangenciales producto de la viscosidad del fluido. Si se considera el caso de un fluido ideal, estas últimas no existen. Si es un fluido real debe evaluarse un cierto trabajo dedicado a vencer la resistencia que oponen los esfuerzos tangenciales al movimiento. Si es un fluido que se mueve desplazando un área *ds* a una velocidad *V* contra una presión *P* el trabajo de flujo está dado por:

$$dW_f = P\boldsymbol{d\vec{s}} \cdot \vec{\boldsymbol{V}} dt + dW_\mu$$

Al sumar el trabajo de flujo realizado por todos los elementos del sistema, el efectuado por los elementos que están en el interior del volumen de control se anula ya que el que elabora un elemento sobre el que está a su lado es aprovechado por este. Solo presentan valor positivo los que están sobre la superficie de control porque su trabajo lo realizan sobre elementos que no pertenecen al sistema. Entonces, en todo el sistema el trabajo de flujo por unidad de tiempo es:

$$\frac{dW_f}{dt} = \int_{Sc} P\vec{\boldsymbol{V}} \cdot \boldsymbol{d\vec{s}} + \frac{dW_\mu}{dt} \tag{3.31}$$

Donde dW_μ es el trabajo mecánico consumido al desplazarse el fluido contra los esfuerzos de corte. Si se trata de un fluido ideal este término puede despreciarse.

Además, está el trabajo útil o externo, ΔW_e, realizado por el fluido al ejercer fuerzas y desplazar paredes externas. Estas, al moverse, son capaces de trasmitir la energía del fluido hacia el exterior, o viceversa. Es conveniente notar que este intercambio de trabajo con el exterior solo puede hacerse si existe un mecanismo capaz de transmitirlo.

Por lo tanto, el trabajo mecánico total realizado por el fluido por unidad de tiempo, o potencia mecánica, corresponde a la suma de los siguientes términos:

$$\frac{dW}{dt} = \int_{Sc} P\vec{\boldsymbol{V}} \cdot \boldsymbol{d\vec{s}} + \frac{dW_\mu}{dt} + \frac{dW_e}{dt} \tag{3.32}$$

Si se reemplazan los términos correspondientes a la variación de energía del fluido por unidad de tiempo y el trabajo mecánico total por unidad de tiempo en la ecuación de la primera ley de la termodinámica se obtiene una expresión general de la energía para un fluido en movimiento, considerando aspectos mecánicos y térmicos aplicables a un volumen de control:

$$\int_{Sc} e\rho\vec{\boldsymbol{V}} \cdot \boldsymbol{d\vec{s}} + \frac{\partial}{\partial t}\int_{Vc} e\rho dv = \frac{dC}{dt} - \int_{Sc} P\vec{\boldsymbol{V}} \cdot \boldsymbol{d\vec{s}} - \frac{dW_\mu}{dt} - \frac{dW_e}{dt}$$

La que se puede reordenar, agrupando las integrales sobre la superficie de control, para obtener:

$$\int_{Sc}\left(gz + \frac{V^2}{2} + \frac{P}{\rho} + u\right)\rho\vec{\boldsymbol{V}} \cdot \boldsymbol{d\vec{s}} + \frac{\partial}{\partial t}\int_{Vc}\left(gz + \frac{V^2}{2} + u\right)\rho dv = \frac{dC}{dt} - \frac{dW_e}{dt} - \frac{dW_\mu}{dt} \tag{3.33}$$

Es interesante analizar el significado físico de cada uno de los términos que intervienen en esta ecuación.

El primer término corresponde al flujo neto de energía que atraviesa la superficie de control, arrastrada por el fluido que pasa a través de ella, más el trabajo mecánico que hace este fluido al desplazarse contra un campo de presiones que genera fuerzas normales en el interior del fluido. Es positivo si sale del volumen de control.

El segundo término corresponde a la variación de energía que experimenta el fluido en el interior del volumen de control por unidad de tiempo. Positivo si aumenta y negativo si disminuye. Si el régimen es permanente es nulo.

El primer término de la derecha refleja el flujo calórico absorbido por el fluido. Corresponde a energía que se le incorpora en forma de calor. Positivo si se agrega al fluido.

El segundo término representa el trabajo útil que realiza el fluido y que es aprovechable en el exterior en forma de trabajo mecánico por unidad de tiempo. Es la potencia útil que el fluido entrega. Es positivo si el fluido realiza trabajo útil hacia el exterior.

Finalmente, el último término es el trabajo mecánico que realiza el fluido por unidad de tiempo para vencer los esfuerzos de corte debidos a los efectos de la viscosidad del fluido. Más adelante se verá cómo evaluar esta cantidad, por ahora se puede afirmar que, si la viscosidad es despreciable, esta cantidad también. Si la viscosidad es importante, o sus efectos no pueden despreciarse, este término corresponde a una pérdida de energía por roce entre el fluido y las paredes de la conducción.

A la suma de la energía interna más la razón entre la presión y la masa específica se le conoce como entalpía y es una propiedad de estado del fluido, tal que:

$$h = u + \frac{P}{\rho} \tag{3.34}$$

Para pequeñas variaciones los cambios de entalpía están relacionados con los cambios de temperatura del fluido dependiendo del proceso mediante las ecuaciones:

$$dh = C_p dT \tag{3.35}$$

si se realiza a presión constante, donde C_p es el calor específico a presión constante y:

$$dh = C_v dT \tag{3.36}$$

si el proceso de cambio de temperatura se realiza a volumen constante, siendo C_v el calor específico a volumen constante.

Los calores específicos para cada fluido son función principalmente de la temperatura. En los gases C_p y C_v son distintos mientras en los líquidos son numéricamente iguales y solo se designa como calor específico. Para le caso del aire la relación entre C_p y C_v vale 1,4.

EJEMPLO 3.4

Un estanque de dimensiones importantes contiene un gas ideal cuyo comportamiento puede expresarse por la relación $P = k\,\rho\,T$, siendo k una constante para el gas. Mediante una resistencia eléctrica se agrega calor al gas en forma impermanente a razón de:

$$\frac{dC}{dt} = A + Bt$$

En el instante inicial, $t = 0$, se abre la válvula para que el gas comience a salir del estanque. Esta válvula se regula automáticamente en cada instante de manera de mantener la velocidad de salida, V_S, constante. Suponiendo que el proceso es isotérmico y se realiza a temperatura constante T_S, determinar la masa de gas que ha salido del estanque en el tiempo t.

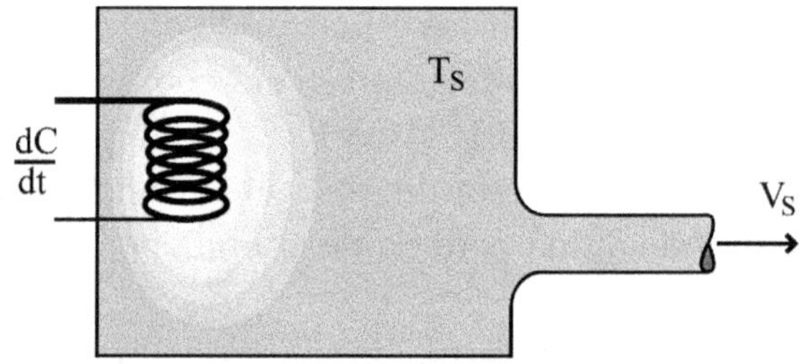

Figura 3.8. Ejemplo 3.4. Gas en el interior de un estanque.

SOLUCIÓN:

El comportamiento del gas debe ser tal que se cumplan las ecuaciones de continuidad y energía. Para aplicar ambas se puede elegir un volumen de control que coincida con el estanque hasta la sección donde se ubica la válvula. Estas ecuaciones expresan, según (3.20) y (3.33):

Continuidad:

$$\int_{Sc} \rho\,\vec{V} \cdot \vec{ds} + \frac{\partial}{\partial t}\int_{Vc} \rho dv = 0$$

Energía:

$$\int_{Sc} \left(gz + \frac{V^2}{2} + h\right) \rho\,\vec{V} \cdot \vec{ds} + \frac{\partial}{\partial t}\int_{Vc} \left(gz + \frac{V^2}{2} + u\right) \rho dv = \frac{dC}{dt} - \frac{dW_e}{dt} - \frac{dW_\mu}{dt}$$

Se puede apreciar que el único lugar donde el producto $\vec{V} \cdot \vec{ds}$ no se anula en la superficie de control es en la válvula de salida. Si esta sección es de pequeñas dimensiones los términos que actuarían se pueden suponer constantes en el espacio, de manera que:

$$\int_{Sc} \rho V \cdot \mathrm{ds} = \rho_S V_S A_S = G_S \text{ (caudal de salida)}$$

Además $\int_{Vc} \rho dv = m$, masa en el interior del estanque en cada instante.

Por lo tanto, la ecuación de continuidad expresa:

$$\frac{\partial m}{\partial t} = -G_S$$

es decir, la masa en el interior disminuye con el tiempo a igual velocidad a que sale el gas del estanque.

Por otra parte, en la ecuación de energía el intercambio de calor con el exterior se conoce y está dado por:

$$\frac{dC}{dt} = A + Bt$$

El trabajo útil es nulo debido a que no hay ningún mecanismo capaz de transmitirlo:

$$\frac{dW_e}{dt} = 0$$

y se puede suponer que el proceso se realiza sin pérdida de energía por roce, por lo tanto:

$$\frac{dW_\mu}{dt} = 0$$

Para evaluar las integrales en la ecuación de energía se requiere conocer la entalpía. A la salida esta vale:

$$h_S = u_S + \frac{p_S}{\rho_S}$$

de acuerdo a la ecuación del gas ideal

$$h_S = u_S + kT_S$$

Como T_S es constante y u_S depende solo de la temperatura, la entalpía de salida puede considerarse constante. Entonces como $\vec{V} \cdot \vec{ds}$ es distinto de cero solo en la válvula:

$$\int_{Sc} \left(gz + \frac{V^2}{2} + h\right) \rho \vec{V} \cdot \vec{ds} = \left(gz + \frac{V_S{}^2}{2} + u_S + kT_S\right) \int_{Sc} \rho V_S ds$$

Si se toma como nivel de referencia para medir las alturas el de la válvula de salida, se tiene que esta integral vale:

$$\left(\frac{V_S^2}{2} + u_S + kT_S\right) G_S$$

Por otra parte, en el interior del estanque la velocidad puede suponerse despreciable y la altura promedio del gas medida con respecto a la salida, también. Además, dado que la temperatura es constante, también lo es la energía interna, por lo tanto:

$$\frac{\partial}{\partial t}\int\left(gz+\frac{V^2}{2}+u\right)\rho dv = u_S\frac{\partial}{\partial t}\int \rho dv = u_S\frac{\partial m}{\partial t}$$

Siendo m la masa de gas en el interior del estanque.

Entonces, reemplazando en la ecuación de energía los valores de los términos que intervienen:

$$\left(\frac{V_S^2}{2}+u_S+kT_S\right)G_S+u_S\frac{\partial m}{\partial t}=A+Bt$$

Pero según continuidad $\frac{\partial m}{\partial t}=-G_S$, por lo tanto, los términos de energía interna se anulan:

$$\left(\frac{V_S^2}{2}+kT_S\right)G_S=A+Bt$$

Entonces, el caudal que sale por la válvula está dado por:

$$G_S=\frac{A+Bt}{\frac{V_S^2}{2}+kT_S}$$

y la cantidad de masa de gas que ha salido en el tiempo t se obtiene integrando:

$$m_t=\frac{2At+Bt^2}{V_S^2+2kT_S}$$

Para la aplicación de la ecuación de energía es necesario elegir un volumen de control que defina el lugar en el cual se aplica el balance entre las diferentes formas de energía. La selección típica corresponde a un tubo de flujo debido a las particulares características que él tiene. El balance de energía en régimen permanente para un tubo de flujo se muestra en la Figura 3.9. En régimen permanente la ecuación de energía establece:

$$\int_{Sc}\left(gz+\frac{V^2}{2}+h\right)\rho\,\vec{V}\cdot\vec{ds}=\frac{dC}{dt}-\frac{dW_e}{dt}-\frac{dW_\mu}{dt} \tag{3.37}$$

En las paredes del tubo de flujo $\vec{V}\cdot\vec{ds}$ es nulo de manera que el flujo neto de energía a través de la superficie de control corresponde al que sale por la sección final menos el que entra por la inicial. Esto es:

$$\int_{S_1}\left(gz+\frac{V^2}{2}+h\right)\rho\,\vec{V}\cdot\vec{ds}+\int_{S_2}\left(gz+\frac{V^2}{2}+h\right)\rho\,\vec{V}\cdot\vec{ds}=\frac{dC}{dt}-\frac{dW_e}{dt}-\frac{dW_\mu}{dt}$$

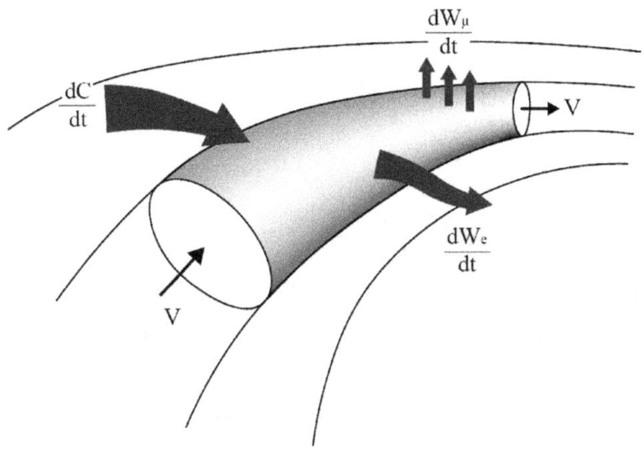

Figura 3.9. Balance de energía en un tubo de flujo en régimen permanente.

Para poder evaluar estas integrales es necesario conocer la distribución de velocidades y de entalpía en las secciones de entrada y salida. En una primera aproximación se pueden adoptar valores promedios en cada sección para la masa específica, la velocidad y la entalpía, de manera que se puede poner:

$$\int_S \left(gz + \frac{V^2}{2} + h\right)\rho\, \vec{V} \cdot \vec{ds} = \left(gz_S + \frac{{V_S}^2}{2} + h_S\right)\rho_S Q_S \qquad (3.38)$$

siendo Q_s el gasto de fluido que pasa por S y los términos z_s, V_s y h_s los valores medios de las respectivas propiedades en la sección S. Con esto se obtiene para la energía:

$$\left(gz_2 + \frac{{V_2}^2}{2} + h_2\right)\rho_2 Q_2 - \left(gz_1 + \frac{{V_1}^2}{2} + h_1\right)\rho_1 Q_1 = \frac{dC}{dt} - \frac{dW_e}{dt} - \frac{dW_\mu}{dt}$$

Si se designa por Pot_e a la potencia transferida hacia el exterior como trabajo útil y por Pot_r la pérdida de energía por roce por unidad de tiempo debido a la fricción, reordenando los términos se obtiene:

$$\left(gz_1 + \frac{{V_1}^2}{2} + h_1\right)\rho_1 Q_1 + \frac{dC}{dt} = \left(gz_2 + \frac{{V_2}^2}{2} + h_2\right)\rho_2 Q_2 + Pot_e + Pot_r \qquad (3.39)$$

Esta ecuación es válida para régimen permanente en un tubo de flujo. Básicamente expresa que la energía que tiene el fluido al entrar al tubo de flujo más la energía que recibe desde el exterior la gasta en entregar trabajo al exterior o la pierde por fricción, o se utiliza en aumentar la energía del fluido mismo ya sea como potencial, entalpía o cinética a la salida del tubo.

Si la distribución de velocidades no es uniforme en la sección debe incluirse un factor de corrección que permita evaluar la energía cinética en base a la velocidad media, de tal manera que se cumpla:

$$\int \left(\frac{V^2}{2}\right) \vec{V} \cdot \overrightarrow{\mathrm{ds}} = \alpha \left(\frac{U^2}{2}\right) Q$$

donde α es el factor de corrección, que se llama también coeficiente de Coriollis, el cual permite que ambas expresiones sean numéricamente iguales. Conocida la distribución de velocidades en la sección se puede calcular el valor de α de manera que la magnitud de la energía cinética que pasa por la sección evaluada en base a la velocidad media sea la misma que si se evaluara la integral con las velocidades puntuales. De la misma definición es fácil observar que α se puede evaluar como:

$$\alpha = \frac{\int V^2 \vec{V} \cdot \overrightarrow{\mathrm{ds}}}{U^2 Q} = \frac{\int V^3 ds}{sU^3} \tag{3.40}$$

El coeficiente de Coriollis α es siempre positivo y mayor o igual a uno. Si la distribución de velocidades es uniforme vale uno y aumenta a medida que la desuniformidad de velocidades es más importante.

EJEMPLO 3.5

Vaciamiento de un estanque y funcionamiento de una chimenea. Estos son dos casos típicos en que la aplicación de las ecuaciones de continuidad y energía permiten obtener soluciones cuantitativas simples y de interés. Desde el punto de vista físico el vaciamiento de un estanque mediante una tubería conectada a él y el de un hogar a través de una chimenea son similares y difieren solo en cuanto al tipo de fluido con que funcionan en relación con el de la atmósfera que rodea al sistema. Interesa cuantificar la cantidad de fluido que sale a través de la tubería o de la chimenea conocida la disposición geométrica y las propiedades de los fluidos.

SOLUCIÓN:

En la figura se muestra un esquema de ambos sistemas. En una primera aproximación puede suponerse el fluido del estanque, el de la atmósfera y el del hogar como incompresibles.

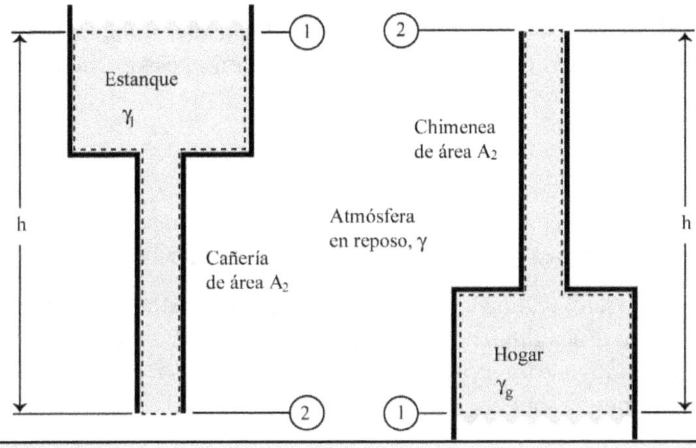

Figura 3.10. Vaciamiento de estanque y funcionamiento de una chimenea para el ejemplo 3.5.

a) En el caso del vaciamiento del estanque mediante una tubería conectada por el fondo, las ecuaciones de continuidad y energía se pueden aplicar al volumen de control indicado en la figura mediante línea de segmentos. Entre las secciones 1, en la superficie del estanque, y la 2 a la salida de la tubería, para el líquido de peso específico γ_l se tiene:

$$V_1 A_1 = V_2 A_2$$

$$z_1 + \frac{V_1^2}{2g} + \frac{P_1}{\gamma_l} = z_2 + \frac{V_2^2}{2g} + \frac{P_2}{\gamma_l}$$

Además, las presiones en las secciones 1 y 2 deben coincidir con las existentes en la atmósfera que rodea al sistema en esos puntos. Como la atmósfera en el exterior del estanque consiste en un fluido en reposo de peso específico γ se cumple la ley hidrostática, por lo tanto:

$$z_1 + \frac{P_1}{\gamma} = z_2 + \frac{P_2}{\gamma}$$

Por condiciones geométricas:

$$z_1 - z_2 = h$$

Resolviendo estas ecuaciones se encuentra el valor de la velocidad de salida por la sección 2:

$$V_2^2 = \frac{2gh\left(1 - \frac{\gamma}{\gamma_l}\right)}{1 - \frac{A_2^2}{A_1^2}}$$

En general, se puede aceptar que $A_2 << A_1$ con lo cual la velocidad de salida se calcula como:

$$V_2 = \sqrt{2gh\left(1 - \frac{\gamma}{\gamma_l}\right)}$$

Se observa que V_2 es real solo si $\gamma < \gamma_l$. Si $\gamma = \gamma_l$ la velocidad es nula. La velocidad máxima se obtiene si el fluido que llena el estanque es mucho más pesado que el de la atmósfera, en cuyo caso se obtiene:

$$V_2 = \sqrt{2gh}$$

Que es la expresión típica para un estanque con líquido en una atmósfera como el aire, en cuyo caso el valor de $\gamma/\ \gamma_l$ es prácticamente nulo para cualquier valor de γ_l.

b) La extracción de fluido desde un hogar a través de una chimenea es similar al caso de un estanque, con la única diferencia que las secciones 1 y 2 están invertidas y las masas específicas de los fluidos que intervienen presentan otra relación. En este caso las ecuaciones de continuidad y energía son:

$$V_1 A_1 = V_2 A_2$$

$$z_1 + \frac{{V_1}^2}{2g} + \frac{P_1}{\gamma_g} = z_2 + \frac{{V_2}^2}{2g} + \frac{P_2}{\gamma_g}$$

Las condiciones en el exterior son, al igual que en el caso del estanque, para el fluido atmosférico en reposo:

$$z_1 + \frac{P_1}{\gamma} = z_2 + \frac{P_2}{\gamma}$$

Pero en este caso:

$$z_1 - z_2 = -h$$

Resolviendo este sistema de ecuaciones se obtiene para la velocidad de salida:

$$V_2^2 = \frac{2gh\left(\frac{\gamma}{\gamma_g} - 1\right)}{1 - \frac{A_2^2}{A_1^2}}$$

Si el área de la chimenea es mucho menor que la del hogar:

$$V_2 = \sqrt{2gh\left(\frac{\gamma}{\gamma_g} - 1\right)}$$

En este caso, al igual que en el anterior, si el fluido que llena el hogar tiene el mismo peso específico que la atmósfera la velocidad de salida es nula. Si $\gamma < \gamma_g$ el sistema no funciona y se obtiene un valor de V_2 imaginario. Mientras que si γ_g tiende a ser mucho menor que el de la atmósfera se pueden obtener velocidades de salida muy grandes, ya que, al contrario que en el caso del estanque, en este de la chimenea la velocidad no tiene límite superior.

En la siguiente figura se muestra el efecto de la relación entre los pesos específicos de los fluidos considerados en la velocidad de salida a través de la tubería y la chimenea.

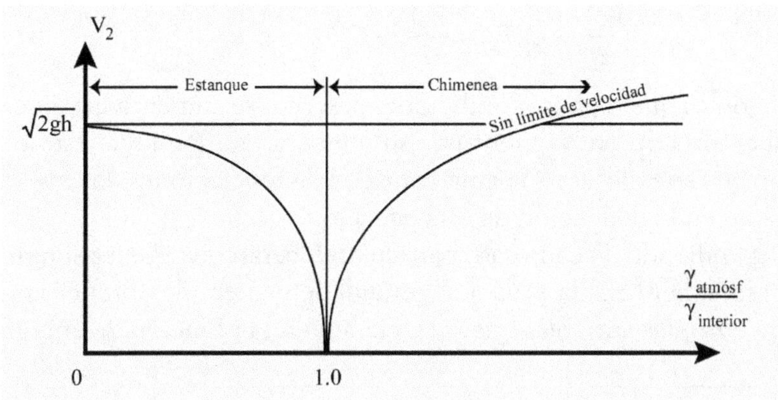

Figura 3.11. Relación entre los pesos específicos y la velocidad de salida.

3.4.2 Fluidos compresibles. El caso de gases ideales

En el caso de los gases las variaciones de ρ y T son importantes. En ellos los cambios de entalpía se pueden relacionar con las variaciones de temperatura mediante:

$$h_2 - h_1 = C_p(T_2 - T_1)$$

Además, de acuerdo con la ecuación de continuidad en un tubo de flujo en régimen permanente, el gasto másico que entra es igual al que sale. Entonces:

$$\frac{dC}{dt} - Pot_e - Pot_r = G\left(\frac{{V_2}^2 - {V_1}^2}{2} + C_p(T_2 - T_1) + g(z_2 - z_1)\right) \tag{3.41}$$

Esta ecuación puede simplificarse aún más en ciertos casos. Por ejemplo, si se trata de un fluido ideal, en el cual los efectos de la viscosidad son despreciables $Pot_r = 0$. Por otra parte, para que el término Pot_e sea diferente de cero es necesario que exista un mecanismo capaz de transferir dicha energía hacia el exterior. Finalmente, si el proceso es adiabático y no hay intercambio de calor con el exterior $\frac{dC}{dt}$ es nulo. Con todas estas simplificaciones la ecuación queda:

$$\frac{{V_2}^2 - {V_1}^2}{2} + C_p(T_2 - T_1) + g(z_2 - z_1) = 0 \tag{3.42}$$

Válida para régimen permanente, en un tubo de flujo, sin fricción y sin intercambio de energía. Más aún si el flujo es en un plano horizontal se obtiene:

$$\frac{V_1{}^2}{2} + C_p T_1 = \frac{V_2{}^2}{2} + C_p T_2 \tag{3.43}$$

lo cual significa que si en las condiciones descritas se aumenta la velocidad del gas se obtendría un enfriamiento de su temperatura. Para que esto ocurra es necesario que se satisfaga una gran cantidad de restricciones, las que han sido enumeradas en la deducción de esta ecuación.

Dependiendo de cada caso particular deberán hacerse las simplificaciones correspondientes a la ecuación general de manera de obtener la relación adecuada entre las variables que intervienen en la ecuación de energía.

EJEMPLO 3.6

Una central térmica, consistente en un compresor, un intercambiador de calor y una turbina colocados en serie, opera con un flujo de aire de 60 kg/s que al pasar por el compresor son entregados al intercambiador de calor a una velocidad de 30 m/s, 80 °C de temperatura y una presión relativa de 1 bar.

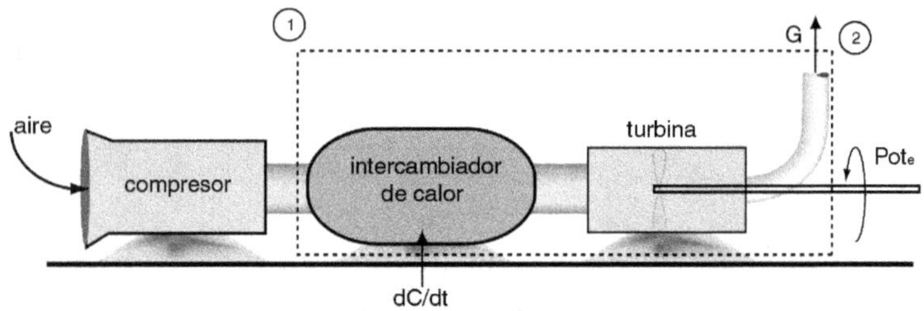

Figura 3.12. Esquema de una central térmica para el ejemplo 3.6.

El intercambiador agrega 5.000 kcal/s al aire, que al pasar por la turbina es devuelto a la atmósfera con una masa específica de 0,7 kg/m³ por una sección de 3 m² de área. Estime la potencia que produce la turbina.

SOLUCIÓN:

Aplicando la ecuación de energía para gases en el volumen de control que incluye al intercambiador de calor y la turbina, en régimen permanente:

$$\frac{dC}{dt} = Pot_e + G\left[\left(gz_2 + \frac{V_2^2}{2} + h_2\right) - \left(gz_1 + \frac{V_1^2}{2} + h_1\right)\right]$$

donde $\frac{dC}{dt} = 5000\ kcal/s = 5000 \cdot 4186\ kW = 20.930\ kW$

En la sección de salida:

$$G = \rho_2 V_2 A_2$$

de donde $V_2 = \frac{G}{\rho_2 A_2} = \frac{60}{0{,}7 \cdot 3} = 28{,}6\ m/s$

Además, si el gas es ideal en la salida:

$P_2 = \rho_2 R T_2$

que, comparado con condiciones normales, por ejemplo 1 bar, 15 °C y 1,2 *kg/m*³:

$\frac{P_2}{P_0} = \frac{\rho_2 T_2}{\rho_0 T_0}$

como la presión es P_0=P_2=1 bar (absoluta), se tiene:

$T_2 = \frac{\rho_0}{\rho_2} T_0 = \frac{1{,}2}{0{,}7} 288 = 494\,{}^{\circ}K = 221\,{}^{\circ}C$

Entonces $h_2 - h_1 = C_p(T_2 - T_1) = C_p(221 - 80) = 141 C_p$

siendo $C_p = 0{,}24 \frac{kcal}{kg\ {}^{\circ}C} = 0{,}24 \cdot 4{,}186 \frac{kJ}{kg\ {}^{\circ}C} = 1{,}005 \frac{kJ}{kg\ {}^{\circ}C}$

Por lo tanto $h_2 - h_1 = 1{,}005 \cdot 141 = 141{,}6 \frac{kJ}{kg}$

Reemplazando en la ecuación de energía:

$$Pot_e = 20.930 - 60\left[\frac{28{,}6^2}{2} - \frac{30^2}{2} + 141{,}6\right]$$
$$= 20.930 - 60\,[409 - 450 + 142]$$
$$= 14.870\ kW$$

3.4.3 Fluidos incompresibles. Líquidos

En este caso los cambios de ρ son despreciables. Por tener un calor específico más importante, en general los procesos son isotérmicos a menos que se disponga de elementos especiales para producir un cambio efectivo de la temperatura. Además, la masa específica puede considerarse constante, entonces:

$$h_2 - h_1 = u_2 - u_1 + \frac{P_2}{\rho_2} - \frac{P_1}{\rho_1} = \frac{P_2 - P_1}{\rho} \qquad (3.44)$$

Si no se dispone de un intercambiador de calor el proceso es adiabático, es decir, se realiza sin recibir ni entregar calor al exterior, de manera que:

$$\frac{dC}{dt} = 0$$

Entonces, la ecuación de energía para líquidos en proceso adiabático queda:

$$\rho Q\left(gz_1 + \frac{P_1}{\rho_1} + \frac{{V_1}^2}{2}\right) = \rho Q\left(gz_2 + \frac{P_2}{\rho_2} + \frac{{V_2}^2}{2}\right) + Pot_e + \frac{dW_\mu}{dt}$$

dividiendo por $\rho\, g\, Q = \gamma\, Q$ siendo γ el peso específico y Q el gasto, se obtiene:

$$\left(z_1 + \frac{P_1}{\gamma} + \frac{{V_1}^2}{2g}\right) - \left(z_2 + \frac{P_2}{\gamma} + \frac{{V_2}^2}{2g}\right) = \frac{Pot_e + \frac{dW_\mu}{dt}}{\gamma Q} \tag{3.45}$$

Es decir, la energía del fluido por unidad de peso se puede utilizar en realizar trabajo externo o disipar como pérdida por fricción. Si se trata de un fluido ideal:

$$\left(z_1 + \frac{P_1}{\gamma} + \frac{{V_1}^2}{2g}\right) = \left(z_2 + \frac{P_2}{\gamma} + \frac{{V_2}^2}{2g}\right) + \frac{Pot_e}{\gamma Q} \tag{3.46}$$

Se puede apreciar que todos los términos de esta ecuación tienen unidades de altura que corresponde a energía por unidad de peso. Pot_e corresponde a la potencia entregada por el fluido hacia el exterior. Es positiva si sale del fluido y negativa si se traspasa desde el exterior al fluido. Esto permite expresar en forma gráfica los términos que influyen en la ecuación de energía para un tubo de flujo en cada sección de análisis, como se indica en la Figura 3.13, tomando como referencia un plano horizontal cualquiera.

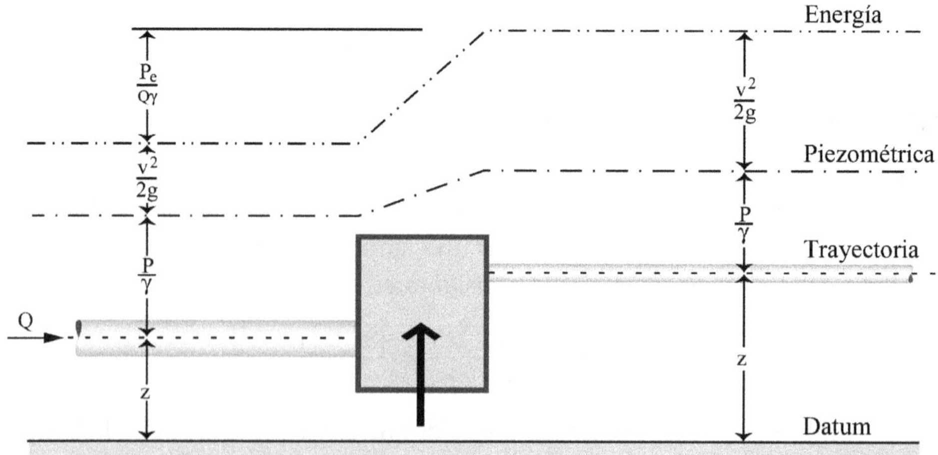

Figura 3.13. Representación geométrica de los términos que intervienen en la ecuación de energía en un tubo de flujo para un fluido incompresible, líquidos.

Cada uno de los términos que intervienen en esta ecuación tiene unidades de altura y recibe un nombre especial:

z es la cota o **altura geométrica**.	Para un fluido en movimiento en régimen permanente corresponde a la trayectoria que, en este caso, es también una línea de corriente ya que en esas condiciones ambas coinciden, y es la altura a la cual se encuentra el centro de gravedad de la sección transversal del tubo de flujo.
$\frac{P}{\gamma}$ es la **altura de presión**.	Equivale a la altura de líquido en equilibrio necesaria para ejercer una presión *P*.
$\frac{V^2}{2g}$ es la **altura de velocidad**.	Es equivalente a la altura de líquido que debe tener un estanque para que a través de un orificio en el fondo el líquido salga a una velocidad V.

La suma $z + \frac{P}{\gamma}$ se denomina cota o **altura piezométrica**.

La suma total $z + \frac{P}{\gamma} + \frac{V^2}{2g}$ se llama **carga hidráulica** o altura de energía específica, corresponde a energía por unidad de peso.

El análisis del funcionamiento de la instalación se facilita si se dibujan las líneas de cota geométrica, piezométrica y de energía. La cota geométrica es simple de encontrar ya que coincide con el eje del tubo de flujo. Después se dibuja la línea de energía, la cual es horizontal y constante a menos que el flujo pierda energía por fricción o intercambie energía con el exterior, lo que solamente puede ocurrir si existe una máquina. La cota piezométrica se encuentra después que se dispone de la de energía, sustrayendo de esta la altura de velocidad, para lo cual se encuentra la velocidad con la ecuación de continuidad. Es decir, el esquema para encontrar estas líneas es el siguiente:

a) La instalación informa el valor de z.
b) La ecuación de energía en cada sección indica:

$$H = H_0 - \frac{Pot_e}{\gamma Q} - \frac{Pot_r}{\gamma Q} + \frac{1}{\gamma Q}\frac{dC}{dt}$$

Es decir, la línea de energía se mantiene constante a menos que haya una máquina que la intercambie con el exterior, se pierda por roce o se intercambie calor.

c) La ecuación de continuidad permite encontrar la velocidad:

$$V = Q/A$$

d) Entonces la cota piezométrica está en:

$$z + \frac{P}{\gamma} = H - \frac{V^2}{2g}$$

Con ello se conoce la presión del fluido en cada sección.

3.4.4 Cavitación

Los fluidos existen en forma de líquidos o de gas dependiendo de las condiciones en que se encuentran, es decir, dependiendo de los valores que tengan sus variables de estado (temperatura, volumen y presión). Es sabido que un líquido se puede convertir en gas mediante dos procesos básicos, ya sea aumentando su temperatura hasta alcanzar la de ebullición, o disminuyendo la presión hasta alcanzar la presión de vapor. La presión y la temperatura están relacionadas de modo que la presión de vapor depende funcionalmente de la temperatura como se indica en el gráfico de la Figura 1.14 del Capítulo I.

Además, como se observa en los ejemplos anteriores, en un líquido en movimiento la presión depende de las condiciones del escurrimiento, ya que la cota, velocidad y presión están relacionados a través de la ecuación de energía.

Se define como cavitación la formación de cavidades con gas en una masa líquida como consecuencia de la reducción de la presión por efectos dinámicos, a temperatura esencialmente constante. Para que el paso de líquido a gas se pueda designar como cavitación es necesario que exista movimiento del fluido, si no es así se trata de una simple vaporización. Es un fenómeno ligado a los líquidos, que no ocurre en los sólidos ni en los gases.

Si en una zona del escurrimiento la presión disminuye hasta alcanzar el valor de la presión de vapor, el líquido comienza a vaporizarse, formando burbujas de gas. Estas burbujas ocupan un volumen considerablemente mayor que el que ocupaba el líquido que les dio origen y arrastradas por la corriente hasta zonas donde la presión vuelve a aumentar se colapsan violentamente. Todo el fenómeno de vaporización, formación de burbujas, arrastre y colapso recibe el nombre de cavitación. Este proceso se ilustra esquemáticamente en la Figura 3.14.

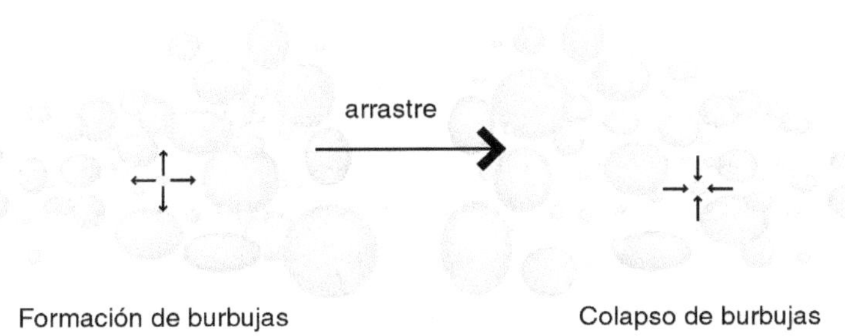

Figura 3.14. Esquema ilustrativo del fenómeno de cavitación por conducción

La cavitación tiene varias consecuencias importantes en el escurrimiento. Entre ellas las más destacables son las que se señalan a continuación:

- Provoca un cambio en las características del flujo con una reducción importante del espacio disponible para el escurrimiento del líquido.
- Aparecen fenómenos de inestabilidad y ruidos como consecuencia de la alta frecuencia con que se producen la formación y colapso de las burbujas.
- Las burbujas al colapsarse provocan violentas explosiones que si se producen en contacto con las paredes sólidas tienen una acción de desgaste mecánico importante.
- Adicionalmente, las ecuaciones de energía y de continuidad, tal como ellas han sido deducidas para fluidos incompresibles, pierden validez y por lo tanto dejan de ser aplicables una vez que ocurre la cavitación. Sin embargo, estas ecuaciones permiten detectar o predecir si una instalación es propensa a que se produzca en ella cavitación por conducción.

En la realidad la cavitación se produce antes que se alcance la presión de vapor debido a la presencia de gases disueltos que son arrastrados por el líquido que se disocian antes, la existencia de impurezas que ayudan a la aparición del fenómeno y otros motivos diversos.

Se han detectado varias maneras en que se produce la cavitación. Entre las más comunes están la que se produce en los sistemas de conducción, la de forma y la producida por vibración.

Si se considera un sistema de transporte de líquidos a través de una tubería en la cual se puede suponer que se satisface la ecuación de energía, sin intercambio de calor ni trabajo con el exterior, se cumple que la energía total por unidad de peso es constante. En este caso conviene trabajar con presiones absolutas.

$$H = z + \frac{P}{\gamma} + \frac{V^2}{2g}$$

Suponiendo que esta suma total es conocida y permanece constante en cualquier sección la altura de presión está dada por:

$$\frac{P}{\gamma} = H - z - \frac{V^2}{2g} \geq \frac{P_V}{\gamma} \tag{3.47}$$

Para que no se produzca cavitación es necesario que este valor permanezca siempre sobre el valor que corresponde a la presión de vapor del líquido. En los casos en que se analizan los fenómenos de cavitación se acostumbra a trabajar con presiones absolutas debido a que para todos los líquidos la presión de vapor es menor que la atmosférica. De modo que en la ecuación anterior se supone que el valor de H de referencia ha sido calculado considerando la presión atmosférica con su respectivo valor en el lugar donde se realiza la experiencia. De esta ecuación se puede apreciar que los puntos conflictivos para la cavitación son aquellos en los cuales la velocidad es importante o la cota es muy elevada, o donde el valor de H sea bajo, como ocurre a la entrada de una bomba o a la salida de una turbina. En estas zonas existirá peligro de que se produzca cavitación y son ellas las que primero deben analizarse cuando se trata de detectar la posible aparición de este fenómeno en sistemas cerrados de conducción de fluidos.

El tipo de cavitación que se produce en las instalaciones de tuberías corrientemente es llamado cavitación de traslación o de conducción, en el cual las burbujas se forman en una zona de baja presión y son arrastradas para colapsarse en otra zona de mayor presión aguas abajo. Pero existen otros tipos de cavitación: cavitación fija, de remolino y vibratoria. En la cavitación fija, o de forma, la cavidad de vapor permanece fija a un borde sólido a partir del cual se produce, no existiendo un traslado de las burbujas. Este es un caso típico que se produce en los bordes de un cuerpo sumergido en un fluido. Un ejemplo de este tipo de cavitación es la que ocurre en los torpedos.

Cuando la cavidad creada por cavitación fija envuelve totalmente al cuerpo se produce lo que se llama supercavitación. Esta es una forma de evitar que se produzcan daños en la estructura del cuerpo alejando la zona de colapso de las superficies sólidas.

La cavitación por remolinos se debe a la mayor velocidad que se produce en estos y es típica en la parte giratoria de las máquinas hidráulicas.

La cavitación por vibración se debe a una separación repetida de un borde sólido de manera que se forma una cavidad que se colapsa cuando el borde vuelve a su posición original. Este tipo de cavitación se utiliza frecuentemente para el ensayo de materiales frente a su resistencia a la cavitación.

EJEMPLO 3.7

Para vaciar un estanque se coloca una cañería en forma de sifón como se indica. La salida de la cañería se puede colocar a voluntad debajo del nivel libre del agua en el estanque. Determinar el punto más bajo donde se puede colocar para evitar que se produzca cavitación en la tubería cuando el estanque está por vaciarse.

SOLUCIÓN:

Se trabaja con presiones absolutas siendo P_v la presión de vapor. La cavitación puede comenzar a producirse en el punto 3 que es el más alto de la tubería. En él se debe conocer la presión. Tomando un volumen de control que coincide con la tubería entre las secciones 1 y 2 la conservación de energía plantea:

$$z_1 + \frac{P_1}{\gamma} + \frac{V_1^2}{2g} = z_2 + \frac{P_2}{\gamma} + \frac{V_2^2}{2g}$$

Pero $P_1 = P_2 = P_{atm}$ y $z_1 - z_2 = b$

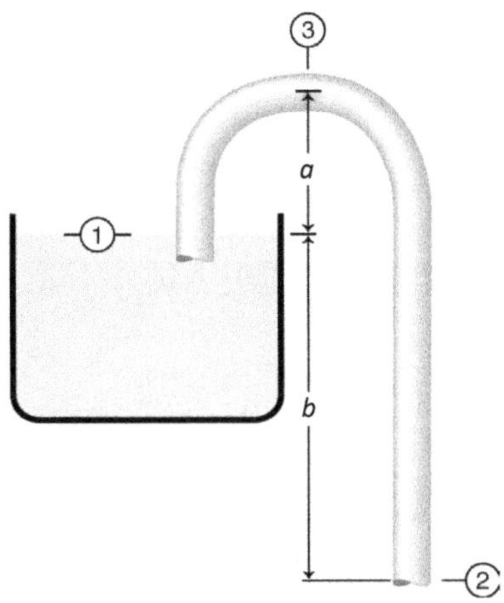

Figura 3.15. Sifón para vaciar un estanque para el ejemplo 3.7.

Además en el estanque se puede suponer $V_1 = 0$. Entonces:

$$V_2 = \sqrt{2gb}$$

Por lo tanto, cuanto más baja se coloque la salida mayor será la velocidad en el interior de la tubería y entonces más rápido podrá vaciarse el estanque, siempre que no se produzca cavitación, para lo cual es necesario revisar lo que ocurre en la sección 3:

$$z_1 + \frac{P_1}{\gamma} + \frac{V_1^2}{2g} = z_3 + \frac{P_3}{\gamma} + \frac{V_3^2}{2g}$$

Pero:

$$z_3 - z_1 = a$$

$$P_1 = P_{atm}$$

y para que no haya cavitación:

$$\frac{P_3}{\gamma} \geq \frac{P_V}{\gamma}$$

pero por continuidad y de acuerdo al resultado anterior $\frac{V_2^2}{2g} = \frac{V_3^2}{2g} = b$, entonces:

$$\frac{P_3}{\gamma} = \frac{P_{atm}}{\gamma} - a - b \geq \frac{P_V}{\gamma}$$

Por lo tanto, la condición para que no se produzca cavitación en la instalación analizada es:

$$a + b \leq \frac{P_{atm} - P_V}{\gamma}$$

En el caso del agua si se acepta que $Pv=0$, se tiene que

$$a + b < 10m$$

3.5 CANTIDAD DE MOVIMIENTO

La cantidad de movimiento también se ha designado con el nombre de impulso, fuerza viva (nombre antiguo y prácticamente en desuso) y *momentum*. Interesa aplicar la segunda ley de Newton al movimiento de un fluido para relacionar las fuerzas externas que actúan sobre él con los cambios que se producen en las condiciones del movimiento y viceversa. La cantidad de movimiento de un elemento de masa *m* que se desplaza a velocidad *V* es el producto de ambas. Recibía antiguamente el nombre de fuerza viva ya que para detener o cambiar la velocidad del elemento se requiere la aplicación de una fuerza durante un intervalo de tiempo. Esto también ocurre si se quiere poner en movimiento un cuerpo en reposo de masa m de manera que obtenga una velocidad V, en cuyo caso es necesario aplicarle un impulso, una fuerza durante un intervalo de tiempo, igual al cambio de cantidad de movimiento que se desea lograr.

La ecuación que resulta de la aplicación de esta ley es independiente de la ecuación de energía de manera que constituye una relación adicional. Además, por ser una ecuación de carácter vectorial da origen a tres relaciones escalares proyectando sus componentes en tres direcciones ortogonales.

3.5.1 Ecuación de la cantidad de movimiento

La segunda ley de Newton expresa que la resultante neta de todas las fuerzas que actúan sobre un elemento de masa *m* provoca un cambio en el tiempo de la cantidad de movimiento de ese elemento:

$$\sum \vec{F} = \frac{d\left(m\,\vec{V}\right)}{dt} \qquad (3.48)$$

donde $\vec{F}$ representa el total de fuerzas externas aplicadas al elemento, m su masa y $\vec{V}$ la velocidad.

Para un conjunto de elementos de fluido de masa total *m* que se mueven a velocidad $\vec{V}$, la cantidad de movimiento que en un instante posee el sistema está dada por:

$$\textit{Cantidad de movimiento del sistema} = \int_{sistema} \vec{V}\, dm = \int_{volumen} \vec{V}\, \rho dv \qquad (3.49)$$

De acuerdo con la segunda ley de Newton la variación total de esta cantidad en el tiempo debe ser igual a la resultante de las fuerzas externas que actúan sobre el sistema. Desde el punto de vista del análisis global del comportamiento interesa expresar los cambios en términos de lo que ocurre en un volumen de control. Debido a que la cantidad de movimiento es una propiedad que se traslada con el fluido para encontrar la variación total de ella en el tiempo es aplicable el teorema de Reynolds, según el cual la variación total de la cantidad de movimiento del sistema en el tiempo es igual a la variación intrínseca de esta cantidad en el interior del volumen de control más el flujo neto a través de la superficie de control de la cantidad de movimiento que es arrastrada por el fluido que la atraviesa hacia afuera del volumen de control:

$$\frac{d\left(m\vec{V}\right)}{dt} = \frac{\partial}{\partial t}\left(\int_{Vc} \vec{V}\rho dv\right) + \int_{Sc} \vec{V}\rho\vec{V}\cdot\vec{ds} \tag{3.50}$$

Como es habitual, para facilitar el análisis, las fuerzas que actúan sobre el sistema se pueden separar en fuerzas de masa, que dependen del campo de fuerzas, y fuerzas de superficie, que actúan sobre la superficie de control. De manera que la ecuación del impulso para un volumen de control es:

$$\sum\vec{F}_s + \int_{Vc}\rho\vec{f}_m dv = \frac{\partial}{\partial t}\left(\int_{Vc}\vec{V}\rho dv\right) + \int_{Sc}\vec{V}\rho\vec{V}\cdot\hat{n}ds \tag{3.51}$$

Esta es una ecuación vectorial en la que deben considerarse tanto la magnitud como la dirección de las variables involucradas. Además, en su deducción no se ha hecho ninguna suposición en cuanto a la acción de las fuerzas viscosas, por lo tanto, es aplicable para fluidos ideales y reales. Sin embargo, se ha supuesto un volumen de control inercial; es decir, que está en reposo o se mueve a velocidad constante.

Si se consideran algunos casos típicos, se puede simplificar de manera importante su aplicación.

En el caso de flujo permanente en un campo gravitacional como el terrestre, el primer término de la derecha se anula y las fuerzas másicas corresponden al peso del fluido en el interior del volumen de control; por lo tanto, la ecuación se simplifica quedando:

$$\sum\vec{F}_s + \vec{W} = \int_{Sc}\rho\vec{V}\vec{V}\cdot\hat{n}ds$$

Para poder aplicar esta ecuación es necesario identificar un volumen de control adecuado y la superficie respectiva, de manera de proceder a evaluar la integral correspondiente al flujo de cantidad de movimiento a través de ella. El volumen de control más usado en mecánica de fluidos, en general fácilmente identificable, corresponde a un tubo de corriente, situación que se ilustra en la Figura 3.16. Si se aplica la ecuación a él se obtiene:

$$\sum\vec{F}_s + \vec{W} = \int_{S_1}\vec{V_1}\rho_1\vec{V}\cdot\hat{n}ds + \int_{S_2}\vec{V}_2\rho_2\vec{V}\cdot\hat{n}ds \tag{3.52}$$

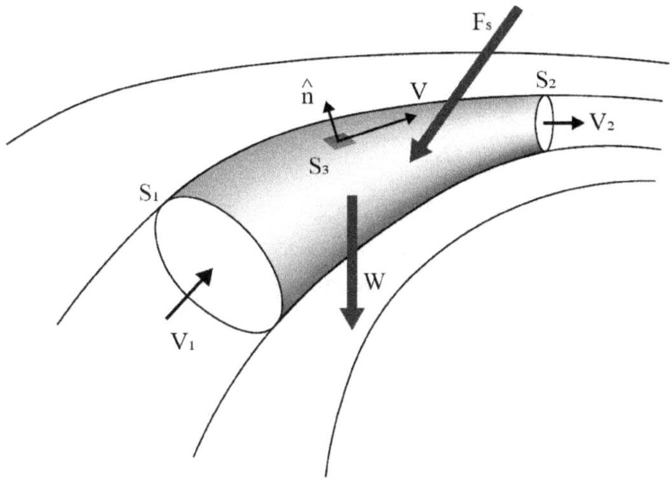

Figura 3.16. Aplicación de la ecuación del impulso a un tubo de flujo.

Para poder integrar en las superficies 1 y 2 debe conocerse la distribución de velocidades en cada sección. En una primera aproximación se puede adoptar el caso más simple que es suponer que tanto ρ como $\vec{\boldsymbol{V}}$ son constantes en cada sección, con lo cual se obtiene para una sección cualquiera:

$$\int_S \vec{\boldsymbol{V}} \rho \vec{\boldsymbol{V}} \cdot \hat{\boldsymbol{n}} ds = \vec{\boldsymbol{V}} \rho \int_S \vec{\boldsymbol{V}} \cdot \hat{\boldsymbol{n}} ds = \rho \vec{\boldsymbol{V}} Q$$

siendo Q el gasto que sale por la sección S. Entonces, considerando que si el régimen es permanente de acuerdo con la ecuación de continuidad, el caudal que entra por la sección 1 es igual al que sale por la sección 2:

$$\sum \vec{F}_s + \vec{W} = \rho Q \left(\vec{V}_2 - \vec{V}_1 \right) \tag{3.53}$$

Si la distribución de velocidades en cada sección no es uniforme debe incluirse un factor de corrección que permita usar la velocidad media tal que:

$$\int_S \rho \vec{V} \vec{V} \cdot \hat{n} ds = \beta \rho \vec{V} Q \tag{3.54}$$

donde β es el denominado coeficiente de Boussinesq (1842-1929), que permite que ambas expresiones sean numéricamente iguales. Conocida la distribución de velocidades en la sección se puede calcular β de manera que la magnitud de la cantidad de movimiento que pasa por la sección sea la misma:

$$\beta = \frac{\int_S \vec{V}\,\vec{V}\cdot\hat{n}ds}{UQ} = \frac{\int V^2 ds}{SU^2} \tag{3.55}$$

siendo U la velocidad media en la sección y V la magnitud de la velocidad en cada punto. Si se considera la desuniformidad de velocidades mediante el coeficiente β la ecuación de cantidad de movimiento queda:

$$\sum \vec{F}_S + \vec{W} = \rho Q\left(\beta_2\,\vec{V}_2 - \beta_1\,\vec{V}_1\right) \tag{3.56}$$

EJEMPLO 3.8

Una manguera de incendio de 75 mm de diámetro termina en una boquilla de 20 mm de diámetro y entrega un gasto de 5 l/s de agua. Se desea saber con qué fuerza un bombero debe sostener la boquilla para mantenerla en reposo, suponiendo que la manguera es lo suficientemente flexible como para no contribuir al esfuerzo.

SOLUCIÓN:

La fuerza necesaria para mantener la boquilla inmóvil se debe al cambio de cantidad de movimiento que se produce en la reducción. Utilizando el volumen de control de la Figura 3.17:

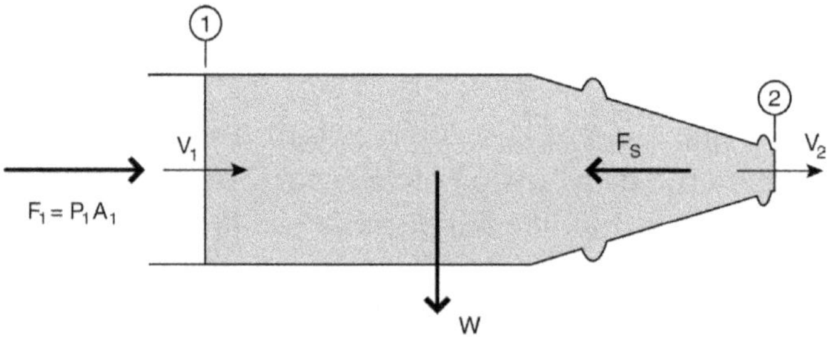

Figura 3.17. Boquilla de una manguera de incendio para el ejemplo 3.8.

Según la dirección del flujo (supuesta horizontal) la ecuación (3.56) indica:

$$F_1 - F_S = \rho Q(V_2 - V_1)$$

donde $F_1 = P_1A_1$, siendo P_1 la presión del agua en la sección 1 de la manguera antes de la boquilla, la que se puede calcular aplicando al mismo volumen de control la ecuación de energía:

$$z_1 + \frac{P_1}{\gamma} + \frac{V_1{}^2}{2g} = z_2 + \frac{P_2}{\gamma} + \frac{V_2{}^2}{2g}$$

como las cotas son iguales y la presión a la salida es la atmosférica, se reduce a:

$$P_1 = \rho \frac{V_2^2 - V_1^2}{2}$$

Además, de acuerdo a la ecuación de continuidad aplicada al mismo volumen de control, se cumple:

$$V_1 A_1 = V_2 A_2 = Q$$

Entonces, la fuerza que debe aplicar el bombero es:

$$F_S = -\rho V_1 A_1 (V_2 - V_1) + \rho A_1 \frac{V_2^2 - V_1^2}{2} = \rho A_1 \frac{(V_2 - V_1)^2}{2}$$

Si el gasto es 5 l/s la velocidad de salida es 15,9 m/s y la de entrada a la boquilla es 1,13 m/s; por lo tanto, la fuerza sería:

$$F_S = 1000\left(\frac{\pi 0,075^2}{4}\right)\frac{(15,9 - 1,13)^2}{2} = 481,9N$$

que resulta ser una fuerza no despreciable para ser ejercida por una sola persona.

EJEMPLO 3.9

Se desea analizar la posibilidad de desarrollar un aparato como el helicóptero pero que funcione con la fuerza muscular del pasajero. Para ello se requiere conocer la potencia necesaria para mantener inmóvil en el aire un helicóptero liviano de peso total *W*, incluyendo al pasajero, con una hélice de diámetro *D*.

SOLUCIÓN:

Se puede suponer que el flujo de aire a través del aparato es tal que se forma un tubo de flujo como el de la figura, de manera que el aire se toma de la atmósfera en la sección 1 a velocidad despreciable y sale por la sección 2, cuya área es una fracción de la que hay en la zona barrida por la hélice. Sobre el volumen de control hay fuerzas de superficie que son las responsables de la sustentación. Debe notarse que la superficie del tubo de flujo está limitada exteriormente por las líneas de corriente dibujadas, pero también interiormente por el fuselaje del helicóptero. De acuerdo al teorema de cantidad de movimiento, despreciando el peso del fluido, según la dirección vertical:

$$-F_S = \rho Q (V_2 - V_1)$$

Para que el aparato se sustente $F_S = -W_{helicóptero}$. Como V_1 es despreciable:

$$W_h = \rho Q V_2 = \rho A_2 V_2^2$$

donde A_2 es el área de la sección 2. Suponiéndola igual a una proporción del área en la hélice, con un coeficiente de contracción C, se tiene:

$$W_h = \frac{\rho C \pi D^2 V_2^2}{4}$$

Por lo tanto, la velocidad V_2 con que sale el aire bajo el helicóptero, para que este se sustente debe ser:

$$V_2 = \sqrt{\frac{4W_h}{\rho \pi C D^2}}$$

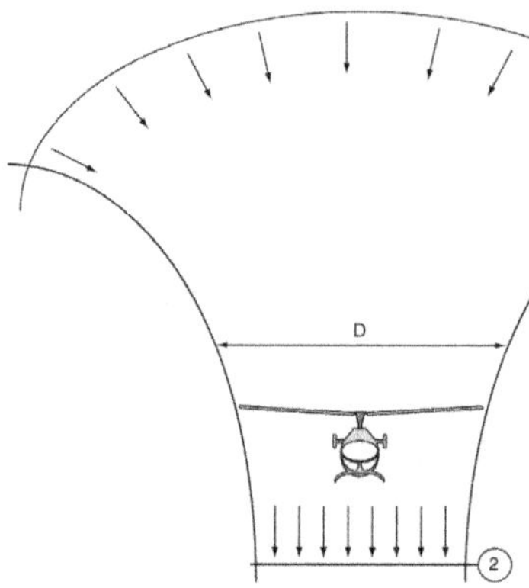

Figura 3.18. Tubo de flujo formado por el helicóptero para el ejemplo 3.9.

El fluido al pasar por la hélice recibe energía de ella, de manera que la ecuación de energía para el tubo de flujo es:

$$z_1 + \frac{P_1}{\gamma} + \frac{V_1{}^2}{2g} + \frac{Pot}{\rho g Q} = z_2 + \frac{P_2}{\gamma} + \frac{V_2{}^2}{2g}$$

La velocidad V_1 puede considerarse despreciable en la suma. Además, como la atmósfera que rodea el volumen de control está en reposo, en ella se cumple la ley hidrostática:

$$z_1 + \frac{P_1}{\gamma} = z_2 + \frac{P_2}{\gamma}$$

Entonces, se obtiene para la potencia:

$$Pot = \frac{\rho g Q V_2^2}{2g} = \frac{\rho \pi D^2 C V_2^3}{8}$$

Expresando V_2 en función del peso del helicóptero y el diámetro de la hélice:

$$Pot = \frac{1}{8}\rho \pi D^2 C \sqrt{\left(\frac{4W_h}{\rho \pi D^2 C}\right)^3} = \sqrt{\frac{W_h^3}{\rho \pi D^2 C}}$$

De manera que la potencia necesaria del motor es proporcional al peso total del aparato elevado a 1,5 e inversamente proporcional al diámetro de la hélice.

Por otra parte, la potencia que puede desarrollar el pasajero en condiciones normales puede estimarse suponiendo que una persona de 600 N de peso sube una escalera a razón de 1 peldaño de 0,2 m de alto por segundo, o sea:

$$Pot = \vec{F} \cdot \vec{V} = 600 \cdot 0{,}2 = 120 \text{ W}$$

Si el pasajero puede desarrollar esta potencia requiere un diámetro de la hélice igual al que resulta al resolver la ecuación anterior:

$$120 = \sqrt{\frac{600^3}{1{,}2 \cdot 0{,}5\pi D^2}}$$

de donde se obtiene $D = 89$ m. Aparentemente resulta difícil conseguir un aparato de estas características, liviano, con una hélice de 89 m de diámetro. Por lo tanto, no es de extrañar que aún no se produzcan comercialmente helicópteros unipersonales tipo bicicleta. Un análisis similar se puede hacer para evaluar la factibilidad de un dron de cuatro hélices de pequeñas dimensiones.

EJEMPLO 3.10

El típico motor de propulsión a chorro consiste en pasar aire por un ducto en el cual es acelerado mediante la combustión de otro elemento de manera que puede ser devuelto a la atmósfera a gran velocidad. En general, se puede considerar que la masa de combustible es mucho menor que la masa de aire. Se pide analizar la fuerza que genera el motor sobre el avión y el rendimiento del aparato.

SOLUCIÓN:

En este caso se puede suponer que el avión se desplaza a una velocidad V_1 respecto al aire en reposo que lo rodea y los gases salen del motor a una velocidad V_2, relativa al avión. Como el volumen de control se mueve es necesario trasladar el sistema de referencia desde la tierra al avión, de manera que el aire entra al motor a velocidad V_1 y sale a velocidad V_2, ambas medidas con respecto al nuevo sistema de referencia.

Entonces, la fuerza sobre el volumen de control, igual y contraria a la de propulsión que ejerce el motor sobre el avión, es:

$$F = \rho Q(V_2 - V_1)$$

Si el avión está detenido $V_1 = 0$ y F es máxima, que es lo que ocurre cuando el avión comienza su carrera en la pista para despegar.

Si $V_1 = V_2$ el avión va a la velocidad de salida del chorro y F es nula. Esta es la máxima velocidad que puede alcanzar el aparato.

Si el avión va a una velocidad V_1 constante, la fuerza total sobre el avión es nula ya que la fuerza F del motor es anulada por el efecto del roce del aire sobre el fuselaje. Con esta condición la potencia consumida por el avión es:

$$Pot = \vec{F} \cdot \vec{V} = \rho Q V_1 (V_2 - V_1)$$

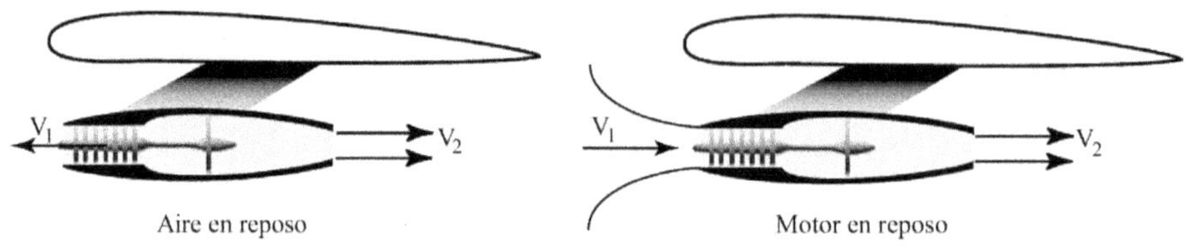

Figura 3.19. Motor de propulsión a chorro.

Por otra parte, la potencia gastada por el motor en acelerar el aire que pasa por la turbina se puede obtener aplicando la ecuación de energía al mismo volumen de control. Aceptando que a la entrada y la salida el aire se encuentra a presión atmosférica y a la misma altura:

$$Pot' = \gamma Q(\Delta H) = \rho Q\,(V_2^2 - V_1^2)/2$$

Por lo tanto, el rendimiento del motor a chorro es la razón entre la potencia que el avión realmente emplea y la que el motor ocupa en acelerar el aire:

$$\eta = \frac{Pot}{Pot'} = \frac{\rho Q V_1 (V_2 - V_1)}{\rho Q (V_2^2 - V_1^2)/2}$$

$$\eta = \frac{2}{1 + V_2/V_1}$$

siempre $V_1 \leq V_2$. El rendimiento es máximo, igual a 1, cuando el avión va a velocidad de crucero, es decir, $V_1 = V_2$, y es mínimo, igual a 0, cuando está detenido, $V_1 = 0$.

3.5.2 Sistemas no inerciales

Las ecuaciones anteriores del teorema de la cantidad de movimiento suponen que el volumen de control es inercial, es decir, o está en reposo o se mueve en línea recta a velocidad constante. Es interesante ver cómo se modifica la ecuación si el volumen de control está sujeto a una aceleración rectilínea, a_r. Una manera simple de abordar el problema consiste en incluir el efecto de la aceleración en el término de las fuerzas másicas reemplazando el valor de la intensidad del campo de fuerzas. Por ejemplo, para un volumen de control que se mueve en forma recta con aceleración a_r en el campo de acción de la gravedad, se considera:

$$\vec{f}_m = -g\hat{\boldsymbol{k}} - \vec{\boldsymbol{a}}_r$$

Si esto se considera en la ecuación (3.51) da origen a:

$$\Sigma\vec{\boldsymbol{F}}_S - \int_{Vc}\rho g\hat{\boldsymbol{k}}dv - \int_{Vc}\rho\vec{\boldsymbol{a}}_r dv = \int_{Sc}\rho\vec{\boldsymbol{V}}\vec{\boldsymbol{V}}\cdot\hat{\boldsymbol{n}}ds + \frac{\partial}{\partial t}\left(\int_{Vc}\vec{\boldsymbol{V}}\rho dv\right) \qquad (3.57)$$

En este caso, las velocidades siguen referidas al volumen de control y $\vec{\boldsymbol{a}}_r$ es la aceleración con que este se mueve.

EJEMPLO 3.11

Un pequeño cohete con una masa inicial de 100 kg se lanza verticalmente. Una vez que parte el aparato consume combustible a razón de 2 kg/s y expulsa los gases a la atmósfera con una velocidad de salida, relativa al cohete, de 1.000 m/s. Se desea saber la aceleración inicial en el momento del lanzamiento.

SOLUCIÓN:

Se puede elegir un volumen de control que coincide con el cohete y aplicar en él la ecuación (3.57), con las siguientes suposiciones:

- El efecto del roce sobre el cohete se desprecia, de manera que las fuerzas de superficie sobre el volumen de control son nulas en la dirección vertical:
- Si el estanque de combustible es de grandes dimensiones comparado con la sección de salida de los gases, la variación temporal de la cantidad de movimiento en el interior del cohete puede despreciarse.
- La intensidad del campo de fuerzas es $\vec{\boldsymbol{f}}_m = -g\hat{\boldsymbol{k}}$
- La aceleración del volumen de control es $a_r\hat{\boldsymbol{k}}$
- La velocidad con que salen los gases del cohete, V_e, equivale a la que sale de la superficie de control y se puede considerar uniforme en toda la sección.

Entonces, según el eje $\hat{\boldsymbol{k}}$:

$$\int_{Vc}\rho\, g dv - \int_{Vc}\rho a_r dv = \int_{S_c}\rho V_e\, V_e ds$$

$(g - a)\int_{V_c}\rho dv = -V_e\int_{S_c}\rho V_e ds$

$(g - a)M = -V_e\, G$

donde M es la masa del cohete en cualquier instante y G el caudal de los gases que salen. Estas cantidades están relacionadas, además, a través de la ecuación de continuidad:

$$\frac{\partial M}{\partial t} = -G$$

Integrando:

$$M = M_0 - Gt$$

siendo M_0 la masa inicial del aparato. Reemplazando en la ecuación de cantidad de movimiento:

$$(g - a)(M_0 - Gt) = -V_e G$$

De manera que la aceleración está dada por:

$$a = \frac{V_e G}{M_0 - Gt} + g$$

Entonces en el instante inicial, t=0, la aceleración es:

$$a_0 = 1000\,\frac{2}{100} + 9{,}8 = 29{,}8\, m/s^2$$

3.5.3 Momento de la cantidad de movimiento

La relación entre las fuerzas que actúan sobre un sistema y el cambio de cantidad de movimiento que él experimenta establece, en definitiva, un equilibrio de fuerzas para un elemento de fluido de masa dm que se mueve a velocidad $\vec{V}$ y está sometido a una fuerza total $\overrightarrow{\mathrm{dF}}$, cumpliéndose que:

$$\overrightarrow{\mathrm{dF}} = \frac{d}{dt}\left(\vec{V}\, dm\right)$$

Dado que estas fuerzas son iguales, los momentos respectivos referidos al mismo punto O también son iguales, de modo que:

$$\vec{r} \times \overrightarrow{\mathrm{dF}} = \vec{r} \times \frac{d}{dt}\vec{V}\, dm$$

Además, es fácil ver que:

$$\frac{d}{dt}\left(\vec{r} \times \vec{V}\, dm\right) = \frac{d\vec{r}}{dt} \times \vec{V}\, dm + \vec{r} \times \frac{d}{dt}\vec{V}\, dm$$

pero $\frac{d\vec{r}}{dt} \times \vec{V}\, dm = \vec{V} \times \vec{V}\, dm = 0$

Entonces:

$$\vec{r} \times \overrightarrow{\mathrm{dF}} = \frac{d}{dt}\left(\vec{r} \times \vec{V}\, dm\right) \tag{3.58}$$

Lo que en palabras significa que el momento de las fuerzas que actúan sobre el sistema produce un cambio del momento de la cantidad de movimiento referida al mismo punto. Dado que este último es una propiedad que se traslada con el fluido se puede evaluar utilizando el teorema de Reynolds en base a lo que ocurre con un volumen de control fijo en el espacio. La propiedad que interesa para todo el sistema es:

$$\int_{sistema} \vec{\boldsymbol{r}} \times \vec{\boldsymbol{V}}\, dm = \int_{volumen} \vec{\boldsymbol{r}} \times \vec{\boldsymbol{V}}\, \rho dv$$

de manera que la propiedad específica es $\vec{r} \times \vec{V}$. El cambio de esta propiedad del sistema referida a lo que ocurre en un volumen de control se calcula como:

$$\frac{d}{dt}\int_{sistema} \vec{\boldsymbol{r}} \times \vec{\boldsymbol{V}}\, \rho dv = \frac{\partial}{\partial t}\left(\int_{V_C} \vec{\boldsymbol{r}} \times \vec{\boldsymbol{V}}\, \rho dv\right) + \int_{S_C} \vec{\boldsymbol{r}} \times \vec{\boldsymbol{V}}\, \rho\, \vec{\boldsymbol{V}} \cdot \hat{\boldsymbol{n}} ds \tag{3.59}$$

donde $\hat{\boldsymbol{n}}$ es un vector unitario que define la orientación de la superficie de control, positivo hacia afuera del volumen de control.

Por otra parte, los momentos de las fuerzas que actúan sobre el sistema pueden descomponerse en los producidos por las fuerzas de superficie y los que generan las fuerzas másicas:

$$\vec{r} \times \vec{F} = \vec{r} \times \left(\vec{F}_S + \int \vec{f}_m \rho dv\right) = \vec{r} \times \vec{F}_S + \vec{r} \times \int \vec{f}_m \rho dv = \vec{M}_S + \vec{M}_m$$

Por lo tanto, el equilibrio de los momentos se traduce en la relación:

$$\vec{\boldsymbol{M}}_S + \vec{\boldsymbol{M}}_m = \frac{\partial}{\partial t}\left(\int_{V_C} \vec{\boldsymbol{r}} \times \vec{\boldsymbol{V}}\, \rho dv\right) + \int_{S_C} \vec{\boldsymbol{r}} \times \vec{\boldsymbol{V}}\, \rho\, \vec{\boldsymbol{V}} \cdot \hat{\boldsymbol{n}} ds \tag{3.60}$$

Esta ecuación tiene gran interés en sistemas en los cuales el fluido se ve sometido a momentos, los que a su vez generan movimientos giratorios, siendo un caso típico lo que ocurre en el interior de muchas turbomáquinas.

Un caso interesante es el que se obtiene si se considera como volumen de control un tubo de flujo en régimen permanente de manera que r_1 y r_2 corresponden a los centros de gravedad de las secciones de entrada y de salida respectivamente referidas al eje de giro como se muestra en la Figura 3.20.

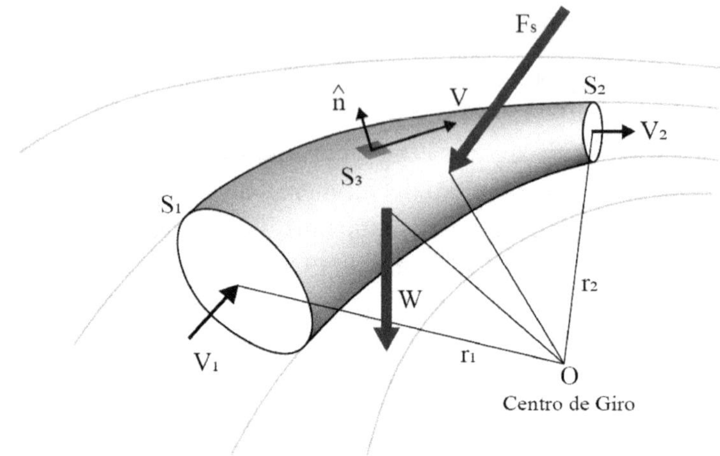

Figura 3.20. Momento de la cantidad de movimiento.

Si el régimen es permanente, el primer término del segundo miembro de la ecuación general se anula, de manera que en estas condiciones para el tubo de corriente se cumple que:

$$\vec{\boldsymbol{M}}_S + \vec{\boldsymbol{M}}_m = \int \vec{\boldsymbol{r}}_1 \times \vec{\boldsymbol{V}}_1 \rho_1 \left(-\vec{\boldsymbol{V}}_1\right) ds_1 + \int \vec{\boldsymbol{r}}_2 \times \vec{\boldsymbol{V}}_2 \rho_2 \left(\vec{\boldsymbol{V}}_2\right) ds_2$$

Si en una primera aproximación se supone que tanto la masa específica como la velocidad son uniformes en cada una de las secciones consideradas y que el fluido es incompresible, de manera que el gasto que entra es igual al que sale:

$$\vec{M}_S + \vec{M}_m = \rho Q \left(\vec{r}_2 \times \vec{V}_2 - \vec{r}_1 \times \vec{V}_1\right) \tag{3.61}$$

3.6 INTERCAMBIOS DE ENERGÍA

3.6.1 Máquinas hidráulicas

El intercambio de energía útil entre el fluido y el medio exterior requiere de dispositivos especiales. Si ellos no existen, el fluido es incapaz de traspasar energía aprovechable desde o hacia el exterior. Estos dispositivos reciben el nombre de máquinas hidráulicas o turbomáquinas. Por ahora ellos serán considerados como una caja negra, es decir, un sistema en el cual lo único que interesa es lo que entra y lo que sale, pero no se conoce lo que ocurre en su interior. Las más comunes de estas máquinas reciben el nombre de bombas y turbinas. Las primeras traspasan energía desde el exterior y la incorporan al fluido y las segundas extraen energía del fluido y la convierten en energía disponible en el exterior. Estas máquinas no son perfectas ya que la transferencia de energía no es completa; por lo tanto, tienen eficiencias menores que uno. En el interior de ellas ocurren ciertas pérdidas de energía.

La eficiencia de una bomba se define como la razón entre la potencia que finalmente es aceptada por el fluido, Pot_e en la ecuación de energía, y la potencia que fue entregada a la bomba para su funcionamiento, Pot_b:

$$\eta_b = \frac{Pot_e}{Pot_b} < 1 \tag{3.62}$$

De forma similar, en el caso de una turbina, la eficiencia de ella está dada por la razón entre la potencia que entrega la turbina al exterior, Pot_t, y la potencia que ella extrae del fluido, Pot_e en la ecuación de energía:

$$\eta_t = \frac{Pot_t}{Pot_e} < 1 \tag{3.63}$$

Esto se puede apreciar gráficamente en la Figura 3.21. Debe considerarse que el término que aparece en la ecuación de energía es siempre Pot_e, que corresponde a la potencia que afecta el comportamiento del fluido.

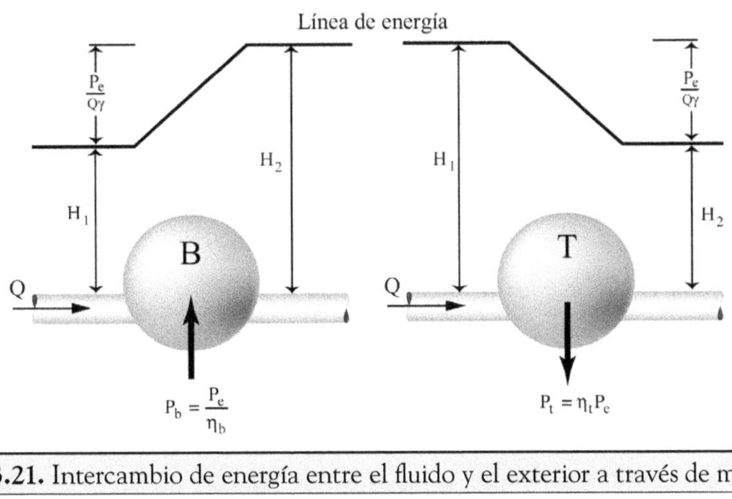

Figura 3.21. Intercambio de energía entre el fluido y el exterior a través de máquinas.

EJEMPLO 3.12

Para poder llenar en 24 horas un estanque de 2.000 m³ de capacidad que se encuentra a 10 metros sobre el nivel de un río se piensa disponer de una instalación sencilla como la que se ilustra en la Figura 3.22, consistente en una tubería de 0,1 m de diámetro y una motobomba, para lo cual se necesita conocer las características que debiera tener la bomba (gasto, altura de elevación y potencia).

SOLUCIÓN:

Para poder llenarlo en 24 horas el gasto debe ser al menos de:

$$Q = \left(\frac{vol}{\Delta t}\right) = \frac{2000}{24 \cdot 3600} = 0{,}023\ m^3/s = 23\ l/s$$

Se puede elegir una bomba de 25 l/s.

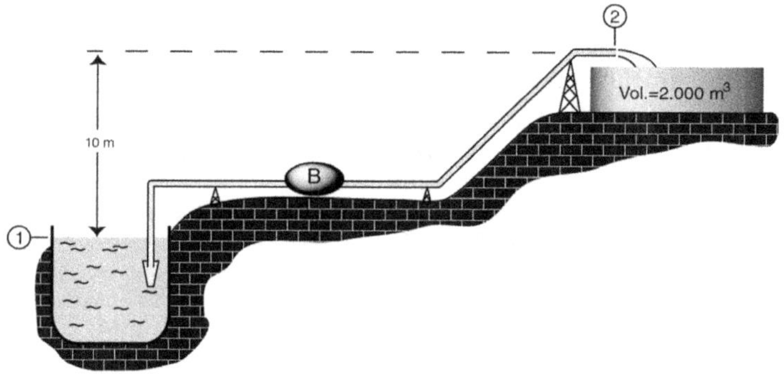

Figura 3.22. Instalación de bombeo Ejemplo 3.12.

Tomando como volumen de control un tubo de flujo que incluya al estanque (1) y toda la instalación hasta la salida de la tubería (2) y aplicando la ecuación de energía entre ambas secciones:

$$z_1 + \frac{P_1}{\gamma} + \frac{V_1^2}{2g} + \frac{Pot_e}{\gamma Q} = z_2 + \frac{P_2}{\gamma} + \frac{V_2^2}{2g}$$

En este caso, Pot_e es positivo al lado izquierdo de la ecuación, ya que se incorpora al fluido. Además:

$$z_2 - z_1 = 10\ m$$

$$P_1 = P_2 = P_{atm}$$

$$V_2 = \frac{Q}{A} = \frac{0{,}025}{\pi\frac{0{,}1^2}{4}} = 3{,}18\ m/s$$

Entonces:

$$Pot_e = \rho g Q\left(10 + \frac{3{,}18^2}{2\times 9{,}8}\right) = 1000 \times 9{,}8 \times 0{,}025 \times 10{,}52$$

$$Pot_e = 2577\,\frac{kg\cdot m^2}{s^3} = 2{,}58\ \text{kW}$$

La altura de elevación de la bomba debe ser:

$$H_b = H_2 - H_1 = 10{,}52\ m$$

En este caso, se ha supuesto que se trata de un fluido ideal y, por lo tanto, no hay pérdidas de energía de ninguna especie. En la realidad la bomba debe entregar más energía al fluido para compensar las pérdidas por fricción en la tubería y singulares en las piezas de unión, codos, filtros, etc. Además, consumirá algo más de energía debido a que su eficiencia es menor que 1.

EJEMPLO 3.13

Para la instalación del ejemplo anterior dibuje las líneas de cota geométrica, piezométrica y de energía. Siga suponiendo que no hay pérdidas de energía en la instalación.

SOLUCIÓN:

La línea de cota geométrica corresponde al eje del tubo. La línea de energía entre el río y la bomba debe ser horizontal, al mismo nivel que la superficie del río, ya que aún no se le ha agregado nada de energía al fluido. En la bomba se le agrega:

$$\Delta H = \frac{Pot}{\gamma Q} = \frac{2577}{9{,}8\cdot 1000\cdot 0{,}025} = 10{,}52\ m$$

Por lo tanto, después de la bomba, hasta la sección 2, la línea de energía también es horizontal a una altura de 10,52 m sobre la superficie del río.

Finalmente, la línea piezométrica se encuentra a ($V^2/2g$) bajo la línea de energía, donde:

$$\frac{V^2}{2g} = \frac{3{,}18^2}{2\cdot 9{,}8} = 0{,}52\ m$$

Si la parte horizontal de la tubería donde se encuentra la bomba está a 2 m sobre la superficie del río, en este tramo la presión es tal que:

$$z + \frac{P}{\gamma} + \frac{V^2}{2g} = 0$$

de donde

$$\frac{P}{\gamma} = -2 - 0{,}52 = -2{,}52\ m.c.a.\ \text{(metros de columna de agua)}$$

y después de la bomba la presión es tal que:

$$z + \frac{P}{\gamma} + \frac{V^2}{2g} = 10{,}52\ m$$

de donde se obtiene:

$$\frac{P}{\gamma} = 10{,}52 - 0{,}52 - 2 = 8\ m.c.agua$$

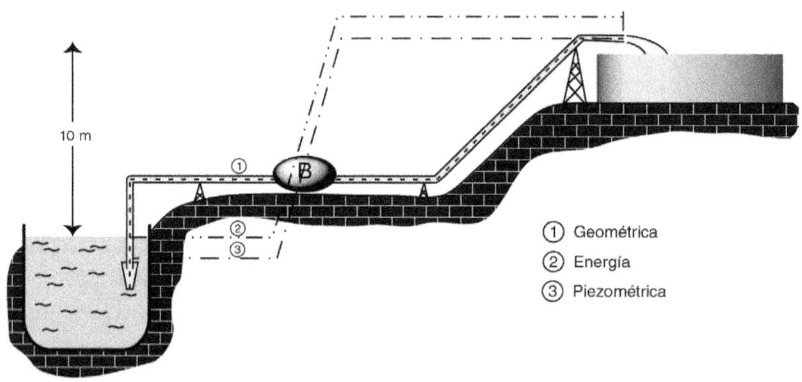

Figura 3.23. Líneas de cota, piezométrica y energía en la instalación.

3.6.2 Pérdidas por fricción

Debido a que el teorema de la cantidad de movimiento relaciona las fuerzas sobre un volumen de control con las condiciones del escurrimiento, si se consideran dentro de las fuerzas las debidas a la acción de la viscosidad a través de los esfuerzos tangenciales respectivos en las paredes, es posible determinar la pérdida de energía que se produce por la presencia de este tipo de fuerzas.

Para ello se puede considerar un tramo de longitud L de una tubería rectilínea de sección constante A, diámetro *D*, inclinada en un ángulo α con respecto a la horizontal, como se indica en la Figura 3.24. Se designa por z_1 y por z_2 las cotas geométricas de los centros de gravedad de las secciones inicial y final respectivamente, *W* el peso del volumen de fluido encerrado entre ambas secciones, que corresponde al volumen de control indicado en la figura, y por τ el esfuerzo de corte debido a la viscosidad que actúa en toda la superficie de contacto entre las paredes del tubo y el fluido.

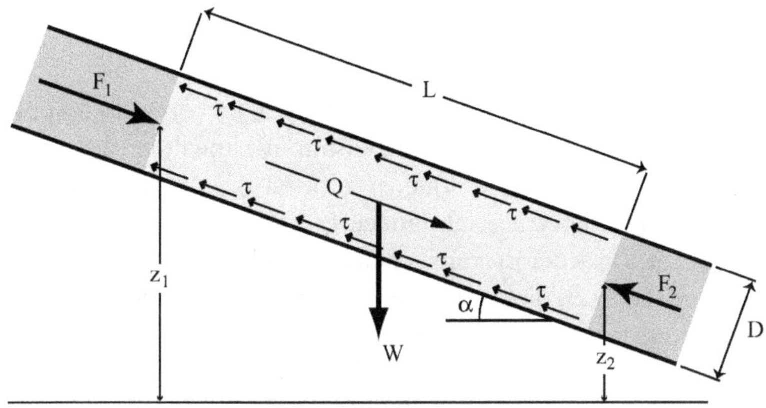

Figura 3.24. Fuerzas que actúan en un tramo recto de una tubería con un fluido viscoso.

La aplicación de la ecuación de la cantidad de movimiento según un eje de la tubería, que coincide con la dirección principal del escurrimiento, indica que:

$$W\, sen\, \alpha + P_1 A - P_2 A - \tau L \pi D = \rho Q (V_2 - V_1)$$

Si el área de la sección A es constante también lo es la velocidad de acuerdo con la ecuación de continuidad; por lo tanto, no puede haber un cambio en la cantidad de movimiento del fluido y el lado derecho de la ecuación es cero. Esto significa que la componente de las fuerzas másicas (el peso) debe estar en equilibrio con las fuerzas de superficie, producto de las presiones y los esfuerzos de corte. Expresando, además, el peso del tramo en función del volumen y del peso específico del fluido, se tiene:

$$W = \frac{1}{4} \pi D^2 L \rho g$$

$$A = \frac{1}{4} \pi D^2$$

$$sen\, \alpha = \frac{z_1 - z_2}{L}$$

Entonces reemplazando:

$$\frac{\pi D^2 L \rho g (z_1 - z_2)}{4L} + \frac{P_1 \pi D^2}{4} - \frac{P_2 \pi D^2}{4} - \tau L \pi D = 0$$

Dividiendo por $\pi D^2 \gamma / 4$:

$$\left(z_1 + \frac{P_1}{\gamma}\right) - \left(z_2 + \frac{P_2}{\gamma}\right) = \frac{4\tau L}{\gamma D}$$

Esta expresión indica que para un fluido real escurriendo en una cañería de sección constante la cota piezométrica disminuye linealmente con la longitud de la tubería. Se aprecia también que, si se tratara de un fluido ideal, en cuyo caso $\tau = 0$, la cota piezométrica permanecería constante si la velocidad lo hace.

Debido a que la sección transversal de la tubería es constante es posible agregar a ambos términos de la cota piezométrica la altura de velocidad, con lo cual se obtiene que la energía específica total en la sección decrece linealmente con la longitud. Por lo tanto, en el caso de fluidos viscosos existe una pérdida de energía por unidad de peso, debido a la fricción, que se traduce en que la línea de energía total decrece linealmente en el sentido del escurrimiento. La pendiente de esta línea, que es proporcional al esfuerzo de corte debido a la viscosidad e inversamente proporcional al diámetro, se acostumbra a designar por J:

$$J = \frac{\Delta H_{fricción}}{L} = \frac{4\tau}{\gamma D} \qquad (3.64)$$

Para estimar numéricamente el valor de J será necesario evaluar el esfuerzo de corte τ, el cual depende de la viscosidad, la velocidad cerca de la pared y las características de esta. Para su determinación es necesario contar con antecedentes empíricos. Desde el punto de vista teórico es posible estimarlo si el flujo es laminar y se puede aplicar la ley de viscosidad de Newton, como se verá más adelante.

3.6.3 Singularidades

Se denomina con el nombre genérico de singularidad a cualquier cambio que se produce en una conducción que afecta localmente las condiciones del escurrimiento. Ejemplos de ellas son ensanches, reducciones, curvas, bifurcaciones, válvulas y otros elementos similares. Experimentalmente se sabe que la existencia de una singularidad en el escurrimiento provoca una pérdida de energía localizada, que se denomina pérdida singular. Debido a la poca longitud de la singularidad las pérdidas por fricción son despreciables y las pérdidas de energía se deben a la generación de vórtices y remolinos que absorben energía y no contribuyen al escurrimiento. Un caso simple que se puede analizar teóricamente con suficiente aproximación corresponde al de un ensanche brusco como el que se indica en la Figura 3.25. Como resultado del ensanche la velocidad disminuye y, por lo tanto, la presión aumenta; sin embargo, este aumento de presión no logra compensar la disminución de altura de velocidad, resultando en una pérdida de energía concentrada en la zona del ensanche. Esta pérdida se explica por el hecho que inmediatamente aguas abajo del ensanche la corriente principal es incapaz de llenar completamente el espacio de la tubería produciéndose una zona de alta turbulencia y remolinos hacia la cual existe un constante traspaso de energía desde la corriente principal. Para el análisis se considera el volumen de control que se indica en la Figura 3.25.

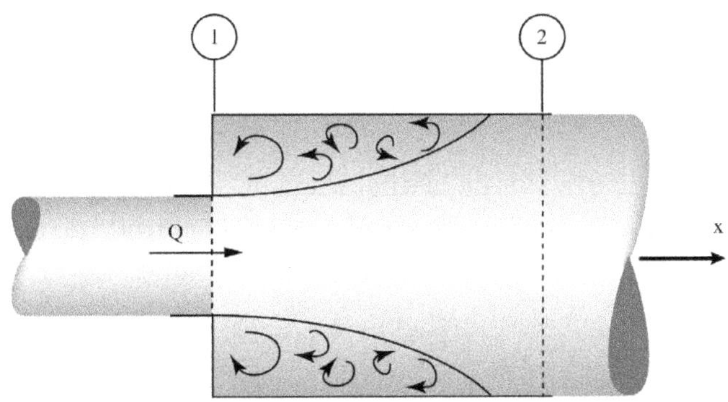

Figura 3.25. Volumen de control para el análisis de un ensanche brusco.

Si se aplica el teorema de la cantidad de movimiento según la dirección del escurrimiento se tiene:

$$\sum F_{SX} + W_X = \rho Q(V_2 - V_1)$$

Si el flujo es horizontal el peso no participa y las fuerzas de superficie que intervienen corresponden a la acción de las presiones sobre las secciones inicial y final del ensanche y la sección anular que rodea a la de entrada. Debido a que el ensanche mismo es de una longitud reducida se desprecian los efectos de los esfuerzos de corte en las paredes, los cuales son proporcionales a la longitud de tubería comprometida, como se vio en el párrafo anterior. Se ha podido verificar experimentalmente que en la zona inicial del ensanche la presión es igual a la que existe en la sección angosta, de manera que:

$$\sum F_{SX} = P_1A_1 + P_1(A_2 - A_1) - P_2A_2 = A_2(P_1 - P_2)$$

Entonces:

$$A_2(P_1 - P_2) = \rho V_2A_2(V_2 - V_1)$$

Por otra parte, se puede aplicar una ecuación de energía entre ambas secciones, siempre que se considere la existencia de una pérdida de energía singular Δs debida al ensanche, la que se desea evaluar:

$$z_1 + \frac{P_1}{\gamma} + \frac{V_1{}^2}{2g} = z_2 + \frac{P_2}{\gamma} + \frac{V_2{}^2}{2g} + \Delta s$$

$$\Delta s = \frac{V_1{}^2 - V_2{}^2}{2g} + \frac{P_1 - P_2}{\gamma}$$

Reemplazando el valor de la diferencia de altura de presión por el obtenido de la ecuación de cantidad de movimiento, la pérdida de energía singular se puede expresar en términos de las velocidades como:

$$\Delta s = \frac{V_1{}^2 - V_2{}^2}{2g} + \frac{V_2(V_2 - V_1)}{g}$$

$$\Delta s = \frac{(V_1 - V_2)^2}{2g}$$

Si se utiliza la ecuación de continuidad para expresar todo en función de las características geométricas del ensanche y de la velocidad inicial, se obtiene:

$$\Delta s = \frac{V_1{}^2}{2g}\left(1 - \frac{A_1}{A_2}\right)^2$$

$$\Delta s = K\frac{V_1{}^2}{2g} \qquad (3.65)$$

con $K = \left(1 - \frac{A_1}{A_2}\right)^2$

Donde K es un coeficiente de pérdida singular que depende de la geometría del ensanche y que aumenta en la medida que la razón entre el área final y la inicial aumenta. Por ejemplo, en el caso de la salida a un estanque, donde se puede considerar el área de la sección 2 como infinito, el valor de K es 1.0 y la pérdida de energía corresponde al total de la altura de velocidad disponible en la sección de la tubería de llegada. Es conveniente dejar claro que, si bien las pérdidas singulares se acostumbra a expresarlas en función de la altura de velocidad, en una instalación ellas realmente se traducen en pérdidas de presión ya que la velocidad está determinada fundamentalmente por la condición de continuidad. Así ocurre en el caso de una singularidad colocada en una cañería de sección constante que puede tener la situación que se indica en la Figura 3.26 del comportamiento de las líneas de energía y piezométrica.

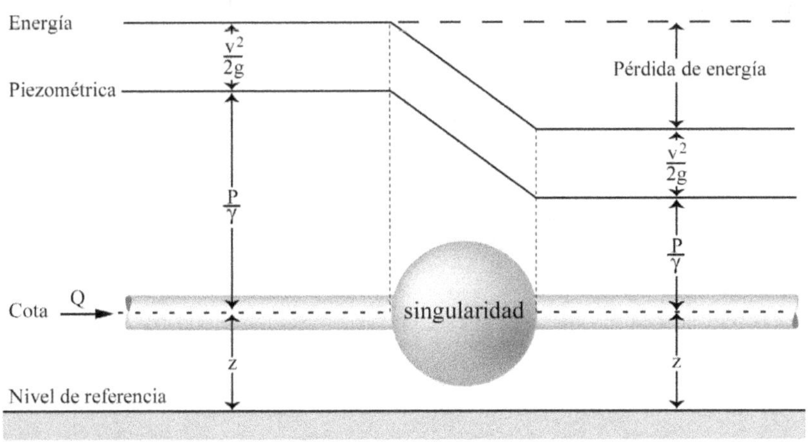

Figura 3.26. Caso de una singularidad cualquiera en una tubería de sección constante.

EJEMPLO 3.14

Para traspasar agua entre dos estanques cuyas superficies libres tienen una diferencia de nivel H se dispone de dos tuberías de igual longitud, pero una de ellas es de la mitad del área que la otra.

a) Si se conectan los estanques con las dos tuberías en serie, analice las condiciones del escurrimiento dibujando las líneas de energía y piezométrica, considerando fluido ideal y dependiendo de si la tubería más ancha se pone al principio o al final.

b) Repita el análisis incluyendo pérdidas por fricción y singulares.

SOLUCIÓN:

a) Si se considera fluido ideal sin pérdidas por fricción ni singulares, la situación es la que se considera en la Figura 3.27.

La ecuación de energía entre 1 y 2 indica:

$$z_1 + \frac{P_1}{\gamma} + \frac{V_1^2}{2g} = z_2 + \frac{P_2}{\gamma} + \frac{V_2^2}{2g}$$

donde $z_1 = h + H$

$V_1 = 0$

$P_1 = 0$ (atmosférica)

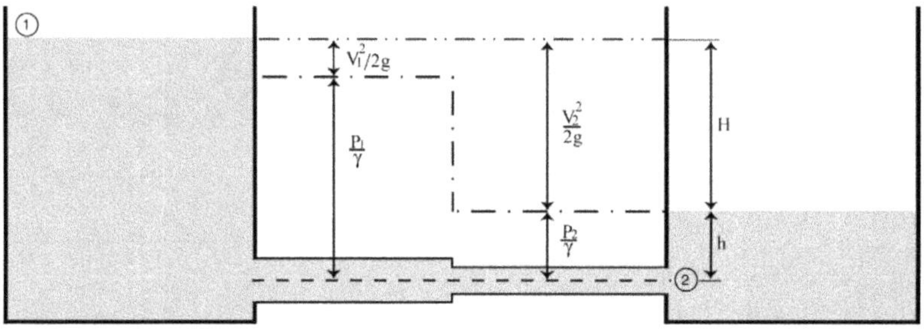

Figura 3.27. Líneas de cota, piezométrica y energía, suponiendo fluido ideal ideal para el ejemplo 3.14.

Como en el segundo estanque el agua está en reposo se cumple la ley hidrostática:

$$\frac{P_2}{\gamma} = h$$

Entonces

$$\frac{V_2^2}{2g} = H$$

de donde $Q = AV_2 = A\sqrt{2gH}$

Según continuidad, este es el mismo gasto que en la tubería inicial, en la cual

$$V_1 = \frac{A}{2A} V_2 = 0{,}5V_2$$

En este caso, la línea de energía es horizontal entre los dos estanques al mismo nivel del estanque inicial. La línea piezométrica también es horizontal, paralela a la de energía, pero una altura de velocidad más abajo, de manera que coincide con el nivel del segundo estanque en la cañería 2 y en la cañería 1 está más arriba.

Procediendo de manera similar es fácil encontrar que, si las cañerías se ponen en orden inverso, la situación es la de la Figura 3.28.

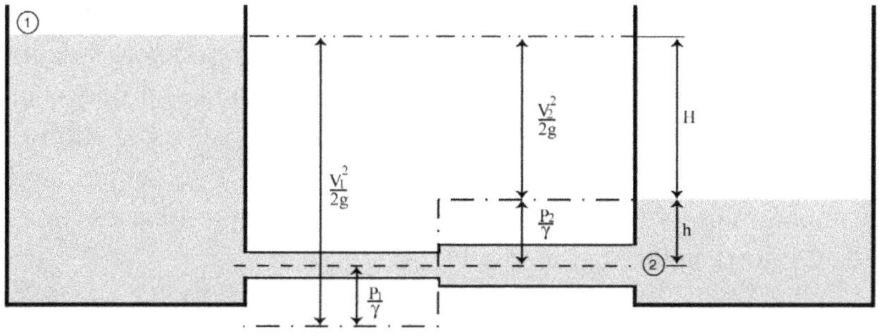

Figura 3.28. Líneas de cota, piezométrica y energía con las cañerías en orden inverso, suponiendo fluido ideal ideal para el ejemplo 3.14.

En este caso, el gasto de salida es el doble del anterior, aunque la velocidad de salida es la misma. Ahora puede haber peligro de cavitación en la tubería de menor sección.

b) Si se consideran pérdidas por fricción, el caudal disminuye. Las líneas de energía y piezométrica se inclinan, pero siguen siendo paralelas. La de energía comienza también en el nivel del estanque inicial y la piezométrica termina en el nivel del estanque final.

Similarmente se puede hacer el análisis si las tuberías se cambian de orden, colocando al de menor tamaño al inicio.

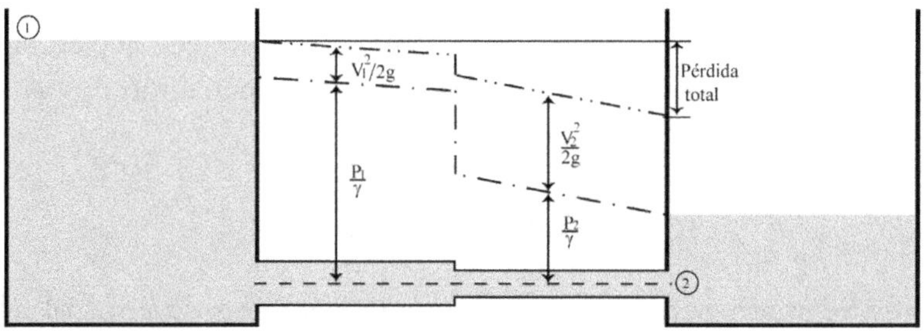

Figura 3.29. Líneas de cota, piezométrica y de energía, incluyendo pérdidas por fricción y singulares para el ejemplo 3.14.

RESUMEN

El comportamiento de los fluidos en movimiento se puede analizar en forma global eligiendo un volumen de control adecuado y aplicando en él los principios de conservación de la masa, la primera ley de la termodinámica y la segunda ley de Newton. Estos se traducen en las ecuaciones de continuidad, energía y cantidad de movimiento.

Para la aplicación de las ecuaciones se recurre a la idea de volumen de control, que consiste en un volumen fijo en el espacio, rodeado y definido por una superficie de control indeformable, a través del cual el fluido se mueve.

El volumen de control más usual para el análisis es el tubo de flujo, considerando además los conceptos de gasto, caudal y velocidad media para cuantificar el movimiento del fluido. El gasto de fluido que atraviesa una sección de área S, con una velocidad media U, es:

$$Q = US$$

Con el objeto de relacionar las variaciones de una propiedad del sistema con lo que ocurre en un volumen de control se usa el teorema del transporte de Reynolds. Según este la variación total de una propiedad del sistema en el tiempo se puede evaluar como la suma de la variación de esa propiedad en el interior del volumen de control más el flujo neto de ella a través de la superficie de control. Designando por N la propiedad total y por η la propiedad específica por unidad de masa:

$$\left(\frac{DN}{Dt}\right)_{sistema} = \frac{\partial}{\partial t}\left(\int_{Vc} \eta \rho dv\right) + \int_{Sc} \eta \rho \vec{\boldsymbol{V}} \cdot \hat{\boldsymbol{n}} ds$$

El principio de conservación de la masa, que establece que en un sistema la masa total permanece constante, se traduce en la ecuación de continuidad para un volumen de control, según la cual:

$$\int_{Sc} \rho \vec{\boldsymbol{V}} \cdot \hat{\boldsymbol{n}} ds + \frac{\partial}{\partial t}\left(\int_{Vc} \rho dv\right) = 0$$

Si en régimen permanente se elige un volumen de control que es un tubo de flujo, esta ecuación se traduce en:

$$\rho_1 U_1 A_1 = \rho_2 U_2 A_2$$

Siendo ρ_i, U_i, A_i, la masa específica, velocidad media y área de cada sección. El producto de ellas se conoce como **caudal** y corresponde a la masa de fluido que atraviesa la sección por unidad de tiempo. El volumen de fluido que atraviesa una sección por unidad de tiempo se designa por **gasto** y se puede calcular como el producto de la velocidad media por el área.

La aplicación de la primera ley de la termodinámica permite analizar situaciones en las cuales intervienen, además de aspectos mecánicos, variables térmicas e intercambio de energía con el exterior. Aplicada a un volumen de control se denomina ecuación de energía y establece:

$$\int_{Sc}\left(gz+\frac{V^2}{2}+\frac{P}{\rho}+u\right)\rho\,\vec{\boldsymbol{V}}\cdot\overrightarrow{\mathbf{ds}}+\frac{\partial}{\partial t}\int_{Vc}\left(gz+\frac{V^2}{2}+u\right)\rho dv=\frac{dC}{dt}-\frac{dW_e}{dt}-\frac{dW_\mu}{dt}$$

En el caso de los gases la aplicación de esta ecuación a un tubo de flujo en régimen permanente se simplifica a:

$$\frac{dC}{dt}-Pot_e-Pot_r=G\left(\frac{{V_2}^2-{V_1}^2}{2}+C_p(T_2-T_1)+g(z_2-z_1)\right)$$

Si se trata de líquidos, supuestamente incompresibles, en las mismas condiciones, se obtiene:

$$\left(z_1+\frac{P_1}{\gamma}+\frac{{V_1}^2}{2g}\right)-\left(z_2+\frac{P_2}{\gamma}+\frac{{V_2}^2}{2g}\right)=\frac{Pot_e+Pot_r}{\gamma Q}$$

La incorporación de energía útil a un fluido desde el exterior, o el aprovechamiento de su energía para desarrollar trabajo externo, se realiza mediante máquinas hidráulicas. Se denominan bombas las que permiten entregar energía a un fluido, y turbinas las que aprovechan la energía del fluido.

Cuando un líquido escurre está sometido a cambios de presión. Si por efecto del movimiento la presión en un punto disminuye más que la presión de vapor el líquido se gasifica, produciéndose burbujas que arrastradas por el fluido pueden colapsarse posteriormente. Este fenómeno se conoce con el nombre de cavitación. En general tiene consecuencias peligrosas y en la mayoría de los casos se trata de evitarla. La ecuación de energía permite detectar bajo qué circunstancias en una instalación puede producirse cavitación.

La ecuación de cantidad de movimiento permite relacionar las fuerzas que actúan sobre un volumen de control con las variaciones de velocidad que experimenta el fluido que en él se mueve. Se trata de una relación vectorial, que establece para un volumen de control:

$$\sum\vec{\boldsymbol{F}}_S-\int_{Vc}\rho g\,\vec{\boldsymbol{k}}\,dv-\int_{Vc}\rho\,\vec{\boldsymbol{a}}_r\,dv=\int_{Sc}\rho\,\vec{\boldsymbol{V}}\,\vec{\boldsymbol{V}}\cdot\hat{\boldsymbol{n}}ds+\frac{\partial}{\partial t}\left(\int_{Vc}\vec{\boldsymbol{V}}\,\rho dv\right)$$

En el caso de régimen permanente en un tubo de flujo para un fluido incompresible se simplifica a:

$$\sum\vec{\boldsymbol{F}}_S+\vec{\boldsymbol{W}}=\rho Q\left(\beta_2\,\vec{\boldsymbol{V}}_2-\beta_1\,\vec{\boldsymbol{V}}_1\right)$$

Tratándose de una ecuación vectorial se puede establecer una igualdad de momentos con respecto a un punto común en el espacio, lo que permite aplicar esta ecuación en forma más simple al caso de fluidos que rotan con respecto a un punto fijo, como es el caso de lo que ocurre en el interior de muchas máquinas hidráulicas.

Cuando escurre un fluido real, se producen pérdidas de energía por esfuerzos de roce en las paredes de la conducción. Si la tubería es de sección constante las pérdidas por unidad de longitud son constantes y se pueden estimar como la pendiente de la línea de energía con:

$$J = \frac{\Delta H_{fricción}}{L} = \frac{4\tau}{\gamma D}$$

Cualquier elemento que modifique la geometría de la instalación puede provocar pérdidas de energía singulares, las que se estiman, en general, en base a la altura de velocidad inicial, con:

$$\Delta s = K \frac{V_1^{\,2}}{2g}$$

Donde K es un coeficiente especial para cada singularidad.

RESUMEN DE LOS OBJETIVOS DE ESTE CAPÍTULO

Después de estudiar este capítulo Ud. deberá ser capaz de:

- Definir gasto, caudal y velocidad media, y saber la relación entre ellos.
- Dar definiciones operativas de sistema, volumen de control, superficie de control y la forma en que se comportan las propiedades intensivas y las extensivas.
- Entender claramente la relación entre la variación de una propiedad del sistema y las variaciones de esa propiedad en un volumen de control, de acuerdo con el teorema de Reynolds.
- Escribir y aplicar la ecuación de continuidad en sus diversas formas para diferentes situaciones desde el caso de un volumen de control cualquiera en régimen impermanente, hasta situaciones más simples como ocurre en un tubo de flujo para un fluido incompresible en régimen permanente.
- Escribir la ecuación de energía para un volumen de control en el caso general entendiendo claramente el significado de cada término de manera de poderla aplicar a situaciones particulares.

- Dibujar y cuantificar las líneas de cota, piezométrica y de energía en una instalación de transporte de fluidos.
- Aplicar la ecuación de energía al caso de gases en régimen permanente.
- Aplicar la ecuación de energía al caso de líquidos en régimen permanente.
- Entender lo que es una máquina hidráulica, su función y el papel que juega en los intercambios de energía de un fluido. Plantear y resolver situaciones generales en que intervengan bombas y turbinas.
- Entender el fenómeno de cavitación y poder predecir en situaciones simples cuando existe peligro de que se produzca.
- Escribir la ecuación general de cantidad de movimiento para un volumen de control entendiendo claramente el significado de cada uno de los términos que en ella intervienen.
- Aplicar la ecuación de cantidad de movimiento, y del momento de la cantidad de movimiento, a casos de líquidos en régimen permanente.
- Resolver problemas del tipo de los que se plantean al final de este capítulo.

PREGUNTAS

3.1.- Seleccione, entre las palabras escritas en *itálica*, las correctas para completar cada una de las siguientes frases:

a) En régimen permanente los cambios temporales de una cantidad cualquiera al interior del volumen de control son siempre *positivos*, *nulos*, *negativos*, *distintos de cero*.

b) El típico volumen de control que se adopta para el análisis global de un problema de fluidos es *un estanque abierto*, *un pistón*, *un tubo de flujo*, *una cañería*.

c) El principio de conservación de la masa indica que los cambios de masa de un sistema son *positivos*, *negativos*, *crecientes*, *nulos*, *decrecientes*.

d) La ecuación de continuidad indica que a lo largo de secciones sucesivas de un tubo de flujo en general *la velocidad media es constante*, *el gasto es constante*, *el caudal es constante*, *todos ellos son constantes*, *ninguno es constante*.

e) La carga hidráulica corresponde a *energía por unidad de masa*, *energía total*, *energía por unidad de peso*, *potencia por unidad de masa*, *ninguna de las anteriores*.

f) Indique cuál de las siguientes variables tiene unidades de longitud: *energía potencial*, *energía cinética por unidad de peso*, *trabajo por unidad de masa*, *potencia por unidad de gasto*, *todas las anteriores*, *ninguna de las anteriores*.

g) Habitualmente las pérdidas de energía por fricción de un líquido en una tubería son *mayores*, *menores*, *iguales* que las que sufre si se lanza como un chorro en el aire.

h) El coeficiente de Coriollis se relaciona con *continuidad*, *energía potencial*, *energía cinética*, *cantidad de movimiento o ninguno*.

i) En un sistema de conducción de fluidos la cavitación puede ocurrir con mayor probabilidad en los puntos *muy bajos*, *muy altos*, *cualquier lugar*.

j) Las dimensiones del cambio temporal de la cantidad de movimiento son iguales a las dimensiones de *masa por velocidad*, *fuerza por aceleración, fuerza, gasto por velocidad, velocidad, ninguna de las anteriores.*

k) El coeficiente de Bussinesq se relaciona con *continuidad, energía potencial, energía cinética, cantidad de movimiento o ninguna de ellas.*

3.2.- Complete las siguientes frases con los valores o palabras adecuadas:

a) El teorema del transporte de Reynolds establece que los cambios de una propiedad del fluido en un sistema se pueden evaluar como el incremento en el tiempo de esa propiedad en el volumen de control más el flujo neto de ella a través de ....

b) A un estanque cilíndrico vertical con un área superficial de 10 m^2 le llega un flujo de 4.000 kg/s de agua, lo que hace que la superficie libre suba a una velocidad de .... m/s.

c) Un estanque cilíndrico vertical abierto a la atmósfera tiene un área A y contiene líquido de densidad d hasta una altura h. En el fondo tiene un orificio de área a por el que sale líquido a velocidad V. Si el área del orifico se aumenta a 2a, manteniendo el resto de las variables iguales, entonces la velocidad de salida sería aproximadamente

....

d) Un estanque que contiene líquido de densidad d hasta una altura h, tiene un orificio en el fondo por el cual sale líquido con una velocidad media V. Si la densidad del líquido fuera 6 veces mayor, por ejemplo, se reemplaza el agua por hierro fundido, entonces la velocidad de salida sería aproximadamente

....

e) En un estanque que contiene agua sale por un orificio del fondo un gasto Q. Entonces si el agua se reemplaza por mercurio líquido, con un peso específico 13 veces mayor, el gasto de mercurio es: ....

f) Para un elemento de fluido de masa específica ρ y volumen v, que se mueve a una altura z con velocidad V y temperatura T, el flujo de energía potencial por unidad de peso que pasa por una sección S es: ....

g) Una central hidroeléctrica funciona con un gasto de 10 metros cúbicos por segundo y una altura de 100 m. Indique el valor de la potencia instalada en Kilowatts:

....

h) Un fluido de masa específica ρ=1.000 kg/m^3 se mueve a velocidad V=1 m/s contra una presión P=10 Pa en un tubo de flujo de área A=1 m^2. La potencia necesaria para poder moverse es: ....

i) Para un elemento de fluido que se mueve a una altura z con velocidad V y temperatura T, su energía interna por unidad de peso es:

....

j) Un flujo de gasto Q=2 m^3/s de fluido de masa específica ρ=1.000 kg/m^3 que se mueve a velocidad V=1 m/s con una presión P=100 Pa a una altura z=10 m, en un campo de gravedad g, transporta la siguiente cantidad de movimiento por unidad de tiempo:

....

3.3.- Indique si la expresión de la ecuación de continuidad $V_1A_1=V_2A_2$ debe aplicarse entre dos líneas de corriente, dos líneas de trayectoria o es indiferente.

3.4.- Dibuje las líneas de energía y piezométrica entre A y C si el fluido es ideal en el caso de la figura.

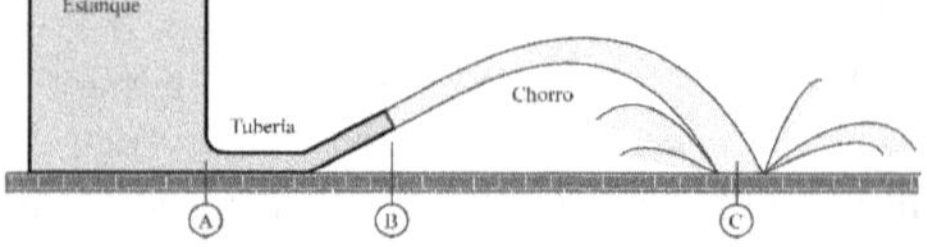

3.5.- Dibuje las líneas de energía y piezométrica entre A y C en el caso anterior si el fluido es real.

3.6.- Analice y explique claramente porqué le resulta más conveniente a un bombero utilizar una escalera para lanzar agua hacia los pisos altos, que hacerlo desde la calle.

3.7.- Para un fluido en movimiento, en el cual se desea disminuir al máximo las pérdidas de energía singular, analice dónde se debe poner mayor atención en el diseño, si en las zonas donde se transforma energía cinética en potencial o en las zonas donde se transforma energía potencial en cinética.

3.8.- En la contracción de la figura dibuje aproximadamente la forma de las líneas de corriente. Indique con ayuda del gráfico el comportamiento del coeficiente de Coriollis para cada sección transversal.

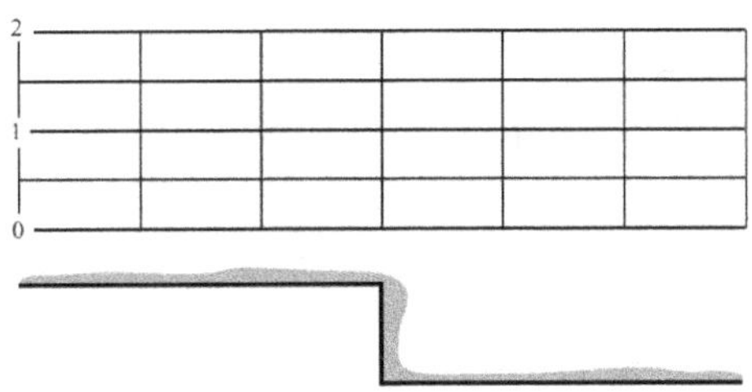

3.9.- Una tubería entrega a un estanque por debajo de la superficie libre, de manera que en el interior del estanque se inyecta un chorro horizontal cuya sección aumenta de tamaño al mismo tiempo que disminuye su velocidad media. Analice el comportamiento, inmediatamente después de la salida del chorro y según el eje de él, del coeficiente de Coriolis.

3.10.- Un mismo gasto puede escurrir entre dos placas paralelas con alguna de las distribuciones de velocidades que se indican. Ordene los casos de la figura de menor a mayor coeficiente de Coriolis.

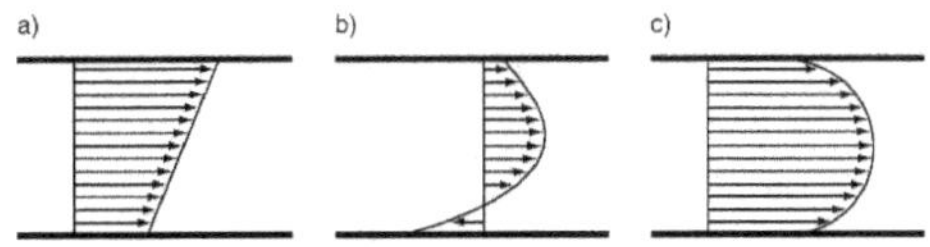

3.11.- Si el aire fluye a poca velocidad en un ducto aislado térmicamente en régimen permanente, indique en cada caso si la temperatura aumenta, disminuye o permanece constante en la dirección del escurrimiento.

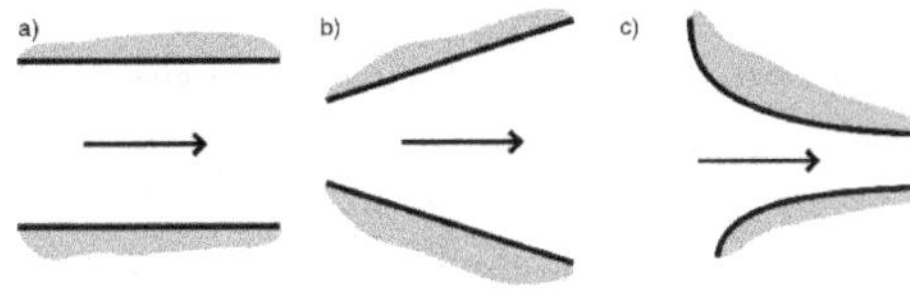

3.12.- Una tubería de pequeña longitud y sección transversal grande une dos estanques de grandes dimensiones de manera que pasa un gasto Q desde uno hacia otro. El nivel de agua en un estanque está a H metros de altura sobre el eje de la tubería y en el otro a h metros, con $h < H$. Analice cómo se afecta el gasto si el nivel del agua sube en ambos una cantidad igual, por ejemplo 1 m en cada uno, o si sube proporcionalmente, por ejemplo, al doble en ambos.

3.13.- Suponga que a la salida de un estanque se instala una cañería horizontal con una válvula en su extremo y que el fluido es ideal. Estudie cómo se comportan la velocidad, el gasto y la presión en la tubería (entre el estanque y la válvula) y esas mismas variables, pero en la sección de salida, cuando la válvula se abre y se cierra.

3.14.- Dos estanques de dimensiones importantes tienen orificios similares colocados uno frente al otro. El de un estanque se tapa con una placa ancha apoyada que recibe el chorro que sale del otro del estanque. Analice la relación que deben cumplir las alturas de agua en los estanques para que la placa se mantenga en equilibrio.

3.15.- En la pared de un recinto se coloca un extractor de aire montado sobre un ducto circular, el cual se une firmemente al muro. Suponiendo que la presión a la entrada y a la salida es igual, indique cuál es el efecto sobre la potencia consumida por el motor si

a) se hace aumentar la velocidad de salida al doble, o

b) si la masa específica del aire disminuye en un 10%, o

c) cuál es el efecto si se mantiene el gasto constante, pero se aumenta el diámetro al doble.

3.16.- Para aliviar los problemas de cavitación en una cierta instalación se abre un orificio de manera que esa sección quede en contacto con la atmósfera. Indique si esto traerá como consecuencia que salga fluido por ese orificio, que entre aire o sólo se igualan las presiones. ¿Qué otros efectos adicionales se producirán?

3.17.- En una instalación que tiene una bomba y una turbina colocadas en serie señale los puntos donde existe mayor peligro de cavitación.

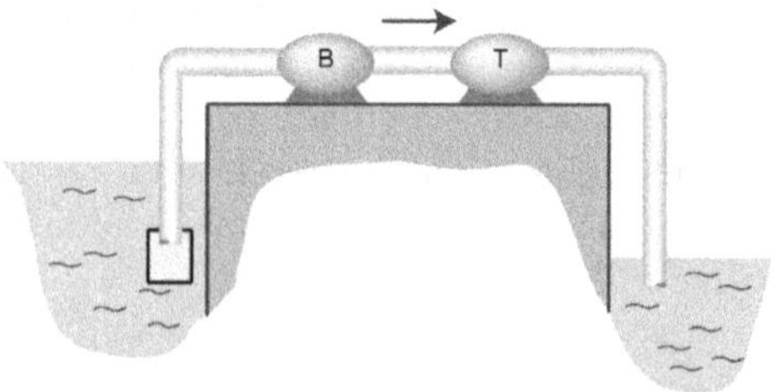

3.18.- Una tubería de diámetro constante da una curva horizontal de manera que se produce un esfuerzo del fluido sobre la estructura de soporte. Indique el efecto que tiene sobre la fuerza que se transmite al anclaje cuando se adoptan las siguientes medidas:

a) la velocidad aumenta;

b) la presión disminuye;

c) el ángulo aumenta.

3.19.- Una tubería circular horizontal por la que fluye fluido ideal incompresible tiene un angostamiento en la dirección del flujo. La forma de la distribución de velocidades a la entrada y a la salida se desconoce, pero puede suponerse como uniforme o parabólica. Esta suposición tendrá efecto sobre el coeficiente de Bussinesq en las secciones inicial y final, y este a su vez sobre la evaluación de la fuerza del fluido sobre el angostamiento. Ordene las diferentes combinaciones posibles de distribución de velocidades en cuanto a la fuerza que resulta, si todas las demás variables permanecen constantes.

3.20.- La bomba que se muestra en la figura es capaz de suministrar una potencia igual a P con una capacidad de Q m^3/s.

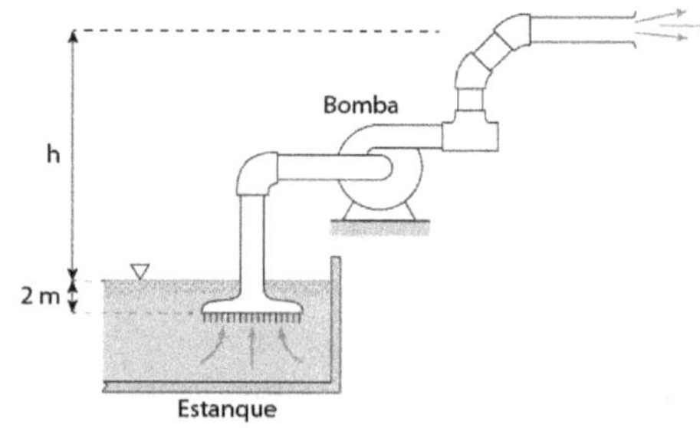

Determine la máxima altura posible h que la bomba puede elevar los Q m^3/s de agua cuando la tubería tiene diámetro igual a D.

PROBLEMAS

3.21.- En un canal rectangular de 2,0 m de ancho el agua escurre con una altura de 1,8 m a una velocidad media de 0,6 m/s. Como resultado de la abertura de una compuerta se produce una onda que viaja hacia aguas abajo, en la dirección del escurrimiento, con una velocidad absoluta de 5 m/s y una altura de 0,6 m. Esto quiere decir que la altura de agua sube a 2,4 m una vez que ha pasado el frente de la onda. Calcule la velocidad media del agua detrás del frente de onda.

3.22.- Un pistón como el de la figura se alimenta desde una bomba con un gasto de 3 lt/min de aceite a una presión de 5.000 kPa. Si retorna al rebase un gasto de 1,5 lt/min y el pistón de la izquierda se desplaza a 2 cm por segundo, determine la velocidad de desplazamiento del pistón de la derecha, la fuerza que ejerce y la potencia que desarrolla.

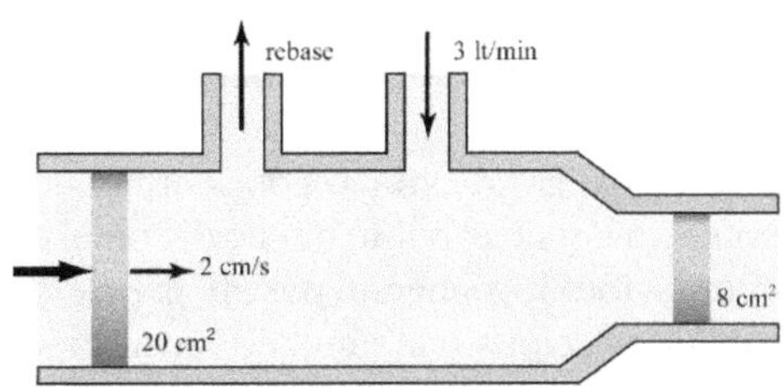

3.23.- Un estanque cerrado como un balón de gas, de volumen total V_0, contiene inicialmente una masa de aire m_0 a presión absoluta P_0 y a una temperatura, también absoluta, T_0. En el instante inicial, t=0, se abre una válvula de sección A a través de la cual comienza a escaparse el aire hacia el exterior, donde la presión es la atmosférica. La velocidad de salida del aire por la sección de la válvula es proporcional a la diferencia de presiones entre el interior y el exterior, es decir $V_{salida}=K(P_{interior}-P_{atm})$. Las propiedades del aire en el interior del estanque pueden suponerse espacialmente uniformes en cada instante. El aire sigue un comportamiento de gas ideal y permanece a temperatura constante a lo largo del tiempo. Interesa conocer el tiempo que tarda en reducirse la presión en el interior a una cierta proporción de la inicial, por ejemplo, a la mitad. Para ello considere que para una variable N que tiene una propiedad por unidad de masa, los cambios de N en el sistema se calculan para un volumen de control VC_C con una superficie de control S_C como:

$$\left(\frac{dN}{dt}\right)_{sistema} = \frac{\partial}{\partial t}\int_{V_c} \eta\rho dv + \int_{S_c} \eta\rho\vec{V}d\vec{s}$$

además $\displaystyle\int \frac{dx}{x(x+a)} = \frac{1}{a}\mathrm{Ln}\frac{x}{x+a}$

a) Con la ecuación de continuidad encuentre una relación entre la masa específica y la presión del aire en el interior del estanque.
b) Aceptando que el aire se comporta como gas ideal a temperatura constante, encuentre una expresión para la variación de la presión en el interior del estanque.
c) Integre la ecuación diferencial encontrada para determinar el tiempo que tarda en alcanzarse una presión bP_0 en el interior.

3.24.- En el horno de una fundición el aire se toma del exterior y se calienta agregándole calor a razón de 10.000 (joules/s) para posteriormente ser expulsado por una chimenea vertical de 20 m de altura de 0,8 m² de sección a la salida. Se sabe que el sistema consume 16 kg/s de aire. Suponiendo que el aire antes de ingresar al horno está a 15 °C y tiene una masa específica de 1,2 kg/m³, calcule las condiciones a la salida de la chimenea: masa específica, temperatura, velocidad media y gasto de aire. El calor específico del aire es 1 (joule/Kg·°C).

3.25.- Para llenar un cilindro de gas de 0,1 m³ se le alimenta desde una tubería de alta presión a través de una válvula de alimentación. La temperatura inicial del conjunto es de 20 °C. La presión en la tubería es de 25 bar y se mantiene constante durante el llenado. La presión inicial en el cilindro es atmosférica. En el instante en que se abre la válvula se observa que la temperatura en el cilindro sube a razón de 0,05 °C/seg. Despreciando las pérdidas de calor, calcule el caudal en masa que fluye al cilindro.

3.26.- El agua se mueve en un canal de 3 m de ancho con una velocidad media de 6 m/s, y una altura d agua e 1,2m antes de la grada de fondo, como se muestra en la Figura. Suponiendo que las pérdidas debidas al ensanche son $KV_1^2/(2g)$, determinar las dos posibles profundidades del flujo h_1 y h_2, con K = 0,3.

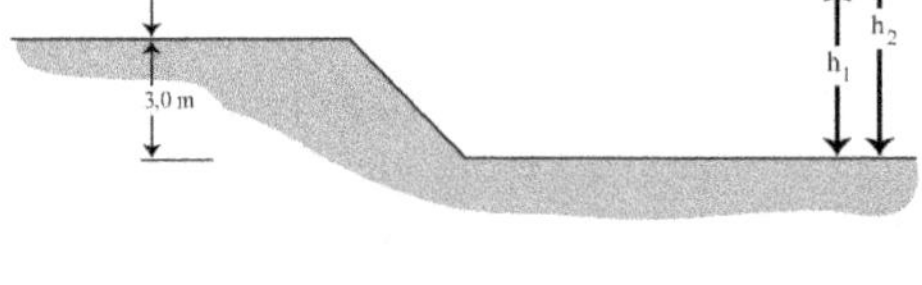

3.27.- En una faena de construcción subterránea de una caverna se tiene un túnel de acceso por la parte inferior de la caverna y un túnel de ventilación por la superior, ambos conectados a la atmósfera. En el interior de la caverna como resultado de los trabajos de máquinas se generan gases, algunos algo más livianos que el aire y otros algo más pesados. Se desea que Ud. analice las condiciones de ventilación del sistema, considerando la posibilidad de colocar ventiladores o extractores en el túnel de ventilación. La caverna tiene un área horizontal A, mientras las secciones de los túneles de acceso y de ventilación son similares de área a.

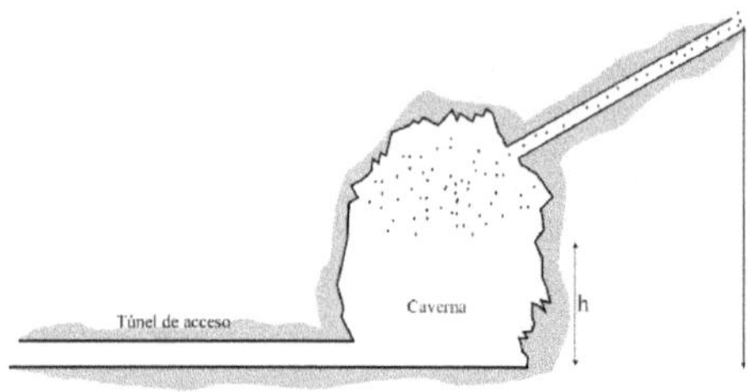

a) Suponga que en el interior de la caverna se generan gases con densidad d menor que 1 comparando la masa específica del gas con la del aire atmosférico, de manera que tienden a salir por el túnel de ventilación. Estime el área a necesaria del túnel de ventilación para que logre salir un gasto Q de gas mientras el nivel inferior de acumulación de gases en la parte superior de la caverna esté por lo menos a una altura constante h desde el piso de ella. Suponga que no hay pérdidas por fricción en los túneles.

b) Considerando que se pueden producir pérdidas por fricción, no incluidas en el caso anterior, para facilitar la extracción de gases se agrega un extractor que entrega una potencia Pot en el punto medio del túnel de ventilación. Designando por Hv la pérdida total por ficción en el túnel de ventilación, plantee un sistema de ecuaciones para estimar el gasto que se puede extraer en estas condiciones manteniendo también los gases a una altura h sobre el piso de la caverna. En este caso suponga que a<<A.

c) Para el caso de la pregunta b, dibuje las líneas geométricas, piezométrica y de energía entre la entrada del túnel de acceso y la salida del túnel de ventilación. Coloque el extractor en la mitad del túnel de ventilación. En base a ello indique cómo es la presión en el túnel de ventilación, antes y después del extractor, en comparación con la atmosférica.

3.28.- Para almacenar grandes cantidades de agua dulce en el fondo del mar a poca profundidad se utiliza un estanque en forma de campana invertida colocado cerca del fondo. Este estanque se alimenta por debajo con agua dulce y tiene un rebase en forma de chimenea como se indica en la figura. La campana está abierta en su parte inferior, de manera que el agua dulce está en contacto directo con el agua de mar. En general a igual temperatura el agua de mar es aproximadamente un 3% más densa que el agua dulce. Utilice la siguiente nomenclatura: A: área horizontal de la campana o del estanque. a: área transversal de la chimenea de rebase a la salida. h: altura de la chimenea en relación a la superficie de separación entre el agua dulce y la del mar en el interior del estanque. ρ_0: masa específica del agua de mar. ρ_1: masa específica del agua dulce almacenada.

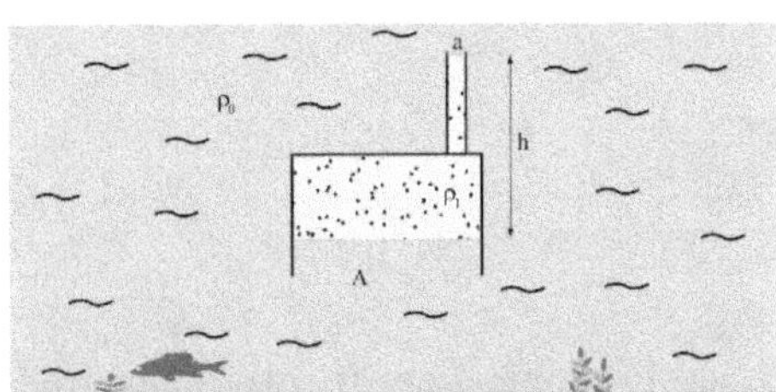

Interesa evaluar la capacidad del rebase para vaciar el estanque en función del volumen de agua dulce almacenado y las características de la instalación. Para ello se pide:

a) Indique sobre la misma figura el volumen de control que utilizaría para analizar este caso.
b) Seleccione, subrayando la palabra adecuada de la siguiente lista, las características generales de este caso que Ud. considera razonables: *permanente*, *impermanente*, *compresible*, *incompresible*, *uniforme*, *variado*, *adiabático*, *no adiabático*, *roce importante*, *roce despreciable*.
c) Escriba la ecuación de energía aplicada al volumen de control seleccionado.
d) Escriba la ecuación de continuidad para este caso.
e) Escriba las condiciones de borde del problema.
f) Encuentre una expresión para el gasto que rebasa en función de las características de los fluidos involucrados y la geometría del sistema, suponiendo que A>>a.

3.29.- En una tubería circular de radio R la distribución de velocidades está dada por la expresión:

$$\frac{V}{V_{máx}} = \left(1 - \frac{r}{R}\right)^{\frac{1}{a}}$$

donde r es la distancia desde el eje de la tubería y V la velocidad a esa distancia. $V_{máx}$ es la velocidad máxima en la sección. Calcule el gasto y el factor de corrección de energía cinética, α, para valores de "a" de 0,5; 1,0; 2,0; 7,0 y 10. Grafique α vs a y comente.

3.30.- El sistema de riego de la figura consiste en una bomba que obtiene el agua de un río y la entrega a un estanque receptor de donde pasa a través de un vertedero, cuyo umbral está a 2,5 m sobre el suelo, a un canal de distribución. El estanque y el canal son de sección rectangular y de 3 m de ancho. Calcule la potencia de la bomba para obtener una altura de agua de 1 m en el canal (no considere las pérdidas).

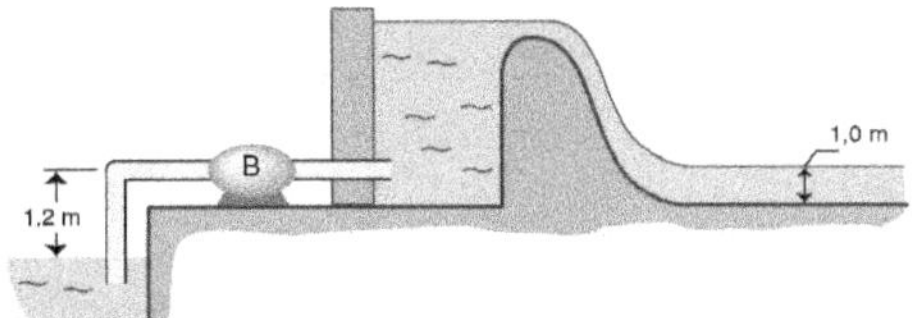

3.31.- ¿Cuál es la máxima potencia que se puede extraer de la turbina de la figura sin que ocurra cavitación en ningún punto de la instalación? La presión atmosférica es de 101 KPascal y la presión de vapor del agua es de 3,3 KPascal. Dibuje las líneas de energía y piezométricas en la misma figura.

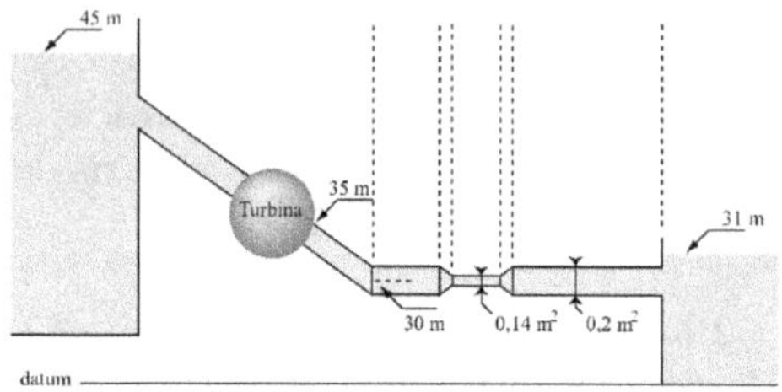

3.32.- En la instalación de la figura circula un gasto de 0,5 m³/s de agua impulsado por la bomba B que tiene un rendimiento de 60%. A continuación, se dispone de una turbina T que tiene un rendimiento del 75% y aprovecha toda la energía disponible para ella.

a) ¿Cuál es la potencia que consume la bomba?
b) ¿Cuál es la potencia que entrega la turbina?
c) ¿Cuál es la presión a la entrada de la turbina?
d) Dibuje la línea piezométrica y de energía indicando los valores respectivos.
e) Si el gasto aumenta indique dónde puede producirse cavitación primero.

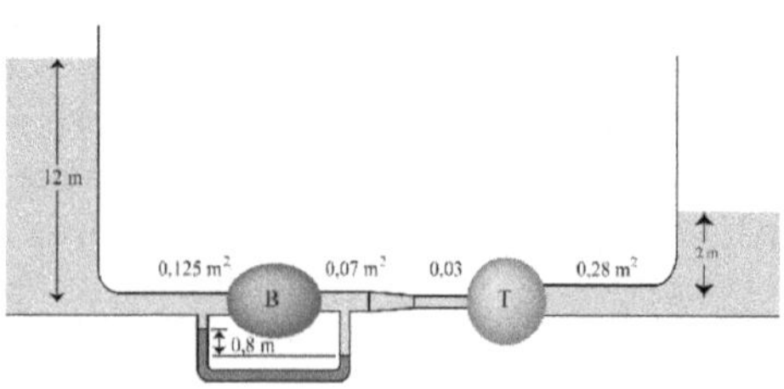

3.33.- Cuando los precios de la energía son distintos de acuerdo a la demanda se puede aprovechar un sistema que consiste en almacenar agua a una cierta altura cuando los precios son baratos para producir energía cuando los precios son altos. El sistema de la figura consiste en una bomba que lleva agua hasta un estanque de 2.000 m³ a 20 m de altura, junto a una turbina que aprovecha posteriormente el desnivel total de 30 m.

a) Calcule el gasto máximo de la bomba para que no se produzca cavitación si P_v/γ es de 4 m.c.a. donde P_v es la presión de vapor.
b) Determine la potencia que consume la bomba para llenar el estanque superior en 2 horas con una eficiencia de 70%.
c) Si la turbina puede utilizar el volumen del estanque en 1 hora determine la potencia que produce con una eficiencia del 90%.
d) Dibuje en cada caso la línea de energía y la cota piezométrica.
e) Indique cómo mediría la eficiencia del conjunto. ¿Cuánto vale?

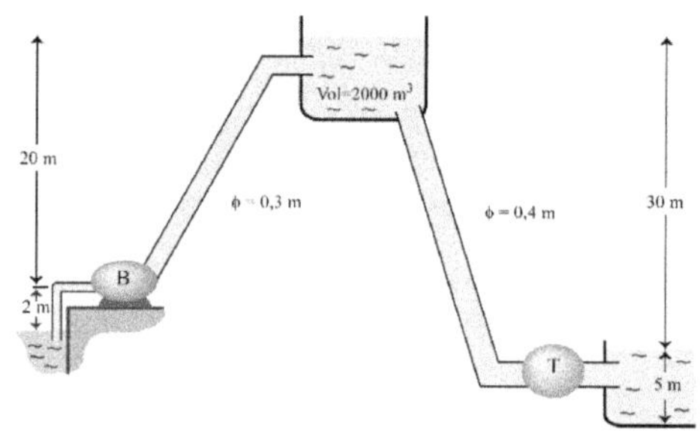

3.34.- Un conducto vertical de diámetro D termina con su extremo inferior cerrado y poco antes de su término tiene una ranura en toda la periferia de altura d mucho menor que D. Por él circula un gasto Q de aire el cual termina escapando por la ranura radialmente.

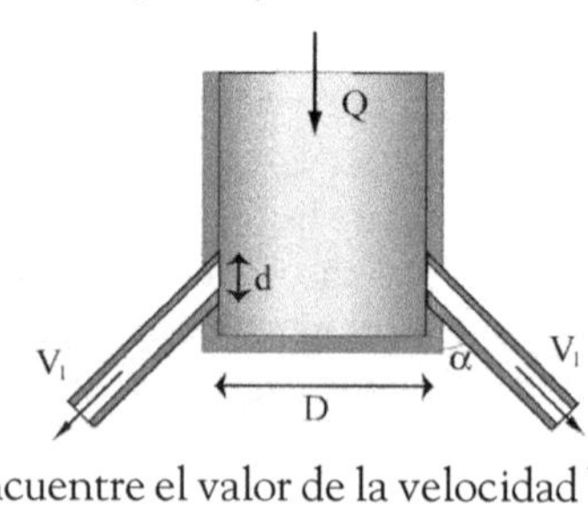

a) Encuentre el valor de la velocidad V_1 con que sale el gasto Q de fluido por la ranura.

b) Calcule la presión P que existe en el interior del tubo un poco antes de la sección de la ranura.
c) Si en el fondo ciego del tubo la presión es P_0, calcule el ángulo α que forman los chorros que salen de la ranura con el eje.
d) Indique el valor de la fuerza F que hace el tubo sobre el fondo.

3.35.- Un chorro líquido en forma de lámina de gasto Q_0 con una inclinación α golpea sobre una placa horizontal. Suponiendo que se trata de un fluido ideal determine la razón Q_1/Q_2 en que se divide el flujo después de chocar.

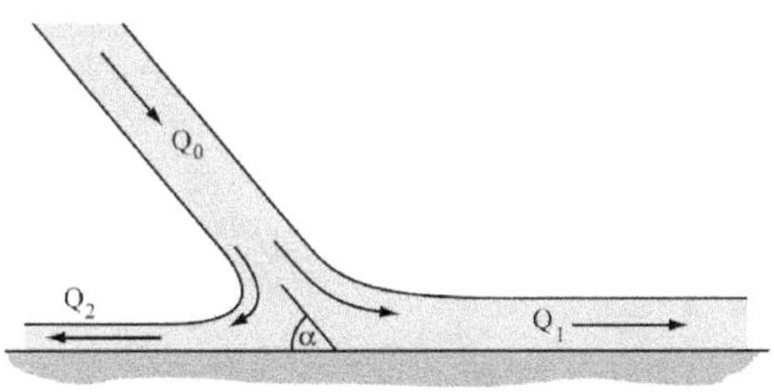

3.36.- La tubería de alimentación de la turbina hidráulica tiene la forma que se indica en la figura. Determine la fuerza total que debe soportar el machón de anclaje (magnitud, dirección y punto de aplicación) para un gasto de 0,8 m³/s si el diámetro es de D=0,3 m y las pérdidas en el codo son $0{,}15\ V_1^2/(2g)$.

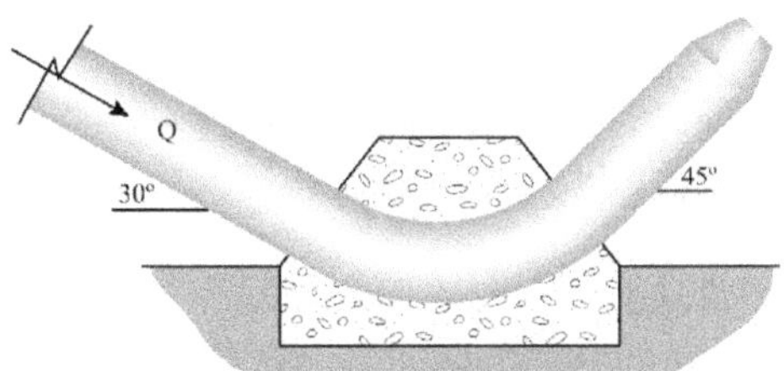

3.37.- Una tubería circular de diámetro D descarga un gasto total Q mediante dos boquillas de igual diámetro de salida d cada una, instaladas como se indica en la figura. Por cada una de ellas sale el mismo gasto, Q/2. Los ejes de todas las tuberías se encuentran sobre el mismo plano horizontal. El conjunto está anclado a la tubería principal mediante un *flanje*, o brida, unida con pernos en la sección 1.

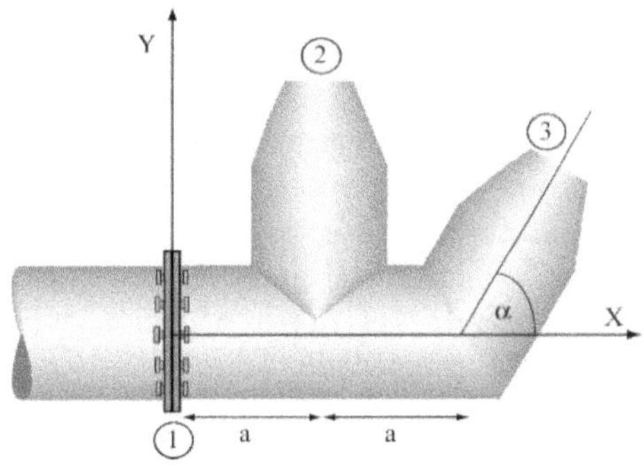

a) Encuentre la presión P en la sección 1.
b) Determine el valor de la fuerza Fx, según el eje de la tubería principal, que ejerce el sistema sobre la unión.
c) Determine el valor de la fuerza Fy, según la perpendicular al eje de la tubería principal, que ejerce el sistema sobre la unión.
d) ¿Cree Ud. que además de las fuerzas indicadas la operación de los chorros ejerce un momento sobre la unión? En caso afirmativo calcúlelo.
e) Haga un esquema del polígono de fuerzas que actúan en este caso. (Polígono formado por una representación gráfica de los vectores de las fuerzas que intervienen).

3.38.- El aparato de la figura se utiliza para apreciar el efecto del viento sobre modelos de aeroplanos. En la zona de 40 cm de diámetro la velocidad es uniforme de 50 m/s.

a) ¿Cuál debe ser la potencia del motor que hace girar la hélice si la eficiencia global es de 75%?
b) ¿Cuál es la fuerza horizontal que hace el aparato sobre el marco que lo apoya?

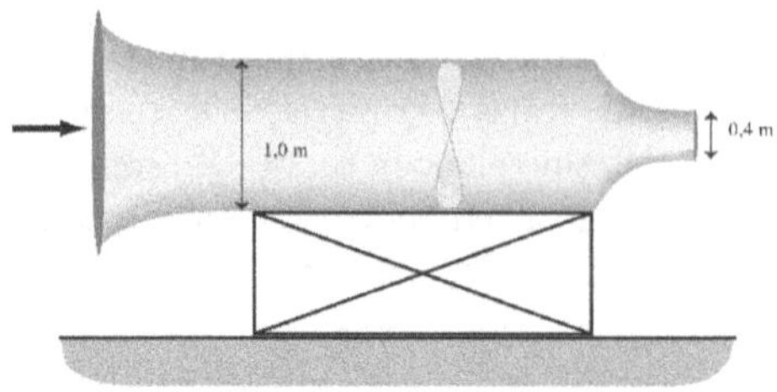

3.39.- Un chorro de espesor a y 1 m de ancho choca contra una placa de peso W que se encuentra colgada de uno de sus extremos, de manera que la placa es sacada de su posición vertical por efecto del chorro. Determine el gasto que entrega el chorro en función de (a, α, W) y las propiedades del fluido.

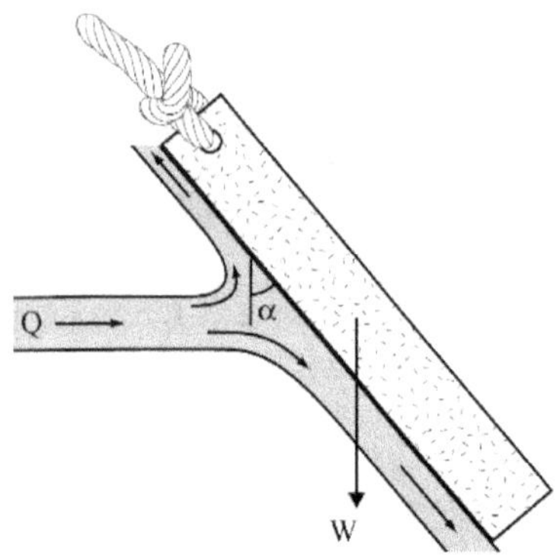

3.40.- Una placa inclinada en un ángulo θ se mueve con velocidad u en contra de un chorro que tiene velocidad V_0 y un gasto Q_0.

a) Establezca una expresión para la potencia necesaria para mover la placa.

b) ¿A qué velocidad u debe moverse la placa, en el mismo sentido que el chorro, para extraer la máxima potencia del chorro?

3.41.- Un chorro de agua dirigido verticalmente hacia arriba, mantiene una placa horizontal en equilibrio. La boquilla está conectada a un recipiente de altura h. El peso de la placa es W, el área por donde el chorro sale de la boquilla es A_0 y el coeficiente de velocidad de la boquilla es C_v.

a) Calcule la velocidad de salida del chorro y el gasto.

b) Calcule la velocidad a la altura h_1. Asuma que no hay pérdidas en el chorro ni a la salida de la boquilla.

c) Calcule el peso W de la placa para mantenerla en equilibrio a una altura h_1.

d) Calcule el esfuerzo sobre la boquilla.

3.42.- El denominado orificio de Borda consiste en un tubo entrante como se indica en la Figura. Suponiendo que el chorro al salir no roza las paredes y que la repartición de presiones en el estanque puede considerarse hidrostática, demuestre que el coeficiente de contracción del chorro es 0,5.

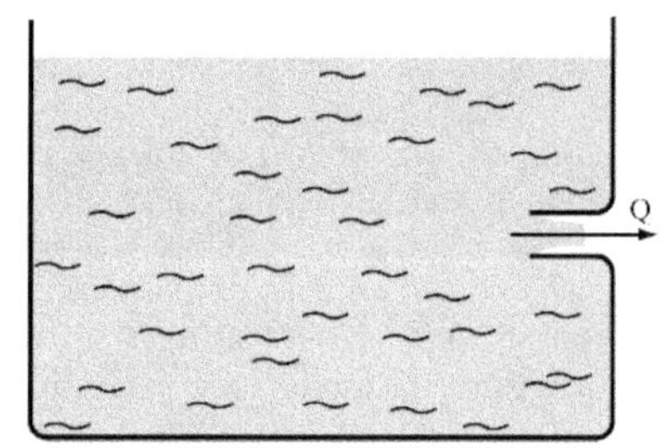

3.43.- Una turbina Pelton con un rodete de radio R=0,5 m, recibe tangencialmente un chorro de A=25 cm² con un gasto Q=150 lt/s. Los álabes forman un ángulo de 60° con la tangente al rodete y se mueven a una velocidad de 40 m/s. Se pide calcular:

a) Fuerza sobre el rodete;

b) Potencia;

c) Rendimiento;

d) Torque sobre el eje del rodete;

e) Velocidad angular del rodete en rpm;

f) Diagrama de velocidades.

3.44.- Un cohete de juguete de peso W tiene una cámara de volumen total V que se llena en una proporción a ($0 < a < 1$) con agua y el resto $(1-a)V$, con aire a una presión P_0. En la parte inferior existe una salida de área A por la cual sale al agua a presión. Considere el agua incompresible.

a) Calcule la fuerza de propulsión inicial.
b) Plantee una ecuación del movimiento suponiendo que el roce con el aire es despreciable.
c) Calcule el trabajo total desarrollado hasta que se agota el combustible.
d) Encuentre, para una presión P_0, la proporción ideal de agua que debe incluirse.

3.45.- Un chorro de gasto Q de sección rectangular de ancho b y altura a, llega a una cámara de disipación de energía, del mismo ancho, de la cual sale un canal abierto, también de ancho b, pero con su fondo a una altura a del fondo de la cámara, en el cual sale el mismo gasto Q con una altura de agua 2a. En la cámara se puede aceptar que todas las distribuciones de presiones son hidrostáticas.

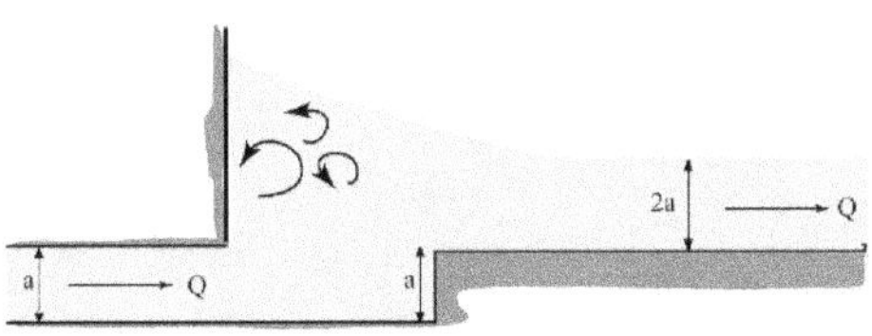

a) Para un volumen de control que coincide con la cámara y suponiendo que el flujo puede ser impermanente, escriba la ecuación general de la cantidad de movimiento para un volumen de control.
b) Para un volumen de control que coincide con la cámara descrita, y suponiendo régimen permanente, escriba la ecuación de cantidad de movimiento, considerando valores medios de las variables.
c) Calcule las fuerzas de superficie que actúan sobre el volumen de control indicado, en la dirección del flujo principal.
d) Estime el valor de la altura de agua en la pared izquierda de la cámara, es decir, en la sección del chorro de salida.
e) Calcule la energía disipada en la cámara.

3.46.- El fenómeno llamado "resalto hidráulico" consiste en una expansión brusca de la altura de agua de una corriente en un canal con la formación de un remolino superficial. Aplicando el teorema de cantidad de movimiento en el sentido del flujo, suponiendo que en las secciones inicial y final la distribución de presiones es hidrostática, encuentre la pérdida de energía asociada al fenómeno cuando escurre un gasto Q.

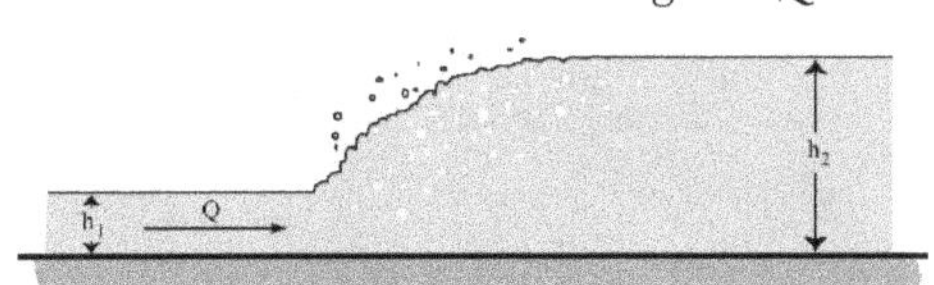

Capítulo IV
Análisis puntual del comportamiento dinámico de los fluidos

El análisis puntual está orientado a establecer un modelo matemático del comportamiento del fluido que permita conocer en detalle lo que ocurre en cada instante y en cada punto al interior de él. Para ello se establecen las ecuaciones diferenciales de los principios básicos en pequeña escala, las cuales se deberán integrar para cada caso particular de acuerdo con las condiciones de borde e iniciales respectivas. En base a ello se podrá conocer la distribución espacial y temporal de las variables que definen el comportamiento del fluido, como son la presión, velocidad, masa específica y otras de interés. Se dispone de una muy bien elaborada modelación matemática para flujos potenciales y para fluidos ideales en régimen permanente, que entregan una razonable aproximación a numerosas situaciones prácticas de interés. En el caso de los fluidos reales o viscosos, si bien hasta ahora ha sido posible establecer modelos matemáticos de complejidad razonable para casi cualquier tipo de flujo, las ecuaciones resultantes son fácilmente integrables por procedimientos analíticos solo en el caso de flujos laminares. Hoy en día, al contar con poderosas herramientas de cálculo, es posible abordar la solución numérica para flujos más complejos. Una vez obtenidos los valores de las variables que definen el escurrimiento en todos los puntos del espacio ocupado por el fluido, es posible, mediante simple integración, obtener valores del caudal que pasa por una sección, la fuerza total sobre la superficie, y otras variables globales. El análisis puntual requiere mayor esfuerzo que el global, pero entrega más información sobre el comportamiento del fluido. Recibe también el nombre de análisis diferencial debido a que los modelos matemáticos que se establecen corresponden a ecuaciones diferenciales.

La idea central del análisis diferencial consiste en establecer las ecuaciones básicas del movimiento de un fluido para un punto cualquiera del espacio ocupado por él. Esto se ha hecho para el principio de conservación de la masa y de cantidad de movimiento. En este capítulo se deduce una ecuación para la conservación de la masa para cualquier fluido, que constituye una ecuación escalar disponible para todos los modelos puntuales.

La ecuación de cantidad de movimiento se deduce para el caso de un fluido ideal (ecuación de Euler) y para el caso de fluidos viscosos (ecuación de Navier-Stokes). Esta es una ecuación vectorial, de manera que aporta tres ecuaciones escalares.

Las cuatro ecuaciones escalares mencionadas constituyen el modelo básico del análisis puntual. Una quinta ecuación puede ser una descripción del fluido para el comportamiento de la masa específica, que en el caso de líquidos es constante. Estas cinco ecuaciones permiten encontrar el comportamiento en cada punto de las tres componentes de la velocidad, la presión y la masa específica, que son a su vez las cinco incógnitas del problema.

Antes de aplicar las condiciones dinámicas del movimiento es importante conocer cómo se puede describir cuantitativamente el flujo en base a los valores que adopta la velocidad en cada punto e instante.

En este análisis es necesario cuantificar los cambios que experimentan en el tiempo y en el espacio cantidades escalares como la presión, y vectoriales como la velocidad. Para ello es útil recordar las propiedades del operador vectorial $\vec{\nabla}$ (nabla). A continuación, se resumen sus principales propiedades, utilizando coordenadas cartesianas:

a) Definición. Operador vectorial $\vec{\nabla}$

$$\vec{\boldsymbol{\nabla}} = \frac{\partial}{\partial x}\hat{\boldsymbol{\imath}} + \frac{\partial}{\partial y}\hat{\boldsymbol{\jmath}} + \frac{\partial}{\partial z}\hat{\boldsymbol{k}}$$

b) Gradiente de una función escalar. Define la variación de la función escalar F en el espacio y tiene por dirección aquella en la cual el aumento de F es mayor. En este caso opera sobre una función escalar y el resultado es un vector:

$$\mathbf{grad}F = \vec{\boldsymbol{\nabla}} F = \frac{\partial F}{\partial x}\hat{\boldsymbol{\imath}} + \frac{\partial F}{\partial y}\hat{\boldsymbol{\jmath}} + \frac{\partial F}{\partial z}\hat{\boldsymbol{k}}$$

c) Divergencia de una función vectorial. Indica la forma en que un elemento se aleja de un punto en el espacio cuando está sometido a un campo de velocidades $\vec{\boldsymbol{V}}$. También puede considerarse como el aumento promedio de la magnitud de los componentes de $\vec{V}$. De esta manera opera sobre un vector $V(u, v, w)$ y el resultado es un escalar:

$$\boldsymbol{div}\,\vec{\boldsymbol{V}} = \boldsymbol{\nabla}\cdot\vec{\boldsymbol{V}} = \frac{\partial u}{\partial x}+\frac{\partial v}{\partial y}+\frac{\partial w}{\partial z}$$

d) Rotacional o rotor de una función vectorial. Define la forma en que el elemento gira en el espacio, si se mueve según un campo de velocidades $\vec{V}$. En este caso, opera sobre un vector $\vec{V}$ y el resultado es también un vector:

$$\mathbf{rot}\,\vec{\boldsymbol{V}} = \vec{\boldsymbol{\nabla}}\times\vec{\boldsymbol{V}} = \left(\frac{\partial w}{\partial y}-\frac{\partial v}{\partial z}\right)\hat{\boldsymbol{\imath}}+\left(\frac{\partial u}{\partial z}-\frac{\partial w}{\partial x}\right)\hat{\boldsymbol{\jmath}}+\left(\frac{\partial v}{\partial x}-\frac{\partial u}{\partial y}\right)\hat{\boldsymbol{k}}$$

e) Laplaciano de una función escalar. Se define por este nombre a la divergencia del gradiente de una función escalar. El resultado es un escalar.

$$\boldsymbol{Lap}F = \boldsymbol{\nabla}^2F = \boldsymbol{div}(\mathbf{grad}F) = \boldsymbol{\nabla}\cdot\vec{\boldsymbol{\nabla}}\,F = \frac{\partial^2F}{\partial x^2}+\frac{\partial^2F}{\partial y^2}+\frac{\partial^2F}{\partial z^2}$$

4.1 CUANTIFICACIÓN DEL MOVIMIENTO

A medida que un elemento de fluido se mueve en el espacio le pueden ocurrir diferentes transformaciones. Lo más claro es que está sujeto a un desplazamiento, pero también puede rotar y deformarse. Además, la deformación puede ser lineal, en cuyo caso no se pierde la ortogonalidad de los ejes, o angular, cuando el ángulo entre los ejes también cambia. Cada una de estas transformaciones elementales se ilustra en la Figura 4.1. La existencia e intensidad con que se realizan estas transformaciones dependen del campo de velocidades.

Para describir estas transformaciones y cuantificarlas se necesitan elementos que midan los cambios de posición, la rotación y la deformación de un elemento de fluido en el tiempo.

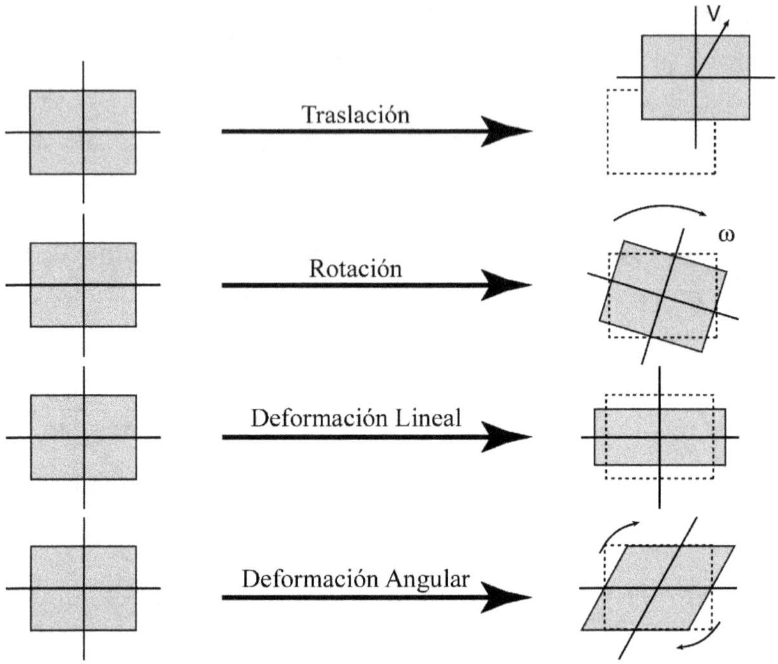

Figura 4.1. Transformaciones básicas de un elemento de fluido.

4.1.1 Velocidad y aceleración

En general, incluso en muchos de los llamados flujos permanentes, la velocidad en un punto no es absolutamente constante, sino que oscila aleatoriamente en torno a un valor. En un registro de la velocidad puntual en función del tiempo puede apreciarse lo que muestra la Figura 4.2.

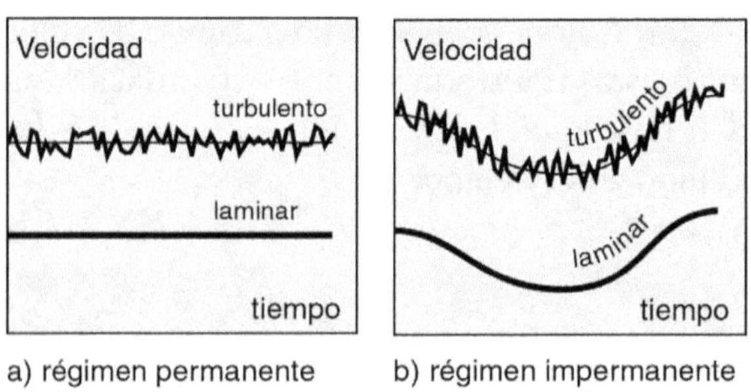

Figura 4.2. Flujo laminar y turbulento, permanente e impermanente.

La velocidad puntual instantánea se puede expresar como $\vec{U} = \vec{V} + \vec{v}^*$ donde el promedio de $\vec{v}^*$ es cero si se considera un período de tiempo T suficientemente largo, tal que:

$$\vec{U}_{promedio} = \frac{1}{T}\int_t^{t+T} \vec{U}dt = \frac{1}{T}\int_t^{t+T} (\vec{V} + \vec{v}^*)dt = \vec{V} \qquad (4.1)$$

Cuando $\vec{v}^* \neq 0$ se dice que el flujo es turbulento. Esto se debe a que el escurrimiento está lleno de remolinos de diferentes tamaños, velocidades y direcciones, entonces las líneas de trayectoria son irregulares y se origina un intercambio de cantidad de movimiento entre los elementos del fluido. En general, en la práctica la mayoría de los movimientos que interesan en ingeniería son de este tipo. En estos casos no se cumple la ley de viscosidad de Newton y aparecen esfuerzos de corte adicionales inducidos por los remolinos.

Cuando $\vec{v}^* = 0$ se dice que el escurrimiento es laminar. Las líneas de trayectoria son lisas y no existen remolinos de manera que una capa de fluido desliza sobre la otra sin haber intercambio de cantidad de movimiento entre ellas. En este caso se cumple la ley de Newton de la viscosidad.

El problema de la turbulencia escapa de los alcances de este texto. En general se considerará la velocidad en un punto solo como su valor medio temporal, que será constante en régimen permanente y una función del tiempo en el caso impermanente. Esto significa una simplificación en el caso de flujo turbulento en el cual se estarían despreciando los efectos de $\vec{v}^*$.

El análisis desde el punto de vista euleriano, basado en la descripción del campo de velocidad, permite también describir la aceleración del fluido como un campo vectorial, definido en cada punto del espacio y en cada instante de tiempo. Con este enfoque de Euler la velocidad no está asociada a una partícula de fluido, sino a las coordenadas espaciales. Así se genera una expresión de la aceleración que contiene variaciones temporales y espaciales de la velocidad

Para evaluar la aceleración interesa la variación total de la velocidad. Es posible hacerse cualquiera de las siguientes preguntas: ¿cómo varía la velocidad en un punto del espacio ocupado por fluido? ¿Para un elemento dado cómo varía su velocidad a medida que se desplaza? En general, la velocidad es función del tiempo y del punto del espacio considerado.

$$\vec{V} = f_V(\vec{r}, t) \qquad (4.2)$$

Como la velocidad en un fluido en movimiento constituye un campo vectorial, el que, además, puede cambiar durante el tiempo, las variaciones de la velocidad están ligadas a los cambios de ella en el tiempo y en el espacio. Para un punto dado del espacio la velocidad cambia con el tiempo y también se produce una variación espacial en un instante determinado en la medida en que se cambia el punto de referencia. La aceleración debe reflejar estos dos aspectos, ya que una partícula colocada en estas condiciones estará sujeta a una aceleración local, para un punto en la medida en que su velocidad cambia en el tiempo, y convectiva a medida que se mueve cuando pasa por un punto.

La velocidad puede expresarse en función de sus componentes como:

$$\begin{aligned} \vec{V} &= \frac{d\vec{\boldsymbol{r}}}{dt} \\ &= \frac{d}{dt}\left(x\hat{\boldsymbol{\imath}} + y\hat{\boldsymbol{\jmath}} + z\hat{\boldsymbol{k}}\right) \\ &= \frac{dx}{dt}\hat{\boldsymbol{\imath}} + \frac{dy}{dt}\hat{\boldsymbol{\jmath}} + \frac{dz}{dt}\hat{\boldsymbol{k}} \\ &= u\hat{\boldsymbol{\imath}} + v\hat{\boldsymbol{\jmath}} + w\hat{\boldsymbol{k}} \end{aligned} \tag{4.3}$$

Cada una de estas componentes es función de la posición y del tiempo, es decir:

$$\begin{aligned} u &= f_u(x, y, z, t) \\ v &= f_v(x, y, z, t) \\ w &= f_w(x, y, z, t) \end{aligned} \tag{4.4}$$

Los cambios totales de las componentes de la velocidad, cuando r cambia en *dr* y *t* en dt, vienen dados por:

$$\begin{aligned} du &= \frac{\partial u}{\partial t}dt + \frac{\partial u}{\partial x}dx + \frac{\partial u}{\partial y}dy + \frac{\partial u}{\partial z}dz \\ dv &= \frac{\partial v}{\partial t}dt + \frac{\partial v}{\partial x}dx + \frac{\partial v}{\partial y}dy + \frac{\partial v}{\partial z}dz \\ dw &= \frac{\partial w}{\partial t}dt + \frac{\partial w}{\partial x}dx + \frac{\partial w}{\partial y}dy + \frac{\partial w}{\partial z}dz \end{aligned} \tag{4.5}$$

Por otra parte, la aceleración, definida como la variación de la velocidad con respecto al tiempo, también puede expresarse como la suma vectorial de sus componentes:

$$\begin{aligned}\vec{\boldsymbol{a}} &= \frac{d\vec{\boldsymbol{V}}}{dt} \\ &= \frac{d}{dt}\left(u\hat{\imath} + v\hat{\jmath} + w\hat{k}\right) \\ &= \frac{du}{dt}\hat{\imath} + \frac{dv}{dt}\hat{\jmath} + \frac{dw}{dt}\hat{k} \\ &= a_x\hat{\imath} + a_y\hat{\jmath} + a_z\hat{k}\end{aligned} \tag{4.6}$$

donde cada una de las componentes corresponde a la variación en el tiempo de la componente respectiva de la velocidad.

Utilizando la expresión para la variación de las componentes de la velocidad (4.5) y la definición de cada una de ellas se aprecia que las componentes de la aceleración se expresan por:

$$\begin{aligned}a_x &= \frac{\partial u}{\partial t} + u\frac{\partial u}{\partial x} + v\frac{\partial u}{\partial y} + w\frac{\partial u}{\partial z} \\ a_y &= \frac{\partial v}{\partial t} + u\frac{\partial v}{\partial x} + v\frac{\partial v}{\partial y} + w\frac{\partial v}{\partial z} \\ a_z &= \frac{\partial w}{\partial t} + u\frac{\partial w}{\partial x} + v\frac{\partial w}{\partial y} + w\frac{\partial w}{\partial z}\end{aligned} \tag{4.7}$$

Estas ecuaciones se pueden escribir vectorialmente en forma compacta como:

$$\vec{a} = \frac{\partial\vec{V}}{\partial t} + (\vec{\boldsymbol{V}} \cdot \boldsymbol{\nabla})\vec{\boldsymbol{V}} \tag{4.8}$$

En esta expresión se aprecia claramente que la aceleración que experimenta un elemento de fluidos es la superposición de dos efectos. La aceleración del fluido, observada entonces desde el punto de vista euleriano, contiene una derivada temporal de la velocidad en cada punto del espacio, que se conoce como **aceleración local**, y una componente que contiene derivadas espaciales, llamada **aceleración advectiva o convectiva**. Este resultado muestra que la representación de la aceleración indica que el fluido puede acelerar por cambios temporales del campo de velocidad, o bien por gradientes espaciales de este campo. Cuando el elemento de fluido que se describe por el método Lagrangiano pasa por el punto de observación del método de Euler, la aceleración es la misma para ambos métodos de descripción.

La aceleración local es cero en condiciones de régimen permanente, y el fluido solo puede acelerar por advección, lo que se refleja en cambios espaciales del campo de velocidad. La aceleración advectiva es cero cuando el flujo es uniforme, sin embargo, en flujos variados tiene mucha relevancia en el comportamiento complejo que exhibe la dinámica de los fluidos, es un término no-lineal que juega un rol preponderante en fenómenos como la turbulencia, que se ven más adelante en este libro.

Siguiendo un procedimiento similar se puede encontrar que la variación total de una propiedad del movimiento, como la velocidad, o en general de una propiedad que se traslada con el fluido, puede calcularse como la suma de estos dos efectos. El análisis hecho para la variación de la velocidad puede extenderse a otras propiedades. Así se obtienen similares resultados si se aplica a la masa específica, la temperatura, presión y otros. En general la variación total en el tiempo de una propiedad N puede expresarse como:

$$\frac{dN}{dt} = \frac{\partial N}{\partial t} + \left(\vec{\boldsymbol{V}} \cdot \nabla\right) N \tag{4.9}$$

EJEMPLO 4.1

Considere el flujo incompresible a través de una canalización convergente. La velocidad en cualquier punto de coordenada x a lo largo del eje, entre x=0 y la sección x=L, está dada por una expresión de la forma:

$$\vec{\boldsymbol{V}} = V_0\left(1 + \frac{x}{L}\right)\hat{\imath}$$

Encuentre la componente a_x de la aceleración.

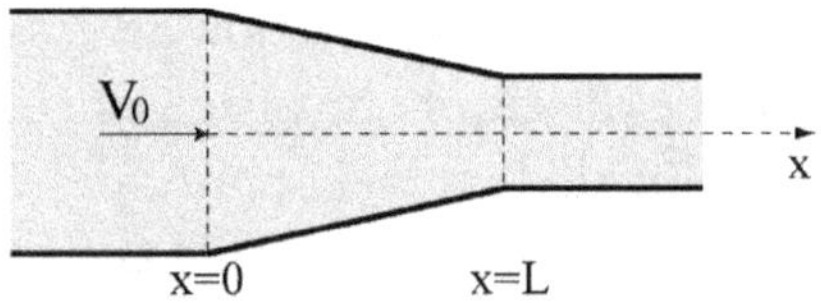

Figura 4.3. Flujo en una canalización convergente.

SOLUCIÓN:

La información disponible de la velocidad supone una descripción del movimiento de acuerdo con el método de Euler según el cual se conoce el valor de la velocidad en todo el espacio de interés. Por otra parte, si se utiliza el método de Lagrange se requiere tener información sobre las trayectorias. Es evidente que el eje X es, además, una trayectoria.

La posición de la partícula que pasa por $x = 0$ en el instante $t = 0$ es una función del tiempo del tipo $x_p = f(t)$. La aceleración de esta partícula se puede encontrar mediante la segunda derivada de esta función. Es interesante comparar ambos resultados.

Siguiendo el método de Euler se puede encontrar fácilmente que la componente a_x de la aceleración, está dada, para este caso en que la velocidad tiene componente solo en la dirección x, por:

$$a_x = u\left(\frac{\partial u}{\partial x}\right) = V_0\left(1+\frac{x}{L}\right)\frac{V_0}{L} = \frac{V_0^2}{L}\left(1+\frac{x}{L}\right)$$

Por otra parte, el método de Lagrange requiere determinar la posición en el instante t de la partícula que pasa por $x = 0$ en $t = 0$, que está dada por:

$$x_p = Vt$$

de donde se aprecia que:

$$\frac{dx_p}{dt} = V = V_0\left(1+\frac{x}{L}\right)$$

Separando variables e integrando:

$$\int_0^{x_p} \frac{dx}{1+x/L} = \int_0^t V_0 dt$$

con lo cual se obtiene:

$$x_p = L\left(e^{V_0 t/L} - 1\right)$$

Entonces, la aceleración de la partícula está dada por:

$$a_p = \frac{d^2x_p}{dt^2} = \frac{V_0{}^2}{L}e^{V_0 t/L}$$

En el instante $t = 0$ la partícula está en $x = 0$ y su aceleración es $\frac{V_0{}^2}{L}$.

Por otra parte, la aceleración según Euler en cualquier punto del flujo es $\frac{V_0^2}{L}\left(1+\frac{x}{L}\right)$ que para $x = 0$ es también $\frac{V_0{}^2}{L}$.

De forma similar, se puede demostrar que ambas formas de medir la aceleración coinciden para el punto $x = s$, siendo s una distancia cualquiera a lo largo de x. La solución de este problema permite apreciar los diferentes grados de dificultad que se encuentran dependiendo del método de descripción empleado.

4.1.2 Rotación, vorticidad y circulación

El hecho de que un elemento de fluido pueda rotar a medida que se mueve hace necesario introducir otra propiedad para tener una medida cuantitativa de este fenómeno. La rotación de un elemento de fluido se acostumbra a evaluar como la velocidad angular promedio a que giran dos líneas perpendiculares cualesquiera contenidas en cada uno de los planos. La rotación es una cantidad vectorial que refleja el hecho de que un elemento de fluido moviéndose en el espacio puede girar en torno a cualquiera de los ejes de coordenadas. Como tal puede expresarse en función de sus componentes.

$$\vec{R} = r_x\hat{\imath} + r_y\hat{\jmath} + r_z\hat{k} \qquad (4.10)$$

donde r_x es la velocidad angular de rotación en torno al eje X. Por convención el giro se entiende positivo de acuerdo con la regla de la mano derecha.

En mecánica de fluidos se conoce con el nombre de **vorticidad** a la velocidad de rotación con que gira un elemento del fluido cuando se mueve sometido a un campo de velocidades dado. Entonces, los vectores rotación y vorticidad están relacionados mediante: $\vec{\boldsymbol{W}} = 2\vec{\boldsymbol{R}}$.

Para obtener una expresión cuantitativa de las componentes del vector rotación se puede considerar un elemento de fluido en el plano XY que gira en torno al eje Z. Se supone que se conoce el valor de la velocidad en cada punto del espacio. El análisis se efectúa con ayuda del esquema de la Figura 4.4.

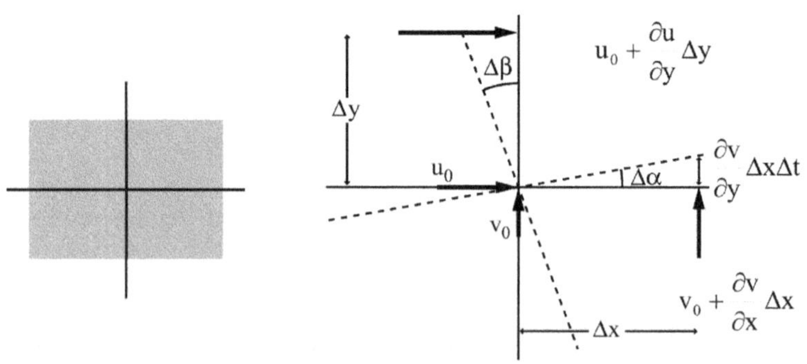

Figura 4.4. Análisis de la rotación de un elemento de fluido en el eje Z.

Se define la rotación como el promedio de la velocidad angular a que giran dos rectas perpendiculares contenidas en cada plano. Por ejemplo, según el eje Z:

$$r_z = \lim_{\Delta t \to 0} 0{,}5 \left[\left(\frac{\Delta\alpha}{\Delta t} \right) + \left(\frac{\Delta\beta}{\Delta t} \right) \right] \quad (4.11)$$

$\Delta\alpha$ se puede calcular como:

$$\Delta\alpha \approx tg\, \alpha = \left(\frac{\partial v}{\partial x} \right) \frac{\Delta x \Delta t}{\Delta x} = \left(\frac{\partial v}{\partial x} \right) \Delta t \quad (4.12)$$

Similarmente:

$$\Delta\beta \approx tg\, \beta = -\left(\frac{\partial u}{\partial y} \right) \Delta t$$

El signo menos se debe a que β es positivo si aumenta en sentido contrario al giro de los punteros del reloj, para lo que se requiere que la componente u disminuya a medida que y aumenta.

Entonces, la rotación en torno al eje Z está dada por:

$$r_z = 0{,}5 \lim_{\Delta t \to 0} \frac{\left(\frac{\partial v}{\partial x} \Delta t - \frac{\partial u}{\partial y} \Delta t \right)}{\Delta t} = \frac{1}{2} \left(\frac{\partial v}{\partial x} - \frac{\partial u}{\partial y} \right) \quad (4.13)$$

Efectuando el mismo análisis con respecto a los otros ejes se obtiene:

$$r_x = \frac{1}{2} \left(\frac{\partial w}{\partial y} - \frac{\partial v}{\partial z} \right)$$
$$r_y = \frac{1}{2} \left(\frac{\partial u}{\partial z} - \frac{\partial w}{\partial x} \right) \quad (4.14)$$

De esta forma se puede obtener el vector rotación, conocido el campo de velocidades, como:

$$\vec{R} = 0{,}5 \left(\frac{\partial w}{\partial y} - \frac{\partial v}{\partial z} \right) \hat{\boldsymbol{\imath}} + 0{,}5 \left(\frac{\partial u}{\partial z} - \frac{\partial w}{\partial x} \right) \hat{\boldsymbol{\jmath}} + 0{,}5 \left(\frac{\partial v}{\partial x} - \frac{\partial u}{\partial y} \right) \hat{\boldsymbol{k}} \quad (4.15)$$

Esto se puede expresar vectorialmente como:

$$\vec{\boldsymbol{R}} = 0{,}5 \nabla \times \vec{\boldsymbol{V}} \quad (4.16)$$

La vorticidad es entonces:

$$\overrightarrow{\boldsymbol{W}} = \nabla \times \vec{\boldsymbol{V}} = 2\overrightarrow{\boldsymbol{R}} \tag{4.17}$$

Siendo ∇× un operador vectorial, llamado rotor, cuyo resultado puede calcularse como el determinante:

$$\boldsymbol{\nabla} \times \vec{\boldsymbol{V}} = \begin{vmatrix} \hat{\boldsymbol{\imath}} & \hat{\boldsymbol{\jmath}} & \widehat{\boldsymbol{k}} \\ \dfrac{\partial}{\partial x} & \dfrac{\partial}{\partial y} & \dfrac{\partial}{\partial z} \\ u & v & w \end{vmatrix} \tag{4.18}$$

En coordenadas cilíndricas $(\hat{\boldsymbol{r}}, \hat{\theta}, \widehat{\boldsymbol{k}})$, la velocidad puede expresarse como:

$$\vec{\boldsymbol{V}} = V_r \hat{\boldsymbol{r}} + V_\theta \widehat{\boldsymbol{\theta}} + V_z \widehat{\boldsymbol{k}}$$

y el operador ∇ como:

$$\boldsymbol{\nabla} = \frac{\partial}{\partial r}\hat{\boldsymbol{r}} + \frac{1}{r}\frac{\partial}{\partial \theta}\widehat{\boldsymbol{\theta}} + \frac{\partial}{\partial z}\widehat{\boldsymbol{k}} \tag{4.19}$$

siendo $\hat{\boldsymbol{r}}, \hat{\theta}, \widehat{\boldsymbol{k}}$ vectores unitarios según cada uno de los ejes cilíndricos.

De este modo, la vorticidad en coordenadas cilíndricas puede calcularse mediante:

$$\boldsymbol{\nabla} \times \vec{\boldsymbol{V}} = \left[\frac{1}{r}\left(\frac{\partial V_z}{\partial \theta}\right) - \left(\frac{\partial V_\theta}{\partial z}\right)\right]\hat{\boldsymbol{r}} + \left[\left(\frac{\partial V_r}{\partial z}\right) - \left(\frac{\partial V_z}{\partial r}\right)\right]\widehat{\boldsymbol{\theta}} + \frac{1}{r}\left[\left(\frac{\partial (rV_\theta)}{\partial r}\right) - \left(\frac{\partial V_r}{\partial \theta}\right)\right]\widehat{\boldsymbol{k}} \tag{4.20}$$

Con base en esto se habla de flujo irrotacional si la vorticidad es nula, en cuyo caso los elementos del fluido no están expuestos a rotación. También se dice que un flujo es rotacional o vorticoso si los elementos del fluido rotan. Esto depende de la distribución de velocidades. Inversamente también se pueden determinar las condiciones de la distribución de velocidades para que el flujo sea irrotacional.

Los flujos irrotacionales ($\overrightarrow{W} = \vec{R} = 0$) tienen la posibilidad de ser tratados matemáticamente en forma relativamente simple, en cambio los rotacionales presentan numerosas complicaciones matemáticas.

Al igual como se definió un campo de vectores velocidad podría definirse un campo de vorticidad y a partir de él, análogamente a las líneas de corriente, líneas que en todos sus puntos sean tangentes al vector vorticidad. Estas se llaman líneas de torbellino y pueden formar a su vez un tubo de torbellino.

Como una propiedad de la vorticidad puede verse que:

$$div\vec{\boldsymbol{W}} = \nabla \cdot \left(\nabla \times \vec{\boldsymbol{V}}\right) = 0 \tag{4.21}$$

por lo tanto, las tres componentes del vector vorticidad están relacionadas:

$$\frac{\partial w_x}{\partial x} + \frac{\partial w_y}{\partial y} + \frac{\partial w_z}{\partial z} = 0 \tag{4.22}$$

Esto significa que el flujo vorticoso es conservativo, lo que tiene interesantes consecuencias prácticas ya que, para mantener la continuidad, un tubo de remolino no puede desaparecer ni emerger en la mitad del flujo, solo puede hacerlo en un borde o cerrarse sobre sí mismo.

Es conveniente distinguir claramente los efectos de la vorticidad, debidos a la rotación, de los efectos de la curvatura de las líneas de corriente, que son consecuencia de que el flujo no es rectilíneo. Ambos son dos aspectos independientes en el movimiento de un fluido. Esto se puede apreciar mediante el análisis de algunos ejemplos simples de escurrimientos planos rectilíneos y otros curvilíneos con y sin vorticidad.

EJEMPLO 4.2

Escurrimiento rectilíneo uniforme y rectilíneo variado.

Si en todo el escurrimiento las velocidades son uniformes un elemento de fluido se moverá como se indica en la Figura 4.5a, de manera que solo hay traslación y, por lo tanto, no existe vorticidad ya que no hay rotación. Se llega al mismo resultado si se verifica el valor de la vorticidad cuando la velocidad, en cualquier punto, está dada por $\vec{\boldsymbol{V}}=a\hat{\imath}$ siendo a una constante.

Si la distribución de velocidades no es uniforme en la sección transversal en un movimiento rectilíneo se presenta la situación de la Figura 4.5b en la cual la partícula ha girado, o se ha deformado produciendo un giro, por lo tanto, existe vorticidad. La vorticidad es mayor cuanto más pronunciado es el gradiente de velocidades en la transversal. En este caso la velocidad está dada por una función del tipo: $\vec{\boldsymbol{V}}=f(y)\hat{\imath}$

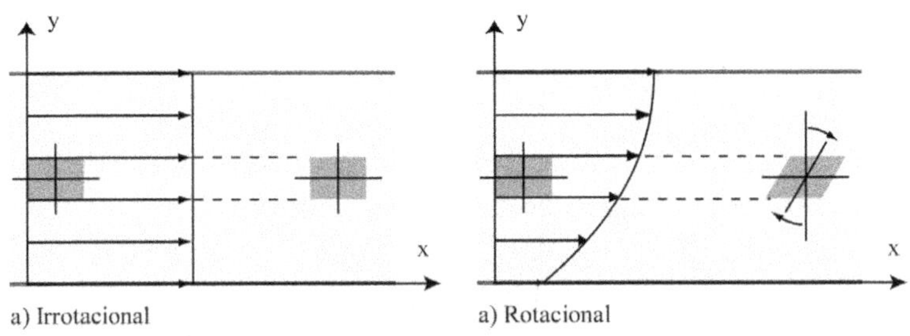

Figura 4.5. Escurrimiento rectilíneo a) irrotacional y b) rotacional.

EJEMPLO 4.3

Escurrimiento curvilíneo rotacional y curvilíneo irrotacional.

Supóngase una distribución de velocidades proporcional al radio de la curva como se indica en la Figura 4.6a. La velocidad está dada por una expresión del tipo $V_\theta = kr$. Entonces las partículas giran y, por lo tanto, existe vorticidad.

Escurrimiento curvilíneo irrotacional. En un escurrimiento curvilíneo es posible concebir una distribución de velocidades que no produzca el giro y, por lo tanto, el flujo sea irrotacional, sin vorticidad. Esto se logra con una distribución de velocidades en proporción inversa al radio, tal que $V_\theta = (k / r)$, como se muestra en la Figura 4.6b.

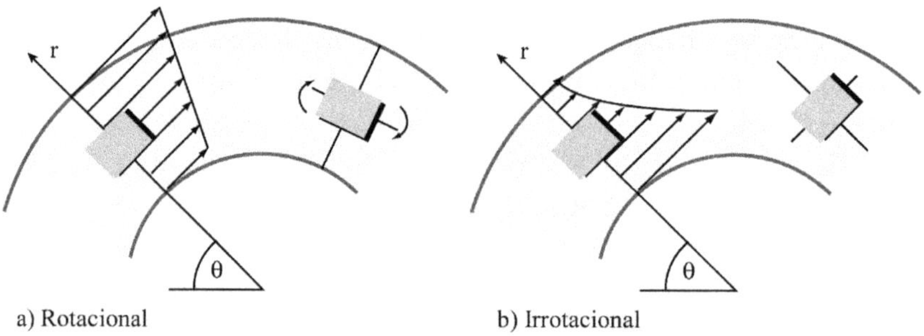

Figura 4.6. Escurrimiento curvilíneo a) rotacional b) irrotacional.

En resumen, no todos los escurrimientos en que el fluido sigue una curva son vorticosos, y la vorticidad también aparece en escurrimientos rectilíneos. La rotación básica de los elementos del fluido se cuantifica mediante el vector vorticidad y es independiente de la curvatura del escurrimiento.

Otro aspecto interesante para analizar la rotación de los elementos del fluido es la circulación. Esta se define como la suma de las componentes de la velocidad a lo largo de una línea cualquiera fija en el espacio, Figura 4.7. Matemáticamente se puede definir como:

$$G_{AB} = \int_A^B \vec{V} \cdot \vec{\mathbf{dl}} \qquad (4.23)$$

La circulación y la vorticidad están relacionadas ya que de acuerdo con el teorema de Stokes si la curva es cerrada, se cumple:

$$\int_C \vec{V} \cdot \vec{\mathbf{dl}} = \int_S \left(\nabla \times \vec{V}\right) \cdot \vec{\mathbf{ds}} \qquad (4.24)$$

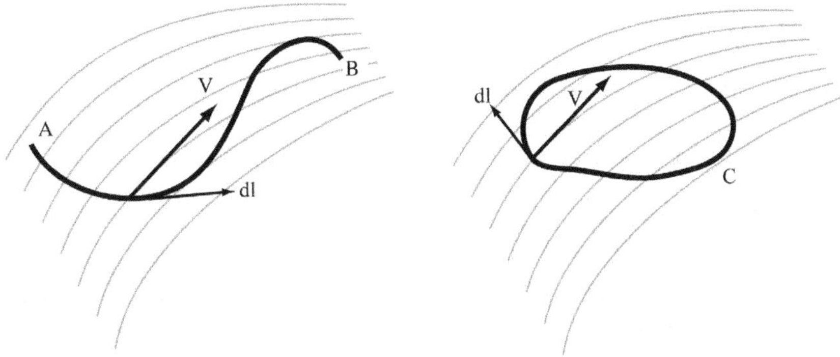

Figura 4.7. Definición de circulación.

Siendo S el área encerrada por la curva C. Se aprecia entonces que si hay vorticidad existe circulación y viceversa. Si la circulación es positiva existe una tendencia general de las partículas del fluido a moverse a lo largo de esta curva cerrada C. Dado que la curva puede ser cualquiera lo razonable será elegir una forma que facilite la tarea de integración.

EJEMPLO 4.4

Determinar la distribución de velocidades que debe tener un flujo curvilíneo en un plano horizontal que sigue trayectorias circulares para que sea irrotacional.

SOLUCIÓN:

Como se trata de un escurrimiento plano circular es útil usar coordenadas cilíndricas, de manera que la velocidad está dada por:

$$\vec{V} = V_r \hat{r} + V_\theta \hat{\theta}$$

Dadas las características del flujo parece claro que no puede existir componente según r para que el fluido se mantenga en trayectorias circulares. Por otra parte, la componente V_θ debe ser igual para todo valor de θ para un radio constante, de manera que:

$$\vec{V} = V_\theta(r)\,\hat{\theta} = V_\theta(r)$$

Este es un caso típico en que conviene aprovechar la relación existente entre la vorticidad y la circulación. Eligiendo para el análisis una curva cerrada formada por un ángulo $d\theta$ y un elemento de radio dr, como se observa en la Figura 4.8, la circulación en ella está dada por la suma:

$$d\Gamma = Vrd\theta - \left[V + \left(\frac{\partial V}{\partial r}\right) dr\right](r + dr)d\theta$$

$$= Vrd\theta - Vrd\theta - r\left(\frac{\partial V}{\partial r}\right) drd\theta - Vdrd\theta - \left(\frac{\partial V}{\partial r}\right)(dr)^2 d\theta$$

eliminando el último término, por ser un diferencial de tercer orden:

$$= -r\left(\frac{\partial V}{\partial r}\right) drd\theta - Vdrd\theta$$

Para que la vorticidad sea nula la circulación debe ser igual a cero. Por lo tanto, la condición para la velocidad es:

$$r\frac{dV}{dr} + V = 0$$

donde la derivada parcial se ha cambiado por total ya que V depende solo de *r*. Resolviendo se encuentra que:

$$V_\theta = -\frac{K}{r}$$

donde *K* es una constante.

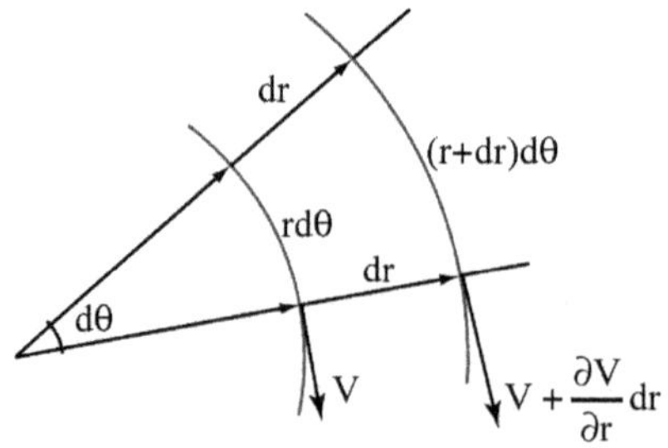

Figura 4.8. Circulación en una curva cerrada cualquiera de un flujo de trayectorias circulares.

4.2 CONSERVACIÓN DE LA MASA

Los elementos de un fluido en movimiento deben cumplir con el requisito básico de la conservación de masa del sistema que conforman. Esto se traduce en una cierta relación entre las velocidades puntuales y la masa específica del fluido. El principio de conservación de la masa se expresa matemáticamente en la ecuación de continuidad.

En la ecuación de continuidad se puede emplear los métodos de análisis diferencial o integral dependiendo de la información disponible y los intereses del análisis. En el Capítulo III se encontró una ecuación de continuidad que considera valores globales, o promedios, de las variables que intervienen en un volumen de control de dimensiones conocidas. A continuación, se analizan las condiciones que el principio de conservación de la masa impone a la distribución de velocidades en cualquier punto del espacio ocupado por el fluido y, por lo tanto, no es necesario identificar un volumen de control para su aplicación.

Supóngase que se conoce en cada punto del espacio ocupado por el fluido en movimiento la velocidad y la masa específica del fluido. Tanto las componentes de la velocidad como la masa específica son funciones del punto del espacio y del tiempo, de manera que:

$$u = f_u(x, y, z, t)$$
$$v = f_v(x, y, z, t)$$
$$w = f_w(x, y, z, t)$$
$$\rho = f_\rho(x, y, z, t)$$

En un campo conservativo la masa total del sistema debe permanecer constante, de manera que en ningún punto se crea o desaparece masa del fluido. Esto requiere que las componentes de la velocidad y la masa específica estén relacionadas. Por ejemplo, un fluido no puede expandirse a partir de un punto en todas direcciones sin que haya una disminución en el tiempo de la masa específica del fluido en ese punto.

Las condiciones que deben cumplir las componentes de la velocidad y la masa específica en un punto del espacio, de manera que se satisfaga el principio de continuidad, pueden obtenerse analizando lo que ocurre con un elemento de dimensiones Δx, Δy, Δz fijo en el espacio en cuyo centro la velocidad es $\vec{V} = u\hat{\imath} + v\hat{\jmath} + w\hat{k}$ y la masa específica es ρ. En este caso, la ecuación de continuidad es la expresión cuantitativa del hecho de que el flujo de masa que entra al cubo menos el que sale de él es igual al aumento de masa en el interior por unidad de tiempo. La Figura 4.9 indica las variables que intervienen.

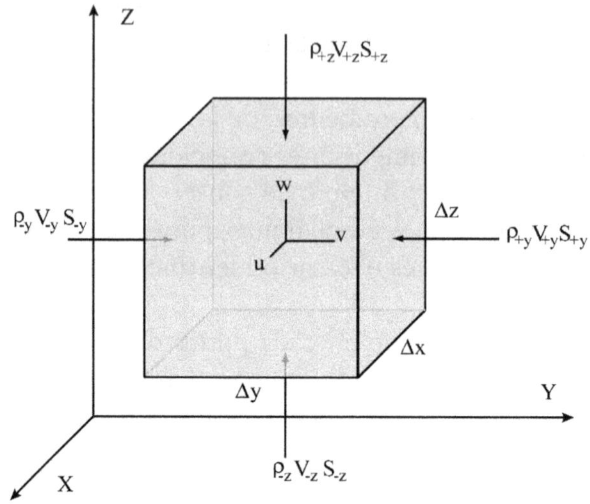

Figura 4.9. Flujos de masa en un cubo elemental.

El flujo neto de masa que entra al cubo corresponde a la suma de lo que entra por cada una de sus caras. Por ejemplo, en la cara (+x) el flujo de masa hacia el interior es:

$$\rho_{+x}V_{+x}S_{+x} = -\left(\rho + \frac{\partial \rho}{\partial x}\frac{\Delta x}{2}\right)\left(u + \frac{\partial u}{\partial x}\frac{\Delta x}{2}\right)\Delta y \Delta z$$

$$= -\left(\rho u + \rho \frac{\partial u}{\partial x}\frac{\Delta x}{2} + u\frac{\partial \rho}{\partial x}\frac{\Delta x}{2}\right)\Delta y \Delta z + \frac{\partial \rho}{\partial x}\frac{\partial u}{\partial x}\Delta y \Delta z \frac{\Delta x^2}{4}$$

Despreciando el término que contiene Δx^2 frente a los otros de la suma, se obtiene:

$$\text{Flujo en la cara (+x)} = -\rho u \Delta y \Delta z - \frac{1}{2}\left(\rho\frac{\partial u}{\partial x} + u\frac{\partial \rho}{\partial x}\right)\Delta x \Delta y \Delta z$$

$$= -\rho u \Delta y \Delta z - \frac{1}{2}\frac{\partial u\rho}{\partial x}\Delta x \Delta y \Delta z$$

Similarmente en las demás caras:

$$\text{Flujo en la cara } (-x) = \rho u \Delta y \Delta z - \frac{1}{2}\frac{\partial u\rho}{\partial x}\Delta x \Delta y \Delta z$$

$$\text{Flujo en la cara } (-y) = -\rho v \Delta y \Delta z - \frac{1}{2}\frac{\partial v\rho}{\partial y}\Delta x \Delta y \Delta z$$

$$\text{Flujo en la cara } (-y) = \rho v \Delta y \Delta z - \frac{1}{2}\frac{\partial v\rho}{\partial y}\Delta x \Delta y \Delta z$$

$$\text{Flujo en la cara } (+z) = -\rho w \Delta y \Delta z - \frac{1}{2}\frac{\partial w\rho}{\partial z}\Delta x \Delta y \Delta z$$

$$\text{Flujo en la cara } (-z) = \rho w \Delta y \Delta z - \frac{1}{2}\frac{\partial w\rho}{\partial z}\Delta x \Delta y \Delta z$$

Sumando se obtiene el flujo neto de masa hacia el interior del volumen del cubo dado por:

$$\text{Flujo neto de masa} = -\left(\frac{\partial \rho u}{\partial x} + \frac{\partial \rho v}{\partial y} + \frac{\partial \rho w}{\partial z}\right)\Delta x \Delta y \Delta z$$

Este flujo neto hacia el interior del volumen debe ser igual al aumento de masa en su interior por unidad de tiempo, esto es:

$$\frac{\partial(\rho \Delta x \Delta y \Delta z)}{\partial t}$$

Por lo tanto, el principio de conservación de la masa exige que:

$$-\left(\frac{\partial \rho u}{\partial x} + \frac{\partial \rho v}{\partial y} + \frac{\partial \rho w}{\partial z}\right) = \frac{\partial \rho}{\partial t} \tag{4.25}$$

que corresponde a la ecuación que deben satisfacer las componentes de la velocidad para un campo conservativo. Esto puede expresarse como:

$$\frac{\partial \rho}{\partial t} + div\left(\rho \vec{V}\right) = 0 \tag{4.26}$$

Esta ecuación es válida para cualquier tipo de flujo, permanente o impermanente, y cualquier fluido, compresible o no, homogéneo o no y viscoso o ideal. Se puede desarrollar en coordenadas cartesianas para obtener:

$$\frac{\partial \rho}{\partial t} + u\frac{\partial \rho}{\partial x} + v\frac{\partial \rho}{\partial y} + w\frac{\partial \rho}{\partial z} + \rho\left(\frac{\partial u}{\partial x} + \frac{\partial v}{\partial y} + \frac{\partial w}{\partial z}\right) = 0$$

se puede observar que:

$$\vec{V} \cdot \text{grad}\rho = u\frac{\partial \rho}{\partial x} + v\frac{\partial \rho}{\partial y} + w\frac{\partial \rho}{\partial z}$$

siendo gradρ el gradiente de la masa específica, que representa su variación espacial. Entonces la ecuación de continuidad se expresa:

$$\frac{\partial \rho}{\partial t} + \vec{V} \cdot \text{grad}\rho + \rho\, div\, \vec{V} = 0 \tag{4.27}$$

Dos casos particulares son interesantes de observar. Si el fluido es incompresible y homogéneo la masa específica no depende del tiempo ni del espacio por lo tanto la ecuación de continuidad se reduce a:

$$\operatorname{div}\vec{V} = 0 \tag{4.28}$$

Por otra parte, si el régimen es permanente, aunque el fluido sea compresible, se obtiene:

$$\boldsymbol{div}\rho\vec{\boldsymbol{V}} = 0 \tag{4.29}$$

Si se utilizan coordenadas cilíndricas, con la velocidad expresada como:

$$\vec{\boldsymbol{V}} = V_r\hat{\boldsymbol{r}} + V_\theta\widehat{\boldsymbol{\theta}} + V_z\widehat{\boldsymbol{k}}$$

y el operador vectorial:

$$\boldsymbol{div}\vec{\boldsymbol{V}} = \vec{\nabla}\cdot\vec{\boldsymbol{V}} = \frac{1}{r}\frac{\partial(rV_r)}{\partial r}\hat{\boldsymbol{r}} + \frac{1}{r}\frac{\partial V_\theta}{\partial\theta}\widehat{\boldsymbol{\theta}} + \frac{\partial V_z}{\partial z}\widehat{\boldsymbol{k}}$$

la ecuación de continuidad queda:

$$\frac{\partial\rho}{\partial t} + \frac{1}{r}\frac{\partial(\rho rV_r)}{\partial r}\hat{\boldsymbol{r}} + \frac{1}{r}\frac{\partial(\rho V_\theta)}{\partial\theta}\widehat{\boldsymbol{\theta}} + \frac{\partial(\rho V_z)}{\partial z}\widehat{\boldsymbol{k}} \tag{4.30}$$

La expresión anterior en cualquiera de sus versiones para la ecuación de continuidad es una relación escalar que impone una restricción a los valores de las componentes de la velocidad y la masa específica en cada punto del espacio ocupado por el fluido en movimiento.

EJEMPLO 4.5

En un tramo de una tubería que conduce aire caliente de un sistema de calefacción, se ha medido que en una sección la velocidad es de 3 m/s y en otra, ubicada a 4 m de distancia, la velocidad es de 8 m/s. ¿Qué ocurre con la masa específica del aire en el tramo?

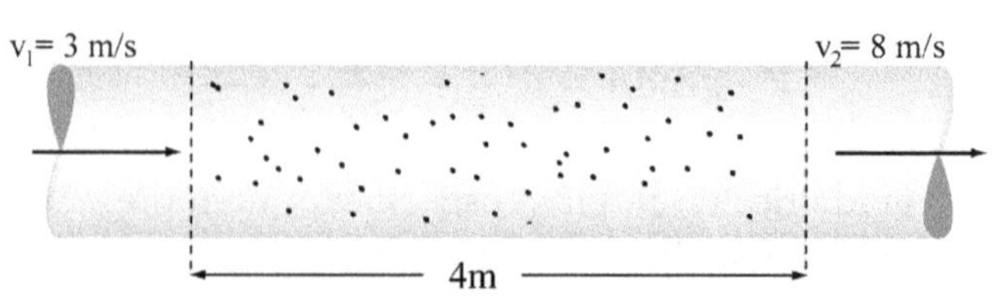

Figura 4.10. Conducción de aire a través de una tubería para el ejemplo 4.5.

SOLUCIÓN:

Como se trata de un flujo unidimensional $\vec{\boldsymbol{V}} = \boldsymbol{u\hat{\imath}}$, se cumple la ecuación de continuidad:

$$\frac{\partial \rho}{\partial t} + u\frac{\partial \rho}{\partial x} + \rho\frac{\partial u}{\partial x} = 0$$

Si el flujo es permanente,

$$\frac{\partial \rho}{\partial t} = 0$$

Entonces, la ecuación de continuidad queda:

$$u\frac{\partial \rho}{\partial x} + \rho\frac{\partial u}{\partial x} = 0$$

Que puede ponerse como:

$$\frac{1}{\rho}\frac{\partial \rho}{\partial x} = \frac{1}{u}\frac{\partial u}{\partial x} = K, constante$$

Cuya solución es:

$$\rho = \rho_0 e^{Kx}$$
$$u = u_0 e^{-Kx}$$

Como se sabe que $u_0 = 3$ m/s y que $u(x=4) = 8$ m/s, se tiene:

$$8 = 3e^{-K4}$$

De donde: $K = -(1/4)\ \ln(8/3) = -0{,}245$

Entonces, el comportamiento de la masa específica y la velocidad a lo largo de la tubería es:

$$\rho = \rho_0 e^{-0{,}245x}$$
$$u = u_0 e^{0{,}245x}$$

Se está produciendo una disminución exponencial de la masa específica del aire en el tramo al mismo tiempo que un aumento similar en la velocidad.

4.3 DINÁMICA DEL FLUIDO IDEAL

Se llama fluido ideal aquel cuya viscosidad es nula, o despreciable, de manera que en su comportamiento no se observa el efecto de esfuerzos de corte y, por lo tanto, no existen fuerzas de fricción en las zonas de contacto con los bordes sólidos o las paredes. Si bien todos los fluidos tienen viscosidad en muchos casos reales es posible analizar su comportamiento como si ella no existiera. Esto es particularmente cierto cuando el flujo está lejos de bordes sólidos, o los gradientes de velocidades son muy pequeños cerca de las paredes o cuando los tramos de contacto con ellas son muy cortos de manera que la fuerza total, debido a la fricción, se puede despreciar frente a las otras que intervienen.

En el caso de fluidos ideales las únicas fuerzas de superficie son las provocadas por la presión, que sumadas a las fuerzas másicas, o de gravedad, son las responsables del movimiento del fluido. Bajo estas condiciones es posible establecer una ecuación que represente la segunda ley de Newton aplicada a un elemento de fluido, o ecuación de cantidad de movimiento, la que en este caso se conoce como ecuación de Euler.

4.3.1 Ecuación de Euler (1707-1783)

Interesa disponer de una expresión de la segunda ley de Newton para el caso de un fluido ideal en movimiento. Las fuerzas que actúan sobre un fluido ideal (viscosidad cero y, por lo tanto, ausencia de fuerzas friccionales) se pueden dividir en fuerzas másicas y fuerzas superficiales provocadas por la presión.

Para un pequeño elemento de masa m y volumen V, las fuerzas másicas, $\vec{\boldsymbol{F}}_m$, pueden expresarse como:

$$\vec{\boldsymbol{F}}_m = \int_m \vec{\boldsymbol{f}}_m \, dm = \int_V \rho \, \vec{\boldsymbol{f}}_m \, dV \tag{4.31}$$

Si la masa específica del fluido, ρ, y la intensidad del campo de fuerzas, $\vec{\boldsymbol{f}}_m$, permanecen constantes para un pequeño elemento de volumen dV se tiene que:

$$\overrightarrow{\mathbf{dF}}_m = \rho \, \vec{\boldsymbol{f}}_m \, dV$$

Por otra parte, las fuerzas superficiales, debidas exclusivamente a la presión en este caso, $\vec{\boldsymbol{F}}_s$, quedan determinadas por:

$$\vec{\boldsymbol{F}}_s = \int_S P\hat{\boldsymbol{n}} \cdot \boldsymbol{d\vec{s}} \tag{4.32}$$

donde $\hat{\boldsymbol{n}}$ es un vector unitario normal a la superficie dirigido hacia el interior de esta. Aplicando el teorema del gradiente:

$$\int_S P\hat{\boldsymbol{n}} \cdot \boldsymbol{d\vec{s}} = -\int_V \vec{\boldsymbol{\nabla}} P dV \tag{4.33}$$

Como el gradiente de presiones se puede suponer constante para un pequeño elemento *dV*:

$$\boldsymbol{d\vec{F}}_s = -\vec{\boldsymbol{\nabla}} P dV$$

De acuerdo con la segunda ley de Newton la suma de estas fuerzas que actúan sobre el elemento de fluido de volumen *dV* y masa dm producen un cambio temporal de su velocidad, de manera que:

$$\sum \boldsymbol{d\vec{F}} = \vec{\boldsymbol{a}} dm = \vec{\boldsymbol{a}} \rho dV$$

Reemplazando las expresiones para las fuerzas:

$$\rho \vec{\boldsymbol{f}}_m dV - \vec{\nabla} P dV = \rho \left(\frac{d\vec{\boldsymbol{v}}}{dt} \right) dV \tag{4.34}$$

Considerando la variación de la velocidad en términos de la aceleración local y convectiva:

$$\vec{\boldsymbol{f}}_m - \frac{\vec{\nabla} P}{\rho} = \frac{\partial \vec{\boldsymbol{v}}}{\partial t} + (\vec{\boldsymbol{v}} \cdot \nabla) \vec{\boldsymbol{v}} \tag{4.35}$$

Esta ecuación de hidrodinámica clásica recibe el nombre de ecuación de Euler. Un caso particular inmediato de esta ecuación es la ley hidrostática que se obtiene si la velocidad es constante en el tiempo y el espacio. La ecuación de Euler corresponde al teorema de cantidad de movimiento aplicado a un punto de un fluido ideal y como tal es una expresión vectorial que da origen a tres ecuaciones escalares para un flujo en el espacio.

a) En coordenadas cartesianas estas ecuaciones se pueden encontrar fácilmente desarrollando la expresión anterior:

$$\begin{aligned}
\frac{\partial u}{\partial t} + u\frac{\partial u}{\partial x} + v\frac{\partial u}{\partial y} + w\frac{\partial u}{\partial z} &= f_{mx} - \frac{1}{\rho}\frac{\partial P}{\partial x} \\
\frac{\partial v}{\partial t} + u\frac{\partial v}{\partial x} + v\frac{\partial v}{\partial y} + w\frac{\partial v}{\partial z} &= f_{my} - \frac{1}{\rho}\frac{\partial P}{\partial y} \\
\frac{\partial w}{\partial t} + u\frac{\partial w}{\partial x} + v\frac{\partial w}{\partial y} + w\frac{\partial w}{\partial z} &= f_{mz} - \frac{1}{\rho}\frac{\partial P}{\partial z}
\end{aligned} \tag{4.36}$$

En coordenadas cilíndricas si la velocidad está dada por:

$$\vec{\boldsymbol{V}} = u\hat{\boldsymbol{r}} + v\hat{\theta} + w\hat{\boldsymbol{k}}$$

siendo $(\hat{\boldsymbol{r}}, \hat{\theta}, \hat{\boldsymbol{k}})$ los vectores unitarios respectivos, entonces las ecuaciones de Euler son:

$$\begin{aligned}
&\frac{\partial u}{\partial t} + u\frac{\partial u}{\partial r} + \left(\frac{v}{r}\right)\frac{\partial u}{\partial \theta} + w\frac{\partial u}{\partial z} - \frac{v^2}{r} = f_{mr} - \left(\frac{1}{\rho}\right)\frac{\partial P}{\partial r} \\
&\frac{\partial v}{\partial t} + u\frac{\partial v}{\partial r} + \left(\frac{v}{r}\right)\frac{\partial v}{\partial \theta} + w\frac{\partial v}{\partial z} - \frac{uv}{r} = f_{m\theta} - \left(\frac{1}{\rho r}\right)\frac{\partial P}{\partial \theta} \\
&\frac{\partial w}{\partial t} + u\frac{\partial w}{\partial r} + \left(\frac{V}{r}\right)\frac{\partial w}{\partial \theta} + w\frac{\partial w}{\partial z} = f_{mz} - \left(\frac{1}{\rho}\right)\frac{\partial P}{\partial z}
\end{aligned} \qquad (4.37)$$

EJEMPLO 4.6

Una central hidroeléctrica es alimentada desde un lago por medio de un túnel recto, horizontal de largo L y área transversal A. En condiciones permanentes el túnel conduce un gasto Q. a) Frente a una falla del sistema la central se detiene y el gasto debe reducirse en un tiempo T_c a cero. Indique qué ocurre con la presión en el túnel durante el cierre. b) ¿Qué ocurre cuando se reinicia el sistema y el gasto aumenta desde cero hasta Q en un tiempo T_a?

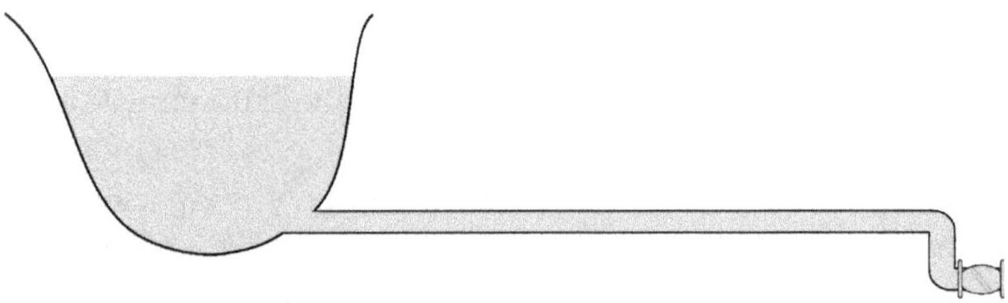

Figura 4.11. Esquema del túnel de una central hidroeléctrica para el ejemplo 4.6.

SOLUCIÓN:

Se puede suponer que se trata de un flujo unidireccional de un fluido ideal incompresible, sometido a la gravedad terrestre. Entonces en el túnel:

$\vec{\boldsymbol{V}} = u\hat{\boldsymbol{\imath}}$

$\vec{\boldsymbol{f}}_m = -g\hat{\boldsymbol{k}}$

y en cada instante $Q=Au$

La ecuación de Euler, con el eje x en la dirección principal del túnel:

$$\frac{\partial u}{\partial t} + u\frac{\partial u}{\partial x} = -\frac{1}{\rho}\frac{\partial P}{\partial x}$$
$$0 = -\frac{1}{\rho}\frac{\partial P}{\partial y}$$
$$0 = -\frac{1}{\rho}\frac{\partial P}{\partial z} - g$$

y la ecuación de continuidad:

$$\frac{\partial u}{\partial x} = 0$$

Estas cuatro ecuaciones constituyen el modelo del comportamiento del fluido en un punto cualquiera al interior del túnel. Introduciendo la ecuación de continuidad en la de Euler y reemplazando u por Q/A, se obtienen las siguientes relaciones para el comportamiento de la presión:

$$\frac{\partial P}{\partial x} = -\frac{\rho}{A}\frac{\partial Q}{\partial t}$$
$$\frac{\partial P}{\partial y} = 0$$
$$\frac{\partial P}{\partial z} = -\rho g$$

Las dos últimas ecuaciones indican que en la sección transversal del túnel rige la ley hidrostática; es decir, en cada línea horizontal a lo ancho del túnel la presión es constante y en cada línea vertical la presión aumenta hacia el fondo linealmente. Según el eje del túnel, x, la presión cambia dependiendo de los cambios de Q, es decir, de la velocidad de cierre o abertura de la válvula.

a) Si el cierre es uniforme, disminuyendo desde Q hasta 0 en T_c:

$$\frac{\partial Q}{\partial t} = \frac{Q_{final} - Q_{inicial}}{tiempo\ cierre} = \frac{0 - Q}{T_c} = -\frac{Q}{T_c}$$

Entonces

$$\frac{\partial P}{\partial x} = \frac{\rho Q}{AT_c}$$

Integrando entre el inicio del túnel y un punto a una distancia x:

$$\int_{P_0}^{P} dP = \frac{\rho Q}{AT_c}\int_0^x dx$$
$$P = P_0 + \frac{\rho Q}{AT_c}x$$

Lo que indica que cuando el túnel se cierra se genera un aumento lineal de la presión desde el lago hacia aguas abajo, cuyo aumento por unidad de longitud es mayor cuanto más rápido sea el cierre.

b) Cuando se reinicia el sistema:

$$P = P_0 - \frac{\rho Q}{AT_a} x$$

En este caso se genera una disminución de la presión.

En situaciones reales estos cambios bruscos de presión en el túnel, o la tubería de alimentación, que provoca la operación de la central se enfrentan haciendo que los cambios de gasto sean más lentos, y colocando un sistema de regulación especial para controlar la variación de presión, que recibe el nombre de chimenea de equilibrio.

Volviendo a la ecuación de Euler en coordenadas cartesianas, si ella se aplica en un campo gravitacional terrestre como $\vec{\boldsymbol{f}}_m = -g\widehat{\boldsymbol{k}}$, pero como $\widehat{\boldsymbol{k}} = \vec{\nabla} z$, ella se puede poner como:

$$-g\vec{\nabla} z - \frac{1}{\rho}\vec{\nabla} P = \frac{\partial \vec{\boldsymbol{v}}}{\partial t} + (\vec{\boldsymbol{v}} \cdot \vec{\nabla})\vec{\boldsymbol{v}}$$

El último término de la derecha se puede desarrollar de acuerdo a la identidad:

$$(\vec{\boldsymbol{v}} \cdot \vec{\nabla})\, \vec{\boldsymbol{v}} = \frac{1}{2}\vec{\nabla}(\vec{\boldsymbol{v}} \cdot \vec{\boldsymbol{v}}) - \vec{\boldsymbol{v}} \times (\vec{\nabla} \times \vec{\boldsymbol{v}})$$

pero $\vec{\nabla} \times \vec{\boldsymbol{v}} = \overrightarrow{\boldsymbol{W}}$ corresponde a la vorticidad del flujo. Reagrupando los términos en que interviene el gradiente:

$$\vec{\nabla}\left(gz + \frac{P}{\rho} + \frac{v^2}{2}\right) = \vec{\boldsymbol{v}} \times \overrightarrow{\boldsymbol{W}} - \frac{\partial \vec{\boldsymbol{v}}}{\partial t} \qquad (4.38)$$

Utilizando la idea de carga hidráulica se puede poner:

$$\vec{\nabla}(gH) = \vec{\boldsymbol{v}} \times \overrightarrow{\boldsymbol{W}} - \frac{\partial \vec{\boldsymbol{v}}}{\partial t}$$

Esta ecuación indica que, para un fluido ideal, los cambios que experimenta en el espacio la carga hidráulica se pueden atribuir a aceleración local del flujo, es decir, su impermanencia o a la existencia de vorticidad. Cuanto mayores son la aceleración local, o la vorticidad, más disminuye la carga hidráulica entre dos puntos cercanos.

La ecuación de Euler en coordenadas cartesianas es posible de integrar si existen expresiones sencillas para expresar el campo de velocidad $\vec{V}$, lo que ocurre con escurrimientos simples.

b) En coordenadas naturales. Es interesante expresar la ecuación de Euler en un sistema de coordenadas que se mueve a lo largo de las líneas de corriente de modo que una de sus direcciones coincide siempre con la velocidad instantánea de un elemento de fluido. Este sistema de coordenadas se llama también "coordenadas naturales". Mediante la utilización de este sistema de coordenadas se evita tener que expresar el vector velocidad mediante complejas expresiones matemáticas, las que para muchos casos reales sería imposible de determinar de manera explícita utilizando sistemas de coordenadas tan rígidos como los tradicionales rectangulares, cilíndricos o esféricos, los que se adaptan bastante bien en el caso de escurrimientos de geometría simple.

Por simplicidad se considera un flujo bidimensional en un plano vertical como el que se indica en la Figura 4.12. Las ecuaciones del movimiento se deducen en términos de una coordenada $\hat{s}$, a lo largo de una línea de corriente, y una coordenada $\hat{n}$, normal a ella. El vector velocidad es siempre tangente a las líneas de corriente; por lo tanto, es función solo de $\hat{s}$ y del tiempo, $\vec{v} = \vec{v}(\hat{s}, t)$.

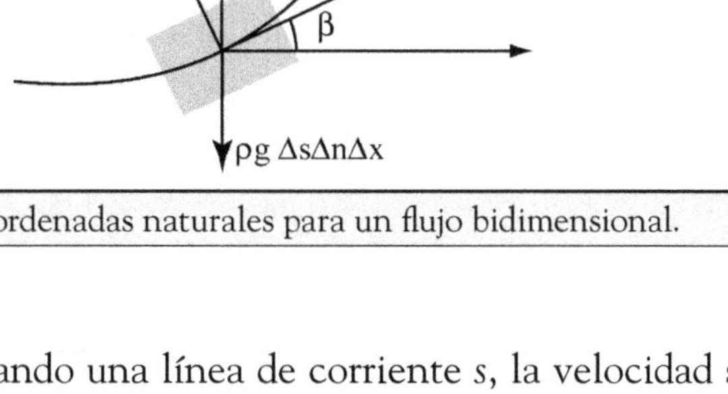

Figura 4.12. Coordenadas naturales para un flujo bidimensional.

Considerando una línea de corriente s, la velocidad se define como el cambio de desplazamiento con el tiempo:

$$v = v_s = \frac{ds}{dt}$$

Como el vector velocidad es necesariamente tangente a *ds*, es evidente que v y v_s son idénticas en magnitud en cada instante.

La aceleración se define como el cambio de velocidad en el tiempo. En la dirección tangencial a la línea de corriente ella es:

$$a_s = \frac{dv_s}{dt}$$

Al igual que la velocidad, la aceleración es un vector. Sin embargo, así como el vector velocidad es tangente a la línea de corriente, el vector aceleración no tiene una orientación especial con respecto a ella. En otras palabras, tiene componentes tangenciales y normales a la línea de corriente. La componente tangencial, a_s, refleja el cambio en la magnitud de la velocidad y la componente normal el cambio en la dirección:

$$a_n = \frac{dv_n}{dt}$$

Evidentemente, solo si las líneas de corriente permanecen paralelas la aceleración tangencial será nula. De manera similar, la aceleración normal es nula solo si las líneas de corriente son rectas.

Supóngase un elemento de fluido de volumen $\Delta s \cdot \Delta n \cdot \Delta x$, con masa específica ρ y presión P. Entonces, si se desprecian las fuerzas tangenciales debidas a la viscosidad, la ecuación del movimiento en la dirección de la coordenada $\hat{\boldsymbol{S}}$ es:

$$\left(P - \frac{\partial P}{\partial s}\frac{\Delta s}{2}\right)\Delta n \cdot \Delta x - \left(P + \frac{\partial P}{\partial s}\frac{\Delta s}{2}\right)\Delta n \cdot \Delta x - \rho g \Delta n \cdot \Delta x \cdot \Delta s sen\beta$$
$$= \rho \Delta n \cdot \Delta x \cdot \Delta s \cdot a_s$$

donde β es el ángulo entre el vector $\hat{\boldsymbol{S}}$ y una línea horizontal, a_s es la aceleración de la partícula a lo largo de la línea de corriente y Δx es el espesor del elemento en la dirección normal al plano del movimiento. Simplificando y sumando la ecuación anterior se obtiene:

$$-\frac{\partial P}{\partial s} - \rho g \, sen\,\beta = \rho a_s$$

Como $sen\,\beta = \frac{\partial z}{\partial s}$ siendo z una coordenada vertical, se puede escribir:

$$-\frac{\partial P}{\partial s} - \rho g \frac{\partial z}{\partial s} = \rho a_s$$

La aceleración a lo largo de la línea de corriente se puede expresar en términos de la velocidad como:

$$a_s = \frac{dv_S}{dt} = \frac{\partial v_S}{\partial t} + \frac{\partial v_S}{\partial s}\frac{ds}{dt} = \frac{\partial v}{\partial t} + \left(\frac{\partial v}{\partial s}\right)v$$

Como $v=v_s$ en cada instante, puesto que es siempre tangente a la línea de corriente, el subíndice s de la velocidad es redundante. La ecuación de Euler a lo largo de la línea de corriente en un campo gravitacional resulta ser:

$$-\frac{1}{\rho}\frac{\partial P}{\partial s} - g\frac{\partial z}{\partial s} = \frac{\partial v}{\partial t} + v\frac{\partial v}{\partial s}$$

Lo que puede ponerse como:

$$-\frac{\partial v}{\partial t} = \frac{1}{\rho}\frac{\partial P}{\partial s} + g\frac{\partial z}{\partial s} + v\frac{\partial v}{\partial s} \qquad (4.39)$$

para régimen impermanente de un fluido ideal.

Es interesante observar que en régimen permanente esta ecuación se reduce a:

$$\frac{1}{\rho}\frac{\partial P}{\partial s} + g\frac{\partial z}{\partial s} + v\frac{\partial v}{\partial s} = 0 \qquad (4.40)$$

y si además el fluido es incompresible:

$$\frac{\partial}{\partial s}\left(\frac{P}{\rho} + gz + \frac{v^2}{2}\right) = 0 \qquad (4.41)$$

y si el fluido se mueve en un plano horizontal, de manera que las líneas de corriente quedan contenidas en ese plano y por lo tanto en ellas se cumple que $\frac{\partial z}{\partial s} = 0$, la ecuación de Euler indica que:

$$v\frac{\partial v}{\partial s} = -\frac{1}{\rho}\frac{\partial P}{\partial s}$$

es decir, bajo esas condiciones (régimen permanente, fluido ideal incompresible, a lo largo de una línea de corriente en un plano horizontal) un aumento de la velocidad acarrea una disminución de la presión y viceversa. Si la velocidad permanece constante la presión también. Debido a la diferencia de signo de ambos miembros de la ecuación si la velocidad aumenta a lo largo de la línea de corriente entonces la presión disminuye en esa dirección, y viceversa.

EJEMPLO 4.7

Oscilaciones de un líquido en un tubo en U. En el interior de un tubo en forma de U de sección constante se tiene un líquido incompresible de viscosidad despreciable. Si el líquido se saca de su posición de equilibrio y se libera comienza a oscilar. Se desea saber el período de las oscilaciones.

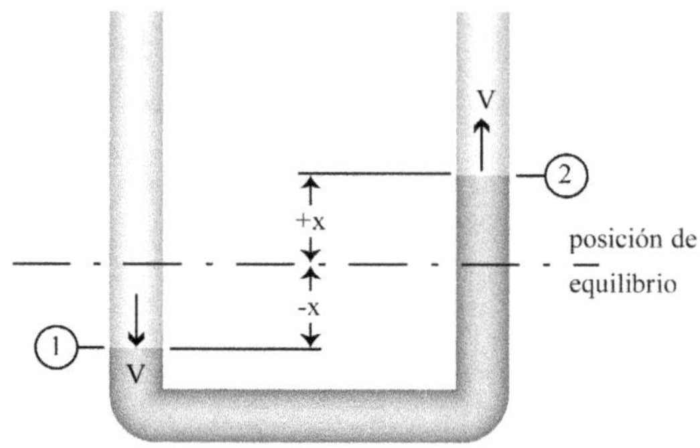

Figura 4.13. Ejemplo 4.7. Oscilaciones de un líquido en un tubo en U.

SOLUCIÓN:

El eje del tubo puede considerarse como una línea de corriente en cuyos extremos se encuentran los puntos 1 y 2. Si se desprecian los efectos de fricción se puede aplicar la ecuación de Euler (4.39):

$$-\frac{\partial v}{\partial t} = \frac{1}{\rho}\frac{\partial P}{\partial s} + g\frac{\partial z}{\partial s} + v\frac{\partial v}{\partial s}$$

Si el fluido es incompresible y el flujo unidireccional, según la ecuación de continuidad $\frac{\partial v}{\partial s} = 0$. Entonces multiplicando la ecuación por un largo elemental ds e integrando entre los puntos 1 y 2 se tiene:

$$-\int_1^2 \frac{\partial v}{\partial t} ds = \frac{1}{\rho}(P_2 - P_1) + g(Z_2 - Z_1)$$

Además $\frac{\partial v}{\partial t}$ no depende de la ubicación del punto ya que en todas las secciones del tubo se tiene la misma aceleración. Como en ambas superficies libres la presión es la atmosférica, se tiene:

$$-\frac{dv}{dt}L = g(2x)$$

Si x indica la posición de la superficie libre, $v = \frac{dx}{dt}$

De manera que la ecuación diferencial del movimiento de la superficie libre es:

$$L\left(\frac{d^2x}{dt^2}\right) = -2gx$$

Que corresponde a la ecuación diferencial clásica del movimiento armónico simple, cuyo período está dado por:

$$T = 2\pi\sqrt{\frac{L}{2g}}$$

Las ecuaciones de Euler en coordenadas naturales se completan aplicando la segunda ley de Newton en el sentido del eje $\hat{\boldsymbol{n}}$, considerando solo fuerzas de presión y gravedad:

$$\left(P - \frac{\partial P}{\partial n}\frac{\Delta n}{2}\right)\Delta s \cdot \Delta x - \left(P + \frac{\partial P}{\partial n}\frac{\Delta n}{2}\right)\Delta s \cdot \Delta x - \rho g \Delta n \cdot \Delta x \cdot \Delta s \cos\beta = \rho \Delta n \cdot \Delta x \cdot \Delta s\, a_n$$

donde β es el ángulo entre la vertical y la dirección del vector $\hat{\boldsymbol{n}}$. Simplificando:

$$-\frac{\partial P}{\partial n} - \rho g \cos\beta = \rho a_n$$

como $\cos\beta = \frac{\partial z}{\partial n}$ se puede escribir:

$$-\frac{\partial P}{\partial n} - \rho g\frac{\partial z}{\partial n} = \rho a_n \qquad (4.42)$$

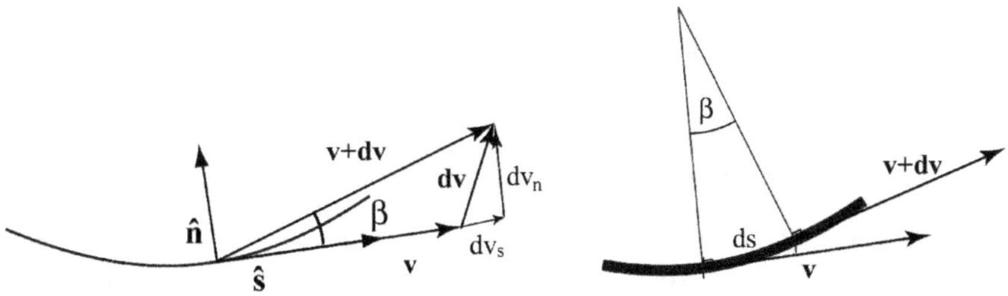

Figura 4.14. Cambio en la magnitud de la velocidad frente a un pequeño desplazamiento del fluido.

Cuando el fluido se desplaza en *ds*, la velocidad cambia desde $\vec{V}$ a $\vec{V} + d\vec{V}$, como se observa en la Figura 4.14. El cambio $d\vec{V}$ corresponde a un cambio en la magnitud de $\vec{V}$, en la misma dirección original, dv_s, y un cambio de dirección dv_n, de manera que:

$$\vec{\boldsymbol{V}} + \boldsymbol{d}\vec{\boldsymbol{V}} = \vec{\boldsymbol{V}} + (dv_s)\hat{\boldsymbol{s}} + (dv_n)\hat{\boldsymbol{n}}$$

Como v_n también depende de *s* y de *t*:

$$dv_n = \frac{\partial v_n}{\partial t}dt + \frac{\partial v_n}{\partial s}ds$$

Entonces:

$$a_n = \frac{dv_n}{dt} = \frac{\partial v_n}{\partial t} + v_s\frac{\partial v_n}{\partial s}$$

Como v es siempre tangente a *s* y normal a $\hat{\boldsymbol{n}}$, que coincide con el radio de curvatura *R*:

$$\frac{\partial v_n}{\partial s} \approx \frac{\Delta v_n}{\Delta s} = \frac{v_s}{R} = \frac{v}{R}$$
$$a_n = \frac{\partial v_n}{\partial t} + \frac{v^2}{R} \tag{4.43}$$

donde el segundo término representa la aceleración centrífuga, siendo *R* el radio de curvatura instantáneo de las líneas de corriente. Entonces:

$$\frac{1}{\rho}\frac{\partial P}{\partial n} + g\frac{\partial z}{\partial n} + \frac{v^2}{R} = -\frac{\partial v_n}{\partial t} \tag{4.44}$$

En el caso de régimen permanente se reduce a:

$$\frac{1}{\rho}\frac{\partial P}{\partial n} + g\frac{\partial z}{\partial n} = -\frac{v^2}{R}$$
$$\frac{\partial}{\partial n}\left(\frac{P}{\rho} + gz\right) = -\frac{v^2}{R} \tag{4.45}$$

Lo que indica que la cota piezométrica en cualquier dirección transversal, normal a la línea de corriente, cambia solo si existe curvatura. En flujo rectilíneo la cota piezométrica en esa dirección es constante. Esto normalmente se expresa diciendo que en estos casos se cumple la ley hidrostática en la transversal al flujo. Más aún, es interesante observar lo que ocurre si el fluido se mueve en un plano horizontal de modo que las líneas de corriente queden contenidas en él y por lo tanto $\frac{\partial z}{\partial n} = 0$. En estas condiciones la ecuación de Euler queda:

$$\frac{1}{\rho}\frac{\partial P}{\partial n} = -\frac{v^2}{R}$$

Lo que expresa que la presión aumenta hacia afuera de la curvatura de las líneas de corriente siempre que el radio de curvatura sea finito. En el caso de flujo rectilíneo, en líneas de corriente rectas, la cota piezométrica no cambia en el sentido transversal a la corriente.

En general, con el objetivo de conocer las características del movimiento de un fluido, será necesario determinar el valor del campo de velocidades para cada punto del espacio y del tiempo, la presión y la masa específica, esto es: (u,v,w,P,ρ) en función de (x,y,z,t). La ecuación de continuidad proporciona una relación para el conjunto (u,v,w,ρ). La ecuación de Euler corresponde a tres relaciones escalares entre las velocidades, la presión y la masa específica del fluido. Para resolver el sistema se requiere de una ecuación adicional que explique las variaciones de la masa específica con la presión y con el tiempo. En el caso simple de fluidos incompresibles ($\rho=\rho_0$) el sistema podrá resolverse con las ecuaciones de Euler y de continuidad. En casos más complejos en los cuales la masa específica varía con la presión o con la temperatura será necesario recurrir a relaciones termodinámicas adicionales. Entre estas últimas lo más usado es recurrir a la ley de los gases ideales y a una ecuación que defina el proceso.

EJEMPLO 4.8

Al pie del vertedero de un embalse se tiene una cubeta de lanzamiento para producir un chorro tipo salto de esquí. La cubeta consiste en una curva vertical de 10 m de radio que empalma con el tramo anterior recto con un ángulo de 30° y termina a 45° con respecto a la horizontal. Suponga que escurren 10 m³/s por cada metro de ancho y que la altura del escurrimiento es constante e igual a 2,0 m. Se pide estudiar el comportamiento de las presiones sobre el fondo de la cubeta.

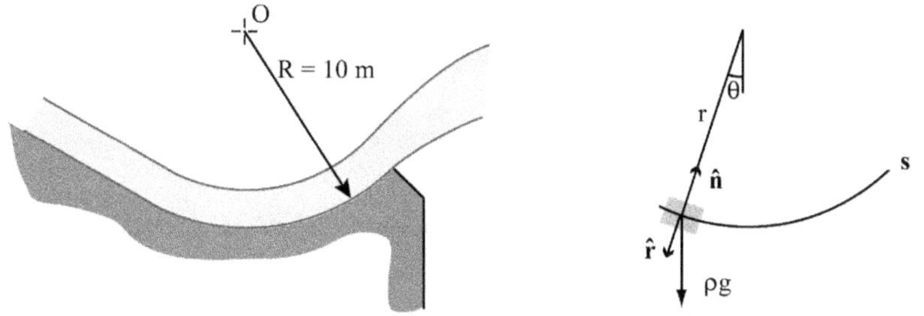

Figura 4.15. Salto de esquí al pie de un evacuador de crecidas para el ejemplo 4.8.

SOLUCIÓN:

De acuerdo con la ecuación de Euler según la normal a la trayectoria para régimen permanente (4.45) considerando que $\hat{\boldsymbol{r}} = -\hat{\boldsymbol{n}}$, se tiene:

$$-\frac{\partial P}{\partial r} + \rho g \cos\theta = -\rho\frac{V^2}{r}$$

donde V es la velocidad del flujo a una distancia r del centro de curvatura, P la presión y θ el ángulo que tiene el vector posición con la vertical.

Esta ecuación se puede integrar para P entre la superficie libre, donde r=$R-h$ y P=P_{atm}=0 y un punto en el fondo donde r=R y la presión es la que se desea saber:

$$\int_0^P dP = \int_{R-h}^R \left(\rho g \cos\theta + \rho\frac{V^2}{r}\right) dr$$

$$P = \rho g h \cos\theta + \rho\int_{R-h}^R \frac{V^2}{r} dr$$

Se aprecia que debido a la curvatura del flujo la presión en el fondo es mayor que la hidrostática, que corresponde al primer término del lado derecho, en una cantidad que depende de la velocidad y el radio de curvatura y que traduce el efecto de la fuerza centrífuga.

Para efectuar la integración se debe conocer la distribución de velocidades según el radio. Debido a que ello no se conoce se puede analizar el caso frente a diferentes hipótesis: i) velocidad constante, ii) flujo irrotacional y iii) velocidad proporcional al radio.

i) Si la velocidad fuera constante se tiene:

$$\rho\int\frac{V^2}{r}dr = \rho V^2 Ln(r)$$

Entonces

$$P = \rho g h \cos\theta + \rho V^2 Ln\left(\frac{R}{R-h}\right)$$

En este caso $V = \dfrac{q}{h}$, entonces:

$$P = \rho g h \cos\theta + \rho\frac{q^2}{h^2} Ln\left(\frac{R}{R-h}\right)$$

Con los datos numéricos propuestos la presión máxima sobre el fondo sería para la vertical donde $cos\theta$=1:

$$P = 1.000 \cdot 9{,}8 \cdot 2{,}0 \cdot 1 + \left(1.000 \cdot \frac{10^2}{2^2}\right) \ln\left(\frac{10}{8}\right)$$
$$= 19.600 + 5.579 = 25.179\ N/m^2$$

ii) Si la velocidad corresponde a flujo irrotacional entonces $V = \frac{K}{r}$ y se tiene:

$$\rho \int \frac{v^2}{r} dr = \rho \int \frac{K^2}{r^3} dr = -\rho \frac{K^2}{2r^2}$$

Entonces:

$$P = \rho g h \cos\theta + \rho \frac{K^2}{2}\left(\frac{1}{(R-h)^2} - \frac{1}{R^2}\right)$$

La constante K debe ser tal que:

$$q = \int_{R-h}^{R} V dr = \int_{R-h}^{R} \frac{K}{r} dr = K Ln\left(\frac{R}{R-h}\right)$$

Por lo tanto,

$$P = \rho g h \cos\theta + \rho \frac{q^2}{2} \frac{\frac{1}{(R-h)^2} - \frac{1}{R^2}}{\left[Ln\left(\frac{R}{R-h}\right)\right]^2}$$

Con los valores del ejemplo se tiene para θ=0:

$$P = 19.600 + 5.648 = 25.248\, N/m^2$$

iii) Finalmente si la velocidad es proporcional al radio, V=$M \cdot r$ se tiene:

$$\rho \int \frac{V^2}{r} dr = \rho \int M^2 r dr = -\rho \frac{M^2 r^2}{2}$$

Entonces:

$$P = \rho g h \cos\theta + \rho M^2 \frac{R^2 - (R-h)^2}{2}$$

La constante M debe ser tal que:

$$q = \int_{R-h}^{R} V dr = \int_{R-h}^{R} M r dr = M \frac{R^2 - (R-h)^2}{2}$$

$$P = \rho g h \cos\theta + \rho q^2 \frac{2}{h(2R-h)}$$

Con los valores del ejemplo se obtiene en este caso para la presión máxima en el fondo:

$$P = 19.600 + 5.555 = 25.155\, N/m^2$$

Como puede apreciarse el efecto de la curvatura sobre la presión en el fondo es importante y equivale aproximadamente al 25% de la presión hidrostática total en la sección en que es máxima, cualquiera sea la hipótesis sobre la distribución de velocidades, la que a su vez no influye demasiado sobre el valor final en el ejemplo analizado.

4.3.2 Ecuación de Bernoulli (1700-1762)

La aplicación de las ecuaciones de Euler en régimen permanente se simplifica si se integran a lo largo de una línea de corriente. Con el objeto de establecer claramente las condiciones bajo las cuales esta ecuación es aplicable se procederá a su deducción siguiendo dos caminos paralelos: utilizando coordenadas naturales y cartesianas.

a) En coordenadas naturales se obtuvo para flujo permanente de un fluido ideal la siguiente expresión a lo largo de una línea de corriente (4.40).

$$\frac{1}{\rho}\frac{\partial P}{\partial s} + g\frac{\partial z}{\partial s} + v\frac{\partial v}{\partial s} = 0$$

Si el elemento de fluido que se está considerando se mueve una distancia ds a lo largo de la línea de corriente, se tiene:

$\frac{\partial P}{\partial s}ds =$ cambio de presión a lo largo de $s = dP$

$\frac{\partial z}{\partial s}ds =$ cambio de altura a lo largo de $s = dz$

$\frac{\partial v}{\partial s}ds =$ cambio de velocidad a lo largo de $s = dv$

Entonces, proyectando cada uno de los términos de la ecuación de Euler a lo largo de una línea de corriente sobre la dirección ds se obtiene:

$$\frac{1}{\rho}dP + gdz + vdv = 0$$

La que se puede integrar a lo largo de la línea de corriente:

$$\int \frac{dP}{\rho} + \int gdz + \int vdv = cte.$$

La integral del primer término solo puede realizarse si se conoce la forma en que varía ρ con la presión. En el caso simple de fluido incompresible esta integral es inmediata y se obtiene:

$$\frac{P}{\rho} + gz + \frac{v^2}{2} = cte.$$

La que se acostumbra escribir dividiendo por g como:

$$\frac{P}{\gamma} + z + \frac{v^2}{2g} = H \tag{4.46}$$

y que se conoce como **ecuación de Bernoulli.** H corresponde a la energía específica por unidad de peso y se conoce con el nombre de carga hidráulica. Es importante destacar las condiciones bajo las cuales esta ecuación es aplicable y que han sido usadas en su deducción:

- Fluido ideal, sin fricción.
- Fluido homogéneo e incompresible.
- Régimen permanente.
- A lo largo de una línea de corriente.

Esta ecuación relaciona los cambios de altura, velocidad y presión de un elemento de fluido ideal que se mueve a lo largo de una línea de corriente. En general, los cambios de velocidad son impuestos por condiciones de continuidad y los cambios de altura estarán dados por la geometría del movimiento; por lo tanto, la ecuación de Bernoulli, aplicada cumpliendo las restricciones ya mencionadas, permitirá conocer los cambios de presión a que se ve sometido el fluido a medida que se desplaza a lo largo de una línea de corriente.

b) Con el objeto de aclarar aún más las condiciones bajo las cuales la ecuación de Bernoulli se puede aplicar, ella se puede deducir también si se utiliza la ecuación de Euler en forma vectorial para coordenadas cartesianas (4.38).

$$\vec{\nabla}\left(gz+\frac{P}{\rho}+\frac{v^2}{2}\right)=-2\vec{v}\times\overrightarrow{\boldsymbol{W}}-\frac{\partial\vec{v}}{\partial t}$$

En régimen permanente esta ecuación puede integrarse siguiendo dos caminos alternativos, dependiendo de si el flujo es rotacional o no.

i) Si el escurrimiento es irrotacional $\left(\overrightarrow{W}=0\right)$ y permanente, entonces claramente:

$$\vec{\nabla}\left(gz+\frac{P}{\rho}+\frac{v^2}{2}\right)=0 \qquad (4.47)$$

Lo que significa que la variación en el espacio ocupado por el fluido en movimiento de la cantidad entre paréntesis, es nula. Entonces, para un fluido ideal en régimen permanente si el escurrimiento es irrotacional la carga hidráulica permanece constante entre dos puntos cualesquiera del espacio, no necesariamente sobre la misma línea de corriente. Es decir, la ecuación de Bernoulli se puede aplicar entre dos puntos cualquiera del escurrimiento solo si este es irrotacional y permanente. La ecuación (4.46), que indica que el gradiente de la carga hidráulica es nulo en cualquier punto ocupado por el flujo permanente de un fluido ideal incompresible, es una relación vectorial;

por lo tanto, da origen a tres relaciones escalares independientes, cada una de las cuales indica que la carga hidráulica permanece constante en una dirección independiente. En coordenadas cartesianas:

$$\vec{\nabla}(H) = \frac{\partial H}{\partial x}\hat{\boldsymbol{\imath}} + \frac{\partial H}{\partial y}\hat{\boldsymbol{\jmath}} + \frac{\partial H}{\partial z}\hat{\boldsymbol{k}} = 0$$

Corresponde a:

$$\frac{\partial H}{\partial x} = \frac{\partial H}{\partial y} = \frac{\partial H}{\partial z} = 0 \tag{4.48}$$

ii) Si el flujo es rotacional $\left(\overrightarrow{W} \neq 0\right)$ y permanente:

$$\vec{\nabla}\left(gz + \frac{P}{\rho} + \frac{v^2}{2}\right) = -2\vec{\boldsymbol{v}} \times \overrightarrow{\boldsymbol{W}}$$

Esta es una ecuación vectorial, que es posible proyectarla en cualquier dirección. En particular, proyectándola en el sentido de una línea de corriente multiplicándola por un elemento de ella $\boldsymbol{d\vec{s}}$, se tiene:

$$\vec{\nabla}\left(gz + \frac{P}{\rho} + \frac{v^2}{2}\right) \cdot \boldsymbol{d\vec{s}} = -2\left(\vec{\boldsymbol{v}} \times \overrightarrow{\boldsymbol{W}}\right) \cdot \boldsymbol{d\vec{s}}$$

El término de la derecha es nulo ya que por definición de línea de corriente $\vec{v}$ y $\overrightarrow{ds}$ son colineales y como $\vec{v} \times \overrightarrow{W}$ es perpendicular a $\vec{v}$ también lo es a $\overrightarrow{ds}$. Por lo tanto, $\vec{v} \times \overrightarrow{W}$ tiene una proyección nula sobre la línea de corriente. Entonces, aunque el flujo sea rotacional, a lo largo de una línea de corriente se cumple:

$$\vec{\nabla}\left(gz + \frac{P}{\rho} + \frac{v^2}{2}\right) \cdot \boldsymbol{d\vec{s}} = 0$$

lo que significa:

$$gdz + \frac{1}{\rho}dP + d\left(\frac{v^2}{2}\right) = 0$$

donde dz, dP y dv^2 son las variaciones de altura, presión y cuadrado de la velocidad respectivamente a lo largo de $\overrightarrow{ds}$. Integrando esta ecuación entre dos puntos de la misma línea de corriente, si el fluido es incompresible se obtiene:

$$gz + \frac{P}{\rho} + \frac{v^2}{2} = cte. \tag{4.49}$$

válida para un fluido ideal incompresible en régimen permanente a lo largo de una línea de corriente, pero sin que sea necesario averiguar sobre el comportamiento de la vorticidad.

Entonces, en resumen, la ecuación de Bernoulli es aplicable para el caso de un fluido ideal incompresible en régimen permanente. Además, ella se puede aplicar entre dos puntos cualesquiera del espacio ocupado por el fluido solo si el escurrimiento es irrotacional. Si el flujo es rotacional o vorticoso solo se puede aplicar la igualdad de Bernoulli a lo largo de una misma línea de corriente.

4.3.3 Aplicaciones importantes de fluido ideal

La ecuación de Bernoulli tiene amplia aplicación en el caso de flujos permanentes de fluidos ideales incompresible. Los casos más típicos son aquellos en los cuales el flujo es además unidireccional, es decir, existe solo una componente de la velocidad y las otras dos pueden considerarse nulas. En estas condiciones las únicas incógnitas son el valor de la velocidad y de la presión, por lo tanto, el sistema puede resolverse con solo dos ecuaciones: continuidad y Bernoulli. Algunos de estos ejemplos importantes se muestran a continuación.

EJEMPLO 4.9

Vaciamiento de un estanque y gasto a través de un orificio. Supóngase un estanque de grandes dimensiones el cual contiene líquido de peso específico γ y tiene un orificio de área A en una pared a una profundidad H bajo la superficie libre. Se pide encontrar la velocidad de salida del líquido y el gasto a través del orificio.

SOLUCIÓN:

Para aplicar la ecuación de Bernoulli se puede suponer que existe una línea de corriente que une un punto en la superficie libre, 1, con otro en el eje del orificio, 2. Entonces:

$$Z_1 + \frac{P_1}{\gamma} + \frac{V_1^2}{2g} = Z_2 + \frac{P_2}{\gamma} + \frac{V_2^2}{2g}$$

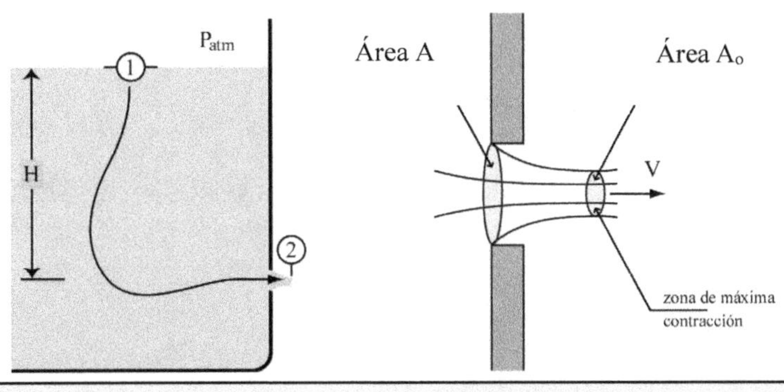

Figura 4.16. Vaciamiento de un estanque a través de un orificio para el ejemplo 4.9.

La ecuación de continuidad plantea una relación entre la velocidad a que desciende el nivel libre en el estanque, V_1, y la velocidad de salida por el orificio, V_2. Si el estanque es de grandes dimensiones comparado con el orificio puede suponerse que esta última es mucho mayor que la primera, y por lo tanto en la suma puede ponerse $V_1 \approx 0$. Esta condición es de hecho la ecuación de continuidad en este caso. Además, si el líquido es mucho más pesado que el aire en ambos puntos puede suponerse que la presión atmosférica es la misma. Finalmente es claro que $Z_1 - Z_2 = H$. Entonces:

$$H = \frac{V_2^2}{2g}$$

de donde $V_2 = \sqrt{2gH}$

Entonces, si las dimensiones del orificio son despreciables comparadas con las del estanque, la velocidad de salida es la misma que adquiere una partícula en caída libre desde una altura igual a la profundidad a la que se encuentra el orificio.

Si se desea evaluar el gasto que sale por el orificio se requiere analizar con cierto detalle lo que ocurre en la sección de salida. El área transversal del chorro no necesariamente coincide con la del orificio en la pared, debido a la dificultad que tienen los elementos de fluido de girar bruscamente en las cercanías de la abertura. Esto hace que en la sección donde las velocidades pueden considerarse paralelas, que es la de máxima contracción del chorro, la sección es distinta a la geométrica del orificio, de manera que:

$$A_0 = C_c A$$

donde C_c es un coeficiente de contracción. Este dependerá de la geométrica del orificio.

Si en la sección de máxima contracción las velocidades son paralelas, se puede calcular el gasto como:

$$Q = \int_{A_0} V dA = U A_0$$

donde U es la velocidad media en la sección contraída. Esta no tiene por qué ser idéntica a la velocidad en el eje, V_2, entonces se usa un coeficiente de velocidades, C_v, tal que:

$$U = C_v V_2 = C_v \sqrt{2gH}$$

Cuanto mayor sea la sección del chorro más desuniformes son las velocidades y menor el valor de C_v. Finalmente, el gasto puede expresarse como:

$$Q = C_c C_v A \sqrt{2gH} = mA\sqrt{2gH}$$

donde $m=C_cC_v$ se conoce como coeficiente de gasto del orificio. En general los valores C_v son del orden de 0,96-1,00 y los de C_c dependen de la geometría del orificio. El valor del coeficiente de contracción C_c se encuentra experimentalmente, aunque en algunos casos de geometría simple se puede estimar teóricamente, ya sea dibujando las líneas de corriente en la zona del orificio, o aplicando el teorema de la cantidad de movimiento al chorro que sale.

Algunos se indican en la Figura 4.17.

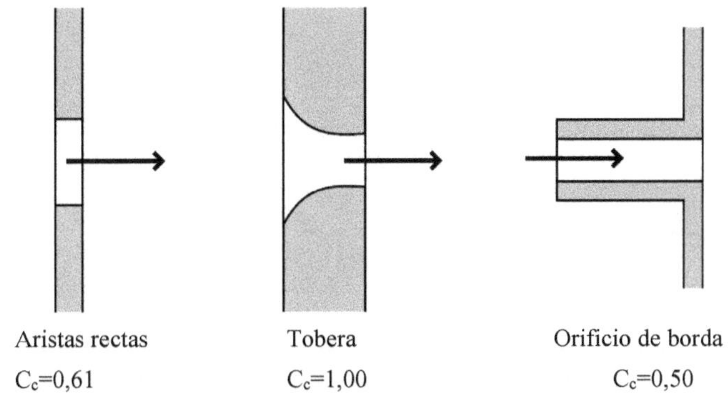

Figura 4.17. Coeficientes de contracción de orificios.

EJEMPLO 4.10

Un elemento muy utilizado para medir caudales es el denominado venturímetro (Giovanni Battista Venturi, 1746-1822) que consiste en un angostamiento de la sección y un sistema que permite medir la diferencia de presión que produce la aceleración del flujo. Se trata de encontrar una relación entre las características geométricas del aparato, la diferencia de presión y el gasto que escurre.

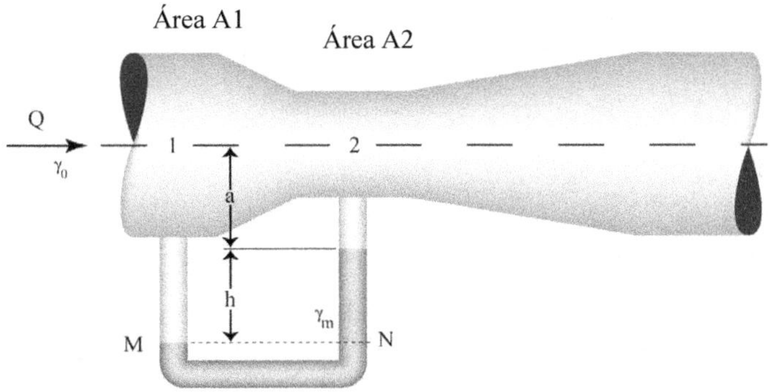

Figura 4.18. Forma típica de un venturímetro.

SOLUCIÓN:

A lo largo de la línea de corriente que coincide con el eje de la tubería se puede aplicar Bernoulli entre 1 y 2:

$$Z_1 + \frac{P_1}{\gamma_0} + \frac{V_1^2}{2g} = Z_2 + \frac{P_2}{\gamma_0} + \frac{V_2^2}{2g}$$

La ecuación de continuidad establece:

$$V_1 A_1 = V_2 A_2$$

Considerando, además, que la tubería es horizontal, $Z_1=Z_2$, y combinando ambas ecuaciones se tiene:

$$V_1^2 = 2g \frac{P_1 - P_2}{\gamma_0\left(\frac{A_1^2}{A_2^2} - 1\right)}$$

Entonces, para conocer la velocidad en la sección 1 solo basta conocer la diferencia de presiones $P_1 - P_2$. Considerando que tanto en la sección 1 como en la 2 el flujo es unidireccional, en la sección transversal se cumple la ley hidrostática, de manera que se puede poner en la sección 1:

$$P_1 + \gamma_0(a + h) = P_M$$

y en la sección 2:

$$P_2 + \gamma_0 a + \gamma_m h = P_N$$

como $P_M = P_N$ combinando ambas expresiones se obtiene:

$$P_1 - P_2 = h(\gamma_m - \gamma_0)$$

Por lo tanto, la velocidad en la sección 1 se expresa como:

$$V_1^2 = 2gh \frac{\left(\frac{\gamma_m}{\gamma_0} - 1\right)}{\left(\frac{A_1^2}{A_2^2} - 1\right)}$$

y el caudal que circula por la tubería se puede estimar suponiendo que $Q = V_1 A_1$.

En la práctica puede existir una pequeña pérdida de energía entre las secciones 1 y 2, de manera que el gasto se estima como $Q = CV_1 A_1$, siendo C el coeficiente del venturímetro, valor un poco inferior a 1,0, que se estima empíricamente.

Las mediciones de velocidad son relativamente difíciles de hacer en comparación con las de presión. Un aparato como el venturímetro permite medir el caudal en base a una simple medida de presión y entrega una gran precisión en la estimación. Este mecanismo, mediante el cual un cambio de sección provoca una aceleración del flujo la que a su vez genera una disminución de presión en fluidos incompresibles, es muy utilizado en diversos aparatos para medir y controlar el escurrimiento de fluidos en conductos cerrados.

EJEMPLO 4.11

El tubo de Pitot (Henry de Pitot, 1695-1771) consiste en un simple tubo doblado que se coloca enfrentando la corriente de manera que el fluido alcanza en su interior una posición de equilibrio. Mediante él es factible medir puntualmente la velocidad del fluido en la línea de corriente donde se coloca. Para poder observar lo que ocurre supóngase una corriente líquida en la cual se introduce un tubo de Pitot que se puede observar desde el exterior.

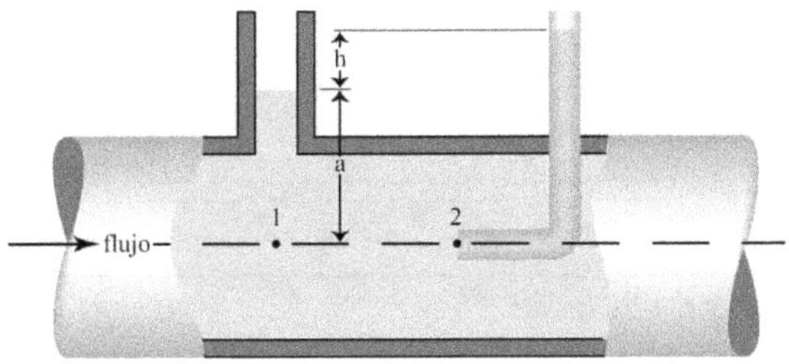

Figura 4.19. Tubo de Pitot.

SOLUCIÓN:

El líquido en el interior del tubo está detenido, de manera que el fluido choca con él en 2. Entonces, a lo largo de la línea de corriente del eje, supuesta horizontal, se tiene:

$$\frac{P_1}{\gamma} + \frac{V_1^2}{2g} = \frac{P_2}{\gamma} + \frac{V_2^2}{2g}$$

En 2 la velocidad V_2=0 ya que el fluido no puede ingresar al tubo. Al interior del tubo se cumple la ley hidrostática por estar el fluido detenido y en la sección transversal de 1 también ya que el flujo es unidireccional:

$$\frac{P_1}{\gamma} = a$$

$$\frac{P_2}{\gamma} = a + h$$

Entonces:

$$\frac{V_1^2}{2g}=\frac{P_2}{\gamma}-\frac{P_1}{\gamma}=h$$

Es decir, la altura de velocidad del flujo es igual a la sobreelevación del líquido en el interior del tubo de Pitot. Esta mayor presión medida a través del tubo doblado enfrentando la corriente recibe el nombre de presión dinámica. Este aparato, ligeramente modificado y extraordinariamente simple, permite medir de manera muy precisa la velocidad de un fluido en cualquier punto del escurrimiento.

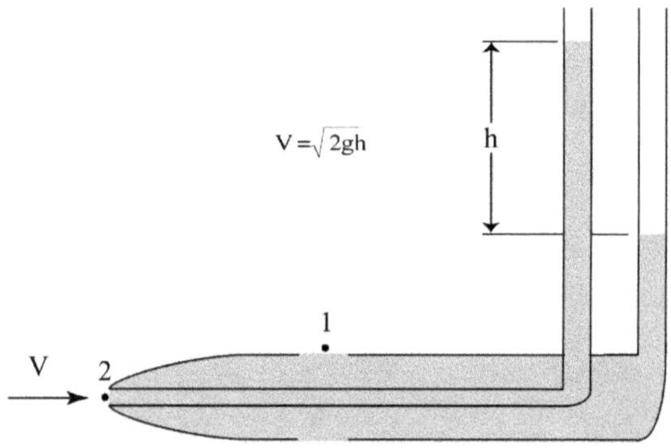

Figura 4.20. Tubo de Pitot-Prandtl.

En el caso de una corriente líquida conectada a la atmósfera es fácil medir la presión del escurrimiento en base a la altura del líquido. No ocurre lo mismo con los gases. Es por ello que Prandtl (1875-1953) propuso una modificación al tubo de Pitot consistente en medir ambas presiones simultáneamente con el mismo aparato, colocando dos tubos concéntricos, como se indica en la figura, el que ha sido muy utilizado para medir la velocidad de los aviones.

EJEMPLO 4.12

Funcionamiento de un carburador. El carburador de un automóvil cumple la doble misión de aspirar la bencina de un recipiente y mezclarla con el aire que aspira el motor. El aire, de masa específica ρ_a, se toma a la presión atmosférica y a una velocidad nula desde el exterior en la fase de admisión del motor a través de un ducto vertical que se estrecha a un diámetro D en la sección de mezcla. La bencina llega a la sección de mezcla a través de un conducto de diámetro d desde un pequeño estanque en el cual un flotador mantiene el nivel constante e igual al de la sección de mezcla. En la superficie libre de este estanque se puede considerar presión atmosférica y velocidad despreciable. Se pide encontrar una expresión para la razón de mezcla entre el gasto de aire y el de bencina Q_a/Q_b.

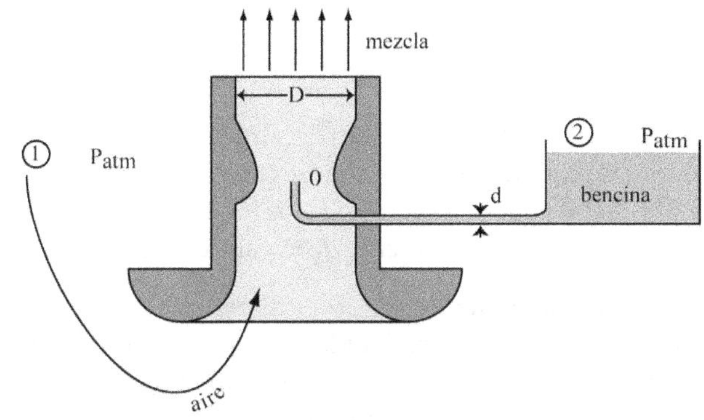

Figura 4.21. Funcionamiento de un carburador.

SOLUCIÓN:

Se puede suponer una línea de corriente para el aire de manera que entre 1 y 0 se cumple:

$$z_1 + \frac{P_1}{\gamma_a} + \frac{V_{a1}^2}{2g} = z_0 + \frac{P_0}{\gamma_a} + \frac{V_{a0}^2}{2g}$$

donde $z_1 \approx z_0$, $P_1 \approx P_{atm} = 0$ y $V_{a1} = 0$. Entonces, la velocidad con que pasa el aire por el carburador depende solo de la presión en la sección de mezcla, la que lógicamente debe ser menor que la atmosférica para que haya succión:

$$V_{a0}^2 = 2g\frac{(P_{atm} - P_0)}{\gamma_a}$$

De igual modo se puede aplicar la ecuación de Bernoulli entre 2 y 0 a lo largo de la línea de corriente que va desde la superficie libre del estanque de bencina hasta la sección de mezcla para obtener, con hipótesis similares a las anteriores, que:

$$V_{b0}^2 = 2g\frac{(P_{atm} - P_0)}{\gamma_b}$$

Entonces, el gasto de aire es:

$$Q_a = V_{a0}\pi\frac{(D^2 - d^2)}{4}$$

y el de bencina:

$$Q_b = V_{b0}\pi\frac{d^2}{4}$$

De manera que la razón de mezcla entre aire y bencina es:

$$\frac{Q_a}{Q_b} = \frac{D^2}{d^2-1}\sqrt{\frac{\gamma_b}{\gamma_a}}$$

Es interesante notar que, aunque las velocidades del aire y la bencina dependen de la presión en la sección de mezcla, la proporción en que ellas se combinan solo depende de la geometría del carburador (*D*,*d*) y de los pesos específicos de los fluidos, lo que permite mantener una mezcla de iguales proporciones independiente de la cantidad de aire aspirada por el motor.

El principio básico del funcionamiento de un carburador, que consiste en disminuir la presión en la sección de mezcla como resultado de la aceleración del fluido (aire), lo que provoca una zona de succión para la bencina, es ampliamente utilizado en diferentes aparatos para dosificar y mezclar distintos fluidos como ocurre con los equipos de pintar, humedecer y clorar, por ejemplo.

4.3.4 Elementos de flujo potencial

La aplicación de las ecuaciones de continuidad y Bernoulli permite encontrar las velocidades y las presiones, pero requiere conocer la forma de las líneas de corriente. Ello se puede hacer en escurrimientos sencillos como es el caso de flujos unidimensionales, o en situaciones en las que solo es necesario conocer un par de puntos de una línea de corriente. Si el movimiento del fluido es más complicado, como ocurre con flujos bidimensionales o tridimensionales, por ejemplo, no es fácil saber la forma que pueden adoptar las líneas de corriente. Para describir el movimiento de un fluido es necesario conocer la velocidad en cualquier punto del espacio ocupado por él. Esto es equivalente a determinar la geometría de las líneas de corriente, de trayectoria o de humo. En una situación real la solución del problema podría consistir en realizar medidas directas de la velocidad en todos los puntos de interés mediante instrumentos adecuados. Sin embargo, desde el punto de vista del diseño es conveniente poder predecir, basados en consideraciones teóricas, el movimiento del fluido. Para ello será necesario un método que permita, bajo ciertas condiciones, encontrar la velocidad como una función de las coordenadas y del tiempo dadas las condiciones de borde donde se realiza el escurrimiento y las características del fluido.

Este problema tiene solución matemática solo bajo algunas condiciones concretas, en ciertos tipos de escurrimientos. Si estas condiciones se cumplen será posible encontrar soluciones analíticas simples para flujos complejos. En otros casos se deberá recurrir a la experimentación del laboratorio sobre modelos, al desarrollo de técnicas más sofisticadas de análisis numérico o a otros métodos.

Uno de los casos en los cuales es posible determinar matemáticamente las características del escurrimiento es en el denominado flujo potencial. Este se caracteriza por considerar un fluido ideal incompresible en escurrimiento permanente irrotacional.

4.3.4.1 Potencial de velocidades

Se conoce como flujo irrotacional a aquel en el cual las partículas del fluido no están sometidas a rotación, de manera que la distribución de velocidades es tal que la vorticidad es nula. Esto es, se cumple que rot $\vec{V} = \vec{\nabla} \times \vec{V} = \vec{0}$, lo que equivale a que las componentes del vector velocidad están relacionadas entre ellas de acuerdo con las relaciones siguientes:

$$\frac{\partial v}{\partial x} = \frac{\partial u}{\partial y} \quad ; \quad \frac{\partial v}{\partial z} = \frac{\partial w}{\partial y} \quad ; \quad \frac{\partial u}{\partial z} = \frac{\partial w}{\partial x} \tag{4.50}$$

Matemáticamente, estas ecuaciones proporcionan la condición necesaria y suficiente para que $udx+vdy+wdz$ sea una diferencial exacta, o sea, existe una función escalar Φ tal que:

$$d\Phi = -\frac{\partial \Phi}{\partial x}dx - \frac{\partial \Phi}{\partial y}dy - \frac{\partial \Phi}{\partial z}dz \tag{4.51}$$

El signo menos es arbitrario y corresponde a una convención de modo que la velocidad esté orientada en la dirección en que disminuye Φ. Entonces, las componentes de la velocidad se obtienen de Φ mediante:

$$u = -\frac{\partial \Phi}{\partial x} \quad ; \quad v = -\frac{\partial \Phi}{\partial y} \quad ; \quad w = -\frac{\partial \Phi}{\partial z}$$

lo que es equivalente a:

$$\vec{V} = -grad\Phi = -\vec{\nabla}\,\Phi \tag{4.52}$$

Se puede verificar que bajo estas condiciones la vorticidad es nula, ya que se satisface para todas las direcciones que:

$$\frac{\partial v}{\partial x} = \frac{\partial\left(-\frac{\partial \Phi}{\partial y}\right)}{\partial x} = -\frac{\partial^2 \Phi}{\partial x \partial y} = -\frac{\partial\left(\frac{\partial \Phi}{\partial x}\right)}{\partial y} = \frac{\partial u}{\partial y}$$

$$\frac{\partial u}{\partial z} = \frac{\partial\left(-\frac{\partial \Phi}{\partial x}\right)}{\partial z} = -\frac{\partial^2 \Phi}{\partial x \partial z} = -\frac{\partial\left(\frac{\partial \Phi}{\partial z}\right)}{\partial x} = \frac{\partial w}{\partial x}$$

$$\frac{\partial w}{\partial y} = \frac{\partial\left(-\frac{\partial \Phi}{\partial z}\right)}{\partial y} = -\frac{\partial^2 \Phi}{\partial z \partial y} = -\frac{\partial\left(\frac{\partial \Phi}{\partial y}\right)}{\partial z} = \frac{\partial v}{\partial z}$$

Lo anterior prueba la existencia de una función escalar tal que su derivada negativa respecto a una dirección cualquiera es la componente de la velocidad en esa dirección. La función escalar Φ se conoce como potencial de velocidad. Las líneas de Φ=*cte* son líneas de potencial.

Por estos motivos al escurrimiento irrotacional se le llama también escurrimiento potencial. Adicionalmente, en las superficies equipotenciales (Φ=*cte*) la velocidad es normal a dichas superficies, dado que a lo largo de ellas el gradiente de velocidades tiene una proyección nula.

4.3.4.2 Ecuación de Laplace

Para un fluido incompresible en régimen permanente, la ecuación de continuidad, (4.5), establece que en cada punto el campo vectorial de velocidades debe satisfacer la condición:

$$div\vec{\boldsymbol{V}} = \vec{\nabla} \cdot \vec{\boldsymbol{V}} = 0 \tag{4.53}$$

Si el flujo es irrotacional, es decir, sin vorticidad, la velocidad puede expresarse en términos de su potencial de manera que la ecuación de continuidad para un flujo irrotacional será:

$$div(\text{grad}\Phi) = \nabla \cdot \left(\vec{\nabla}\, \Phi\right)$$

o lo que es igual:

$$\nabla^2 \Phi = 0 \tag{4.54}$$

que se conoce como ecuación de Laplace y es de amplia aplicación en varias ramas de la física. En términos de las componentes se expresa como:

$$\frac{\partial^2 \Phi}{\partial x^2} + \frac{\partial^2 \Phi}{\partial y^2} + \frac{\partial^2 \Phi}{\partial z^2} = 0 \tag{4.55}$$

Cualquier función Φ que satisfaga la ecuación de Laplace es un posible potencial de velocidad para un flujo irrotacional permanente de un fluido incompresible, puesto que satisface simultáneamente la ecuación de continuidad y la condición de vorticidad nula. Dado que existen infinitas soluciones de la ecuación de Laplace, cada una de las cuales sirve para ciertos contornos del flujo, el problema principal consiste en la selección de la función conveniente para el caso particular de flujo estudiado.

Una de las principales características de la ecuación de Laplace es su linealidad, esto es si Φ_1 y Φ_2 son dos soluciones cualesquiera de la ecuación de Laplace y C_1 y C_2 son dos constantes arbitrarias entonces $\Phi=C_1\Phi_1+C_2\Phi_2$ también satisface la ecuación de Laplace. Esta propiedad tiene interesantes consecuencias prácticas ya que significa que los flujos son sumables, es decir, se pueden superponer físicamente cada uno con su potencial de velocidades, y la función potencial del flujo resultante es también la suma de las funciones respectivas.

La resolución de la ecuación de Laplace permite encontrar Φ y por lo tanto a partir de Φ la distribución de velocidades. El problema planteado en los términos expuestos posibilita reemplazar una situación en la cual se trata de encontrar un vector, la velocidad, dado que se sabe que su rotor y divergencia son nulas, por otro problema equivalente consistente en encontrar una función escalar, el potencial de velocidades, sabiendo que su laplaciano es cero. Este segundo problema es más sencillo de resolver. Numerosos matemáticos han estudiado la ecuación de Laplace y existen diversos métodos para encontrar soluciones en condiciones particulares. Además, muchos problemas de electricidad, magnetismo, conducción de calor, se rigen también por ella. Esto permite realizar útiles analogías, es decir, se pueden emplear soluciones generales conocidas en otros campos y aplicarlas a la mecánica de fluidos o viceversa.

Finalmente, dado que la función potencial existe solo para flujo irrotacional es importante analizar en qué condiciones son aplicables o se satisfacen las restricciones impuestas por la teoría del flujo potencial.

Una partícula de fluido moviéndose sin rotación en un campo de velocidad no puede comenzar a rotar solo bajo la acción de las fuerzas másicas y las fuerzas debidas a la presión sobre la superficie. El comienzo de la rotación, en una partícula que venía sin rotar, requiere la acción del esfuerzo de corte sobre las superficies que definen al elemento. Debido a que el esfuerzo de corte es proporcional a la velocidad de deformación angular, entonces una partícula que está inicialmente sin rotar no va a comenzar a rotar sin que simultáneamente no sufra una deformación angular. La pregunta entonces es ¿se deduce de esto que si hay esfuerzos de corte presente necesariamente el escurrimiento debe ser rotacional? Se puede obtener una respuesta cualitativa si se considera la rotación de un elemento de fluido en cada uno de los planos. Se sabe de la definición de vorticidad que la rotación en el plano XY está relacionada con el comportamiento de la vorticidad por:

$$w_z = \frac{d\alpha}{dt} = \frac{1}{2}\left(\frac{\partial v}{\partial x} - \frac{\partial u}{\partial y}\right)$$

siendo w_z la velocidad de rotación angular del elemento de fluido sobre el plano XY. La variación de velocidad en sentido transversal a sus respectivas direcciones, que son los elementos de la derecha en la ecuación, están ligadas a los esfuerzos de corte y la viscosidad del fluido a través de la ecuación de viscosidad de Newton. De modo que:

$$\frac{\partial v}{\partial x} = \frac{\tau_x}{\mu} \quad ; \quad \frac{\partial u}{\partial y} = \frac{\tau_y}{\mu}$$

Es decir:

$$w_z = \frac{(\tau_x - \tau_y)}{\mu}$$

En un fluido viscoso es bastante difícil que los gradientes de velocidades sean tales que se cumpla que $\tau_x = \tau_y$, lo que hace en la práctica que la teoría de flujo potencial sea aplicable solo a escurrimientos en los cuales los efectos de la viscosidad son despreciables. Son los llamados fluidos ideales.

4.3.4.3 Funciones potencial y de corriente en flujo bidimensional

En el caso de un escurrimiento bidimensional, en el plano XY, permanente de un fluido incompresible la ecuación de continuidad es:

$$\frac{\partial u}{\partial x} + \frac{\partial v}{\partial y} = 0$$

Se define entonces la función escalar $\Psi = \Psi(x,y)$, llamada función de corriente, a una que cumpla la ecuación de continuidad, para lo cual basta definirla como:

$$u = -\frac{\partial \Psi}{\partial y} \quad ; \quad v = \frac{\partial \Psi}{\partial x} \tag{4.56}$$

En efecto, si se reemplaza en la ecuación de continuidad, se ve que la satisface automáticamente, ya que:

$$-\frac{\partial^2 \Psi}{\partial x \partial y} + \frac{\partial^2 \Psi}{\partial y \partial x} = 0$$

Por otra parte, las líneas de corriente están determinadas por $\overrightarrow{\boldsymbol{dr}} \times \vec{\boldsymbol{V}} = 0$ lo que en escurrimiento bidimensional se traduce en:

$$\frac{v}{dy} = \frac{u}{dx}$$

Que se puede poner como:

$$-vdx + udy = 0 \tag{4.57}$$

Reemplazando las velocidades en términos de la función de corriente, se obtiene:

$$d\Psi = -\frac{\partial\Psi}{\partial x}dx - \frac{\partial\Psi}{\partial y}dy = 0$$

Luego para una línea de corriente $d\Psi$=0 o Ψ=*cte*. Además, se aprecia que la función escalar Ψ, función de corriente, satisface la ecuación de Laplace en un campo irrotacional. En efecto, la condición de irrotacionalidad, en escurrimiento bidimensional es:

$$w_z = \frac{1}{2}\left(\frac{\partial v}{\partial x} - \frac{\partial u}{\partial y}\right) = 0$$

Reemplazando las velocidades en términos de la función de corriente

$$\begin{gathered}\frac{\partial\left(\frac{\partial\Psi}{\partial x}\right)}{\partial x} - \frac{\partial\left(-\frac{\partial\Psi}{\partial y}\right)}{\partial y} = 0\\ \frac{\partial^2\Psi}{\partial x^2} + \frac{\partial^2\Psi}{\partial y^2} = 0\end{gathered} \tag{4.58}$$

o finalmente en forma resumida:

$$\nabla^2\Psi = 0$$

Como puede apreciarse de lo planteado, el flujo potencial tiene una solución con un enfoque matemático. El problema básico consiste en determinar el campo de velocidades para un flujo permanente incompresible e irrotacional. Esto es:

$$\text{Determinar } \vec{\boldsymbol{V}} \text{ si } \left.\begin{matrix}\vec{\nabla}\cdot\vec{\boldsymbol{V}} = \boldsymbol{0}\\ \vec{\nabla}\times\vec{\boldsymbol{V}} = \boldsymbol{0}\end{matrix}\right\}$$

y condiciones de borde.

Es decir, encontrar un vector cuya divergencia y rotor son nulos. Así planteado, este problema es sumamente difícil, entonces se reemplaza por otro más simple.

Una alternativa es imponerle a la velocidad una función que satisface la vorticidad nula y a ella imponerle la segunda condición, que es que la divergencia sea nula. Así se sabe que si $\vec{\boldsymbol{V}} = -\vec{\nabla}\Phi$, donde Φ es una función escalar, automáticamente $\vec{\nabla} \times \vec{\boldsymbol{V}} = \vec{\nabla} \times \vec{\nabla}\Phi = \mathbf{0}$, y solo debe agregarse la segunda condición que es $\vec{\nabla} \cdot \vec{\boldsymbol{V}} = \vec{\nabla} \cdot \vec{\nabla}\Phi = 0$, con las condiciones de borde respectivas. De esta forma el problema original se reemplaza por el siguiente que es más sencillo:

Determinar Φ tal que $\vec{\nabla}^2\Phi = 0$ y condiciones de borde.

Entonces es fácil encontrar $\vec{\boldsymbol{V}} = -\vec{\nabla}\Phi$, que solo requiere derivar.

Es evidente que otra alternativa al problema original es imponerle a la velocidad una función que automáticamente satisfaga $\vec{\nabla} \cdot \vec{\boldsymbol{V}} = 0$, es decir, continuidad, y entonces a ella agregar la condición de irrotacionalidad. En flujo bidimensional esto conduce a que $\vec{\boldsymbol{V}}$ se deriva de la función de corriente Ψ y a ella se impone que $\vec{\nabla}^2\Psi = 0$. De esta forma alternativa el problema original se reemplaza por el siguiente:

Determinar Ψ tal que $\vec{\nabla}^2\Psi = 0$ y condiciones de borde.

Entonces $\vec{\boldsymbol{V}} = \dfrac{\partial\Psi}{\partial y}\hat{\boldsymbol{\imath}} - \dfrac{\partial\Psi}{\partial x}\hat{\boldsymbol{\jmath}}$

Cuál de las dos opciones alternativas se elija para solucionar el problema original depende de las condiciones de borde.

4.3.4.4 Interpretación física de las funciones de potencial y de corriente

El significado físico de estas ecuaciones puede entenderse de la siguiente forma. Si Φ es la función potencial, entonces:

$$u = -\frac{\partial\Phi}{\partial x} \quad ; \quad v = -\frac{\partial\Phi}{\partial y}$$

Además de la definición de funciones de corriente se obtiene:

$$u = -\frac{\partial\Psi}{\partial y} \quad ; \quad v = \frac{\partial\Psi}{\partial x}$$

Si se forma el gradiente de Φ

$$\vec{\nabla}\Phi = \frac{\partial\Phi}{\partial x}\hat{\boldsymbol{\imath}} + \frac{\partial\Phi}{\partial y}\hat{\boldsymbol{\jmath}} = -u\hat{\boldsymbol{\imath}} - v\hat{\boldsymbol{\jmath}}$$

y también el gradiente de Ψ

$$\vec{\nabla}\Psi = \frac{\partial\Psi}{\partial x}\hat{\boldsymbol{\imath}} + \frac{\partial\Psi}{\partial y}\hat{\boldsymbol{\jmath}} = v\hat{\boldsymbol{\imath}} - u\hat{\boldsymbol{\jmath}}$$

se observa que el gradiente de Φ es perpendicular al gradiente de Ψ ya que:

$$\left(\vec{\nabla}\Phi\right) \cdot \left(\vec{\nabla}\Psi\right) = (-u\hat{\imath} - v\hat{\jmath}) \cdot (v\hat{\imath} - u\hat{\jmath}) = (-uv + vu) = 0 \qquad (4.59)$$

Además:

$$\left|\vec{\nabla}\Phi\right| = \left|\vec{\nabla}\Psi\right| = \sqrt{u^2 + v^2} = \left|\vec{V}\right|$$

como se muestra en la Figura 4.22. De estas observaciones se deduce que las familias de curvas Φ=cte y Ψ=cte forman un sistema ortogonal y que cuando los intervalos entre valores consecutivos de Φ y Ψ son iguales y suficientemente pequeños, ellos forman una red de cuadrados como se muestra en la Figura 4.23.

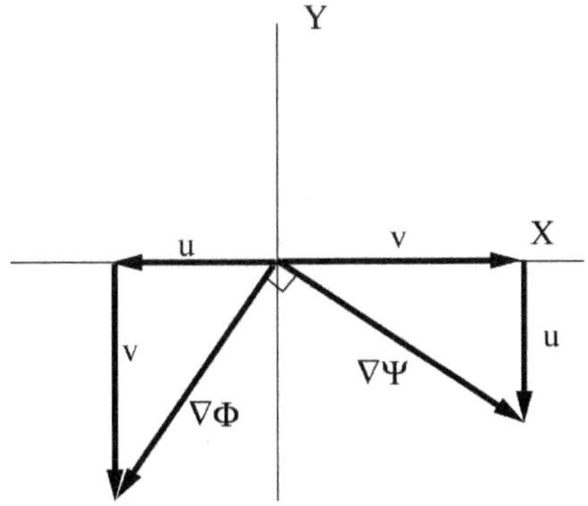

Figura 4.22. Representación de **gradΦ** y de **gradΨ**.

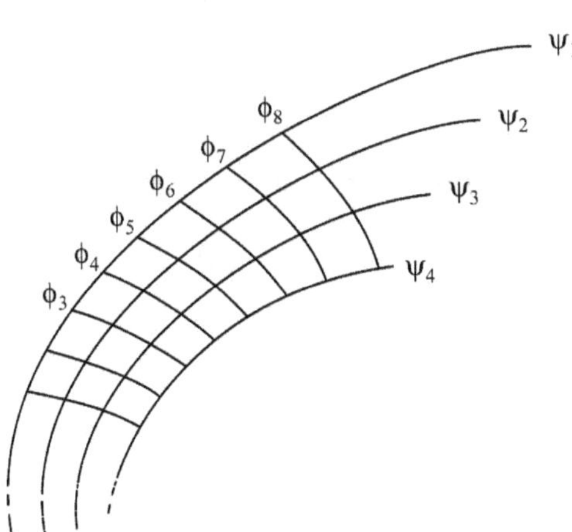

Figura 4.23. Representación gráfica de líneas de corriente y de potencial.

El significado físico de las líneas de Ψ constante coincide con el de las líneas de corriente. Además, el valor numérico de las constantes corresponde al gasto que pasa entre un borde físico y la línea en cuestión. Esto puede entenderse fácilmente con la ayuda de la Figura 4.24, en la cual se muestra el flujo a lo largo de una pared, donde es de interés conocer la cantidad de fluido que pasa, por unidad de tiempo, entre la pared y el punto A, de coordenadas (x,y), es decir el gasto Q. La pared es una línea de corriente ya que el fluido no puede atravesarla, por lo tanto, las velocidades deben ser tangentes a ella.

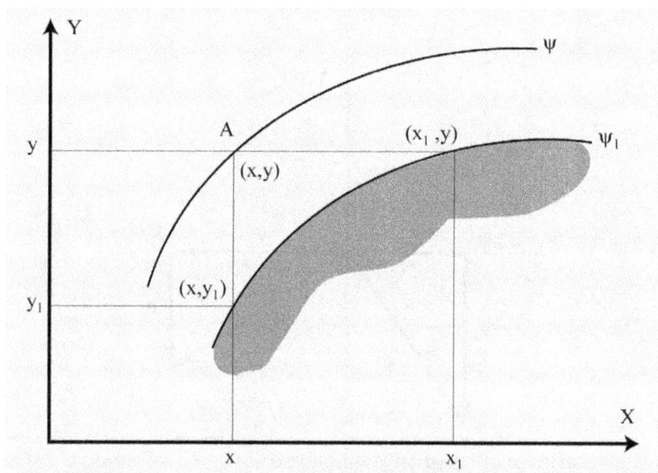

Figura 4.24. Flujo bidimensional a lo largo de una pared.

El gasto que fluye a través de un rectángulo formado por una línea paralela al eje X que pasa por el punto A de profundidad h perpendicular a la figura es:

$$Q = h\int_{x}^{x_1} v dx$$

y como $v = \frac{\partial \Psi}{\partial x}$ se obtiene:

$$Q = h\int_{x}^{x_1} \frac{\partial \Psi}{\partial x} dx = h[\Psi(x_1) - \Psi(x)] = h(\Psi_1 - \Psi)$$

De manera similar, el gasto que atraviesa una línea paralela al eje Y que pasa por el punto A es:

$$Q = h\int_y^{y_1} udy = h\int_y^{y_1} -\frac{\partial\Psi}{\partial x}dy = h[\Psi(y_1) - \Psi(y)] = h(\Psi_1 - \Psi)$$

Como el gasto que atraviesa ambos sectores es el mismo, se deduce que:

$$\Psi_1 = \Psi + \frac{Q}{h}$$

Tomando el gasto que pasa entre dos líneas de corriente por unidad de profundidad, Q/h, como q se obtiene en general:

$$\Psi_1 = \Psi + q$$

Entonces las curvas Ψ=cte dejan pasar entre ellas y los límites físicos del escurrimiento cantidades constantes de fluido. Si al dibujar una familia de estas líneas se eligen las constantes de manera que $\Delta\Psi$ sea a su vez constante, entonces el gasto que escurre entre dos líneas de corriente cualesquiera es constante.

Las líneas Ψ=*cte* son líneas de corriente, por lo tanto, tangentes al vector velocidad, mientras las líneas Φ=*cte* son perpendiculares al vector velocidad. Entonces las familias Ψ=cte y Φ=cte forman una red de líneas mutuamente ortogonales, que recibe el nombre de red de flujo.

En resumen, en un escurrimiento bidimensional, si $\vec{V} = u\hat{\imath} + v\hat{\jmath}$ entonces se satisfacen las siguientes condiciones:

i) $u = -\dfrac{\partial\Phi}{\partial x} = -\dfrac{\partial\Psi}{\partial y}$

ii) $v = -\dfrac{\partial\Phi}{\partial y} = \dfrac{\partial\Psi}{\partial x}$

iii) $\nabla^2\Phi = 0$

Φ=cte corresponde a una línea de potencial

iv) $\nabla^2\Psi = 0$

Ψ=cte corresponde a una línea de corriente

Existen varios métodos que permiten resolver la ecuación de Laplace dadas ciertas condiciones de borde. Entre estos se destacan los métodos analíticos de variable compleja, los analógicos, gráficos y numéricos. El método de variable compleja permite encontrar soluciones analíticas para las líneas de corriente y para las equipotenciales en casos de condiciones de borde simples. Los otros métodos son más aproximados pero aplicables a casi cualquier condición de borde.

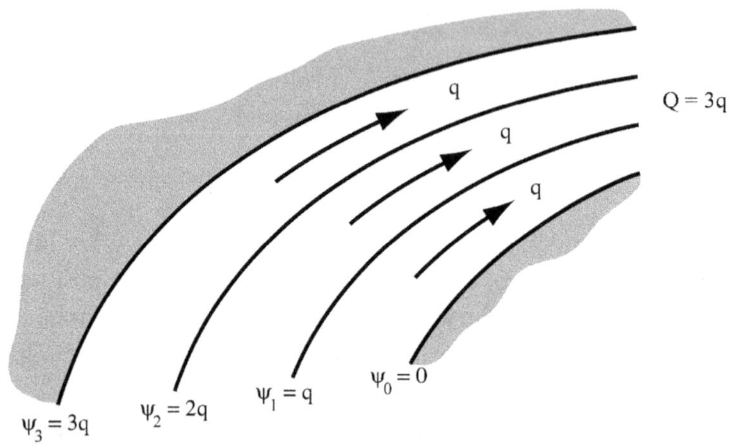

Figura 4.25. Ejemplo típico de valores de la función Ψ=constante.

4.3.4.5 Funciones complejas

La solución analítica del flujo potencial se basa en las funciones complejas, ya que estas siempre satisfacen la ecuación de Laplace. Por lo tanto, cualquier función compleja representa un flujo potencial. Entonces para solucionar un problema de flujo potencial basta con encontrar la función compleja que satisface la condición de borde que interesa.

Un número complejo z tiene una parte real y otra imaginaria de manera que siempre se expresa en coordenadas cartesianas (x, y) como:

$$z = x + iy$$

donde i es la unidad de la parte imaginaria y corresponde a una forma abreviada de poner $\sqrt{-1}$. También se puede expresar en coordenadas polares (r, θ) como:

$$z = r\, e^{i\theta} = r \cos\theta + ir \operatorname{sen}\theta = r\, cis\theta$$

La función analítica $F(z)$ de argumento complejo siempre puede separarse en una parte real y otra imaginaria tal que:

$$F(z) = F(x + iy) = \Phi(x, y) + i\Psi(x, y) \qquad (4.60)$$

donde Φ y Ψ son funciones escalares y reales de x e y. Si se toman las segundas derivadas parciales de $F(z)$ con respecto a x e y se puede demostrar que estas funciones satisfacen automáticamente la ecuación de Laplace. En efecto recordando que:

$$\frac{\partial z}{\partial x} = 1 \quad ; \quad \frac{\partial z}{\partial y} = i \qquad (4.61)$$

y además,

$$\frac{\partial^2 z}{\partial x \partial y} = \frac{\partial^2 z}{\partial x^2} = \frac{\partial^2 z}{\partial y^2} = 0 \qquad (4.62)$$

se encuentra que

$$\frac{\partial^2 F}{\partial x^2} = \frac{\partial\left(\frac{\partial F}{\partial x}\right)}{\partial x} = \frac{\partial\left(\frac{\partial F \partial z}{\partial z \partial x}\right)}{\partial x} = \frac{\partial\left(\frac{\partial F}{\partial z}\right)}{\partial z}\frac{\partial z}{\partial x} = \frac{\partial^2 F}{\partial z^2}$$

y similarmente

$$\frac{\partial^2 F}{\partial y^2} = \frac{\partial\left(\frac{\partial F}{\partial y}\right)}{\partial y} = \frac{\partial\left(\frac{\partial F \partial z}{\partial z \partial y}\right)}{\partial y} = i\frac{\partial\left(\frac{\partial F}{\partial z}\right)}{\partial z}\frac{\partial z}{\partial y} = -\frac{\partial^2 F}{\partial z^2}$$

Entonces, al sumar ambas expresiones se obtiene:

$$\frac{\partial^2 F}{\partial x^2} + \frac{\partial^2 F}{\partial y^2} = 0 \qquad (4.63)$$

Pero como $F=\Phi+i\Psi$, lo anterior se traduce en:

$$\left(\frac{\partial^2 \Phi}{\partial x^2} + \frac{\partial^2 \Phi}{\partial y^2}\right) + i\left(\frac{\partial^2 \Psi}{\partial x^2} + \frac{\partial^2 \Psi}{\partial y^2}\right) = 0$$

que supone que tanto la parte real como la imaginaria son nulas, entonces:

$$\nabla^2 \Phi = \nabla^2 \Psi = 0$$

Dado que ambas funciones satisfacen la ecuación de Laplace, para que representen líneas de potencial y de corriente bastaría con que además las familias Φ=*cte* y Ψ=*cte* fueran perpendiculares entre sí. Esto puede demostrarse utilizando las ecuaciones de Cauchy-Riemann y su interpretación física. Interesa determinar el ángulo que forman las líneas Φ=cte y Ψ=cte, cuando ellas se cruzan sabiendo que las funciones respectivas corresponden a la parte real y la imaginaria de una función compleja y que ambas satisfacen la ecuación de Laplace.

Como tanto la parte real como la imaginaria de la función analítica de argumento complejo $z=x+iy$ satisfacen automáticamente la ecuación de Laplace a partir de:

$$F(z) = \Phi(x,y) + i\Psi(x,y)$$

se encuentra:

$$\frac{\partial F}{\partial x} = \frac{\partial F}{\partial z}\frac{\partial z}{\partial x} = \frac{\partial F}{\partial z}$$

y

$$\frac{\partial F}{\partial y} = \frac{\partial F}{\partial z}\frac{\partial z}{\partial y} = i\frac{\partial F}{\partial z}$$

Proporcionando:

$$i\frac{\partial F}{\partial x} = \frac{\partial F}{\partial y}$$

Pero, como $\left(\frac{\partial F}{\partial x} = \frac{\partial \Phi}{\partial x} + i\frac{\partial \Psi}{\partial x}\right)$ y $\left(\frac{\partial F}{\partial y} = \frac{\partial \Phi}{\partial y} + i\frac{\partial \Psi}{\partial y}\right)$ se tiene

$$i\frac{\partial \Phi}{\partial x} - \frac{\partial \Psi}{\partial x} = \frac{\partial \Phi}{\partial y} + i\frac{\partial \Psi}{\partial y}$$

y separando las partes real e imaginaria se demuestra que

$$\begin{aligned} \frac{\partial \Phi}{\partial y} &= -\frac{\partial \Psi}{\partial x} = -v \\ \frac{\partial \Phi}{\partial x} &= \frac{\partial \Psi}{\partial y} = -u \end{aligned} \tag{4.64}$$

Estas ecuaciones se llaman ecuaciones diferenciales de Cauchy-Riemann y se obtienen inmediatamente a partir de la hipótesis de que $\boldsymbol{\Phi}$ y $\boldsymbol{\Psi}$ son las partes real e imaginaria de una función analítica de argumento complejo. A partir de ella se puede demostrar fácilmente que son ortogonales ya que $(\vec{\nabla}\boldsymbol{\Phi})\cdot(\vec{\nabla}\boldsymbol{\Psi})=0$:

$$\text{grad}\Phi = \vec{\nabla}\,\Phi = \frac{\partial\Phi}{\partial x}\hat{\imath} + \frac{\partial\Phi}{\partial y}\hat{\jmath}$$

$$\text{grad}\Psi = \vec{\nabla}\,\Psi = \frac{\partial\Psi}{\partial x}\hat{\imath} + \frac{\partial\Psi}{\partial y}\hat{\jmath}$$

Entonces:

$$\vec{\nabla}\,\Phi \cdot \vec{\nabla}\,\Psi = \frac{\partial\Phi}{\partial x}\frac{\partial\Psi}{\partial x} + \frac{\partial\Phi}{\partial y}\frac{\partial\Psi}{\partial y}$$

Utilizando las relaciones de Cauchy-Riemann para expresar todas las derivadas en función de la parte real:

$$\vec{\nabla}\Phi \cdot \vec{\nabla}\Psi = -\frac{\partial\Phi}{\partial x}\frac{\partial\Phi}{\partial y} + \frac{\partial\Phi}{\partial y}\frac{\partial\Phi}{\partial x} = 0$$

De forma similar, puede demostrarse que el gradiente de ambas funciones tiene la misma magnitud. En resumen, la parte real y la parte imaginaria de una función compleja cumplen con todos y cada uno de los requisitos para ser funciones de potencial y de corriente respectivamente.

La aplicación del método de la función analítica de argumento complejo $F(z)$ se puede apreciar claramente en el caso de problemas simples de flujo en dos dimensiones. Desde el punto de vista analítico la solución de la red de flujo consiste en encontrar una expresión para las funciones de potencial y de corriente que cumplan con la ecuación de Laplace y satisfagan las condiciones de borde de cada problema particular. Debido a que una función compleja satisface automáticamente la ecuación de Laplace en este caso es necesario solo determinar aquella que cumpla con las condiciones de borde. Planteado en estos términos, el problema no es simple y normalmente se aborda en sentido inverso, es decir, dada una función compleja se averigua con qué condiciones de borde concuerda. De esta forma, contando con una serie de funciones y sus posibles condiciones de borde, representada por la familia de líneas de potencial y de corriente que de ellas se deriven, se dispone de soluciones básicas que orientan el comportamiento del flujo potencial.

Tomando unas pocas funciones simples como ejemplos, se verá cómo calcular la red de flujo a partir de una función analítica dada de variable compleja y deducir las velocidades a partir de ella.

EJEMPLO 4.13

Encontrar las características del flujo que representa la función compleja F(z)=az con a constante real positiva.

SOLUCIÓN:

La función compleja se puede expresar como:

$$F(z) = F(x + iy) = az = a(x + iy) = ax + iay$$

Luego $\Phi = ax$, $\Psi = ay$

Las líneas equipotenciales, $\Phi = cte$, son rectas paralelas al eje de las Y, y las líneas de corriente, $\Psi = cte$, rectas paralelas al eje de las X, tal como lo muestra el esquema de la Figura 4.26.

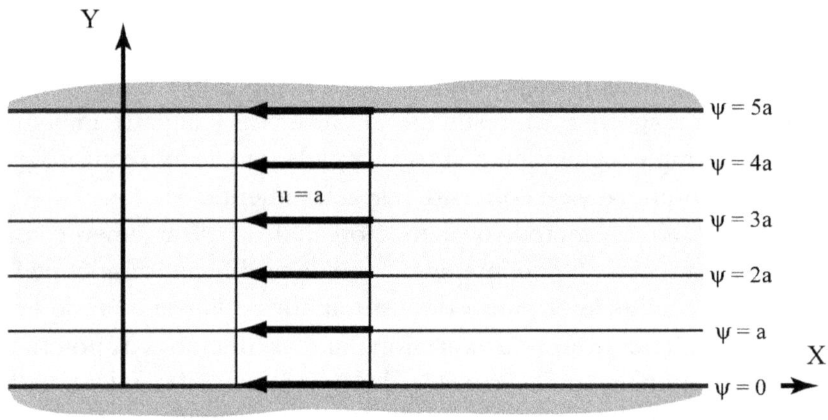

Figura 4.26. Líneas de corriente para F(z)=az.

Además, la velocidad está determinada por:

$$\vec{V} = -\vec{\nabla}\Phi = -\frac{\partial \Phi}{\partial x}\hat{\imath} - \frac{\partial \Phi}{\partial y}\hat{\jmath} = -a\hat{\imath}$$

Cualquier línea de corriente puede representar un borde, entonces esta función corresponde al escurrimiento irrotacional entre dos placas paralelas, si se considera que dos líneas de corriente representan las paredes. Se aprecia que la irrotacionalidad exige uniformidad de velocidades en la sección transversal. De manera inversa, se puede observar la imposibilidad de construir una red de flujo potencial, formada por cuadrados y líneas perpendiculares, entre dos placas paralelas si la velocidad no es uniforme. Este caso se trata de un fluido ideal, sin viscosidad, y por lo tanto no hay adherencia del fluido a las paredes.

EJEMPLO 4.14

Encuentre las características del flujo que representa la función $F(z)=0{,}5az^2$

SOLUCIÓN:

Desarrollando:

$$F(z) = F(x + iy) = 0{,}5a(x + iy)^2 = 0{,}5a(x^2 + i\,2xy - y^2)$$
$$= 0{,}5a(x^2 - y^2) + iaxy$$

Luego

$$\Phi = 0{,}5a(x^2 - y^2) \quad ; \quad \Psi = axy$$

Las líneas de corriente, $\Psi=axy=cte$, corresponden a una serie de hipérbolas rectangulares con los ejes coordenados como asíntotas, mientras que las líneas equipotenciales, $\Phi= 0{,}5a(x^2-y^2)$=constante, proporcionan la familia de hipérbolas rectangulares ortogonales cuyas asíntotas son las líneas $y=\pm x$. La red de flujo correspondiente se muestra en la Figura 4.27.

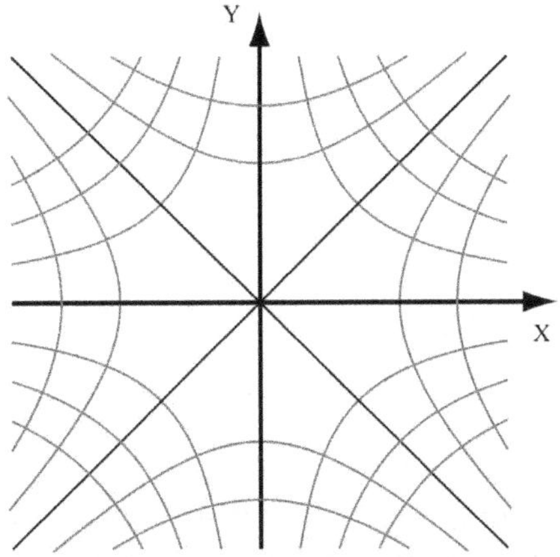

Figura 4.27. Flujo bidimensional para el caso $F(z)=0{,}5az^2$.

Debido a que cualquier línea de corriente puede representar un borde físico, partes de este diagrama tienen un sentido práctico inmediato. La mitad de él, por ejemplo, ilustra el caso de flujo potencial contra una placa, así como un cuarto de él representa al flujo potencial en una esquina interior.

La velocidad en cualquier punto se puede obtener como:

$$u = -\frac{\partial \Phi}{\partial x} = -\frac{\partial \Psi}{\partial y} = -ax$$

$$v = -\frac{\partial \Phi}{\partial y} = \frac{\partial \Psi}{\partial x} = ay$$

De tal modo que:

$\vec{V} = -ax\hat{\imath} + ay\hat{\jmath}$

$V = a\sqrt{x^2 + y^2} = ar$

siendo r la distancia al origen.

EJEMPLO 4.15

Determinar el flujo que representa $F(z) = \frac{a}{z}$

SOLUCIÓN:

En este caso es más simple usar coordenadas polares, es decir:

$z = x + yi = re^{i\theta} = r\,cos\,\theta + ir\,sen\,\theta$

Luego:

$F(z) = \frac{a}{z} = \left(\frac{a}{r}\right)e^{-i\theta} = \frac{a}{r}(cos\,\theta - i\,sen\,\theta)$

Por lo tanto: $\Phi = \frac{a}{r}\cos\theta$; $\Psi = -\frac{a}{r}\,\mathrm{sen}\,\theta$

Las líneas equipotenciales son $\frac{a}{r}cos\,\theta =$ constante, es decir:

$r = Cte \cdot cos\,\theta$

Esta ecuación representa una familia de circunferencias de diámetro igual a la constante, tangentes al eje real en el origen como se muestra en la Figura 4.28. Un caso especial es el eje real, el cual es un círculo con diámetro infinito. Las líneas de corriente son $\Psi = -\frac{a}{r}sen\,\theta =$ constante, o:

$r = Cte \cdot sen\,\theta$

que a su vez corresponde a la familia de circunferencias de diámetro igual a la constante, ortogonales a las anteriores y tangentes al eje imaginario en el origen. Un caso especial es el eje imaginario mismo, el cual es un círculo de diámetro infinito. Ambas familias de circunferencias se muestran en la Figura 4.28.

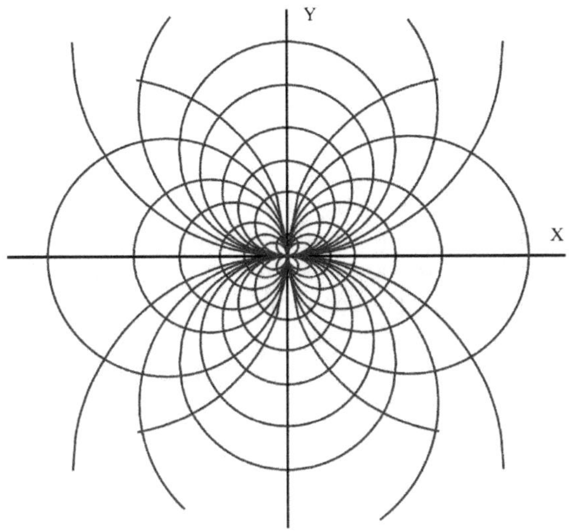

Figura 4.28. Flujo bidimensional correspondiente a la función $F(z) = \frac{a}{z}$.

Este tipo de escurrimiento, que parece no tener una contrapartida práctica directa, tiene importancia teórica ya que puede usarse como parte de escurrimientos más elaborados. Se puede demostrar que corresponde al caso límite de la suma de una fuente y un sumidero colocados ambos en el origen. Recibe por ello el nombre de doblete bidimensional. La distribución de velocidades en coordenadas polares es:

$$V_r = -\frac{\partial \Phi}{\partial r} = -\frac{1}{r}\frac{\partial \Psi}{\partial \theta} = \frac{a}{r^2} \cos\theta$$

$$V_\theta = -\frac{1}{r}\frac{\partial \Phi}{\partial \theta} = \frac{\partial \Psi}{\partial r} = \frac{a}{r^2} sen\,\theta$$

Luego

$$\vec{V} = \frac{a}{r^2}\left(\cos\theta\,\hat{\boldsymbol{r}} + sen\,\theta\,\hat{\boldsymbol{\theta}}\right)$$

Con lo cual:

$$\left|\vec{V}\right| = \frac{a}{r^2}$$

El origen es un punto singular dado que en él la velocidad tiende a infinito.

EJEMPLO 4.16

Analizar las características del flujo que resultan de la superposición de un flujo uniforme con un doblete bidimensional. En este caso la función compleja correspondiente es $F(z)=az+a/z$.

SOLUCIÓN:

Dado que las partes real e imaginaria de $F_1(z)$ y $F_2(z)$ satisfacen cada una la ecuación de Laplace, como se ha visto en los ejemplos anteriores, y dado que esta es lineal, $F(z)=F_1(z)+F_2(z)$ representa la superposición de los flujos respectivos de esos ejemplos. Por lo tanto, la función de corriente y de potencial corresponden también a la suma de las respectivas funciones.

Luego,

$$\Phi = \Phi_1 + \Phi_2 = a\left(r + \frac{1}{r}\right) \cos\theta$$

$$\Psi = \Psi_1 + \Psi_2 = a\left(r - \frac{1}{r}\right) sen\,\theta$$

Es interesante analizar con más detención las líneas de corriente Ψ=*constante*. Si Ψ es cero, se debe cumplir que $sen\theta=0$ y/o $\left(r - \frac{1}{r}\right) = 0$. En el primer caso, $\theta=0$ o π, lo que significa que las dos mitades del eje real son líneas de corriente. En el segundo caso, $r=1$, es decir, la circunferencia de radio unitario es también una línea de corriente. Dando diferentes valores constantes de Ψ se puede obtener θ para cualquier valor de r o viceversa y así se pueden dibujar las líneas de corriente y las equipotenciales punto a punto, con lo que se obtiene el escurrimiento que se indica en la Figura 4.29.

Como solo el movimiento exterior al círculo unitario es de importancia física, la función anterior proporciona el potencial de velocidad y la función de corriente para el movimiento alrededor de un cilindro de radio unitario.

La distribución de velocidades es:

$$V_r = -\frac{\partial\Phi}{\partial r} = -\frac{1}{r}\frac{\partial\Psi}{\partial\theta} = -a\left(1 - \frac{1}{r^2}\right) \cos\theta$$

$$V_\theta = -\frac{1}{r}\frac{\partial\Phi}{\partial\theta} = \frac{\partial\Psi}{\partial r} == a\left(1 + \frac{1}{r^2}\right) sen\,\theta$$

y en la superficie del cilindro, r=1:

$$V_r = 0$$

$$V_\theta = 2a\, sen\,\theta$$

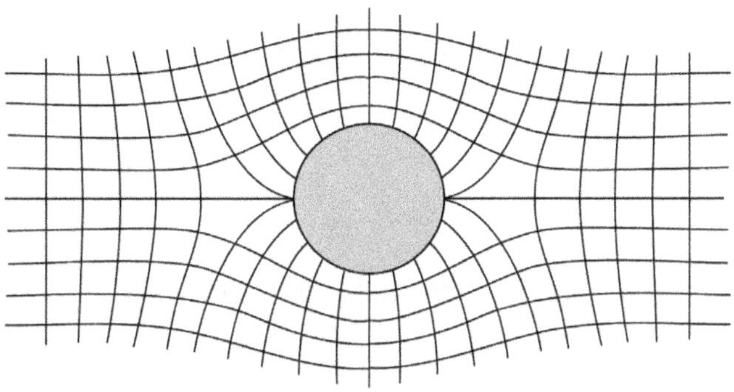

Figura 4.29. Flujo irrotacional alrededor de un cilindro circular.

Para θ =0 o π la velocidad es cero, para r=1, y corresponden a los denominados puntos de estancamiento y para $\theta = \mp\frac{\pi}{2}$ la velocidad tiene un valor máximo, que es $2a$.

Conocida la distribución de velocidades se puede encontrar la distribución de presiones en cada punto del flujo, en especial sobre las paredes del cilindro. Suponiendo que el flujo bidimensional se verifica en un plano horizontal, a una distancia muy grande del cilindro, la velocidad es la del flujo uniforme, v=a, entonces, si además la presión es la atmosférica:

$$H = 0 + \frac{P}{\gamma} + \frac{v^2}{2g} = \frac{a^2}{2g}$$

Sobre la superficie del cilindro (r=1) igualando Bernoulli:

$$\frac{a^2}{2g} = \frac{P_{r=1}}{\gamma} + \frac{v_{r=1}^2}{2g}$$

Entonces:

$$P_{r=1} = \gamma\left(\frac{a^2}{2g} - \frac{v_{r=1}^2}{2g}\right)$$

con $v_{r=1}^2 = 4a^2\, sen^2\,\theta$

$$P_{r=1} = \gamma\left(\frac{a^2}{2g} - \frac{4a^2\, sen^2\,\theta}{2g}\right)$$

$$P_{r=1} = \gamma\frac{a^2}{2g}(1 - 4\, sen^2\,\theta)$$

$$P_{r=1} = a^2\rho\frac{1-4\, sen^2\,\theta}{2}$$

Esta expresión permite conocer la distribución de presiones sobre el cilindro de radio unitario sumergido en un flujo uniforme de velocidad *a*. Se aprecia que esta distribución es simétrica respecto a los ejes x e y, ya que $sen^2\theta$ lo es. La presión es hacia el interior del cilindro en el punto θ=0 y $\theta=\pi$ igual a:

$$P_{\theta=0} = P_{\theta=\pi} = \frac{a^2\rho}{2}$$

mientras que es hacia afuera del cilindro, en la parte superior $\left(\theta = \frac{\pi}{2}\right)$ e inferior $\left(\theta = \frac{3\pi}{2}\right)$ donde:

$$P_{\theta=\frac{\pi}{2}} = P_{\theta=\frac{3\pi}{2}} = 3\frac{a^2\rho}{2}$$

Existen, por lo tanto, puntos sobre el cilindro donde la presión es nula, en las que se cumple:

$$1 - 4\,sen^2\,\theta = 0$$

que corresponde a θ=±30°; ±150°.

Debido a la simetría que presenta la distribución de presiones la fuerza total que ejerce el fluido sobre el cilindro resulta ser nula. Esta contradicción se conoce como paradoja de D'Alambert.

Dadas las propiedades de la función compleja, es fácil observar que se cumplen las siguientes situaciones:

- Si $F(z)$ representa un flujo de velocidad V entonces $-F(z)$ corresponde a otro de velocidad de sentido contrario e idéntica forma.
- Si $F(z)$ es un flujo con líneas de potencial Φ y de corriente Ψ, el flujo representado por $iF(z)$ intercambia las líneas de corriente y de potencial. Por ejemplo, $F(z)$=*Klnz* representa el flujo hacia un sumidero, mientras −*Klnz* corresponde al que se origina desde una fuente e *iKlnz* al que hay alrededor de un remolino.
- Si $F_1(z)$ es un flujo con velocidad V_1, y $F_2(z)$ es otro con velocidad V_2, entonces $F_3(z)=aF_1(z) + bF_2(z)$ es un flujo con velocidad $aV_1 + bV_2$.

Finalmente, es útil disponer de un conjunto de funciones típicas que puedan servir de base para el análisis de escurrimientos potenciales bidimensionales, algunas de las cuales se muestran en la Figura 4.30.

1. Flujo uniforme en la dirección X. $F(z) = uz$

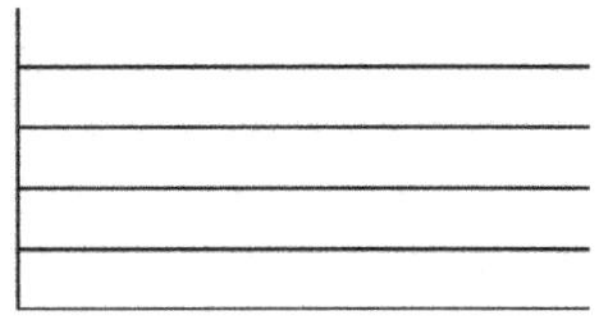

2. Flujo uniforme en la dirección Y. $F(z) = uiz$

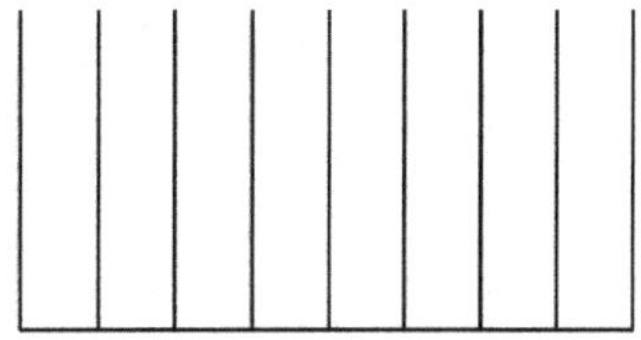

3. Flujo uniforme en la dirección α. $F(z) = Vze^{-i\alpha}$

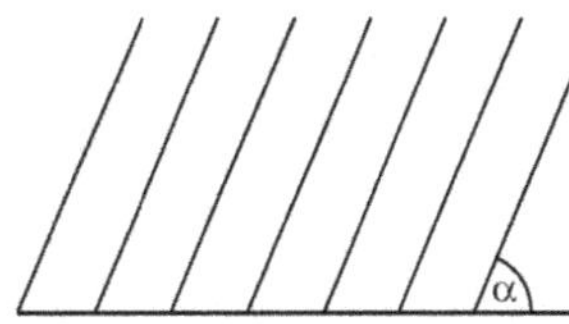

4. Fuente, o sumidero, de intensidad m en el punto z_0. $F(z) = mLn(z-z_0)$

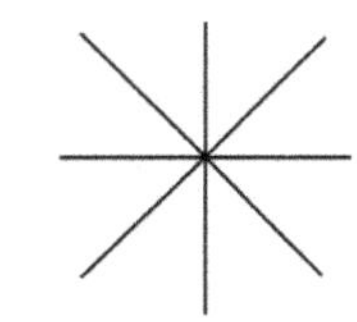

5. Remolino irrotacional en el punto z_0. $F(z) = -imLn(z-z_0)$

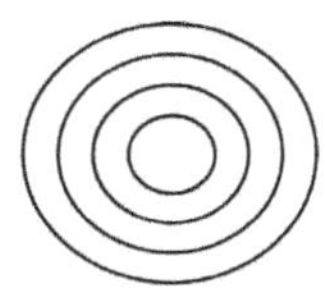

6. Flujo en una esquina de ángulo $\frac{\pi}{n}$. $F(z) = Az^n$

7. Flujo alrededor de un cilindro circular con rotación. $F(z) = u\left(z + \frac{a}{z}\right) + ikLnz$

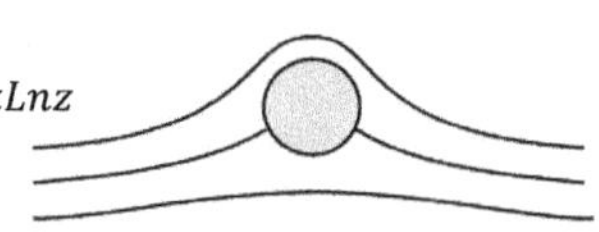

8. Fuente en el centro de un canal de ancho constante. $F(z) = Ln\,senh\left(z\frac{\pi}{a}\right)$

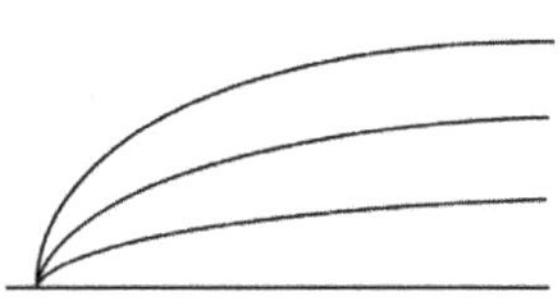

Figura 4.30. Ejemplos de flujos bidimensionales típicos.

4.3.4.6 Redes de flujo

La determinación del potencial de velocidad, o de las líneas de corriente, a través de la utilización de funciones complejas solo puede lograrse en forma sencilla cuando las condiciones de borde son relativamente simples.

Se ha sugerido que mediante el método analítico se podría resolver cualquier condición de borde ya que siempre se podrían sumar los flujos básicos necesarios hasta lograr que una línea de corriente coincida con los límites físicos del escurrimiento. Esto se podría conseguir, por ejemplo, determinando la ubicación e intensidad de fuentes o sumideros hasta lograr estas condiciones. Sin embargo, dado el avance que se ha alcanzado con otros métodos parece poco conveniente tratar de resolver todos los problemas prácticos en forma analítica con tal procedimiento.

Existe un gran número de situaciones prácticas en las cuales no es fácil resolver la ecuación de Laplace para las condiciones de borde del problema. Para estos casos es posible usar métodos alternativos de solución basados en procedimientos gráficos, analógicos o numéricos. El más usado por su simplicidad y que permite tener una primera visión de las características del escurrimiento es el método gráfico. Este procedimiento es particularmente útil en el caso de escurrimientos bidimensionales. Consiste, esencialmente, en dibujar a mano alzada las líneas equipotenciales y de corriente aprovechando ciertas características específicas que presentan estas funciones por el hecho de satisfacer la ecuación de Laplace.

Se ha demostrado anteriormente que tanto la función potencial Φ, como la función de corriente Ψ, satisfacen la ecuación de Laplace y que, además, las familias de curvas dadas por los valores constantes de ellas son ortogonales entre sí. Una red de flujo se compone de una familia de líneas equipotenciales, y la familia correspondiente de líneas de corriente, con las constantes variando en progresión aritmética. Es habitual hacer que el incremento de la constante entre líneas equipotenciales adyacentes y líneas de corriente adyacentes sea el mismo, por ejemplo Δc. Si en un punto cualquiera de una red de flujo, la distancia entre líneas de corriente es Δn y la distancia entre líneas equipotenciales es Δs, la velocidad aproximada Vs viene dada entonces en función de la distancia de las líneas equipotenciales por:

$$V_s = -\frac{\Delta\Phi}{\Delta s} = -\frac{\Delta c}{\Delta s}$$

o en función de las líneas de corriente

$$V_s = -\frac{\Delta\Psi}{\Delta n} = -\frac{\Delta c}{\Delta n}$$

Las expresiones anteriores son aproximadas cuando Δc es finito, pero cuando Δc se hace muy pequeño se hacen exactas y dan las velocidades en un punto. Como las dos velocidades obtenidas tienen que ser la misma, las ecuaciones demuestran que $\Delta s=\Delta n$, o que la red de flujo consiste en un reticulado ortogonal que, cuando el tamaño de la retícula tiende a cero, está formada por cuadrados perfectos.

La red de flujo obtenida en forma gráfica, al igual que la analítica, también se puede sumar. Por ejemplo, se pueden superponer gráficamente una fuente con un flujo uniforme como se muestra en la Figura 4.31.

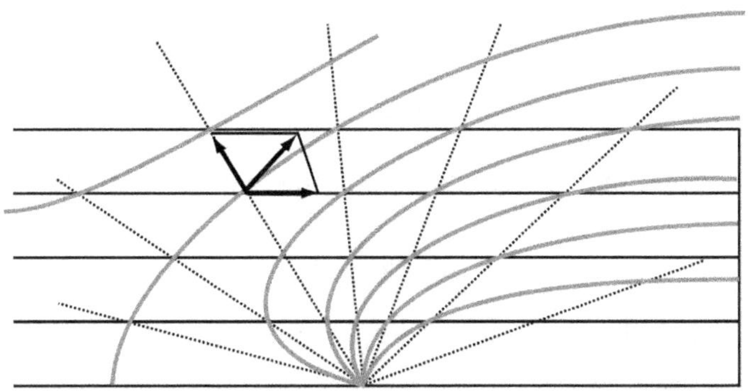

Figura 4.31. Superposición gráfica de la red de flujo de un escurrimiento uniforme y una fuente.

Se considera que la red de flujo está correctamente construida cuando se satisfacen las siguientes condiciones:

1. Los bordes son líneas de corriente y las líneas equipotenciales son normales a los bordes.
2. Las líneas equipotenciales y las líneas de corriente son ortogonales entre sí y forman una red de cuadrados curvilíneos.
3. Ambas familias de líneas son curvas suaves.

4.3.4.7 Métodos analógicos

Los procedimientos analógicos utilizan el concepto de que dos sistemas son análogos cuando responden en forma similar a excitaciones semejantes. Su utilidad nace del hecho que el comportamiento de sistemas potenciales de las más variadas áreas de la física se rige por los mismos principios o leyes. En efecto, tal como la velocidad en el flujo irrotacional de un fluido satisface la ecuación de Laplace, esta igualmente representa las condiciones que satisfacen el comportamiento de otras variables tales como la conducción de calor en estado de régimen, las fuerzas en una membrana elástica o los potenciales en un campo eléctrico.

El extenso uso de las analogías eléctricas nace de la facilidad con que se pueden construir sistemas de características específicas, aplicar excitaciones eléctricas deseadas y medir o registrar la respuesta en cualquier parte del sistema. La determinación del campo se ve ayudada por la existencia de un gran número de instrumentos eléctricos de medición de alta precisión y facilidad de uso.

Para el flujo irrotacional permanente de un fluido se tiene:

$$\nabla^2 \Phi = 0$$

donde Φ es el potencial de velocidades. Para un campo eléctrico permanente:

$$\nabla^2 V = 0$$

donde V es el voltaje. La analogía, en régimen permanente, se muestra en la Tabla 4.1.

Tabla 4.1. Propiedades análogas entre el flujo irrotacional de un fluido y un campo eléctrico.

Flujo irrotacional de un fluido	**Campo eléctrico**
Volumen, V	Carga eléctrica, Q_e
Potencial de velocidades, Φ	Voltaje, V
Gasto, Q	Corriente, I
Línea equipotencial	Línea de igual voltaje
Línea de corriente	Línea de intensidad de corriente

La aplicación de procedimientos de este tipo al caso del flujo irrotacional se puede realizar de la siguiente manera. En primer lugar, se construye una lámina sólida de material conductor de la misma forma geométrica que el sistema donde ocurre el flujo irrotacional bajo estudio. Los contornos del modelo se fabrican de material aislante y las líneas equipotenciales extremas se fabrican con material conductor. Sobre estas últimas se aplica una diferencia de voltaje de magnitud conocida. Mediante instrumentos adecuados se determina la distribución de voltaje en el medio conductor.

La Figura 4.32 ilustra un esquema del circuito a utilizar. En los costados AB y CD se colocan electrodos para producir un voltaje uniforme. Es indispensable que el material de los electrodos sea de baja resistividad frente a la del modelo.

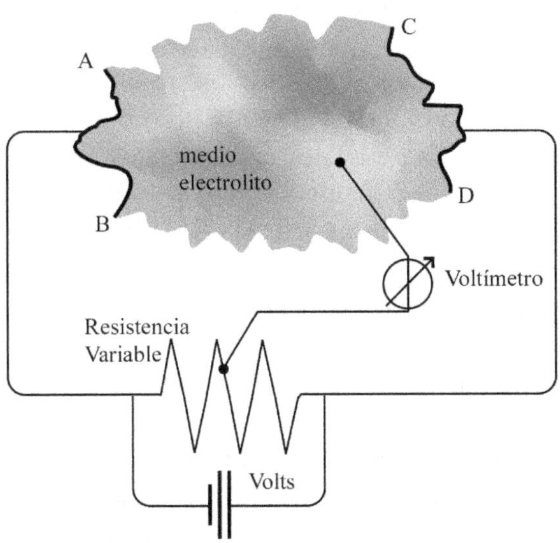

Figura 4.32. Esquema del circuito análogo eléctrico del flujo potencial.

Las líneas de igual voltaje se determinan mediante una punta exploradora conectada a través de un detector de potencial nulo con un medidor de voltaje.

Aprovechando el hecho de que las equipotenciales son ortogonales a las líneas de corriente, se pueden determinar estas últimas simplemente intercambiando los bordes aislados con los bordes conductores. Una elección adecuada de los incrementos de voltaje permite generar la red de cuadrados curvilíneos.

El material del cual se fabrica el modelo debe tener una resistencia apreciable con el fin de poder detectar las diferencias de voltaje. Para este propósito se recomienda especialmente un papel conductor muy delgado, o láminas de cobre o elementos similares. También se pueden utilizar medios electrolíticos.

4.3.4.8 Métodos numéricos

Los métodos numéricos para solucionar ecuaciones diferenciales han tenido gran desarrollo a partir de la segunda mitad del siglo XX impulsados por el avance de los computadores digitales. Se ha visto que los métodos analíticos están limitados a soluciones simples de casos sencillos. Cuando las condiciones de borde son complicadas es bastante difícil obtener una solución analítica en la cual exista una línea de corriente que coincida con los bordes físicos del problema. Los métodos de la red de flujo basados en el dibujo de ella dependen en gran medida de las condiciones y capacidades de la persona que lo realiza. Los métodos numéricos, por otra parte, pueden adaptarse a cualquier condición de borde, con una aproximación suficiente como para que los resultados puedan usarse en la práctica y son objetivos. Los métodos numéricos más usados para la solución de ecuaciones diferenciales, dadas ciertas condiciones de borde, son los de diferencias finitas, de elementos finitos y los de elementos de borde. Es común en todos los métodos numéricos el poder reemplazar lo que ocurre en todo el espacio por los valores en algunos puntos específicos. Se supone que a partir de estos valores puntuales se puede obtener el resto mediante técnicas de interpretación. Es decir, en lugar de buscar como solución una función o expresión matemática para Φ, o para Ψ, se obtiene una tabla de valores en una serie de puntos.

El método de diferencias finitas consiste en aproximar los diferenciales por diferencias algebraicas aplicadas sobre una discretización del medio continuo. De esta manera se transforma una ecuación diferencial para un medio continuo en un sistema de ecuaciones algebraicas aplicadas a puntos seleccionados de él. El método de elementos finitos es conceptualmente más complejo y supone que el medio continuo puede dividirse en elementos de dimensiones finitas de manera que las ecuaciones se aplican en cada uno de ellos. Para ilustrar el uso de métodos numéricos en la solución del problema de la distribución de velocidades de un fluido incompresible en flujo irrotacional se presenta el método de diferencias finitas, que es más simple.

Supóngase que sobre el medio continuo se dibuja un reticulado de manera que los puntos queden separados a distancias h entre sí como se ilustra en la Figura 4.33. La ecuación diferencial se solucionará solo para estos puntos suponiendo que si se conoce el valor de la función en ellos se logrará una buena idea de lo que ocurre en el conjunto, por ejemplo, mediante interpolación. Ahora bien, para cada uno de esos puntos es posible establecer una aproximación de la ecuación diferencial si se expresa en términos de diferencias finitas, conociendo lo que ocurre con la función en cada punto del reticulado.

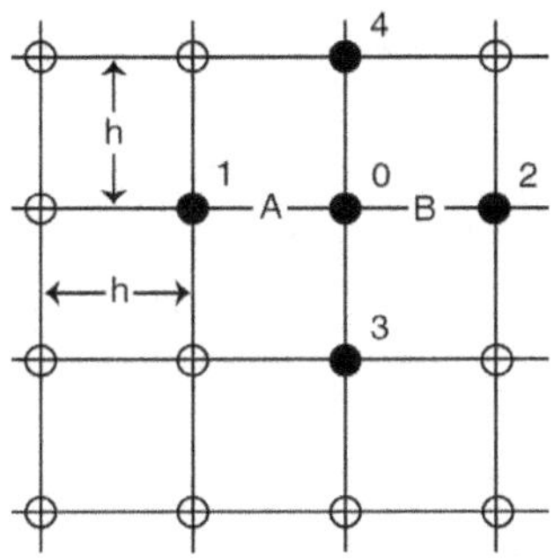

Figura 4.33. Esquema típico de la malla para establecer las ecuaciones.

Así para un punto cualquiera de la malla se puede conseguir una aproximación para la primera derivada en el sentido X como:

$$\left(\frac{\partial \Phi}{\partial x}\right)_A = \frac{\Phi_0 - \Phi_1}{h}$$

similarmente en el punto B:

$$\left(\frac{\partial \Phi}{\partial x}\right)_B = \frac{\Phi_2 - \Phi_0}{h}$$

La segunda derivada en el punto 0, ubicado entre A y B, en el sentido X, se puede aproximar por:

$$\left(\frac{\partial^2 \Phi}{\partial x^2}\right)_0 = \frac{1}{h}\left[\left(\frac{\partial \Phi}{\partial x}\right)_B - \left(\frac{\partial \Phi}{\partial x}\right)_A\right] = \frac{\Phi_2 - \Phi_0 - \Phi_0 + \Phi_1}{h^2}$$

Análogamente en la dirección Y:

$$\left(\frac{\partial^2 \Phi}{\partial y^2}\right)_0 == \frac{\Phi_3 + \Phi_4 - 2\Phi_0}{h^2}$$

Entonces, una expresión aproximada para la ecuación de Laplace en el punto 0 es:

$$\nabla^2\Phi = \Phi_1 + \Phi_2 + \Phi_3 + \Phi_4 - 4\Phi_0 = 0$$

Así para cada nodo del reticulado se puede expresar la condición de la ecuación de Laplace mediante una aproximación de diferencias finitas con lo cual se obtiene una ecuación algebraica:

$$\Phi_0 = \frac{(\Phi_1 + \Phi_2 + \Phi_3 + \Phi_4)}{4} \tag{4.65}$$

Similarmente, dado que la función de corriente también satisface la ecuación de Laplace, se obtiene un sistema de ecuaciones similar a:

$$\Psi_0 = \frac{(\Psi_1 + \Psi_2 + \Psi_3 + \Psi_4)}{4} \tag{4.66}$$

Estas ecuaciones son aplicables a cada punto del reticulado. Existirán algunos de ellos, en los bordes físicos del sistema, en los cuales los valores de la función potencial, o de corriente, son conocidos. Para resolver el problema se debe encontrar la solución de un sistema de ecuaciones lineales planteadas en base a una función de potencial, o de corriente dependiendo para cuál de ellas sea más simple usar dadas las condiciones de borde. Finalmente, se obtiene un sistema con tantas ecuaciones del tipo de las planteadas para Φ_0, o para Ψ_0, como puntos de la malla. Resolviendo este sistema se encuentran los valores numéricos de la función Φ en cada punto y con ellos se tiene una aproximación al problema.

Para resolver el sistema de ecuaciones, a su vez, se pueden utilizar diferentes procedimientos, entre los cuales destacan la solución matricial del sistema de ecuaciones resultante y el llamado método de relajación de errores.

El sistema de ecuaciones puede expresarse como:

$$\boldsymbol{A}\vec{x} = \vec{f}$$

donde **A** es una matriz de coeficientes, $\vec{\boldsymbol{x}}$ un vector con las incógnitas, y $\vec{\boldsymbol{f}}$ un vector que representa las condiciones de borde del sistema. La matriz de coeficientes es cuadrada de n·n elementos siendo n la cantidad de nodos que tenga la malla superpuesta al sistema sin considerar aquellos que corresponden a las condiciones de borde.

Este método presenta inconvenientes cuando el reticulado no coincide con los bordes físicos del problema, de manera que los bordes no pasan por los nodos. En estos casos se deberá plantear ecuaciones especiales en esas zonas o disminuir el tamaño de la red o aproximar el borde mediante una malla adecuada.

El procedimiento general para solucionar un problema de flujo potencial utilizando el método de diferencias finitas es:

a) Superponer un reticulado al medio continuo para representar la zona donde se realiza el escurrimiento. Elegir las dimensiones de la red de acuerdo con la precisión que se requiera, las dificultades de cálculo y las condiciones de borde.
b) Determinar las condiciones de borde y decidir la función que se resolverá, potencial o de corriente. Establecer las condiciones de borde en los nodos correspondientes, imponiendo los valores numéricos de la función seleccionada en esos puntos.
c) Establecer para cada nodo la ecuación de diferencias finitas correspondiente, o determinar los coeficientes de las ecuaciones para cada nodo.
d) Solucionar el sistema de ecuaciones por cualquier método: exacto, por tanteo, relajación u otro a elección.
e) Anotar los valores numéricos obtenidos en cada punto y, a partir de ellos, dibujar las líneas de corriente o de potencial mediante interpolación espacial, en forma similar a como se acostumbra dibujar las curvas de nivel en un mapa de relieve.

EJEMPLO 4.17

Utilizando el método de diferencias finitas encuentre la distribución de velocidades en la contracción rectangular de la Figura 4.34. Suponga que el gasto es de 10 unidades.

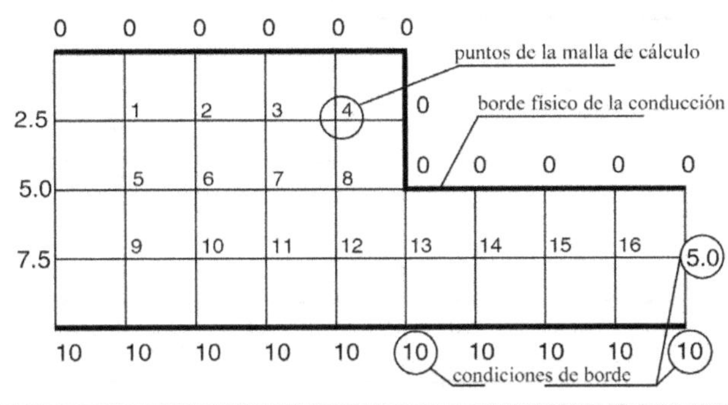

Figura 4.34. Malla de diferencias finitas para la contracción rectangular.

SOLUCIÓN:

En primer lugar, debe sobreponerse sobre el espacio ocupado por el flujo una malla de cálculo rectangular con algunos de sus puntos coincidiendo con los bordes físicos del problema. Las dimensiones de la malla fijan la precisión deseada para los resultados y la cantidad de cálculos necesarios para resolverla. Debido a que tanto el borde superior como el inferior son líneas de corriente en ellos es fácil imponer las condiciones de borde si se resuelve el problema para las funciones Ψ.

Las condiciones de borde quedan representadas por valores de Ψ=0 en el borde superior y Ψ=10 en el inferior. Se puede suponer también que, tanto hacia la izquierda como hacia la derecha, suficientemente lejos de la singularidad, la distribución de velocidades es uniforme, de manera que los valores de la función de corriente debieran ser los que se indican en los extremos de la malla.

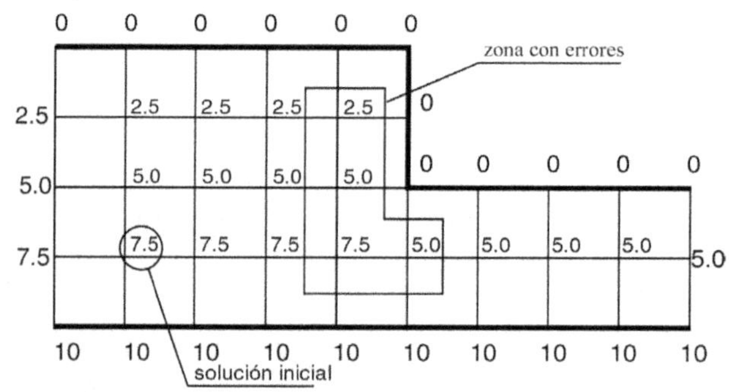

Figura 4.35. Primera aproximación de los valores de Ψ.

Para encontrar los valores de la función Ψ en los puntos de cálculo se utilizará el método de relajación de errores. Para ello se adopta inicialmente una solución aproximada que es la que se muestra en la Figura 4.35. Los valores elegidos contienen errores evidentes en la zona cercana a la singularidad donde no se cumple la ecuación de Laplace.

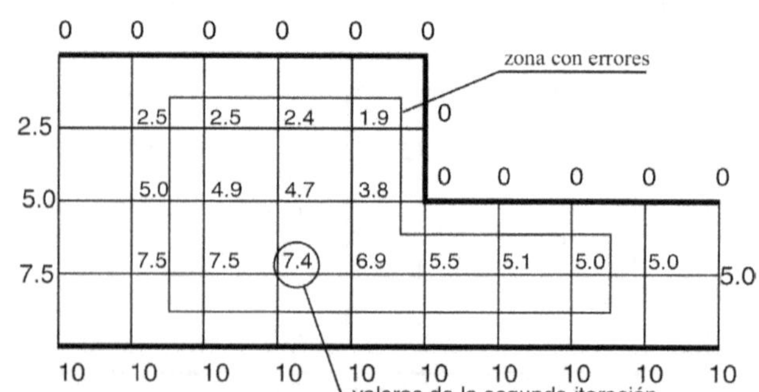

Figura 4.36. Segunda aproximación de los valores de Ψ.

A partir de esta solución inicial aproximada se pueden mejorar los valores imponiendo en cada caso la condición de Laplace, según la cual el valor de cada punto de la malla debe ser igual al promedio de los valores de los cuatro puntos que lo rodean en la vertical y la horizontal. Esto se puede hacer en forma secuencial pasando por cada punto varias veces sucesivas hasta lograr que los errores sean aceptables. En la Figura 4.36 y en la Figura 4.37 se muestra una segunda aproximación calculada directamente de la solución inicial y el resultado final después de varias iteraciones. En base a estos últimos valores se han dibujado las líneas de corriente interpolando en el mismo reticulado de la malla de cálculo.

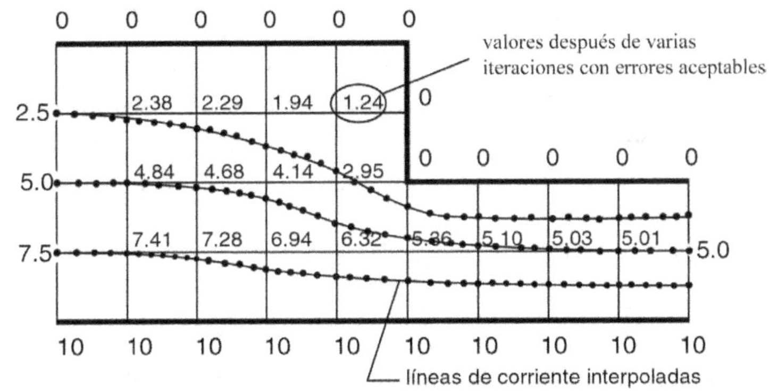

Figura 4.37. Líneas de corriente interpoladas y valores finales de Ψ.

4.4 DINÁMICA DEL FLUIDO VISCOSO

En general hasta ahora los efectos de la viscosidad han sido despreciados o considerados solo globalmente en el tratamiento del comportamiento de los fluidos en movimiento, como en el caso de la ecuación de energía y de cantidad de movimiento. Utilizando el análisis puntual se ha podido determinar con un modelo analítico la distribución de velocidades de un flujo irrotacional permanente de un fluido incompresible y no viscoso. Considerando el fluido como ideal se pueden obtener fácilmente buenas aproximaciones para muchos casos sencillos; sin embargo, se aprecian algunas incompatibilidades entre los resultados que entrega este análisis simple y la realidad. Entre ellas está lo que ocurre con la disminución de la presión en una tubería de sección constante que conduce un fluido real y la fuerza total que ejerce un fluido en movimiento sobre cuerpos sumergidos en él.

Si se considera el flujo de un fluido ideal, en el cual los efectos de la viscosidad son despreciables, en el interior de una tubería circular la distribución de velocidades es uniforme en la sección transversal de la tubería. Por otra parte, la presión en su interior a lo largo del escurrimiento está relacionada mediante la ecuación de Bernoulli con las demás variables como la cota y la velocidad, de manera que, si la velocidad en la sección transversal del escurrimiento es constante, es decir, el flujo es uniforme, la presión también lo es ya que la suma de Bernoulli permanece constante a lo largo de la tubería para un fluido ideal incompresible en régimen permanente. En la práctica se aprecia que esto no es cierto y si se hace escurrir un fluido real se produce una distribución de velocidades no uniforme en la sección y, además, una disminución de la presión a lo largo de la tubería, la que traduce una pérdida de energía específica del flujo, debido a que en la práctica la suma de Bernoulli no es constante en los fluidos reales.

En el caso de un cuerpo sumergido en el interior de un fluido en movimiento si se supone flujo irrotacional y el fluido ideal entonces se puede encontrar la distribución de velocidades y a partir de ella, con la ecuación de Bernoulli, la distribución de presiones sobre la superficie. Así es como despreciando los efectos de las fuerzas tangenciales se concluye que la fuerza total del fluido sobre el cuerpo es nula. En la práctica se sabe que si se sumerge un cuerpo en un fluido en movimiento este ejerce una fuerza que tiende a arrastrar al cuerpo en la dirección del escurrimiento. Esta contradicción se conoce como la paradoja de D'Alambert.

Estas dos situaciones y otras similares en las cuales aparece una contradicción clara entre lo que explica la teoría del fluido ideal y la realidad, solo se pueden explicar si se considera la viscosidad del fluido, las fuerzas tangenciales que ella produce y sus consecuencias sobre el flujo.

4.4.1 Flujo laminar unidireccional

Es posible incorporar los efectos de la viscosidad en el caso de un flujo ordenado unidireccional, con una velocidad que no presenta componentes aleatorias. Este es el llamado flujo laminar. En este caso la ecuación del movimiento de un fluido viscoso se encuentra aplicando la ecuación de Newton del movimiento a un elemento de fluido considerando entre las fuerzas de superficie que sobre él actúan los esfuerzos de corte provocados por la viscosidad. Si el fluido es de comportamiento newtoniano los esfuerzos de corte se pueden relacionar con la viscosidad y la distribución de velocidades.

En el caso de flujo laminar unidireccional esta ecuación es fácilmente deducible. Con ella se puede resolver el escurrimiento de un fluido viscoso entre placas paralelas o el flujo en el interior de un tubo circular.

a) **Flujo entre placas paralelas.**

Siendo el flujo laminar unidireccional el campo de velocidades puede quedar descrito por:

$$\vec{V} = u\hat{\imath}$$

ya que todas las demás componentes son siempre nulas. Las fuerzas de superficie corresponden a la presión y los esfuerzos tangenciales, los que para un volumen elemental se comportan como se indica en la Figura 4.38. La ecuación de Newton del movimiento indica, según la dirección x:

$$\boldsymbol{a}_X dm = \boldsymbol{F}m_X + \boldsymbol{F}s_X$$

donde dm es la masa del elemento, $\boldsymbol{F}m_x$ la componente de la fuerza másica en la dirección X y $\boldsymbol{F}s_x$ la de las fuerzas de superficie.

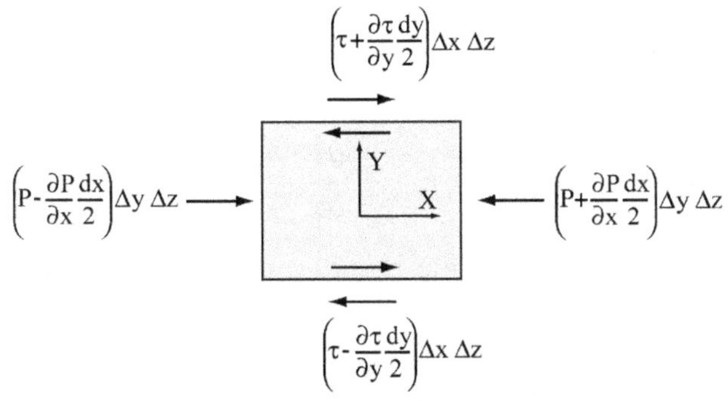

Figura 4.38. Esfuerzos de superficie sobre un elemento viscoso en flujo unidireccional.

Si el elemento tiene dimensiones $dx{\cdot}dy{\cdot}dz$, es fácil observar que:

$$dm = \rho dx \cdot dy \cdot dz$$

$$\boldsymbol{F}m_X = \rho \boldsymbol{f}m_x dx \cdot dy \cdot dz$$

Además, como el flujo es unidireccional, la aceleración $\boldsymbol{a}_x$ está dada por:

$$\boldsymbol{a}_X = \frac{\partial u}{\partial t} + u\frac{\partial u}{\partial x}$$

En las fuerzas de superficie se deben considerar los esfuerzos normales y tangenciales. En la dirección X:

$$Fs_x = \left(P - \frac{\partial P}{\partial x}\frac{dx}{2}\right) dydz - \left(P + \frac{\partial P}{\partial x}\frac{dx}{2}\right) dydz + \left(\tau + \frac{\partial \tau}{\partial y}\frac{dy}{2}\right) dxdz - \left(\tau - \frac{\partial \tau}{\partial y}\frac{dy}{2}\right) dxdy$$

Simplificando se obtiene:

$$Fs_X = \left(-\frac{\partial P}{\partial x} + \frac{\partial \tau}{\partial y}\right) dx \cdot dy \cdot dz$$

Reemplazando todos los elementos en la ecuación de Newton:

$$\rho\left(\frac{\partial u}{\partial t} + u\frac{\partial u}{\partial x}\right) = \rho f_{mx} - \frac{\partial P}{\partial x} + \frac{\partial \tau}{\partial y} \tag{4.67}$$

Si se trata de un fluido newtoniano el esfuerzo de corte está relacionado con la distribución de velocidades mediante:

$$\tau = \mu\frac{\partial u}{\partial y}$$

donde μ es la viscosidad dinámica del fluido. Reemplazando en la ecuación anterior se tiene:

$$\rho\left(\frac{\partial u}{\partial t} + u\frac{\partial u}{\partial x}\right) = \rho f_{mx} - \frac{\partial P}{\partial x} + \mu\frac{\partial^2 u}{\partial y^2} \tag{4.68}$$

que corresponde a la ecuación que rige el movimiento unidireccional de un fluido viscoso.

Si se trata de un fluido incompresible las incógnitas son (P, u); por lo tanto, esta ecuación y la de continuidad permiten resolver el problema, integrándolas en cada caso particular con las condiciones de borde correspondientes.

4.4.2 Ejemplos importantes de flujo laminar

4.4.2.1 Flujo de Couette

Analizar las características del flujo laminar permanente de un fluido viscoso entre dos placas paralelas horizontales. El flujo que se genera en estas condiciones recibe el nombre de flujo de Couette.

Solución:

En este caso la ecuación del movimiento es la (4.68), pero como el flujo es permanente:

$$\frac{\partial u}{\partial t} = 0$$

Si, además, se trata de un fluido incompresible y el flujo es unidimensional la ecuación de continuidad establece:

$$\frac{\partial u}{\partial x} = 0$$

Finalmente, como las placas son horizontales y el eje x tiene la dirección del flujo en un campo gravitacional no hay componente de fuerzas másicas; por lo tanto, la ecuación del movimiento se reduce simplemente a:

$$\frac{\partial P}{\partial x} = \mu \frac{\partial^2 u}{\partial y^2} \qquad (4.69)$$

Es decir, la caída de presión a lo largo del eje x, en la dirección del flujo, depende de la distribución de velocidades en la sección transversal entre las placas.

Con esta ecuación y la ley de viscosidad de Newton se pueden analizar rápidamente varios casos prácticos:

i) Flujo uniforme de velocidad constante entre dos placas paralelas. Como la velocidad es constante en la sección transversal los esfuerzos de corte son nulos en toda la sección y la presión permanece constante en el sentido del escurrimiento. Para que ocurra esta situación es necesario que ambos bordes se muevan a la misma velocidad que el fluido debido a la adherencia. En estas condiciones el fluido es arrastrado por las placas y no hay gradiente de presión en la dirección del flujo (Figura 4.39).

Figura 4.39. Flujo laminar entre placas paralelas a velocidad uniforme.

ii) Un borde está fijo y el otro se mueve con velocidad V. Entonces, la distribución de velocidades es triangular y, por lo tanto, los esfuerzos de corte son constantes en la sección y la presión también permanece constante en la dirección del flujo. El flujo que se genera en este caso se conoce como de Couette simple (Figura 4.40).

Figura 4.40. Flujo laminar entre placas paralelas, una detenida y la otra móvil. Flujo de Couette simple.

iii)Si se tiene un flujo laminar con una distribución de velocidades parabólica, la distribución de esfuerzos de corte es triangular y se produce una caída de presión lineal a lo largo de la canalización (Figura 4.41).

Figura 4.41. Flujo laminar con distribución de velocidades parabólica.

iv)Estos esquemas de flujo básicos se pueden componer sumando las distribuciones de velocidades y de esfuerzos de corte correspondientes. Por ejemplo, si se compone un caso como el ii y el iii, se obtiene el típico flujo de Couette (Figura 4.42).

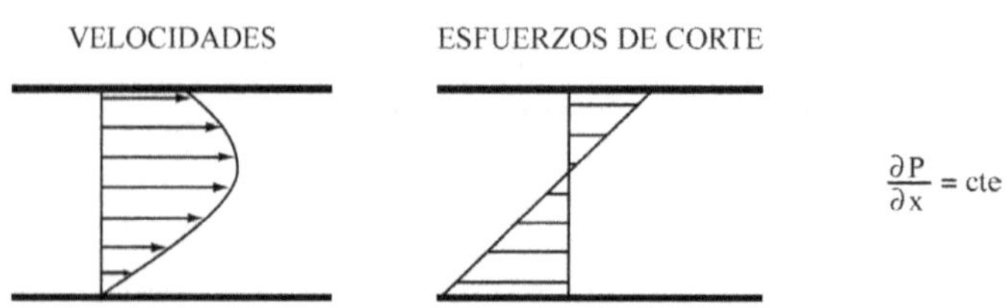

Figura 4.42. Flujo de Couette.

4.4.2.2 Flujo en una tubería circular

En este caso, con el objeto de imponer en forma más simple las condiciones de borde, es conveniente utilizar coordenadas cilíndricas, con el eje Z coincidiendo con el eje de la tubería, como se ilustra en la Figura 4.43, en la cual, además, se indican los esfuerzos superficiales sobre un elemento de fluido en forma de anillo cilíndrico.

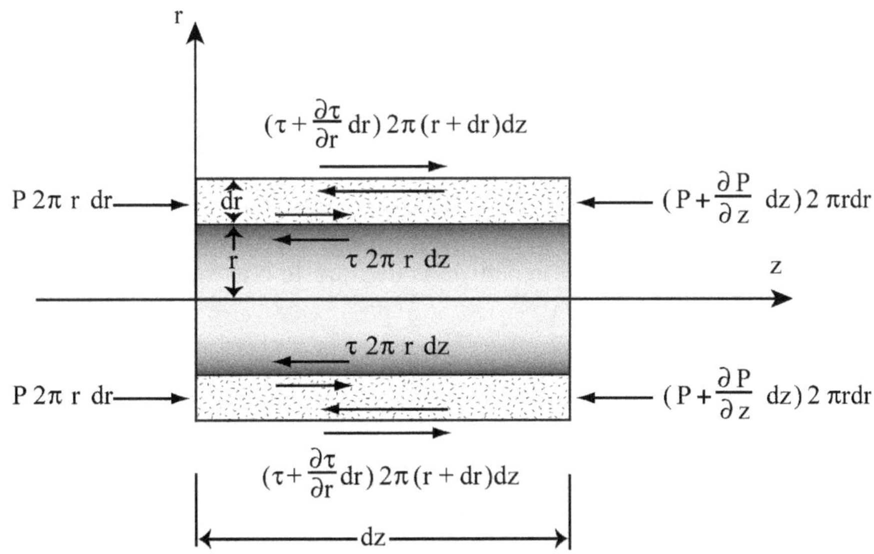

Figura 4.43. Fuerzas de superficie sobre un elemento cilíndrico de un fluido viscoso.

Como el flujo es laminar, ordenado, se puede aceptar que el campo de velocidades queda descrito por:

$$\vec{V} = w\hat{k}$$

no existiendo componentes radial ni angular de la velocidad.

La ecuación de Newton del movimiento, según el eje *z*, es:

$$\boldsymbol{a}_Z dm = \boldsymbol{F}m_Z + \boldsymbol{F}s_Z$$

donde dm es la masa del volumen elemental:

$$dm = \rho 2\pi r dr dz$$

y a_z la aceleración en la dirección del flujo:

$$a_Z = \frac{\partial w}{\partial t} + w\frac{\partial w}{\partial z}$$

La fuerza de superficie incluye los efectos de la presión en los extremos del anillo cilíndrico y los esfuerzos tangenciales debidos a la viscosidad en la superficie interior y exterior del manto. Suponiendo que el esfuerzo de corte en el interior es τ, la fuerza de superficie es:

$$Fs_Z = P\,2\pi r\,dr - \left(P + \frac{\partial P}{\partial z}dz\right)2\pi r dr - \tau 2\pi r dz + \left(\tau + \frac{\partial \tau}{\partial r}dr\right)(r + dr)2\pi dz$$

la cual, una vez realizada la suma, se reduce a:

$$Fs_Z = -\frac{\partial P}{\partial z}2\pi r dr dz + \tau 2\pi dr dz + \frac{\partial \tau}{\partial r}2\pi r dr dz$$

Incorporando estos valores en la ecuación de Newton del movimiento y simplificando se obtiene:

$$\rho\left(\frac{\partial w}{\partial t} + w\frac{\partial w}{\partial z}\right) = \rho f_{mz} - \frac{\partial P}{\partial z} + \frac{\tau}{r} + \frac{\partial \tau}{\partial r} \tag{4.70}$$

Si se trata de un fluido newtoniano, los esfuerzos de corte pueden expresarse en función del campo de velocidades para obtener:

$$\rho\left(\frac{\partial w}{\partial t} + w\frac{\partial w}{\partial z}\right) = \rho f_{mz} - \frac{\partial P}{\partial z} + \frac{\mu}{r}\frac{\partial w}{\partial r} + \mu\frac{\partial^2 w}{\partial r^2} \tag{4.71}$$

Esta es la ecuación del movimiento de un flujo laminar unidireccional en un tubo cilíndrico, considerando el efecto de la viscosidad. Se puede apreciar que difiere de la ecuación (4.70) solamente en el sistema de coordenadas adoptado.

EJEMPLO 4.18

Ecuación de Poiseuille. Encontrar las propiedades del movimiento del flujo laminar permanente de un fluido viscoso en el interior de un tubo horizontal circular de diámetro $2R$.

SOLUCIÓN:

Partiendo de la ecuación (4.71), como el flujo es permanente $\frac{\partial w}{\partial t} = 0$

Si además se trata de un fluido incompresible y el flujo es unidireccional, la ecuación de continuidad indica:

$$\frac{\partial w}{\partial z} = 0$$

Finalmente, si la tubería está horizontal la ecuación del movimiento en coordenadas cilíndricas (4.71) con el eje z coincidiendo con la dirección del flujo, se reduce a:

$$\frac{\partial P}{\partial z} = \frac{\mu}{r}\frac{\partial w}{\partial r} + \mu\frac{\partial^2 w}{\partial r^2} \tag{4.72}$$

Esta ecuación es integrable si se imponen las condiciones de borde adecuadas. Una de ellas es que en las paredes hay adherencia del fluido, por lo tanto:

$$V = 0 \quad para \quad r = R$$

Para integrar se puede definir una variable auxiliar:

$$\tau = \mu\frac{\partial w}{\partial r}$$

de manera que:

$$\frac{\partial P}{\partial z} = \frac{1}{r}\tau + \frac{\partial \tau}{\partial r} = \frac{1}{r}\frac{\partial(\tau r)}{\partial r}$$

ya que τ depende solo de r de manera que su distribución se repite a lo largo de la tubería y P solo de Z, se puede considerar $\partial P/\partial z$ constante mientras se integra con respecto a r con lo cual:

$$\frac{\partial P}{\partial z} = \frac{1}{r}\frac{\partial(\tau r)}{\partial r}$$

$$\partial(\tau r) = r\frac{\partial P}{\partial z}\partial r$$

$$r\tau = \frac{r^2}{2}\left(\frac{\partial P}{\partial z}\right) + C_1$$

$$\tau = \frac{r}{2}\frac{\partial P}{\partial z} + \frac{C_1}{r}$$

o similarmente, expresando τ en función de la velocidad, considerando V=w:

$$\mu\frac{\partial V}{\partial r} = \frac{r}{2}\frac{\partial P}{\partial z} + \frac{C_1}{r}$$

y, por lo tanto, integrando nuevamente:

$$\mu V = \frac{r^2}{4}\frac{\partial P}{\partial z} + C_1 Lnr + C_2$$

De manera que la velocidad puede expresarse como:

$$V = \frac{r^2}{4\mu}\frac{\partial P}{\partial z} + \frac{C_1}{\mu}Lnr + \frac{C_2}{\mu}$$

Como para r=0 la velocidad en el centro de la tubería debe ser finita, se puede concluir que C_1=0. Además, para r=R la velocidad debe ser nula, entonces:

$$0 = \frac{R^2}{4\mu}\frac{\partial P}{\partial z} + \frac{C_2}{\mu} \Rightarrow C_2 = -\frac{R^2}{4}\frac{\partial P}{\partial z}$$

Luego, la distribución de velocidades, está dada por:

$$V = \frac{r^2-R^2}{4\mu}\frac{\partial P}{\partial z} = -\frac{R^2-r^2}{4\mu}\left(\frac{\partial P}{\partial z}\right) \qquad (4.73)$$

Por lo tanto, la distribución de velocidades en flujo laminar en el interior de una tubería circular es parabólica y tiene el signo contrario al gradiente de presión, es decir, el fluido escurre en la dirección en que disminuye la presión.

Conocida la distribución de velocidades se puede determinar la distribución de esfuerzo de corte ya que:

$$\tau = \mu\frac{\partial V}{\partial r}$$

$$\tau = \mu\frac{1}{4\mu}2r\frac{\partial P}{\partial z} = \frac{r}{2}\frac{\partial P}{\partial z}$$

Entonces, la distribución de esfuerzo de corte es lineal con un máximo en las paredes y nula en el centro de la tubería.

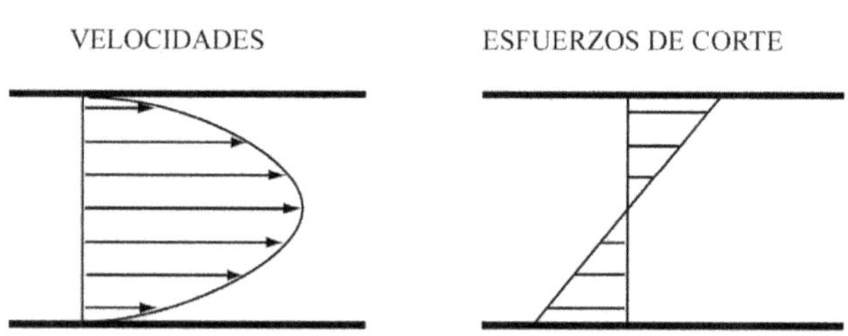

Figura 4.44. Distribución de velocidades y esfuerzo de corte al interior de una tubería.

También se puede conocer el gasto total ya que:

$$\begin{aligned} Q &= \int_A V dA = \int_0^R V 2\pi r dr \\ &= 2\pi\int_0^R \frac{r^2-R^2}{4\mu}\frac{\partial P}{\partial z} r dr = \frac{2\pi}{4\mu}\frac{\partial P}{\partial z}\int_0^R (r^2-R^2) r dr \\ &= \frac{\pi}{2\mu}\frac{\partial P}{\partial z}\left[\frac{r^4}{4} - \frac{R^2 r^2}{2}\right]_0^R = \frac{\pi}{2\mu}\frac{\partial P}{\partial z}\left[\frac{R^4}{4} - \frac{R^4}{2}\right] = -\frac{\pi R^4}{8\mu}\frac{\partial P}{\partial z} \end{aligned} \qquad (4.74)$$

$$Q = -\frac{\pi R^4}{8\mu}\frac{\partial P}{\partial z}$$

Este es la denominada **ecuación de Hagen-Poiseuille**, que relaciona la caída de presión a lo largo de una tubería circular con el gasto, si el escurrimiento en ella es laminar. Poiseuille llegó a este resultado en forma empírica realizando experiencias cuidadosas con tubos capilares. Concluyó, como lo indica la ecuación (4.73), que en flujo laminar la caída de presión es proporcional a la velocidad media del escurrimiento. Posteriormente, Hagen demostró que se puede llegar a idéntico resultado integrando las ecuaciones del flujo viscoso de Navier Stokes.

Si la tubería es de sección constante y horizontal las disminuciones de presión a lo largo del escurrimiento corresponden a una pérdida de energía por efecto del roce. Se puede poner:

$$\frac{\partial P}{\partial z} = \gamma \frac{\partial H}{\partial z} = \gamma \frac{\Delta H}{\Delta L} = \gamma J$$

siendo J la pendiente de la línea de energía, es decir, la energía por unidad de peso perdida por unidad de longitud. La ecuación de Hagen-Poiseuille se puede poner:

$$Q = \pi \frac{R^4}{8} \frac{\gamma}{\mu} J \tag{4.75}$$

que es la forma en que comúnmente se conoce.

4.4.3 Ecuaciones de Navier-Stokes

Para encontrar la ecuación del movimiento del caso general de un flujo tridimensional, de un fluido viscoso, en régimen laminar o turbulento, es necesario considerar las condiciones de equilibrio de un volumen elemental teniendo en cuenta los esfuerzos normales y tangenciales. Esto da origen a un sistema de tres ecuaciones diferenciales que se conocen como las ecuaciones de Saint Venant.

El siguiente paso consiste en relacionar los esfuerzos superficiales con las características del flujo y la deformación del fluido. Estas relaciones no son inmediatas, pero se puede entender que los esfuerzos de corte están ligados a la viscosidad del fluido y su deformación angular. Incorporando estas consideraciones y suponiendo una relación lineal entre esfuerzo y deformación Navier y Stokes y otros investigadores en forma independiente entre 1820 y 1845, plantearon para un fluido viscoso incompresible las siguientes ecuaciones generales:

$$\begin{aligned}
\rho a_x &= \rho f_{mx} - \frac{\partial P}{\partial x} + \mu\left(\frac{\partial^2 u}{\partial x^2} + \frac{\partial^2 u}{\partial y^2} + \frac{\partial^2 u}{\partial z^2}\right) \\
\rho a_y &= \rho f_{my} - \frac{\partial P}{\partial y} + \mu\left(\frac{\partial^2 v}{\partial x^2} + \frac{\partial^2 v}{\partial y^2} + \frac{\partial^2 v}{\partial z^2}\right) \\
\rho a_z &= \rho f_{mz} - \frac{\partial P}{\partial z} + \mu\left(\frac{\partial^2 w}{\partial x^2} + \frac{\partial^2 w}{\partial y^2} + \frac{\partial^2 w}{\partial z^2}\right)
\end{aligned} \tag{4.76}$$

Estas ecuaciones se conocen con el nombre de ecuaciones de Navier-Stokes y son válidas para cualquier fluido viscoso incompresible, ya sea en régimen laminar o turbulento. Adicionalmente, se dispone de la ecuación de continuidad con lo cual se tienen 4 ecuaciones para 4 incógnitas (p,u,v,w). La integración de ellas en cada caso particular requiere imponer las condiciones de borde correspondientes. Cuando el fluido es viscoso la condición de borde típica es que en contacto con las paredes la velocidad es nula debido a la adherencia del fluido.

En flujo turbulento la distribución de velocidades es tan complicada que la integración de estas ecuaciones resulta muy difícil, a pesar de que existen algunas soluciones numéricas para muchos casos particulares. Para régimen laminar las velocidades son más estables, sin componentes aleatorias, de manera que resulta posible integrarlas en la mayoría de las situaciones prácticas. Dos casos obvios en los cuales estas ecuaciones resultan integrables corresponden al de un fluido en reposo, que derivan en la llamada ley hidrostática, en el caso de un fluido ideal, donde se transforman en la ecuación de Euler y en el caso de un flujo unidireccional laminar que entregan la ecuación de Hagen Poiseuille.

Estas ecuaciones se pueden expresar en forma vectorial resumida como:

$$\rho\frac{d\vec{V}}{dt} = \rho\,\vec{f}_m - \vec{\nabla}P + \mu\,\vec{\nabla}^2\,\vec{V} \tag{4.77}$$

donde el término de la izquierda corresponde al cambio de cantidad de movimiento producido por el conjunto de fuerzas incluidas en el lado derecho de la ecuación. Estas consideran las fuerzas de gravedad, representadas por el primer término, las de presión en el segundo y las viscosas en el último.

Si el fluido es compresible las relaciones entre esfuerzos y deformación deben incluir esta propiedad, la que queda representada por un término adicional dando origen a la ecuación general de Navier-Stokes:

$$\rho \frac{d\vec{V}}{dt} = \rho \vec{f}_m - \vec{\nabla} P + \mu \vec{\nabla}^2 \vec{V} + \frac{1}{3}\mu \vec{\nabla}\left(\nabla \cdot \vec{V}\right) \tag{4.78}$$

Esta ecuación se reduce a la anterior si el fluido es incompresible ya que según la ecuación de continuidad en este caso el último término es nulo.

Desarrollando el término de la aceleración, las ecuaciones completas para fluidos incompresibles en coordenadas cartesianas son las siguientes:

$$\begin{aligned}
&\frac{\partial u}{\partial t} + u\frac{\partial u}{\partial x} + v\frac{\partial u}{\partial y} + w\frac{\partial u}{\partial z} = f_{mx} - \frac{\partial P}{\rho \partial x} + \frac{\mu}{\rho}\left(\frac{\partial^2 u}{\partial x^2} + \frac{\partial^2 u}{\partial y^2} + \frac{\partial^2 u}{\partial z^2}\right)\\
&\frac{\partial v}{\partial t} + u\frac{\partial v}{\partial x} + v\frac{\partial v}{\partial y} + w\frac{\partial v}{\partial z} = f_{my} - \frac{\partial P}{\rho \partial y} + \frac{\mu}{\rho}\left(\frac{\partial^2 v}{\partial x^2} + \frac{\partial^2 v}{\partial y^2} + \frac{\partial^2 v}{\partial z^2}\right)\\
&\frac{\partial w}{\partial t} + u\frac{\partial w}{\partial x} + v\frac{\partial w}{\partial y} + w\frac{\partial w}{\partial z} = f_{mz} - \frac{\partial P}{\rho \partial z} + \frac{\mu}{\rho}\left(\frac{\partial^2 w}{\partial x^2} + \frac{\partial^2 w}{\partial y^2} + \frac{\partial^2 w}{\partial z^2}\right)
\end{aligned} \tag{4.79}$$

El modelo se completa con la ecuación de continuidad para fluidos incompresibles:

$$\frac{\partial u}{\partial x} + \frac{\partial v}{\partial y} + \frac{\partial w}{\partial z} = 0$$

En coordenadas cilíndricas (r,θ,z) para $\vec{V}=(u,v,w)$ las ecuaciones se expresan como:

$$\begin{aligned}
&\frac{\partial u}{\partial t} + u\frac{\partial u}{\partial r} + \frac{v}{r}\frac{\partial u}{\partial \theta} - \frac{v^2}{r} + w\frac{\partial u}{\partial z} =\\
&\qquad = f_{mr} - \frac{1}{\rho}\frac{\partial P}{\partial r} + \frac{\mu}{\rho}\left(\frac{\partial^2 u}{\partial r^2} + \frac{1}{r}\frac{\partial u}{\partial r} - \frac{u}{r^2} + \frac{1}{r^2}\frac{\partial^2 u}{\partial \theta^2} - \frac{2}{r^2}\frac{\partial u}{\partial \theta} + \frac{\partial^2 u}{\partial z^2}\right)\\
&\frac{\partial v}{\partial t} + u\frac{\partial v}{\partial r} + \frac{v}{r}\frac{\partial v}{\partial \theta} + \frac{uv}{r} + w\frac{\partial v}{\partial z} =\\
&\qquad = f_{m\theta} - \frac{1}{r\rho}\frac{\partial P}{\partial \theta} + \frac{\mu}{\rho}\left(\frac{\partial^2 v}{\partial r^2} + \frac{1}{r}\frac{\partial v}{\partial r} - \frac{v}{r^2} + \frac{1}{r^2}\frac{\partial^2 v}{\partial \theta^2} - \frac{2}{r^2}\frac{\partial v}{\partial \theta} + \frac{\partial^2 v}{\partial z^2}\right)\\
&\frac{\partial w}{\partial t} + u\frac{\partial w}{\partial r} + \frac{v}{r}\frac{\partial w}{\partial \theta} + w\frac{\partial w}{\partial z} =\\
&\qquad = f_{mz} - \frac{1}{\rho}\frac{\partial P}{\partial z} + \frac{\mu}{\rho}\left(\frac{\partial^2 w}{\partial r^2} + \frac{1}{r}\frac{\partial w}{\partial r} + \frac{1}{r^2}\frac{\partial^2 w}{\partial \theta^2} + \frac{\partial^2 w}{\partial z^2}\right)
\end{aligned} \tag{4.80}$$

y la ecuación de continuidad para fluidos incompresibles en las mismas coordenadas:

$$\frac{1}{r}\frac{\partial (ru)}{\partial r} + \frac{1}{r}\frac{\partial v}{\partial \theta} + \frac{\partial w}{\partial z} = 0$$

EJEMPLO 4.19

Utilizando las ecuaciones generales de Navier-Stokes, encontrar la ecuación diferencial del movimiento para el flujo laminar unidireccional de un fluido viscoso incompresible entre dos placas paralelas horizontales.

SOLUCIÓN:

Como el flujo es unidireccional, la ecuación del movimiento está representada por una de las ecuaciones en coordenadas cartesianas. Suponiendo que el eje x coincide con la dirección del flujo se tiene:

$$\frac{\partial u}{\partial t} + u\frac{\partial u}{\partial x} + v\frac{\partial u}{\partial y} + w\frac{\partial u}{\partial z} = f_{mx} - \frac{\partial P}{\rho \partial x} + \frac{\mu}{\rho}\left(\frac{\partial^2 u}{\partial x^2} + \frac{\partial^2 u}{\partial y^2} + \frac{\partial^2 u}{\partial z^2}\right)$$

Esta ecuación se simplifica enormemente en este caso particular ya que:

$\frac{\partial u}{\partial t}$ = 0 debido a que el flujo es permanente

$v\frac{\partial u}{\partial y}$ = 0 como el flujo es unidireccional y laminar v es nulo en todo instante.

$w\frac{\partial u}{\partial y}$ = 0 por lo mismo que el término anterior, w también es siempre nulo.

f_{mx} = 0 si el flujo es horizontal en un campo gravitacional.

Además, si el flujo es unidireccional y el fluido incompresible la ecuación de continuidad indica que:

$$\frac{\partial u}{\partial x} = 0$$

Entonces, los términos siguientes también son nulos:

$$u\frac{\partial u}{\partial x} = 0 \quad ; \quad \frac{\partial^2 u}{\partial x^2} = 0$$

Finalmente, si el flujo es bidimensional según el eje Y, en la horizontal transversal al flujo, el esquema de velocidades se repite idéntico, por lo tanto:

$\frac{\partial u}{\partial y} = 0$ y también

$$\frac{\partial^2 u}{\partial y^2} = 0$$

Entonces, la ecuación del flujo en este caso, deducida a partir de la ecuación general de Navier-Stokes es:

$$\frac{\partial P}{\partial x} = \mu\frac{\partial^2 u}{\partial z^2}$$

siendo *x* la dirección del flujo y *z* una coordenada vertical entre las placas.

Esta es la ecuación (4.69) deducida anteriormente para este caso especial.

EJEMPLO 4.20

Utilizando las ecuaciones generales de Navier-Stokes, encontrar la ecuación diferencial del movimiento para el flujo laminar unidireccional de un fluido viscoso incompresible en el interior de un tubo circular.

En este caso se puede aplicar la ecuación de Navier Stokes según el eje z de (4.80)

$$\frac{\partial w}{\partial t} + u\frac{\partial w}{\partial r} + \frac{v}{r}\frac{\partial w}{\partial \theta} + w\frac{\partial w}{\partial z} = f_{mz} - \frac{1}{\rho}\frac{\partial P}{\partial z} + \frac{\mu}{\rho}\left(\frac{\partial^2 w}{\partial r^2} + \frac{1}{r}\frac{\partial w}{\partial r} + \frac{1}{r^2}\frac{\partial^2 w}{\partial \theta^2} + \frac{\partial^2 w}{\partial z^2}\right)$$

Como el flujo es laminar unidireccional, $u = v = 0$.

Además, como el flujo debe ser simétrico respecto del eje, w no cambia con θ, por lo que tanto la primera como la segunda derivada de w respecto de θ son nulas. También w debe mantenerse sin cambios en la dirección z.

Con estas observaciones la ecuación de Navier Stokes en este caso queda como:

$$\rho\left(\frac{\partial w}{\partial t} + w\frac{\partial w}{\partial z}\right) = \rho f_{mz} - \frac{\partial P}{\partial z} + \frac{\mu}{r}\frac{\partial w}{\partial r} + \mu\frac{\partial^2 w}{\partial r^2}$$

Que es la ecuación obtenida para este caso a partir de la segunda ley de Newton, ec. (4.71).

RESUMEN

El análisis puntual del comportamiento dinámico de los fluidos está orientado a conocer la distribución espacial y temporal de las propiedades del flujo. Esto se logra estableciendo las ecuaciones diferenciales de continuidad y cantidad de movimiento e integrándolas para las condiciones de borde e iniciales de cada caso particular.

El fluido al moverse se traslada, rota y deforma. Todas estas transformaciones dependen del campo de velocidades.

La aceleración puede calcularse como:

$$\vec{a} = \frac{\partial \vec{V}}{\partial t} + \left(\vec{V} \cdot \nabla\right)\vec{V}$$

el primer término corresponde a la aceleración local y el segundo a la aceleración convectiva. Si el régimen es permanente solo existe esta última. La idea de aceleración, como variación total de la velocidad, puede extenderse a otras propiedades que se trasladan con el fluido.

La rotación del fluido se cuantifica mediante la vorticidad, que se puede calcular como el rotor del campo de velocidades, que es el doble de la rotación promedio en cada eje.

$$\overrightarrow{\boldsymbol{W}} = \nabla \times \vec{\boldsymbol{V}} = 2\vec{\boldsymbol{R}}$$

Los flujos sin vorticidad se denominan irrotacionales y tienen un tratamiento matemático bien desarrollado.

La vorticidad está relacionada con la circulación sobre una curva cerrada, de manera que en ella la circulación es distinta de cero solo en escurrimientos vorticosos.

La ecuación de continuidad establece:

$$\frac{\partial \rho}{\partial t} + \vec{\nabla} \cdot \left(\rho \vec{\boldsymbol{V}}\right) = 0$$

En régimen permanente se simplifica a:

$$\vec{\nabla} \cdot \left(\rho \vec{\boldsymbol{V}}\right) = 0$$

La ecuación de cantidad de movimiento depende del tipo de fuerzas que se consideren. En el caso de los fluidos ideales se desprecian los esfuerzos tangenciales debidos a la viscosidad y se obtiene la ecuación de Euler:

$$\vec{\boldsymbol{f}}_{\boldsymbol{m}} - \frac{\vec{\nabla} P}{\rho} = \frac{\partial \vec{\boldsymbol{V}}}{\partial t} + \left(\vec{\boldsymbol{V}} \cdot \vec{\nabla}\right)\vec{\boldsymbol{V}}$$

Para poder aplicar esta ecuación a flujos con geometría más complicada es conveniente utilizar un sistema de coordenadas que se mueve con el fluido, denominado de coordenadas naturales. De esta forma se obtiene según la línea de corriente:

$$-\frac{\partial v}{\partial t} = \frac{1}{\rho}\frac{\partial P}{\partial s} + g\frac{\partial z}{\partial s} + v\frac{\partial v}{\partial s}$$

y normal a ella:

$$-\frac{1}{\rho}\frac{\partial P}{\partial n} - g\frac{\partial z}{\partial n} = \frac{v^2}{R} - \frac{\partial v_n}{\partial t}$$

Estas ecuaciones se pueden integrar a lo largo de una línea de corriente en régimen permanente de un fluido ideal incompresible, obteniéndose la ecuación de Bernoulli:

$$z + \frac{P}{\gamma} + \frac{v^2}{2g} = H$$

donde H es una constante denominada carga hidráulica que tiene unidades de energía por unidad de peso. Se demuestra también que, si el flujo es irrotacional, la carga hidráulica H permanece constante entre dos puntos cualesquiera del flujo, y no únicamente sobre la misma línea de corriente. Con estas ecuaciones es posible resolver una serie de problemas reales en los cuales los efectos de la viscosidad no son importantes.

En el caso de un fluido ideal en flujo irrotacional permanente es posible encontrar las características del escurrimiento en base a la teoría del flujo potencial. Si el flujo es irrotacional la velocidad proviene de un potencial de manera que puede expresarse como:

$$\vec{V} = -\text{grad}\Phi = -\vec{\nabla}\Phi$$

donde Φ es la función potencial que satisface la ecuación de Laplace al imponer las condiciones de continuidad:

$$\nabla^2\Phi = 0$$

Si el flujo es bidimensional es posible solucionar estas ecuaciones recurriendo a las funciones complejas que las satisfacen automáticamente. Además, se puede utilizar el cálculo numérico, la construcción gráfica de redes de flujo y analogías eléctricas.

Cuando los efectos de la viscosidad son importantes es necesario incorporar en la ecuación de cantidad de movimiento los esfuerzos tangenciales.

Algunos casos simples de flujo unidireccional han sido resueltos teóricamente considerando el efecto de los esfuerzos de corte, encontrándose la siguiente ecuación diferencial del movimiento:

$$\rho\left(\frac{\partial u}{\partial t} + u\frac{\partial u}{\partial x}\right) = \rho f_{mx} - \frac{\partial P}{\partial x} + \mu\frac{\partial^2 u}{\partial y^2}$$

En base a ella se pueden encontrar las propiedades del flujo laminar unidireccional entre planos paralelos y en el interior de una tubería circular. En este último caso el resultado teórico coincide con la experiencia de Poiseuille encontrándose que el gasto que escurre se puede evaluar como:

$$Q = \frac{\pi R^4}{8\mu}\frac{\partial P}{\partial z}$$

Lo que indica que en el flujo laminar la pérdida de energía es proporcional a la velocidad media del flujo.

Si se considera el flujo viscoso en tres dimensiones las ecuaciones generales del movimiento se asocian con los nombres de Navier y Stokes, y corresponden a la siguiente expresión general:

$$\rho\frac{d\vec{V}}{dt} = \rho\,\vec{\boldsymbol{f}}_{\boldsymbol{m}} - \vec{\nabla}P + \mu\,\vec{\nabla}^2\,\vec{\boldsymbol{V}}$$

RESUMEN DE LOS OBJETIVOS DE ESTE CAPÍTULO

Después de estudiar este capítulo Ud. deberá ser capaz de:

- Dar una definición operativa de aceleración y calcularla en base al campo de velocidades.
- Dar una definición operativa de la vorticidad y calcularla en base al campo de velocidades.
- Conocer lo que se entiende por circulación y su relación con la vorticidad.
- Definir y entender los efectos dinámicos de un fluido ideal y un fluido viscoso.
- Escribir la ecuación de continuidad en su forma diferencial y aplicarla a casos particulares.
- Escribir la ecuación de Euler para un fluido ideal, simplificarla para el caso de flujo permanente e integrarla en situaciones sencillas.
- Escribir las ecuaciones de Euler en coordenadas naturales, entender el significado de cada término y deducir a partir de ellas las condiciones básicas del flujo de fluidos ideales.
- Escribir y entender la ecuación de Bernoulli, así como las condiciones bajo las cuales es aplicable.

- Aplicar las ecuaciones del flujo de un fluido ideal a casos simples.
- Entender lo que es coeficiente de contracción, presión dinámica, tubo de Pitot, venturímetro y su funcionamiento.
- Escribir y entender las ecuaciones básicas que gobiernan el comportamiento de un flujo potencial, saber de dónde provienen y distinguir bajo qué condiciones son aplicables.
- Resolver mediante técnicas de variable compleja el flujo potencial de escurrimientos sencillos.
- Entender la aplicación de técnicas gráficas, numéricas y analógicas para la solución del escurrimiento del flujo potencial. Visualizar cómo ellos se pueden emplear en la solución de otros problemas de ingeniería.
- Distinguir las condiciones y características que determinan el comportamiento de un fluido viscoso.
- Solucionar situaciones de flujo viscoso laminar unidireccional permanente considerando el efecto de los esfuerzos viscosos.
- Entender y escribir las ecuaciones de Navier-Stokes sabiendo claramente el significado de cada término. Simplificarlas e integrarlas en casos sencillos de flujo laminar.

PREGUNTAS

4.1.- a) Si E es una función escalar y **V** un vector indique, subrayando, cuáles de las siguientes operaciones están definidas: ∇E; $\nabla \cdot E$; $\nabla \times E$; $\nabla^2 E$; ∇V; $\nabla \cdot V$; $\nabla \times V$; $\nabla^2 V$.

b) En una tubería recta de sección constante cuyo eje coincide con la dirección X se establece un flujo unidimensional con una velocidad $\mathbf{V} = u\hat{\mathbf{i}}$. De pronto se cierra una válvula al final de la tubería de manera que se produce un cambio de velocidad tal que $\delta u/\delta x=-5$. Entonces, (*seleccione la palabra correcta*), la masa específica del fluido cerca de la válvula *aumenta*, *permanece igual*, *disminuye* con el tiempo.

c) Un flujo en un plano bidimensional con velocidades dadas por $\mathbf{V} = u\hat{\mathbf{i}} + v\hat{\mathbf{j}}$ en régimen permanente tiene un comportamiento de u tal que $\delta u/\delta x=3$. Entonces si el fluido es incompresible la velocidad v se comporta de tal manera que $\delta v/\delta y=$................................

4.2.- Seleccione, entre las palabras escritas en itálica, las correctas para completar las siguientes frases:

a) En régimen permanente y variado la aceleración local es =0; >0; <0; ≠0, mientras la aceleración convectiva es =0; >0; <0; ≠0.
b) En un flujo permanente uniforme los elementos del fluido están *siempre*, *a veces*, *nunca* sometidos a aceleración.
c) Si el campo de velocidades de un flujo está dado por la expresión: $\vec{V} = 2xt\hat{\mathbf{i}} + 3x\hat{\mathbf{j}}$, entonces el valor de la componente según X de la aceleración convectiva en el punto (x=2; y=2; z=2) en el instante t=2 es: *8*, *16*, *32*.

d) El método de descripción de flujo de Lagrange utiliza para la descripción las líneas de *corriente*, *trayectoria*, *humo*, *todas o ninguna de ellas*.
e) En un flujo irrotacional los elementos del fluido siguen *trayectorias rectilíneas*, *trayectorias curvas*, *cualquiera*. f) La existencia de circulación indica *siempre*, *a veces*, *nunca* existencia de vorticidad.

4.3.- Un regador de jardín típico consiste en un tubo con una salida en cada extremo que puede girar en un plano horizontal sobre un eje vertical. Clasifique el escurrimiento que produce desde el punto de vista de las variaciones en el tiempo y el espacio si se observa el flujo del chorro desde el jardín. Analice el mismo caso si el observador gira a igual velocidad que el regador y se ubica sobre el mismo eje.

4.4.- Una persona se mueve sobre las olas que llegan a una playa utilizando para ello una tabla de deslizar. Defina el flujo del mar desde el punto de vista de esa persona. Clasifique la misma situación, pero considerando el punto de vista de un observador que se encuentra en la playa.

4.5.- Supóngase que como consecuencia de la caída de un cuerpo en una piscina se produce una onda superficial que viaja sobre el agua quieta. Analice si la línea que define la intersección entre un plano vertical y la superficie libre que incluye la onda, es una línea de corriente, de trayectoria, de humo o ninguna de ellas, para un observador que se encuentra fuera de la piscina. Repita el análisis para el caso en que el observador se desplaza con la onda sobre la superficie del agua.

4.6.- Estudie el tipo de aceleración a que se ve sometido el aire que se encuentra delante de un avión detenido en la pista cuando una turbina se enciende. Compare con lo que ocurre cuando el avión se encuentra en vuelo a velocidad constante.

4.7.- Con el objeto de visualizar el escurrimiento superficial en un modelo de laboratorio para estudiar el funcionamiento de un embalse se agregan pequeños trocitos de papel a la corriente y se toma una fotografía con un tiempo de exposición relativamente largo, por ejemplo 0,2 segundos. Como resultado se obtiene una fotografía con líneas marcadas. Indique a que tipo de forma cinemática corresponden las líneas de la foto, en el caso en que el flujo en el modelo es impermanente y cuando es permanente.

4.8.- a) Los siguientes dibujos corresponden a líneas de corriente en un plano horizontal del flujo de un fluido ideal. Indique en cada caso, mediante una flecha, la dirección en que aumenta la presión.

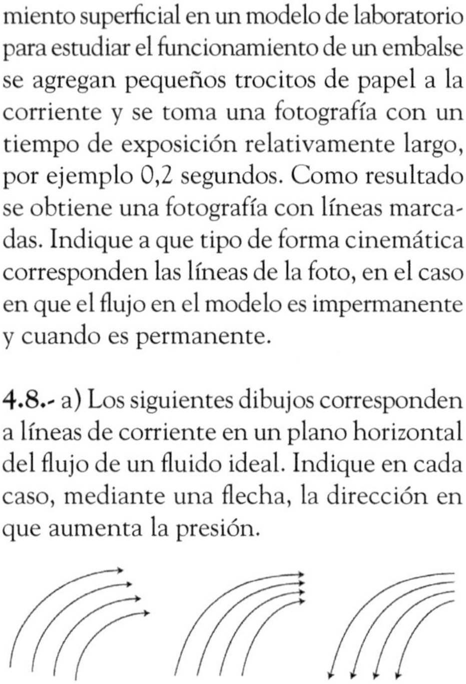

Diga en cada caso si la presión aumenta, disminuye o permanece constante a lo largo de ella.

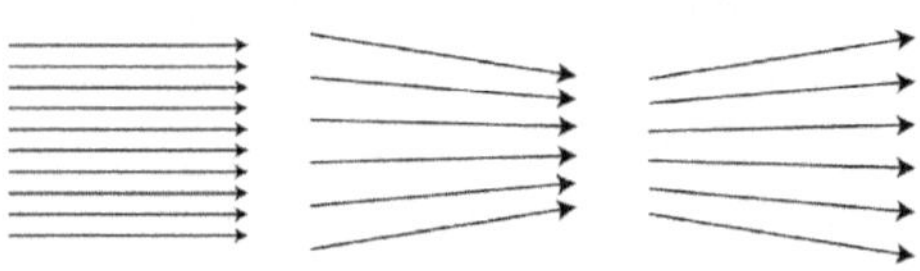

b) Si la distribución de velocidades en la sección transversal de un canal abierto que da una curva es uniforme, elija ¿cuál es la forma esperada de la superficie libre?

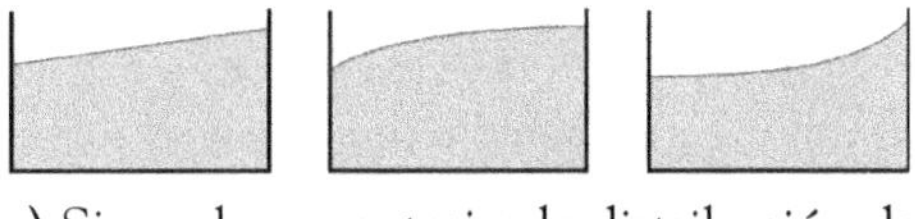

c) Si en el caso anterior la distribución de velocidades no fuera uniforme sino la que corresponde a flujo irrotacional, ¿cuál sería en este caso el esquema que mejor representaría la forma de la superficie libre?

d) Cuando se abre un orificio en el fondo de un estanque con poca agua tiende a formarse un vórtice irrotacional, con entrada de aire, el cual se caracteriza porque la velocidad varía inversamente con la distancia al eje del vórtice. Si se supone que el agua escurre sólo horizontalmente encuentre una expresión para la superficie libre en función de la distancia al eje.

e) Los esquemas siguientes muestran el escurrimiento de un fluido ideal sobre una superficie con una altura de líquido h. Indique en cada caso cómo es la altura de presión sobre el fondo en relación a la altura de líquido medida perpendicular a él.

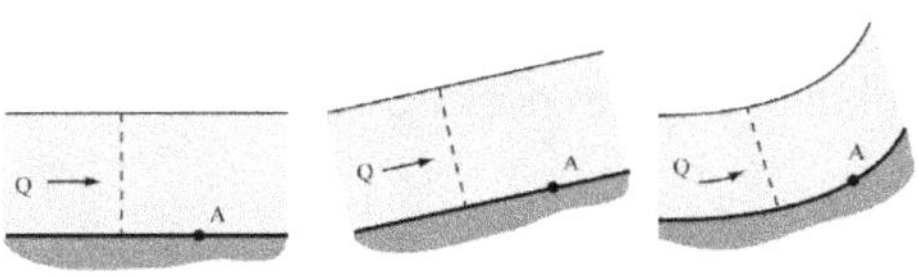

4.9.- a) ¿Qué condiciones deben cumplirse para poder aplicar la ecuación de Bernoulli entre dos puntos cualesquiera del movimiento de un fluido ideal incompresible?

b) ¿Qué condiciones deben cumplirse para poder aplicar la ecuación de Bernoulli entre dos puntos de la misma línea de corriente de un fluido ideal en régimen permanente?

c) Suponiendo que escurre de izquierda a derecha un fluido ideal, indique la relación entre las presiones en A y B en los casos que se muestran. En particular diga cuál de ellas es mayor.

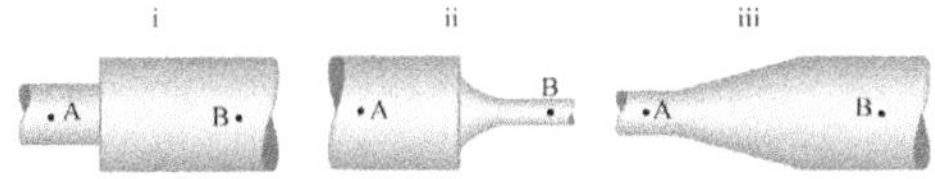

d) En los casos de la figura, diga cuándo el Bernoulli permanece constante entre 1 y 2 y cuándo no.

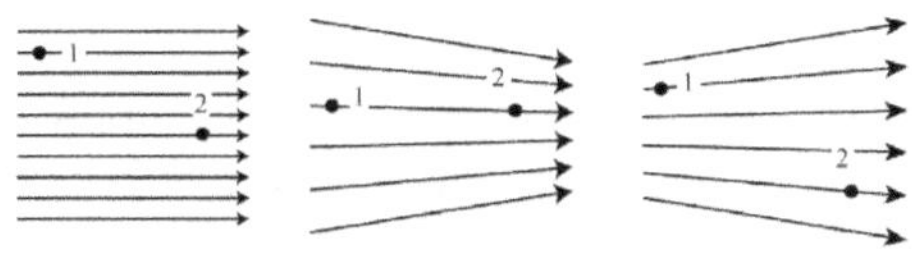

e) En la figura se indican las líneas de corriente de un flujo permanente de un fluido ideal incompresible en un plano horizontal. Ordene de mayor a menor las presiones en los puntos indicados en cada figura.

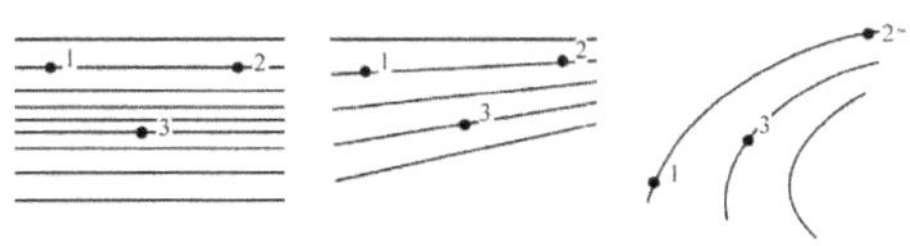

f) Para ciertos escurrimientos se ha determinado el valor de la velocidad a lo largo de líneas de corriente horizontales, cuyos gráficos se muestran a continuación. Dibuje en el mismo gráfico en cada caso la variación de presión a lo largo de esa misma línea de corriente.

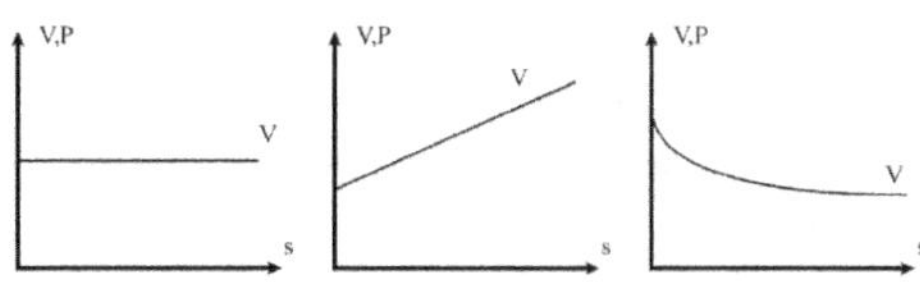

g) Suponga que a la salida de un estanque se instala una cañería horizontal con una válvula en su extremo y que el fluido es ideal. Indique si las variables V_0, V_1 y P_1 aumentan, disminuyen o permanecen constantes cuando la válvula se abre. Repita el análisis para el caso en que la válvula se cierra.

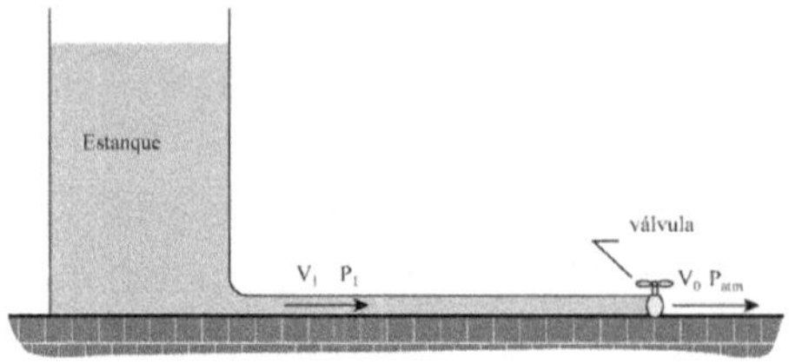

4.10.- a) ¿Qué condiciones deben cumplirse para que pueda determinarse la distribución de velocidades de un escurrimiento mediante el método de flujo potencial?

b) Si la componente u de la velocidad de un flujo potencial está dada por la expresión u=ax, entonces encuentre la expresión que corresponde a la función de corriente en ese flujo.

c) Si la función compleja F(z) corresponde a una fuente de gasto Q en el origen, encuentre la función que representa a un pozo o sumidero del mismo caudal en el mismo lugar.

d) Si F(z)=K ln(z) es la expresión que corresponde a una fuente colocada en el origen, indique la que le corresponde a un flujo irrotacional de un fluido que gira en circunferencias concéntricas con el origen en el sentido de los punteros del reloj.

e) El flujo de agua hacia un pozo ubicado en una franja de tierra que se encuentra entre el mar y un lago se puede representar mediante flujo potencial. Indique si la línea de la costa es una línea de corriente, de potencial o ninguna de ellas.

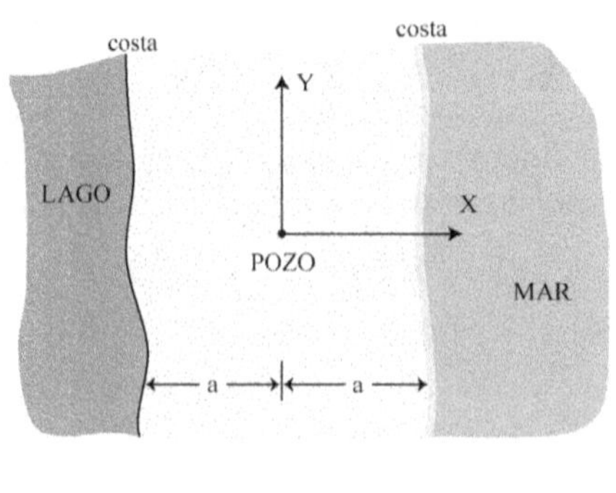

f) Si el lago en el caso anterior está a nivel del mar este problema se puede resolver aproximadamente como la superposición de varios pozos o fuentes ubicadas en lugares seleccionados. Elija la combinación adecuada. Indique la posición de los pozos, o fuentes ficticias en relación al sistema x y.

4.11.- a) En cada figura se indica el movimiento de un cilindro de generatriz horizontal en un fluido ideal. En cada caso coloque la dirección de la fuerza que hace el fluido sobre el cilindro.

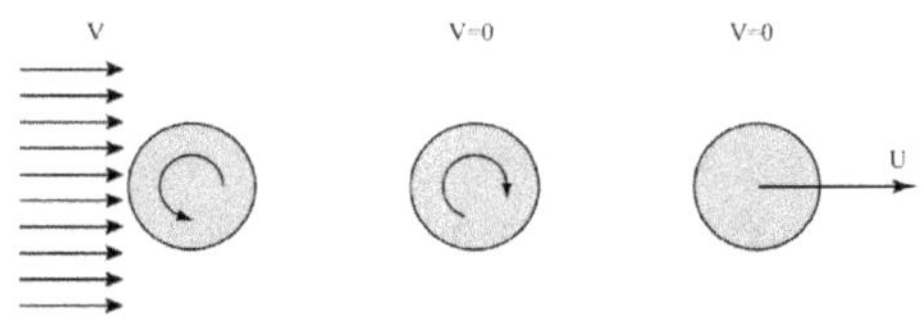

b) Un cilindro avanza en un fluido ideal en reposo con una velocidad V, al mismo tiempo que gira sobre su eje con una velocidad angular ω. Indique en cada uno de los casos de la figura la dirección de la fuerza que se genera sobre el cilindro por el efecto del fluido.

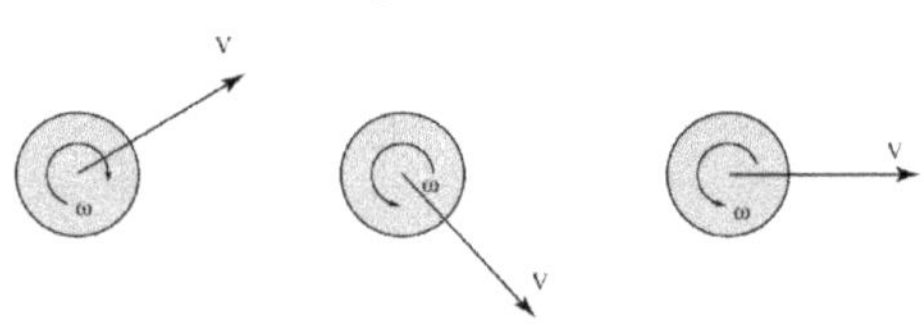

c) Un edificio con un techo horizontal como el de la figura está sometido a un viento horizontal de velocidad V. Indique cuál es el efecto dinámico del viento sobre el techo.

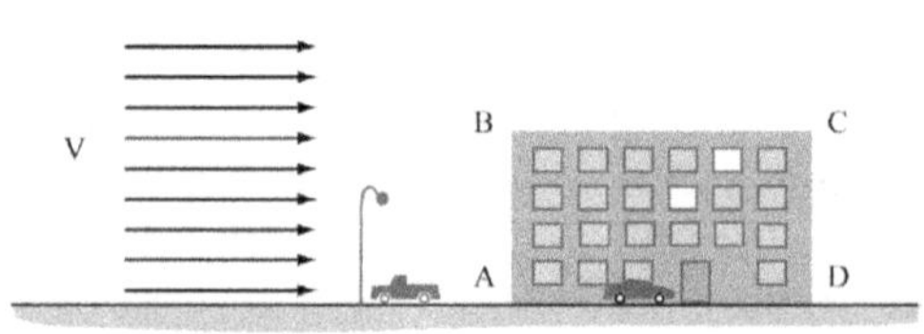

d) Si en el caso anterior se supone flujo irrotacional, compare la presión en la cara AB con la que hay sobre la cara CD.

e) En muchos casos de escurrimientos en medios permeables homogéneos se pueden obtener buenas aproximaciones si se supone un escurrimiento irrotacional de un fluido ideal. Esto es frecuente en el caso del escurrimiento de agua subterránea. Responda sólo en forma cualitativa, sin realizar ningún cálculo. Suponga que se quiere analizar el escurrimiento hacia un pozo colocado entre un río y una barrera impermeable. (i) Esta situación puede resolverse analíticamente como la suma de algunas funciones complejas elementales. Exprese cuáles serían. (ii) Dibuje la forma de las líneas de corriente que se obtendrían.

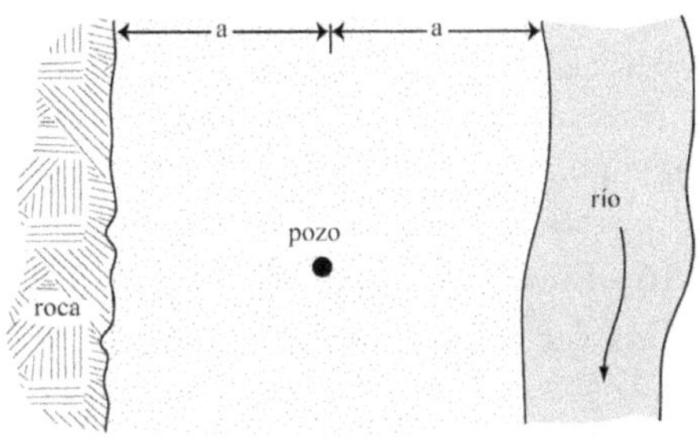

PROBLEMAS

4.12.- El viento sopla horizontalmente con velocidad uniforme y permanente V_0 sobre una chimenea vertical de radio R. Se puede suponer que el flujo alrededor de la chimenea es irrotacional y que la velocidad sobre el eje X antes de la chimenea está dado por la relación:

$$V_x = V_0\left[1 - \frac{R^2}{x^2}\right], para\ y = 0\ ;\ x < -R$$

Además, la velocidad V_θ tangencial al manto de la chimenea es $V_\theta = -2V_0 \operatorname{sen}\theta$

a) Calcule la aceleración del viento en el eje X antes de la chimenea.

b) Determine las componentes tangencial y normal de la aceleración sobre la envolvente de la chimenea.

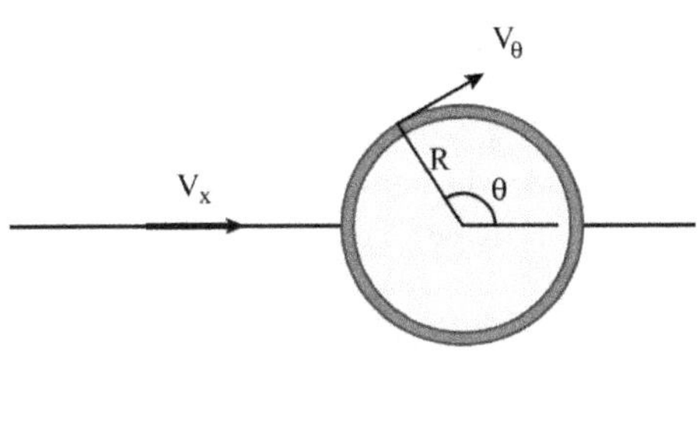

4.13.- Considere un escurrimiento bidimensional en coordenadas polares planas, cuya distribución de velocidades viene dada por:

$$V_r = Ar \cos\theta$$
$$V\theta = -2Ar \operatorname{sen}\theta$$
$$A = cte.$$

a) Encuentre la ecuación de la línea de corriente que pasa por el punto r=k, θ=π/2.

b) Deduzca la expresión para la vorticidad en torno a un eje perpendicular al papel en coordenadas polares planas.

c) Determine la región del plano polar donde el flujo es irrotacional.

4.14.- En un escurrimiento cuya distribución de velocidades está dada por la expresión: $\overline{V} = (4y - z)\hat{\mathbf{i}} + xz\hat{\mathbf{j}} + xy^2\hat{\mathbf{k}}$, ¿En qué punto del plano XY debe inyectarse una partícula para que arrastrada por el fluido pase por el punto (1,1,1)?

4.15.- Para el campo de velocidades $\overline{\mathbf{V}} = -6x\hat{\mathbf{i}} + 6y\hat{\mathbf{j}} + -7t\hat{\mathbf{k}}$. Determine:

a) La ecuación de la línea de corriente que pasa por el punto x=2; y=4; z=0.
b) La aceleración.
c) La vorticidad.
d) Las ecuaciones paramétricas de la línea de trayectoria para las partículas que pasan por el punto (2,2,3) en el instante cero.

4.16.- En un flujo que ocurre en el plano XY la velocidad está dada por $\vec{V} = (ay^2 + bxt)\hat{\mathbf{i}}$ donde a, b son constantes, t el tiempo, $\hat{\mathbf{i}}$ el vector unitario en la dirección X.

a) Encuentre el gasto que pasa por una sección normal al eje X en x=0, entre 0<y<1, de ancho 1 en el sentido z.
b) Calcule la aceleración local en el punto (x=2, y=1) en el instante t=2.
c) Estime la aceleración convectiva en el punto (x=2, y=2) para un instante cualquiera t.
d) Calcule la vorticidad en el punto (x=1, y=2) en función del tiempo.
e) Muestre que para un flujo cualquiera $\vec{V} = u\hat{\mathbf{i}} + v\hat{\mathbf{j}} + w\hat{\mathbf{k}}$ la divergencia de la vorticidad es nula, e indique las consecuencias que tiene ello sobre el comportamiento de un tubo de remolino.

4.17.- En un flujo bidimensional en el plano XY se ha destacado un elemento de fluido que en el instante t_0 coincide con un cuadrado ABDC. En este plano el campo de velocidades está dado por $\vec{V} = u\hat{\mathbf{i}} + v\hat{\mathbf{j}}$, siendo **i, j** vectores unitarios en las direcciones X e Y respectivamente. Las componentes de la velocidad medidas en los puntos A, B, C y D son las siguientes:

Punto	Coord. X	Coord. Y	u	v
A	0	0	1,0	1,0
B	1	0	1,2	1,5
C	1	1	1,4	1,3
D	0	1	1,1	1,2

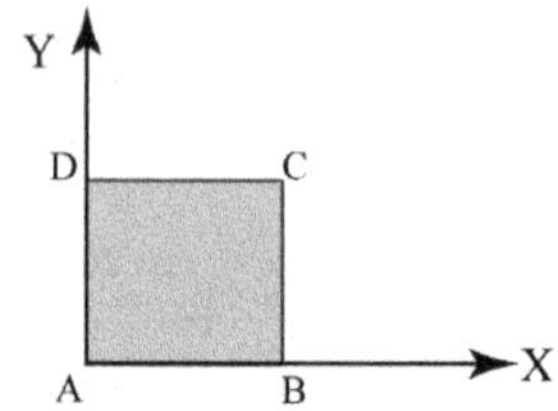

Suponga que el cuadrado tiene dimensiones unitarias de longitud iguales a las empleadas para medir la velocidad (por ejemplo, el cuadrado es de 1x1 cm² y las velocidades se miden en cm/s). Además, puede suponerse que la variación de velocidades es lineal entre dos puntos cualquiera.

a) Calcule la velocidad promedio en el lado BC según cada dirección (u_{BC}, v_{BC})
b) Calcule el gasto neto (lo que entra menos lo que sale) que ingresa al cuadrado por ABCD.
c) Calcule la circulación en ABCDA. Indique si se trata de un flujo irrotacional o rotacional.
d) Haga una estimación aproximada de las variaciones de las velocidades en el punto A, es decir de los valores de: $\frac{\partial u}{\partial x}, \frac{\partial u}{\partial y}, \frac{\partial v}{\partial x}, \frac{\partial v}{\partial y}$ en A en base a los valores de la velocidad en los puntos vecinos.
e) Estime el valor de la aceleración local y convectiva en el punto A. Clasifique el flujo en el tiempo y el espacio.
f) Estime el valor de la vorticidad en el punto A.

4.18.- Un canal de sección rectangular de ancho b que conduce relave de una mina (mezcla de agua con tierra) presenta una distribución de velocidades en la vertical como se indica en la figura, dada por:

$$V = V_0 \left(\frac{y}{h}\right)^{0,5}$$

El líquido puro tiene una masa específica ρo y el material sólido una densidad d en relación al líquido. La concentración C de sólido en volumen que transporta el canal, razón entre el volumen de sólido y el total, depende de la profundidad, según la relación siguiente:

$$C = C_0\left(\frac{y}{h} - 1\right)^2$$

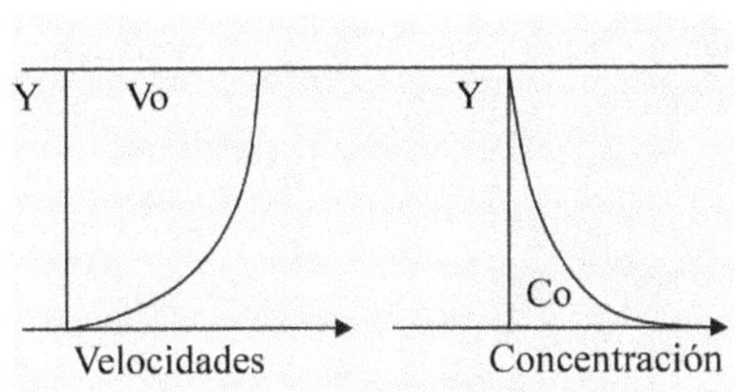

a) Encuentre el gasto total que pasa por una sección transversal.
b) Encuentre la velocidad media del escurrimiento.
c) Calcule la distribución de vorticidad e indique donde es máxima.
d) Calcule la aceleración local y convectiva del flujo.
e) Encuentre el caudal másico de sólidos que transporta el canal (kilos por segundo).
f) Encuentre la concentración promedio de la mezcla.

4.19.- Suponga que el flujo bidimensional entre dos placas horizontales paralelas puede representarse por una distribución de velocidades del tipo $V_x = f(y)$, de manera que la velocidad sólo tiene componente en el sentido horizontal y esta puede ser variable dependiendo de la distancia del punto a las placas. Encuentre cuál debe ser la distribución de velocidades para que el flujo sea irrotacional. Bajo esas condiciones determine la distribución del esfuerzo de corte. En base a ello comente la posible relación entre fluido ideal y flujo irrotacional.

4.20.- En un escurrimiento bidimensional de altura h se tiene una distribución de velocidades dada por:

$$V_x = \left(V_0 + \frac{y}{2} - \frac{3y^2}{4h}\right)$$

$$V_y = 0 \quad ; \quad V_z = 0$$

En estas condiciones se pide determinar:

a) El gasto, la velocidad media y la velocidad máxima.
b) Haga un esquema de las tensiones tangenciales en la sección transversal.
c) Calcule el vector vorticidad. Verifique que el flujo es irrotacional sólo en el plano de velocidades máximas.

4.21.- Un flujo de aceite sale de una ranura horizontal y golpea sobre una placa de manera que puede ser considerado como un escurrimiento bidimensional en el plano XY y simétrico con respecto al eje Y. El vector velocidad está dado por la expresión $\vec{V} = 3x\hat{\mathbf{i}} - 3y\hat{\mathbf{j}}$. Se pide:

a) Encontrar la ecuación de las líneas de corriente.
b) Determinar el gasto por unidad de largo que atraviesa una superficie horizontal ubicada en y = 1,5m y limitada entre x = ± 0,5.
c) Demostrar que se trata de un flujo irrotacional.

4.22.- Considere el flujo laminar de un fluido newtoniano incompresible entre dos placas paralelas con un perfil de velocidades dado por las figuras que se indican para cada caso. En cada situación calcule:

a) El gasto y la velocidad media.
b) La distribución del esfuerzo de corte en la sección transversal.
c) La vorticidad.
d) La aceleración.

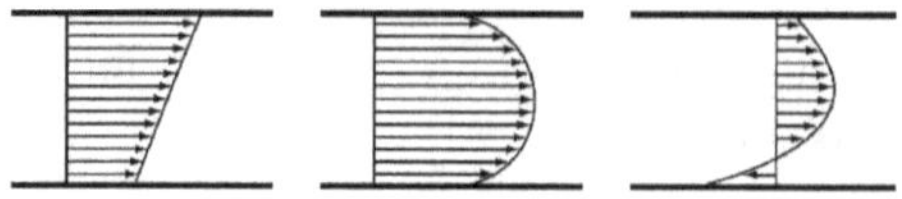

4.23.- Entre dos placas paralelas separadas a una distancia e escurre un fluido con una distribución de velocidades dada por:

$$\vec{V} = \frac{y}{e}\left[ta - \frac{y}{e} + 1\right]\hat{i}$$

considerando un eje X en la dirección principal del flujo, un eje Y vertical y Z transversal, como se ilustra aproximadamente en la figura, t el tiempo desde un instante inicial t=0; a una constante.

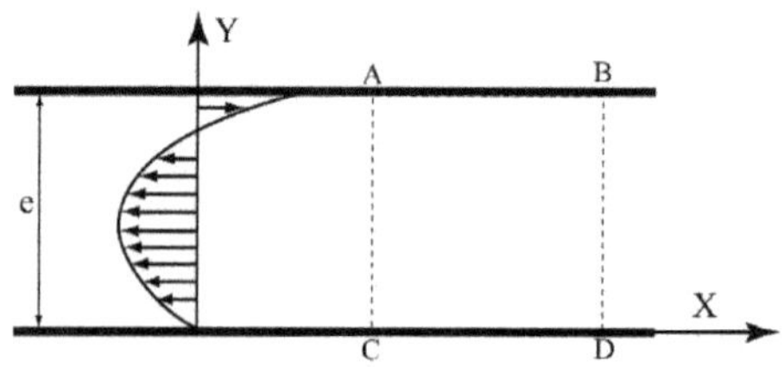

a) Calcule la velocidad media y estime el valor de t para el cual el flujo neto total que escurre en la dirección X es nulo.
b) Plantee una ecuación general de la aceleración y calcule la aceleración del flujo en la sección. Indique si se trata de aceleración local o convectiva.
c) Para el instante t=1 calcule la vorticidad del flujo e indique dónde es máxima y dónde es nula.
d) Calcule la energía cinética total por unidad de masa que arrastrada por el fluido pasa por la sección para un valor de t cualquiera. Compare ese valor con el que se obtiene al considerar la velocidad media en la sección.
e) Considere el cuadrado ABCD donde AB=CD=e y calcule el valor de la circulación a lo largo de su perímetro

4.24.- Una tubería de longitud L y área A está conectada al fondo de un estanque que tiene una altura h de agua. La tubería termina en un punto que se encuentra a una altura H bajo el nivel del estanque. Inicialmente la tubería está cerrada de tal forma que no hay escurrimiento en su interior. Al abrirse bruscamente comienza el escurrimiento en ella. Determine el tiempo que tarda en alcanzarse una velocidad V en su interior.

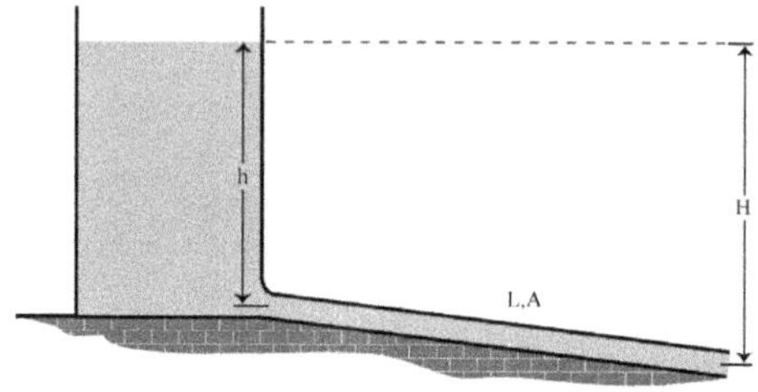

4.25.- Un tubo en forma U que tiene 0,20 m de separación entre sus ramas verticales se llena hasta 40 cm de altura con agua y se hace girar a n revoluciones por minuto en torno a su eje de simetría vertical. Determine el valor de la presión en la mitad del tubo y calcule la velocidad angular necesaria para vaporizar el agua en ese punto.

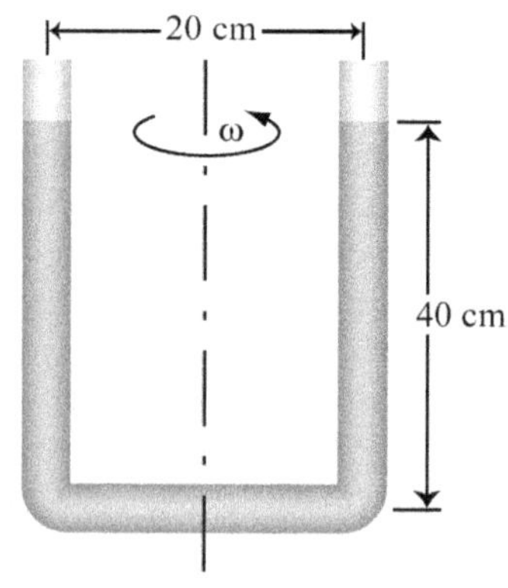

4.26.- Un codo de sección rectangular de dimensiones a × b se desea utilizar como aforador (para medir el gasto) agregando para ello medidas de presión en la parte exterior e interior de sus paredes. Suponga que la curva es horizontal y que el flujo es irrotacional.

a) Determine una relación entre el gasto Q y la diferencia de presiones ΔP;

b) Explique, ¿cómo se afecta la relación anterior si la curva fuera vertical?

4.27.- Un canal de sección transversal rectangular por el que escurre un gasto Q con una altura promedio h da una curva circular en un plano horizontal como se indica en la figura. Si el régimen es permanente y puede suponerse fluido ideal, determine la ecuación para la superficie libre en los siguientes casos:

a) Flujo irrotacional;

b) Flujo uniforme (velocidad constante);

c) Velocidad proporcional al radio de curvatura.

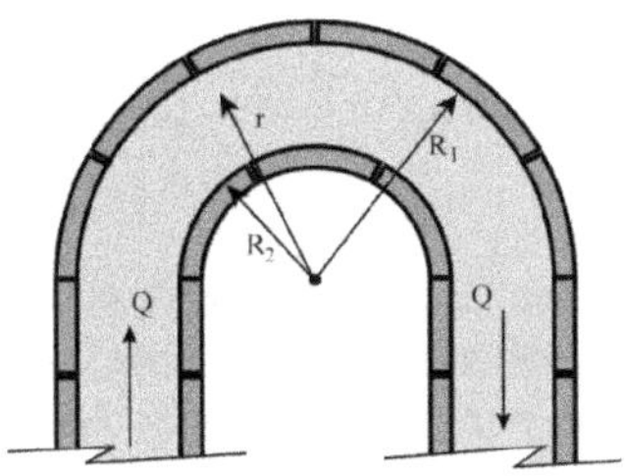

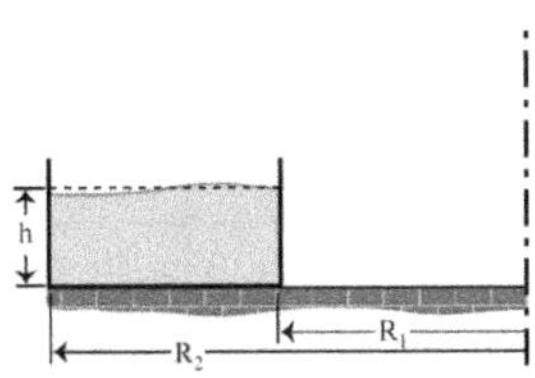

4.28.- Otro medidor de gasto en tuberías es el "aforador de orificio". Este consiste en una placa con un orificio centrado que se pone en forma transversal al escurrimiento de manera que todo el flujo pase a través del orificio. Suponiendo conocidos el coeficiente de contracción C_c y de la velocidad C_v del orificio, determine una expresión para el gasto en función de los diámetros de la tubería D, y del orificio d, de la lectura del manómetro (h) y los pesos específicos γ y γ_m.

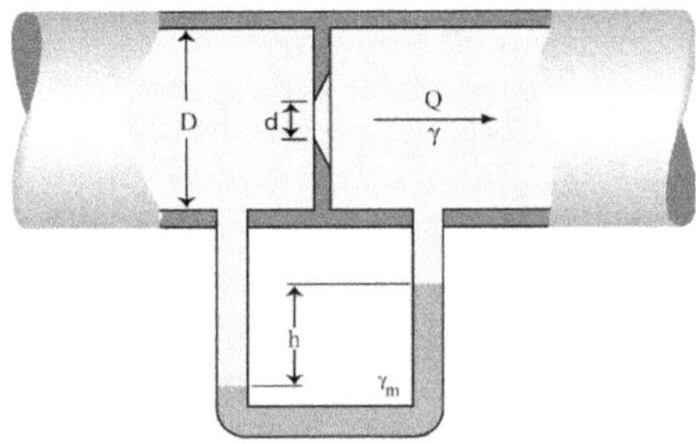

4.29.- Una tubería horizontal de área transversal A conduce un gasto Q de un líquido de viscosidad despreciable y peso específico γ. En una sección determinada tiene una salida mediante un tubo de diámetro D, de manera que continúa hacia aguas abajo del tubo un gasto αQ, con $\alpha<1$. Entre la sección anterior y la posterior a la bifurcación se conecta un tubo manométrico con un líquido de peso específico g_m. Encuentre una relación para el valor de α en función de la lectura h del manómetro, las características de la instalación y el gasto Q total.

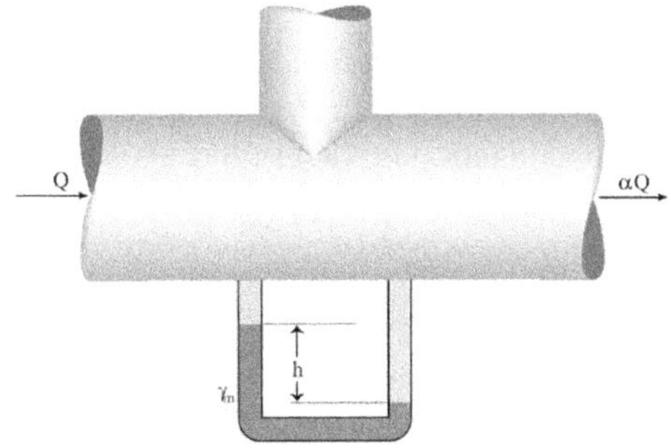

4.30.- Si un chorro líquido se dirige verticalmente hacia arriba la red de flujo es aproximadamente la que se indica en la figura. Discuta la distribución de velocidades y de presiones a lo largo del eje de simetría y grafíquelas.

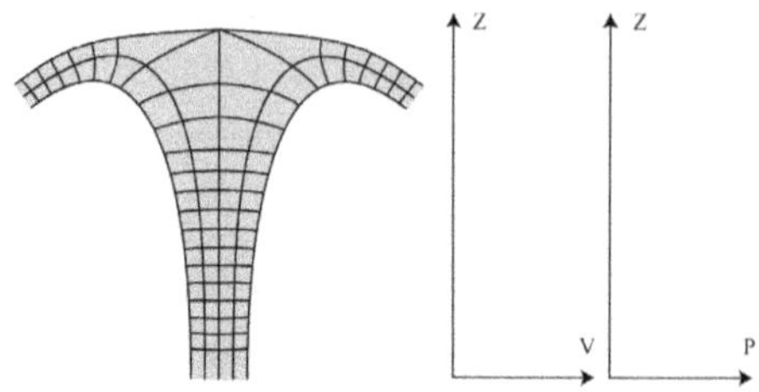

4.31.- Un sistema típico para mezclar líquidos con aire consiste en hacerlo pasar a alta velocidad de manera que pueda succionar líquido e incorporarlo a la corriente principal. El esquema de la figura muestra el caso de una pistola de pintar. Calcule la razón entre los diámetros d/D de manera de obtener una cierta proporción conocida de gasto de aire y pintura q/Q_0.

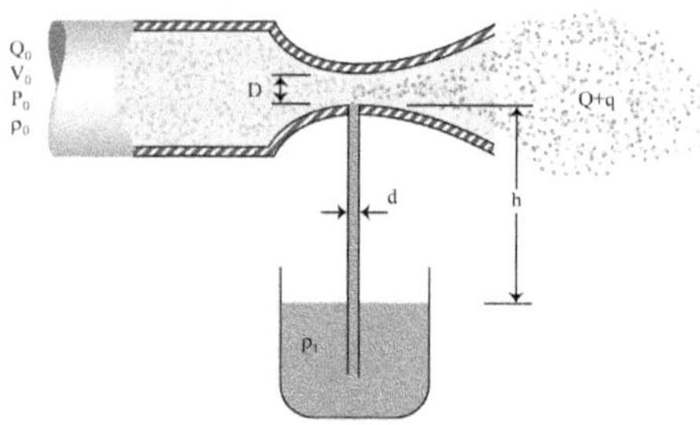

4.32.- Estudie el escurrimiento que se produce cuando en un flujo uniforme de velocidad V se instala un pozo de gasto q. Para ello:

a) Encuentre la función compleja que representa la red de flujo;
b) Encuentre las líneas de corriente y potencial;
c) ¿Qué representa la línea de corriente $\Psi=0{,}5Q$?;
d) Encuentre los puntos de estancamiento si los hay, y
e) Haga un esquema de la red de flujo correspondiente.

4.33.- La función analítica de variable compleja que describe el movimiento de un vórtice libre es: $F(z)=\dfrac{a}{z}$; donde Γ es la fuerza del vórtice. Determine:

a) La función potencial y la función corriente;
b) Dibuje la red de flujo;
c) Encuentre la velocidad en cada punto;
d) Comente si existe algún punto singular.

4.34.- Dos fuentes, una de gasto Q_1 y la otra Q_2, se ubican a la distancia "2a" una de otra, donde $Q_1>Q_2$.

a) Encuentre las ecuaciones que representan a las funciones de potencial y de corriente en el escurrimiento que se genera;
b) Determine una expresión para la velocidad en cualquier punto;
c) Encuentre la ubicación de puntos de estancamiento (puntos de velocidad cero), si los hubiere;
d) Haga un esquema de la red de flujo que se genera.

4.35.- La malla de la figura se ha confeccionado para resolver numéricamente la ecuación de Laplace para las líneas de corriente de un cierto escurrimiento. Encuentre los valores de la función en los puntos C2 y D2 para la siguiente aproximación:

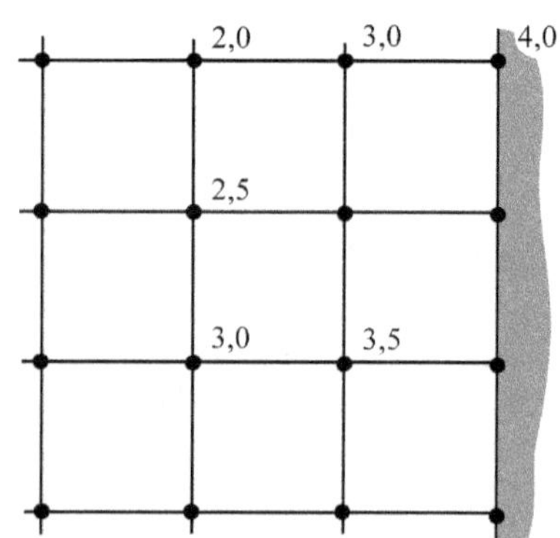

4.36.- El escurrimiento del viento sobre la superficie de un cerro puede simularse superponiendo un flujo uniforme de velocidad V a un pozo de gasto q. El contorno del cerro queda definido por la función de corriente Ψ=0,5q. Para un cerro de 300 m de altura que se quiere aprovechar para el vuelo de planeadores, determine la velocidad de la componente vertical si sobre el cerro actúa un viento de 48 km/h.

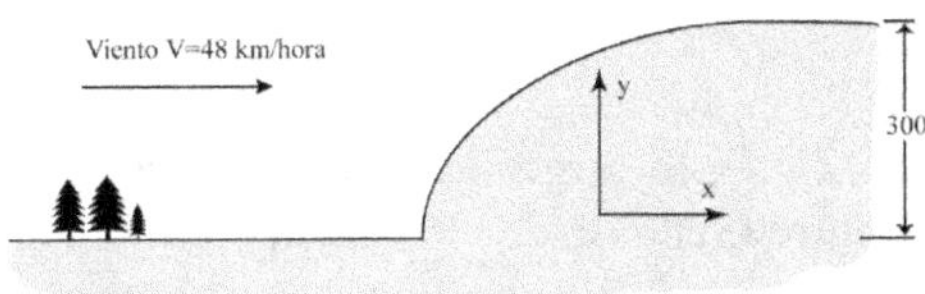

4.37.- Se coloca una fuente de intensidad q a una distancia a de cada pared en una esquina rectangular formada por dos paredes planas e infinitas. El flujo se puede suponer irrotacional incompresible de un fluido ideal.

a) ¿Cuál es la velocidad resultante a lo largo de la pared horizontal en función de la distancia x a la esquina?
b) Determinar la distribución de presiones a lo largo de dicha pared suponiendo conocida la presión P_0 en el infinito.

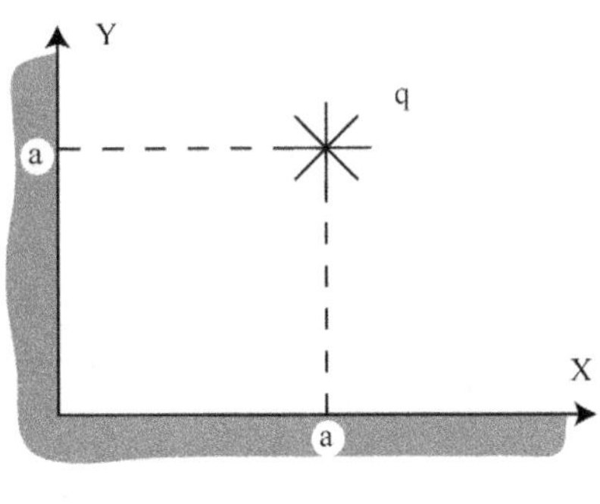

4.38.- Un vehículo que funciona sobre un "colchón de aire" tiene un conducto vertical que termina en una expansión de paredes formadas por hipérbolas del tipo xy=cte. La base es circular de diámetro D. Suponga que en la sección 1 la velocidad del aire V_0 y la presión P_0. Encuentre,

a) La velocidad del aire a la salida cuando la separación entre el vehículo y el suelo es a;
b) La distribución de presiones p=p(r), sobre el suelo;
c) El peso que puede soportar el vehículo en esas condiciones.

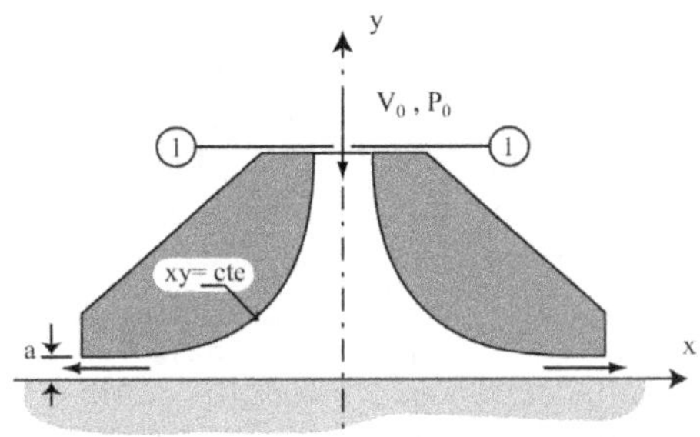

4.39.- La función compleja que representa un flujo uniforme es del tipo $F(z)=V_0 z$. La de una fuente en el origen es del tipo $F(z)=K\ln(z)$:

1) Haga un esquema de las líneas de corriente que se genera en los siguientes casos:
a) Dos fuentes de igual intensidad colocadas a una distancia L entre ellas en un flujo uniforme;
b) Dos pozos de igual intensidad colocados a una distancia L entre ellos en un flujo uniforme;
c) Una fuente y un pozo de igual intensidad colocados en ese orden a una distancia L entre ellos en un flujo uniforme;
d) Un pozo y una fuente de igual intensidad colocados en ese orden a una distancia L entre ellos, en un flujo uniforme;
2) Encuentre una expresión de las líneas de corriente y de potencial para el caso de un flujo bidimensional en que se coloca una fuente de gasto Q en un flujo uniforme de velocidad V.
3) Calcule la velocidad en cualquier punto del espacio ocupado por el fluido.

4.40.- El techo semicircular de un galpón está colocado sobre un terreno completamente horizontal de manera que puede suponerse como un semicilindro de radio R. El viento sopla sobre él según un flujo horizontal con velocidad V_0 uniforme lejos del galpón. Admitiendo que el flujo es irrotacional y el aire se comporta como un fluido ideal, el escurrimiento alrededor del galpón puede analizarse superponiendo un doblete y un flujo uniforme. La función compleja de un flujo uniforme de velocidad $V=u_x+v_y$ está dada por: $F(z)=(u+vi)z$. La función compleja de un doblete está dada por: $F(z)=\frac{a}{z}$:

a) Indique la función compleja que representa el flujo alrededor del galpón sometido a un viento horizontal. Exprésela utilizando coordenadas polares (recuerde $z=x+iy=r(\cos\theta+i\,\text{sen}\theta)$);

b) Encuentre una expresión para las líneas de corriente y de potencial;

c) Encuentre la distribución de velocidades sobre el techo;

d) Encuentre la distribución de presiones sobre el techo, si en el punto A la presión es P_0;

e) Encuentre las fuerzas vertical y horizontal sobre el techo.

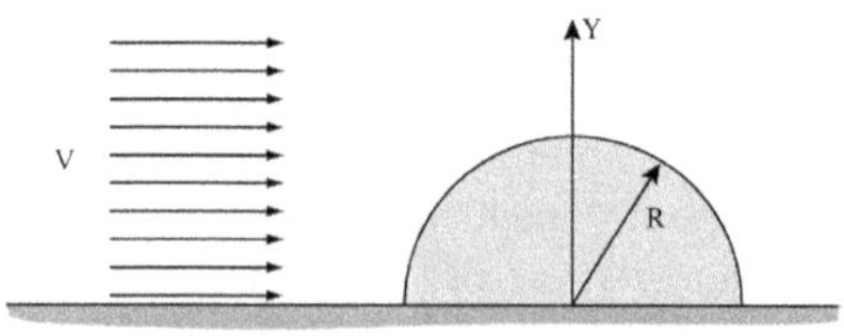

4.41.- Utilizando un método numérico dibuje la red de flujo para el escurrimiento irrotacional bajo una presa, como se indica en la figura. Resuelva el mismo problema mediante un método gráfico.

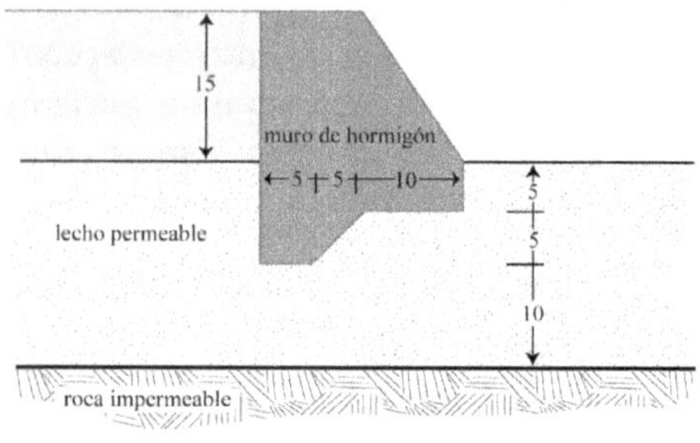

4.42.- A lo largo de una pared vertical escurre un fluido de viscosidad dinámica m masa específica ρ en una capa de espesor constante a. Si se supone que el flujo es laminar la ecuación general del movimiento según un eje vertical z, está dada por la ecuación de Navier-Stokes correspondiente. Además el lado exterior de la capa de fluido está en contacto con la atmósfera y el flujo es permanente.

a) Simplifique la ecuación diferencial del movimiento de modo que sea aplicable a este caso particular y escriba la ecuación resultante.

b) Encuentre la distribución del esfuerzo de corte en el interior del fluido. Indique su magnitud en la pared.

c) Determine la distribución de velocidades en el interior de la capa de fluido.

d) Indique su valor máximo.

4.43.- El escurrimiento de un fluido viscoso puede ser descrito y analizado mediante la ecuación de Navier-Stokes. Esta ecuación puede ser utilizada para caracterizar el escurrimiento permanente de un fluido viscoso sobre un plano inclinado un ángulo α con la horizontal. Suponga que la altura del flujo es h (medida perpendicular al plano) y que el eje X coincide con la dirección del flujo.

a) Indique el valor de la aceleración en las condiciones del flujo señalado; para ello exprese el valor que adopta cada término del lado izquierdo de la ecuación y el motivo por el que adopta dicho valor.

b) Indique el valor de la componente de la intensidad del campo de fuerzas según el eje X y el valor de la variación de presión según X.

c) Indique el valor que adopta cada uno de los términos que intervienen en la fuerza viscosa.

d) Señale la ecuación diferencial resultante para este caso.

e) ¿Cómo se modifica esta ecuación si el plano inclinado se mueve en la dirección X con velocidad uniforme U si el resto de las condiciones permanecen iguales?

f) En el caso en que el fluido escurre con una altura constante h y el plano se mueve en la dirección (−X) con velocidad uniforme U, determine la distribución de velocidades en la sección transversal.

g) Determine la distribución del esfuerzo de corte en la sección suponiendo que el fluido es newtoniano.

h) Establezca cuál es la fuerza total por m^2 que hace el plano sobre el fluido.

i) Calcule el gasto de fluido que escurre.

j) Indique el espesor de la capa límite en el caso analizado.

4.44.- En la fabricación de un cierto elemento industrial éste se extrae en forma de líquido viscoso desde un estanque con la ayuda de una cinta transportadora sobre la cual se extiende, subiendo de manera vertical con un espesor e cuando la cinta avanza con velocidad V hacia arriba, como se indica en la figura. El flujo del líquido sobre la cinta puede analizarse mediante las ecuaciones de Navier-Stokes suponiendo que es laminar.

a) Con las simplificaciones efectuadas, u otras que Ud. desee agregar, escriba la ecuación diferencial del movimiento para el caso planteado.

b) Si el flujo es laminar, indique una expresión para el esfuerzo de corte entre las capas del fluido aplicable a este caso. Grafique τ en función de x.

c) Utilizando la expresión para el esfuerzo de corte y la ecuación diferencial del movimiento, determine la distribución de velocidad en una sección transversal del flujo entre la cinta y la superficie libre. Grafíquela en función de x.

d) Calcule el gasto total de fluido que asciende.

e) Determine la relación que debe haber entre la velocidad de la cinta y el espesor de la capa de fluido para que el flujo neto sea nulo.

f) Calcule el espesor de la capa de fluido para lograr que nada de él se devuelva al estanque inferior.

g) Determine la vorticidad en la sección transversal.

h) Indique el espesor d de la capa límite.

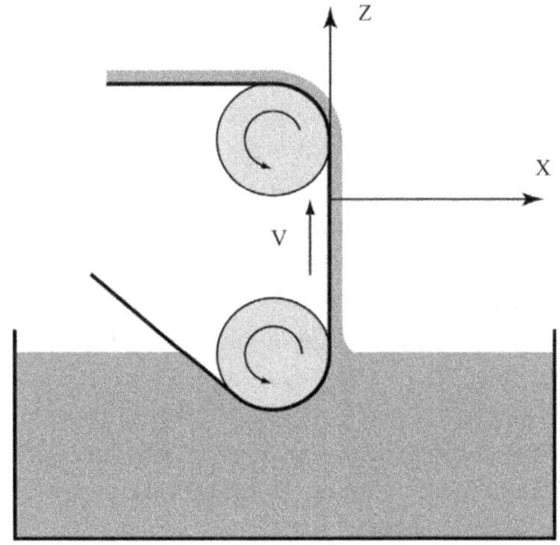

4.45.- El amortiguador de una pieza móvil de una máquina herramienta está formado por un cilindro de diámetro D lleno con un líquido incompresible de masa específica ρ y viscosidad dinámica μ, al interior del cual se desplaza un pistón de un diámetro ligeramente menor y largo L, que al ser apretado con una fuerza F comprime al fluido y lo deja escapar por una ranura de espesor e que queda entre los cilindros, de manera que el cilindro interior avanza, en la dirección de la fuerza F, a velocidad constante V. Ambos cilindros tienen su eje horizontal. La figura ilustra el caso:

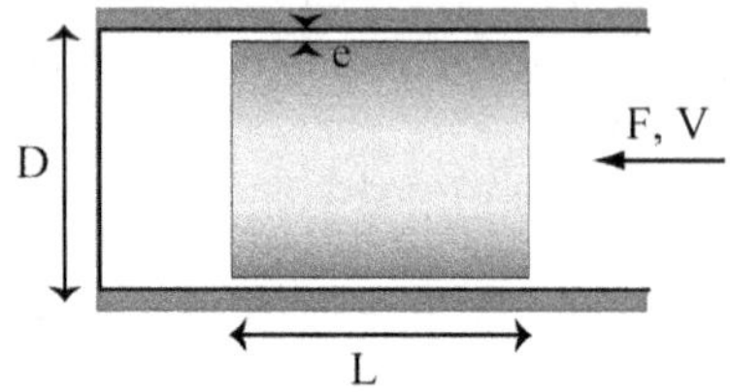

Suponga que el flujo que se genera entre ambos cilindros puede considerarse laminar y que sigue un modelo de Navier Stokes, que según un eje X paralelo al eje de los cilindros se puede expresar como:

$$\frac{\partial u}{\partial t}+u\frac{\partial u}{\partial x}+v\frac{\partial u}{\partial y}+w\frac{\partial u}{\partial z}=f_{mx}-\frac{1}{\rho}\frac{\partial P}{\partial x}+\frac{\mu}{\rho}\left(\frac{\partial^2 u}{\partial x^2}+\frac{\partial^2 u}{\partial y^2}+\frac{\partial^2 u}{\partial z^2}\right)$$

a) Indique claramente el término de la ecuación que representa cada una de las siguientes ideas: aceleración convectiva, fuerza de presión y fuerzas viscosas.
b) Escriba la ecuación diferencial de conservación de la masa en este caso: fluido incompresible en régimen permanente.
c) Indique cuáles de los términos que representan la aceleración del fluido son nulos en el caso planteado y el motivo de ello.
d) Indique cuál, o cuáles, de los términos del lado derecho de la ecuación de NS planteada pueden considerarse nulos en este caso y el motivo de ello.
e) Proponga un valor para la intensidad del campo de fuerzas gravitacionales y para las fuerzas de presión en este caso.
f) Escriba claramente la ecuación diferencial resultante en este caso, con las simplificaciones anteriores y el valor de las fuerzas másicas y de presión.
g) Integre la ecuación para encontrar la distribución de velocidades en el interior de la ranura de espesor e por la que escapa el líquido Proponga las condiciones de borde y encuentre las constantes de integración.
h) Calcule el gasto de líquido que sale y determine la velocidad de avance del pistón interior.

Capítulo V

Análisis dimensional y modelos

Los métodos de análisis basados en ecuaciones integrales o diferenciales para estudiar el comportamiento de los fluidos permiten obtener resultados razonables en una gran cantidad de situaciones prácticas, o son la base de métodos y teorías especializadas para conseguirlos. Sin embargo, subsisten situaciones en las cuales no se logra tener una idea razonable del comportamiento del fluido utilizando solo herramientas matemáticas, por muy poderosos que sean los elementos de cálculo numérico disponibles en la actualidad. Ello puede deberse a que las simplificaciones inherentes a ese tipo de modelación no permiten reproducir fenómenos importantes en casos específicos o a que la precisión que se le exige a los resultados supera las posibilidades de los métodos empleados.

A pesar del avance de los medios de cálculo, todavía existen en mecánica de fluidos fenómenos físicos que condicionan la respuesta del sistema para los cuales no ha sido posible una adecuada modelación matemática. Entre ellos se deben considerar los generados por la turbulencia en la mayoría de las situaciones y los flujos bifásicos, ya sea entre varios fluidos o en mezclas de fluidos y sólidos. Además, están las situaciones en las cuales la complejidad de las condiciones de borde o iniciales impiden lograr un modelo matemático adecuado a costos razonables. También cuando existe una interacción importante entre el escurrimiento y las condiciones de borde que provoca una modificación de ambos. Este es el caso de los procesos de erosión y de sedimentación y también del flameo. Así ocurre, por ejemplo, en muchas obras hidráulicas importantes como son las que se construyen en la zona costera, donde la complejidad del movimiento del mar, las condiciones de borde, y la interacción entre el flujo y las estructuras flotantes, conducen a que, para lograr niveles de reproducción similares, los modelos matemáticos dejen de ser competitivos en términos de costos con los modelos físicos o la experimentación. Bajo circunstancias como las mencionadas puede resultar necesario recurrir a métodos que entreguen mayor precisión en las respuestas a costos razonables.

En los problemas de mecánica de fluidos el siguiente paso en este sentido se logra con un importante apoyo de la experimentación. Para ello se recurre a la medición experimental de las condiciones del escurrimiento y sus consecuencias en modelos a escala, reducida, natural o ampliada, dependiendo de las características del sistema real. En general en obras de dimensiones importantes, que además son únicas, como las de infraestructura, se recurre a modelos reducidos. En obras industriales de menor envergadura, como aviones y vehículos, que además se propone reproducirlos y generar muchos ejemplares, se puede recurrir a ensayos en modelos a la misma escala que los prototipos.

Alentados por la necesidad de recurrir a ensayos experimentales, y apoyados por los buenos resultados logrados en este tipo de análisis, la mecánica de fluidos, y sus aplicaciones derivadas como la hidráulica y la aerodinámica, han logrado una gran experiencia en el desarrollo de una teoría que sustenta el uso de modelos y medidas experimentales para el estudio de situaciones complejas.

El análisis dimensional ha proporcionado el apoyo científico para el desarrollo de la teoría y uso de modelos. También resulta útil para un enfoque sistemático de relaciones empíricas más generales ya que permite tratar una serie de situaciones de interés poniendo de manifiesto los aspectos esenciales del fenómeno y sus causas cuantitativas. Si bien el análisis dimensional tiene una gran aplicación práctica en los problemas de mecánica de fluidos es una herramienta de uso general en cualquier rama de la física aplicada.

En la perspectiva mencionada se consideran los siguientes objetivos del análisis dimensional y la teoría de modelos:

- Completar el análisis matemático incorporando la experimentación en la solución de problemas reales complejos.
- Reducir el costo de la experimentación destacando los aspectos esenciales mediante la agrupación conveniente de las variables que intervienen.
- Proporcionar herramientas para relacionar las magnitudes de las variables medidas experimentalmente a distintas escalas, haciendo utilizables las medidas obtenidas experimentalmente en modelos físicos.

Este capítulo está organizado en dos partes. La primera enfocada en el análisis dimensional, incluyendo algunas definiciones básicas, los principios en que se basa y métodos prácticos para enfrentar problemas reales. La segunda está dedicada a los modelos físicos, considerando las ideas de semejanza geométrica, cinemática y dinámica, la selección de escalas y los tipos de semejanza dinámica más utilizados en modelos de fluidos. En ambas partes se incluyen ejemplos de aplicación a casos de interés práctico.

5.1 ANÁLISIS DIMENSIONAL

El análisis dimensional consiste en la aplicación del principio que cualquier relación cuantificable que se establezca entre los parámetros que intervienen en un fenómeno físico debe ser dimensionalmente homogénea. Si bien la idea básica es simple, su aplicación correcta requiere comprender claramente lo que se entiende por parámetro, variable, medida, magnitud, unidad y dimensión, como se presenta en el Capítulo 1.

EJEMPLO 5.1

La utilidad de la aplicación de este concepto de homogeneidad dimensional puede apreciarse a través del siguiente ejemplo sencillo. Un péndulo simple consiste en una masa m_p colgada del extremo de un hilo de longitud L y masa m_h. Si se le desplaza de su posición de equilibrio un ángulo θ comienza a oscilar con un movimiento armónico de período T. ¿Es posible encontrar una relación entre el período de las oscilaciones y los parámetros que caracterizan el fenómeno apoyándose solamente en que dicha relación debe ser dimensionalmente homogénea?

SOLUCIÓN:

De acuerdo con lo indicado, el fenómeno de las oscilaciones del péndulo debiera quedar definido por los siguientes parámetros:

m_p masa en el extremo del péndulo.

m_h masa del hilo.

L longitud del hilo.

g aceleración de gravedad donde se realiza la experiencia, que es en definitiva la responsable del movimiento.

θ ángulo inicial de desplazamiento.

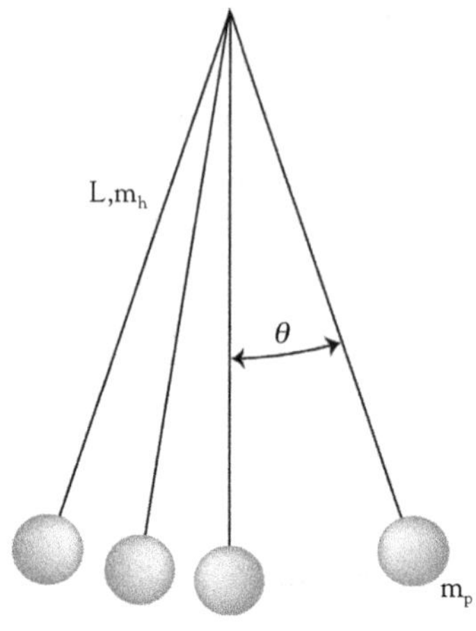

Figura 5.1. Características de un péndulo simple.

Pareciera que este conjunto de variables identifica totalmente al péndulo y sus condiciones de oscilación, de manera que se podría encontrar una relación del tipo:

$$f(T, L, m_p, m_h, g, \theta) = 0$$

Si existe una relación entre el período de las oscilaciones, *T*, y esas variables ella se puede expresar en general como una serie infinita de términos tales que:

$$T = A_1 L^{a1} m_p^{b1} g^{c1} m_h^{d1} \theta^{e1} + A_2 L^{a2} m_p^{b2} g^{c2} m_h^{d2} \theta^{e2} + \ldots + A_i L^{ai} m_p^{bi} g^{ci} m_h^{di} \theta^{ei} + \ldots$$

$$T = \sum A_i L^{ai} m_p^{bi} g^{ci} m_h^{di} \theta^{ei}$$

Como esta relación debe ser dimensionalmente homogénea cada término de la sumatoria debe tener las mismas dimensiones que las del período, el cual se mide en unidades de tiempo. Los términos de la sumatoria deben tener también unidades de tiempo. Los parámetros incluidos en cada uno de los términos de la suma tienen sus propias dimensiones, que corresponden a:

L = dimensiones de longitud, (L).

m_p = dimensiones de masa, (M).

g = dimensiones de aceleración, (LT^{-2}).

m_h = dimensiones de masa, (M).

θ = adimensional, (1).

Los ángulos son adimensionales; se miden como una proporción del ángulo completo del círculo, por lo tanto, sin dimensiones. Siempre que en alguna relación interviene un ángulo él es de hecho uno de los parámetros adimensionales de la relación final.

La relación general propuesta debe cumplir, entonces, con la condición de homogeneidad dimensional, para lo cual:

$$(T) = \sum A_i (L)^{ai} (M)^{bi} (LT^{-2})^{ci} (M)^{di} (1)^{ei}$$

Reagrupando las dimensiones:

$$(T) = \sum A_i (L)^{ai+ci} (M)^{bi+di} (T)^{-2ci}$$

Para que la relación planteada sea dimensionalmente homogénea debe cumplirse que los exponentes que afectan a cada una de las dimensiones a cada lado de la ecuación sean iguales. Esto es:

Dimensiones de T: $1 = -2ci$

Dimensiones de L: $0 = ai+ci$

Dimensiones de M: $0 = bi+di$

De donde se deduce que

$ci = -0{,}5$

$ai = -ci = 0{,}5$

$bi = -di$

Entonces, la relación es de la forma:

$$T = \sum A_i L^{0,5} m_p^{bi} g^{-0,5} m_h^{-bi} \theta^{ei}$$

$$T = \sum A_i L^{0,5} g^{-0,5} \left(\frac{m_p}{m_h}\right)^{bi} \theta^{ei}$$

Esta relación se puede expresar como:

$$T = L^{0,5} g^{-0,5} \sum A_i \left(\frac{m_p}{m_h}\right)^{bi} \theta^{ei}$$

Ello indica que el período de oscilación de un péndulo simple se puede estimar mediante una expresión de la forma:

$$T = \left(\frac{L}{g}\right)^{0,5} f\left(\frac{m_p}{m_h}, \theta\right)$$

donde la función f incluye los efectos del ángulo inicial y de la importancia de la masa del hilo en relación a la masa del péndulo. Si se supone que los ángulos son pequeños, de manera que su efecto no es importante y la masa del hilo despreciable, entonces, la función f queda reducida a una suma de constantes, que a su vez es otra constante *K*, de manera que la relación para el período de un péndulo cuya masa del hilo es despreciable con oscilaciones pequeñas debe tener la forma:

$$T = K\sqrt{\frac{L}{g}}$$

El valor de la constante *K* debiera determinarse experimentalmente utilizando un péndulo de longitud L bajo condiciones de gravedad g, midiendo su período de oscilación. Una relación como esta es exactamente la que se obtiene al realizar un análisis diferencial del movimiento armónico simple en el cual se deduce, además, que la constante es igual a 2π.

Con la sola condición de la homogeneidad dimensional de la relación entre el período y las variables que caracterizan al péndulo se ha logrado conocer de manera muy precisa la forma de esta relación. Además, se tiene una idea de cómo pueden influir otras variables, como la masa del hilo y el ángulo inicial, si sus efectos no son despreciables.

Tanto o más importante que lo anterior desde el punto de vista práctico es el hecho de que la relación original entre los 6 parámetros involucrados:

$$f(T, L, m_p, m_h, g, \theta) = 0$$

ha sido reemplazada por otra de la forma:

$$F\left(T\sqrt{\frac{g}{L}}, \frac{m_p}{m_h}, \theta\right) = 0$$

que incluye solo 3 parámetros, los que, además, son adimensionales. Esto reduce enormemente la experimentación necesaria para entender el comportamiento del péndulo y también la expresión de esos resultados en forma de tablas o gráficos.

Los aparentemente simples conceptos del análisis dimensional son capaces de producir resultados de gran contenido, especialmente cuando la diferencia entre el número de parámetros que participan en el fenómeno en estudio con la cantidad de dimensiones independientes involucradas es pequeña. Ello pone en evidencia también la importancia que tiene en este tipo de análisis la elección correcta de los parámetros que gobiernan el fenómeno. No solo es importante tener en cuenta todos los factores involucrados sino también cuidar de no incluir factores superfluos. Este es uno de los aspectos más delicados del análisis dimensional.

El conjunto de parámetros podría ser determinado fácilmente si se dispusiera de una formulación matemática del fenómeno que se desea estudiar. Ello no significa necesariamente disponer de una ecuación explícita para la variable que interesa. Por ejemplo, si se dispone de la ecuación diferencial del movimiento, sin necesidad de integrarla, el análisis dimensional puede aprovechar que en esa ecuación diferencial quedan explícitos los parámetros que permiten conocer las características del fenómeno.

Si no se dispone de una formulación matemática del fenómeno la selección correcta de los parámetros depende de la intuición y experiencia del investigador. En estos casos el éxito de la aplicación del análisis dimensional supone entender correctamente cuáles parámetros son esenciales y cuáles pueden ser despreciados. En la aplicación práctica del método se enfrenta el dilema de que si bien cuando se desprecia un parámetro importante el resultado puede no ser el correcto, por otra parte, cada parámetro despreciado reduce en un orden de magnitud la cantidad de trabajo necesario para resolver y estudiar experimentalmente el problema.

5.1.1 Teorema Π, de Buckingham o de Cauchy

En cualquier fenómeno físico puede establecerse un conjunto de parámetros dimensionales que gobiernan el fenómeno, compuesto por variables, constantes, condiciones de borde e iniciales. En general este conjunto de parámetros debe ser tal que permita identificar el fenómeno de manera inequívoca y única. La cuantificación de cada uno de ellos requiere de un sistema de unidades que se basa en dimensiones independientes, lo que significa que ninguna de ellas puede expresarse como una combinación lineal de las otras. El análisis dimensional expresa que el fenómeno puede ser igualmente descrito por una relación entre parámetros adimensionales que son menos en cantidad que los parámetros dimensionales que gobiernan el fenómeno.

Para aplicar adecuadamente el análisis dimensional debe distinguirse entre variables dependientes e independientes. En cada relación solo puede haber una variable dependiente, cuyo comportamiento se trata de explicar en función del resto que son parámetros independientes.

Los parámetros más usados en mecánica de fluidos representan las características del escurrimiento, las propiedades del fluido, las condiciones del lugar en el cual ocurre y las condiciones iniciales y de borde. La variable dependiente puede ser alguna de ellas u otra relacionada que resulte como consecuencia de interés. En la Tabla 1.4 se ha incluido una serie de parámetros típicos con sus dimensiones básicas referidas a un sistema de unidades de dimensiones (LTM) como el SI.

El teorema de Buckingham (EE. UU., 1867-1940) o teorema Π, también conocido como de Cauchy (Francia, 1789-1857) demuestra que el número de parámetros incluidos en una relación puede reducirse al considerar la idea de la homogeneidad dimensional. Este teorema se menciona a continuación.

Supóngase que una característica de un fenómeno físico, a_1, puede explicarse mediante una relación entre ella y un conjunto de parámetros independientes, a_2, a_3, ..., a_n, que caracterizan al fenómeno, tal que en total consideran n parámetros, de los cuales solo el que representa la característica que se desea explicar es dependiente. Es decir, se supone que entre ellos existe una relación del tipo:

$$F(a_1, a_2, a_3, \ldots, a_n) = 0 \tag{5.1}$$

Si todos los parámetros involucrados pueden medirse recurriendo a un sistema basado en r dimensiones independientes, entonces la relación original puede reemplazarse por otra entre $(n-r)$ parámetros adimensionales, π_i, que igualmente explica el fenómeno:

$$\Phi(\pi_1, \pi_2, \pi_3, \ldots, \pi_{n-r}) = 0 \tag{5.2}$$

Este resultado puede emplearse directamente para encontrar relaciones entre parámetros adimensionales conociendo los parámetros que definen un fenómeno y las dimensiones independientes involucradas en ellos.

EJEMPLO 5.2

Encuentre una función entre parámetros adimensionales que explique el comportamiento del período de un péndulo simple, mediante la aplicación directa del teorema Π.

SOLUCIÓN:

Utilizando el ejemplo 5.1 del período de oscilación de un péndulo puede afirmarse que la función buscada es del tipo:

$$f(T, L, m_p, m_h, g, \theta) = 0$$

En ella la variable dependiente es T y el resto son parámetros independientes que describen el fenómeno inequívocamente. Se trata en total de $n=6$ parámetros, de los cuales 5 son dimensionales y uno, θ, es adimensional. Los cinco primeros pueden medirse en unidades que involucran $r=3$ dimensiones independientes, (longitud, tiempo, masa), lo que indica, de acuerdo con el teorema Π, que pueden reemplazarse por solo 2 parámetros adimensionales. Entonces, la relación original entre 6 parámetros puede reemplazarse por otra entre 3 parámetros adimensionales, uno que estaba considerado desde el principio, θ, y dos que reemplazan a los otros 5. Los parámetros adimensionales encontrados en el ejemplo 1.1 fueron:

$$\pi_1 = T\sqrt{\frac{g}{L}}$$

$$\pi_2 = \frac{m_h}{m_p}$$

$$\pi_3 = \theta$$

De manera que la relación buscada es:

$$\Phi\left(T\sqrt{\frac{g}{L}}, \frac{m_h}{m_p}, \theta\right) = 0$$

que se puede transformar en:

$$T = \sqrt{\frac{L}{g}}\, f\left(\frac{m_h}{m_p}, \theta\right)$$

Si m_h, θ son pequeños la función tiende a ser del tipo $f(0,0)$ que sería una función de constantes y, por lo tanto, ella misma una constante.

Para encontrar una relación que explique el comportamiento de un fenómeno físico en base a parámetros adimensionales con las ideas del análisis dimensional planteado, se requiere realizar las siguientes tareas:

a) Confeccionar un listado de los parámetros que intervienen de acuerdo con la experiencia, conocimientos o la intuición sobre el fenómeno. No incluir parámetros redundantes o dependientes, pero considerar todos los aspectos relevantes del fenómeno.
b) Determinar las dimensiones involucradas en cada uno de los parámetros y seleccionar el número de dimensiones independientes mínimas necesarias para el conjunto.
c) Reducir los parámetros básicos a un número menor de parámetros adimensionales.

El método descrito tiene la gran ventaja de ser general, de amplia aplicación, no solo en la física. Sin embargo, presenta algunos inconvenientes entre los cuales se destaca el ser demasiado general para algunas aplicaciones prácticas. También debe reconocerse que si se incluyen variables en exceso a las estrictamente necesarias, o en defecto, se obtendrán igualmente parámetros en exceso o en defecto, sin que el análisis dimensional mismo logre detectarlo.

Si el fenómeno no se conoce lo suficiente como para definir las variables básicas no tiene sentido aplicar el análisis dimensional, ya que este no logra suplir dicho conocimiento sino solo sacar ventajas de un conocimiento básico de las relaciones que explican cuantitativamente los fenómenos físicos.

Lo general que puede ser la aplicación del análisis dimensional se puede apreciar en los siguientes ejemplos.

EJEMPLO 5.3

Teorema de Pitágoras. Recurriendo al análisis dimensional se puede probar el teorema de Pitágoras.

SOLUCIÓN:

El área de un triángulo rectángulo, A_c, queda completamente determinada por su hipotenusa, c, y uno de los ángulos agudos, por ejemplo, el menor, α. Existe, por lo tanto, una relación del tipo:

$$f(A_c, c, \alpha) = 0$$

Se trata de una relación entre tres variables, (A_c, c, α) de las cuales una es adimensional, α, y las otras dos se pueden medir recurriendo a una dimensión básica, (*L*) para la longitud, ya que el área se mide en unidades de longitud al cuadrado y, por lo tanto, no es una dimensión independiente. El análisis dimensional indica que los dos parámetros dimensionales pueden reducirse a solo un parámetro adimensional:

$$\pi_1 = \frac{A_c}{c^2}$$

mientras el otro parámetro adimensional es el ángulo:

$$\pi_2 = \alpha$$

De manera que la superficie de un triángulo rectángulo puede evaluarse como:

$$A_c = c^2 F(\alpha)$$

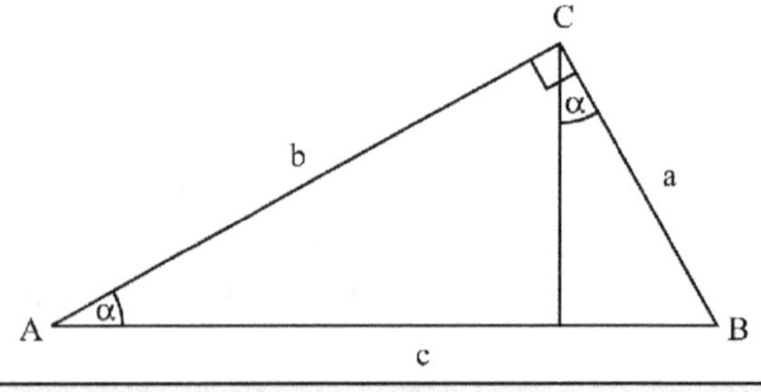

Figura 5.2. Características de un triángulo rectángulo.

La altura perpendicular a la hipotenusa de este triángulo lo divide en dos triángulos rectángulos similares, cuyas hipotenusas son los otros lados del triángulo rectángulo original y cuyos ángulos menores son en ambos casos iguales a α. Entonces según la expresión reciente las áreas de estos triángulos pueden calcularse como:

$$A_a = a^2 F(\alpha)$$

$$A_b = b^2 F(\alpha)$$

La suma de las áreas de los triángulos menores, A_a y A_b, es el área del triángulo rectángulo original, A_c. Por lo tanto, como:

$$A_c = A_a + A_b$$

se cumple que:

$$c^2 F(\alpha) = a^2 F(\alpha) + b^2 F(\alpha)$$

Dado que la función $F(\alpha)$ debe ser la misma para el mismo ángulo se puede cancelar, obteniéndose:

$$c^2 = a^2 + b^2$$

Con lo cual queda demostrado el teorema de Pitágoras en geometría plana. Esta demostración se basa en la similitud de triángulos además del análisis dimensional.

EJEMPLO 5.4

Explosión nuclear. Este es un ejemplo que, en su época 1950, fue famoso. Está orientado a determinar la cantidad de energía liberada en una explosión nuclear teniendo como antecedentes solo una película sobre ella, en la que se observa la onda de choque en función del tiempo.

En una explosión atómica se produce una liberación prácticamente instantánea de una cantidad importante de energía, E, en una región pequeña, que puede asimilarse a un punto. Ello produce una poderosa onda de choque esférica que se desarrolla a partir del punto de la detonación. En las primeras etapas del fenómeno la presión inmediatamente detrás del frente de la onda de choque es miles de veces superior a la presión atmosférica inicial.

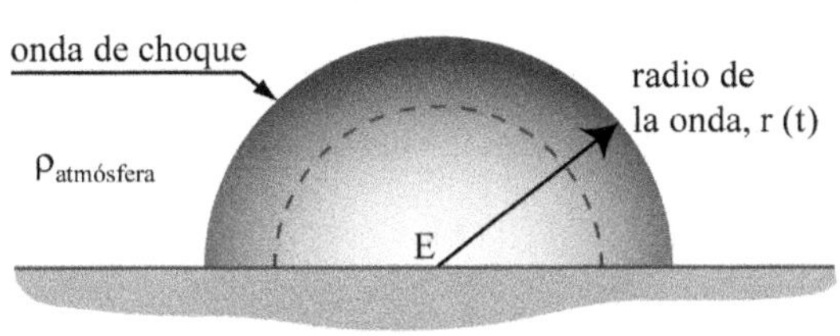

Figura 5.3. Onda de choque esférica producto de una explosión.

Desde el punto de vista del análisis dimensional se puede plantear que el radio de la onda de choque, r, transcurrido un instante t después de la detonación, depende de la cantidad de energía liberada, E, así como de la masa específica inicial del aire en la atmósfera, ρ. Entonces, se puede plantear una relación del tipo:

$$F(r,t,E,\rho) = 0$$

Las dimensiones involucradas en cada una de las variables son:

Parámetro	Designación	Dimensiones (LTM)
radio	r	L
Tiempo	t	T
Energía	E	ML^2T^{-2}
Masa específica	ρ	ML^{-3}

Se trata, entonces, de una relación entre 4 variables que se expresan en 3 dimensiones independientes, de manera que la relación se puede reducir a otra entre 4−3=1 parámetro adimensional. Es decir, la expresión es del tipo:

$$\Phi\,(\pi) = 0$$

Esto significa que la expresión es:

$$\pi = Constante$$

Siguiendo un proceso similar al empleado en el caso del péndulo simple, Ejemplo 5.1, el radio de la esfera de la onda de choque puede expresarse como:

$$r = \sum A_i t^{ai} E^{bi} \rho^{ci}$$

Considerando las dimensiones correspondientes de cada variable:

$$(L) = A_i (T)^{ai} (ML^2T^{-2})^{bi} (ML^{-3})^{ci}$$

ordenando:

$$(L) = (L)^{2bi-3ci} (T)^{ai-2bi} (M)^{bi-ci}$$

Solucionando el sistema de ecuaciones que resulta se obtiene:

$$a_i = \frac{2}{5}$$

$$b_i = \frac{1}{5}$$

$$c_i = -\frac{1}{5}$$

Es decir, la expresión para r es de la forma:

$$r = \sum A_i t^{\frac{2}{5}} E^{\frac{1}{5}} \rho^{-\frac{1}{5}}$$

$$= t^{\frac{2}{5}} E^{\frac{1}{5}} \rho^{-\frac{1}{5}} \sum A_i$$

Como se aprecia el parámetro adimensional es constante, como se había sugerido antes. Si se toma el logaritmo de la expresión se encuentra:

$$\frac{5}{2} Log\, r = \frac{5}{2} Log(Cte) + \frac{1}{2} Log\, \frac{E}{\rho} + Log\, t$$

Esto muestra que si se mide el radio de la onda de choque a diferentes instantes de tiempo los puntos experimentales forman una línea recta con pendiente unitaria en un gráfico de coordenadas (5/2)*Log r* vs *Log t*. Este análisis fue realizado por Taylor (1950), quien procesó los datos de una película de propaganda sobre una explosión nuclear de prueba realizada como uno de los primeros ensayos de este tipo de armas en la Guerra Fría. Se sabía, además, por el comportamiento dinámico de gases que la constante involucrada tiene un valor cercano a 1. Sabiendo ello le fue posible a Taylor determinar la energía liberada en una explosión procesando los datos de la película de la cual midió el radio de la onda de choque en función del tiempo. La publicación del valor encontrado por Taylor de esta forma causó gran conmoción entre los responsables de los ensayos, para quienes este valor era considerado un gran secreto, aunque la película de la explosión era de difusión pública para propaganda.

5.1.2 Determinación de parámetros adimensionales

Una vez que se dispone del conjunto de parámetros básicos que definen el comportamiento del fenómeno es necesario agruparlos adecuadamente para reducirlos a un número menor de parámetros adimensionales. Para ello se puede recurrir al desarrollo en serie de potencias de la función, como se ha empleado en los ejemplos anteriores, pero hay métodos más sencillos. A continuación, se describen dos procedimientos típicos utilizados para ello. Uno consiste en un esquema organizado para combinar adecuadamente los parámetros y el otro en un análisis matricial de las dimensiones involucradas.

a) Combinación de parámetros

Si se considera que una variable a_0 depende de $n-1$ variables independientes que describen el fenómeno e involucran r dimensiones en total, la relación primitiva es del tipo:

$$a_0 = f(a_1, a_2, \ldots, a_r, a_{(r+1)}, \ldots, a_{(n-1)})$$

En total hay n parámetros involucrados, de manera que esta relación se puede reducir a otra entre n−r=m parámetros adimensionales. Para encontrarlos se propone realizar lo siguiente:

a) Seleccionar r variables básicas, a_1, a_2, ..., a_r, que cumplan con las siguientes condiciones:
   - en conjunto incluyen todas las dimensiones del problema.
   - combinándolas no se puede formar un parámetro adimensional con ellas solas.
   - no incluyen a la variable dependiente.
   - en la práctica es además deseable que sean fáciles de medir y de controlar experimentalmente.

b) Formar n−r=m parámetros adimensionales de tal manera que cada uno de ellos considera una combinación de las básicas con una de las restantes variables. Es decir, formar parámetros adimensionales del tipo:

$$\pi_1 = a_1^{\alpha 1} a_2^{\alpha 2} \ldots a_r^{\alpha r} a_{r+1}$$

$$\pi_2 = a_1^{\beta 1} a_2^{\beta 2} \ldots a_r^{\beta r} a_{r+2}$$

...

$$\pi_{n-r} = a_1^{\omega 1} a_2^{\omega 2} \ldots a_r^{\omega r} a_0$$

c) Para cada parámetro así planteado se pueden reemplazar sus dimensiones y formar un sistema de ecuaciones que permite encontrar los valores de los r exponentes, (α_1, α_2, ..., α_r), (β_1, β_2, ..., β_r), ..., (ω_1, ω_2, ..., ω_r), que indican la forma en que intervienen las variables básicas en cada uno de ellos.

d) Formar los parámetros adimensionales que resulten con los valores de los exponentes correspondientes.

e) Observar si conviene sustituir algunos de ellos por combinaciones entre dos o más, teniendo presente que cualquier combinación monomia de parámetros adimensionales es también adimensional.

EJEMPLO 5.5

Uno de los fenómenos que no han podido ser resueltos satisfactoriamente con los modelos matemáticos vistos anteriormente es el relacionado con las fuerzas de arrastre que ejercen los fluidos en movimiento sobre cuerpos sumergidos en la corriente. Se sabe que en él están involucrados los esfuerzos de corte que se producen sobre las paredes del cuerpo, pero que también influyen las presiones sobre la superficie, cuya distribución puede verse distorsionada por el comportamiento de la capa límite y la separación en la zona posterior. Más allá del análisis que se puede realizar sobre el comportamiento de la capa límite que permite entender estos fenómenos no se dispone de una relación cuantitativa para evaluar la fuerza de arrastre que se produce. ¿Qué puede hacer el análisis dimensional al respecto?

SOLUCIÓN:

Con ayuda del análisis dimensional se puede encontrar una expresión para la fuerza de arrastre que ejerce un fluido viscoso en movimiento sobre una esfera sumergida en él, así como orientar los esfuerzos empíricos para lograr resultados prácticos.

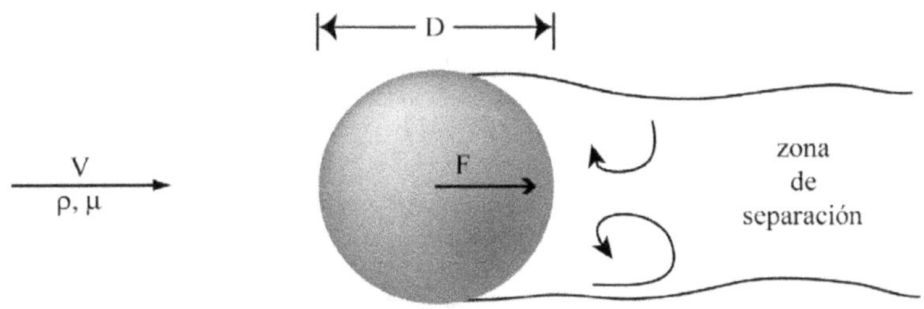

Figura 5.4. Flujo alrededor de una esfera.

El flujo, si es permanente y uniforme, puede quedar totalmente identificado por la velocidad no perturbada, V. El fluido se caracteriza por su masa específica, ρ, y su viscosidad dinámica, μ. Otras propiedades del fluido no parecen ser importantes en este caso. Las condiciones de borde quedan adecuadamente definidas por el diámetro de la esfera, D. La variable dependiente corresponde a la fuerza, F. Dado que se trata de un flujo sin superficie libre, es decir, se supone que todo el espacio está ocupado por el fluido en movimiento, no parece importante la aceleración de gravedad. Más aún se supone que la fuerza que hace el fluido es independiente de la dirección del flujo en relación a la acción del campo gravitacional, y que depende solo de la dirección de la velocidad del flujo, por lo tanto, no se considera g en este caso. Entonces la relación buscada es del tipo:

$$f(F, V, D, \rho, \mu) = 0$$

Se trata de 5 parámetros que se pueden describir y medir recurriendo a 3 dimensiones (L, T, M), de manera que la relación planteada debiera poderse reducir a otra entre solo 5–3=2 parámetros adimensionales. Las dimensiones involucradas en cada uno de los parámetros considerados son:

Parámetro	Designación	Dimensiones (LTM)
Diámetro	D	L
Velocidad	V	LT^{-1}
Fuerza	F	MLT^{-2}
Masa específica	ρ	ML^{-3}
Viscosidad dinámica	μ	$ML^{-1}T^{-1}$

Las variables básicas deben ser 3 pudiéndose seleccionar el conjunto (D,V,ρ) o el conjunto (D,V,μ), o también el (D,ρ,μ) o el (V,ρ,μ). La fuerza no puede incluirse ya que se trata de la variable dependiente. El diámetro y la velocidad parecen ser las más fáciles de medir y controlar. Además, entre ellos consideran dimensiones de longitud y tiempo. La tercera debiera aportar una dimensión de masa, lo que se cumple indistintamente con ρ o con μ. La selección entre ambos es indiferente, pero parece más fácil incluir ρ. En este caso se optará por (D,V,ρ). Los dos parámetros adimensionales buscados debieran ser del tipo:

$$\pi_1 = D^{\alpha 1} V^{\alpha 2} \rho^{\alpha 3} \mu$$
$$\pi_2 = D^{\beta 1} V^{\beta 2} \rho^{\beta 3} F$$

Para que el parámetro π_1 sea adimensional debe cumplirse:

$$L^0 T^0 M^0 = (L)^{\alpha 1} (LT^{-1})^{\alpha 2} (L^{-3}M)^{\alpha 3} (L^{-1}T^{-1}M)$$

Ello requiere que se cumpla que:

$$\begin{array}{lllll} 0 = & \alpha_1 & +\alpha_2 & -3\alpha_3 & -1 \\ 0 = & & -\alpha_2 & & -1 \\ 0 = & & & +\alpha_3 & +1 \end{array}$$

Resolviendo este sistema de ecuaciones se encuentra:

$$\alpha_1 = -1$$
$$\alpha_2 = -1$$
$$\alpha_3 = -1$$

Entonces:

$$\pi_1 = D^{-1} V^{-1} \rho^{-1} \mu$$

Este parámetro corresponde al inverso del número de Reynolds, que es un parámetro adimensional típico.

Similarmente, para el segundo parámetro adimensional, debe cumplirse:

$$L^0 T^0 M^0 = (L)^{\beta 1} (LT^{-1})^{\beta 2} (L^{-3}M)^{\beta 3} (LT^{-2}M)$$

Ello requiere que se cumpla:

$$
\begin{array}{lllll}
0 = & \beta_1 & +\beta_2 & -3\beta_3 & +1 \\
0 = & & -\beta_2 & & -2 \\
0 = & & & +\beta_3 & +1
\end{array}
$$

Resolviendo este sistema de ecuaciones se encuentra:

$$
\begin{aligned}
\beta_1 &= -2 \\
\beta_2 &= -2 \\
\beta_3 &= -1
\end{aligned}
$$

Entonces:

$$\pi_2 = D^{-2}V^{-2}\rho^{-1}F$$

El fenómeno de arrastre puede ser descrito entonces mediante una relación:

$$\Phi(\pi_1, \pi_2) = 0$$

La que resulta mejor poner como:

$$\pi_1 = G(\pi_2)$$

o en este caso ya que π_2 es el número de Reynolds **R**:

$$\pi_1 = G(\boldsymbol{R})$$

y, reemplazando los parámetros adimensionales en función de las variables del fenómeno:

$$D^{-2}V^{-2}\rho^{-1}F = G(R)$$

Si se expresa la fuerza de arrastre en función de las demás variables se encuentra que:

$$F = \rho D^2 V^2 G(R)$$

Dado que en la relación está involucrado el cuadrado del diámetro de la esfera, se prefiere reemplazar este por el área del círculo que corresponde a la proyección de la esfera que enfrenta al flujo, $A = \pi\frac{D^2}{4}$. Similarmente en lugar de la velocidad al cuadrado se emplea la altura de velocidad, multiplicando y dividiendo por 2g. Con estas modificaciones de detalle la expresión queda:

$$F = \rho A\frac{V^2}{2}\frac{8}{\pi}G(R) = \rho A\frac{V^2}{2}C_D$$

Al término (8/π)G(**R**), que depende del número de Reynolds y de la forma del cuerpo sumergido, en este caso una esfera, se le denomina coeficiente de arrastre o de resistencia, C_D, y se determina experimentalmente. Este coeficiente es válido para cualquier esfera, independiente de su tamaño. Para cuerpos de otra forma el valor de C_D en función del número de Reynolds se encuentra experimentalmente.

El problema experimental se ha reducido a encontrar una relación entre dos parámetros adimensionales, el valor de C_D, en función de una sola variable, **R**, en lugar de la función original que involucra 5 parámetros. Para una esfera esta función presenta un comportamiento como el que se indica en la figura 5.5.

Como resultado de todo lo anterior la fuerza de arrastre que ejerce un fluido en movimiento sobre un cuerpo sumergido en él se acostumbra expresar como:

$$F = C_D \rho A \frac{V^2}{2}$$

donde C_D depende de la forma del cuerpo y del número de Reynolds del flujo. En el Capítulo 6 se aborda este tema desde el punto de vista práctico, incluyendo las causas que provocan la fuerza de arrastre en el caso de flujos turbulentos.

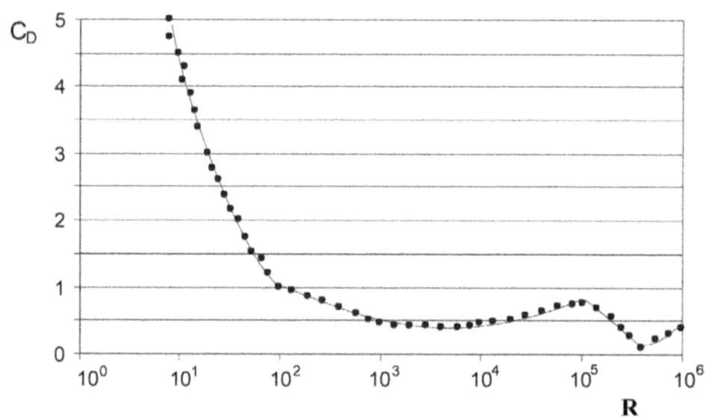

Figura 5.5. Comportamiento del coeficiente de arrastre de una esfera.

b) Método matricial

Este procedimiento es esencialmente igual al anterior pero las ecuaciones necesarias se agrupan convenientemente en forma matricial para facilitar los cálculos. Considerando que una variable a_0 depende de $n-1$ parámetros independientes que describen el fenómeno, utilizando para ello r dimensiones en total, para encontrar los parámetros adimensionales se procede de la siguiente manera:

a) Seleccionar r variables básicas que cumplan con las condiciones indicadas en el procedimiento anterior, (en conjunto incluyen todas las dimensiones del problema; ellas solas no forman un parámetro adimensional; no incluyen a la variable dependiente; son fáciles de medir y controlar).
b) Encontrar los exponentes de las dimensiones básicas para todas las variables que intervienen en el fenómeno.
c) Ordenar la información anterior en una matriz rectangular de n columnas y r filas, de manera que cada columna se refiere a una variable y cada fila a una dimensión. El término k_{ij} es entonces el exponente que le corresponde a la dimensión i en la variable j. En las primeras columnas se colocan las variables básicas y en el resto las demás.
d) Las primeras r columnas de las variables básicas forman una matriz cuadrada A. El resto es una matriz rectangular de $n-r$ columnas y r filas, B. La forma de la ordenación indicada es la siguiente:

Variables: $a_1 \quad a_2 \quad \cdots \quad a_r \qquad a_{r+1} \quad \cdots \quad a_{n-1} \quad a_0$

Dimensiones: $D_1, D_2, \vdots, D_r$

$$A = \begin{bmatrix} k_{11} & k_{12} & \cdots & k_{1r} \\ k_{21} & k_{22} & \cdots & k_{2r} \\ \vdots & \vdots & \ddots & \vdots \\ k_{r1} & k_{r2} & \cdots & k_{rr} \end{bmatrix} \qquad B = \begin{bmatrix} k_{1r+1} & \cdots & \cdots & k_{1n} \\ k_{2r+1} & \cdots & \cdots & k_{2n} \\ \vdots & k_{ij} & \cdots & \vdots \\ k_{rr+1} & k_{rj} & \cdots & k_{rn} \end{bmatrix}$$

e) Para resolver el sistema de ecuaciones se manipula la matriz AB de tal manera de convertir la matriz A en una matriz identidad, es decir, con 1 en la diagonal y ceros fuera de ella. Entonces, en cada una de las columnas de B, se tienen los exponentes que deben aplicarse a las variables básicas para que su producto tenga las mismas dimensiones que la variable de esa columna, lo que permite formar el parámetro adimensional respectivo. Esto es, la matriz AB anterior queda convertida en:

Variables:	a_1	a_2	$\ldots$	a_r	a_{r+1}	$\ldots$	a_{n-1}	a_0
Dimensiones:								
$D1$	1	0	$\ldots$	0	m_{1r+1}	$\ldots$	$\ldots$	m_{1n}
$D2$	0	1	$\ldots$	0	m_{2r+1}	$\ldots$	$\ldots$	m_{2n}
$\vdots$	$\vdots$	$\vdots$	$\ddots$	$\vdots$	$\vdots$	m_{ij}	$\ldots$	$\vdots$
Dr	0	0	$\ldots$	1	m_{rr+1}	m_{rj}	$\ldots$	m_{rn}

f) Los parámetros adimensionales corresponden a combinaciones entre las variables básicas y cada una de las otras formadas con los exponentes que quedan en cada columna de la matriz B:

$$\pi_1 = \frac{a_1^{m1\,r+1} a_2^{m2\,r+1} \ldots a_r^{mr\,r+1}}{a_{r+1}}$$

$$\pi_2 = \frac{a_1^{m1\,r+2} a_2^{m2\,r+2} \ldots a_r^{mr\,r+2}}{a_{r+2}}$$

$$\vdots$$

$$\pi_{n-r} = \frac{a_1^{m1\,n} a_2^{m2\,n} \ldots a_r^{mr\,n}}{a_0}$$

EJEMPLO 5.6

Otro de los fenómenos no resueltos satisfactoriamente con el análisis global o diferencial es el de la evaluación de las pérdidas de energía por fricción que se producen en una tubería de diámetro constante en régimen permanente.

Aunque no se dispone de una solución general a este problema se han logrado algunos avances. Aplicando el teorema de cantidad de movimiento se encontró que la pérdida de energía por unidad de peso que se produce en una longitud L de una tubería de diámetro D con un fluido de peso específico γ está dada por:

$$\frac{\Delta P}{\gamma} = \frac{4L\tau}{\gamma D}$$

Para evaluarla se requiere conocer el valor del esfuerzo de corte en la pared, τ.

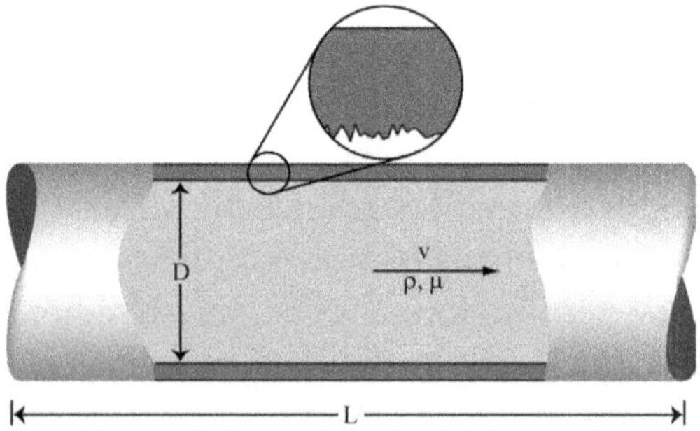

Figura 5.6. Características de una tubería.

Posteriormente, con ayuda del análisis diferencial, se encontró que si el régimen es laminar y el fluido newtoniano el esfuerzo de corte en la pared se puede evaluar y encontrar la pérdida de energía mediante la ecuación de Hagen-Poiseuille. Sin embargo, si el régimen es de transición o turbulento no se dispone de una relación general. Tampoco queda claro cómo considerar las características de las paredes en estos casos. ¿Qué puede hacer el análisis dimensional?

SOLUCIÓN:

Con ayuda del análisis dimensional se intentará encontrar una expresión para τ en función de las características que gobiernan el fenómeno, la cual reemplazada en la expresión anterior puede permitir evaluar las pérdidas de energía.

El esfuerzo de corte en las paredes, τ, depende de las características del flujo, del fluido y de las propiedades de la cañería. Si el flujo es permanente y uniforme, el flujo puede caracterizarse por la velocidad media, v. El fluido por su masa específica, ρ, y su viscosidad dinámica, μ. La cañería puede identificarse mediante el diámetro, D, y la aspereza de las paredes, ε, la que a su vez refleja las condiciones de material, el proceso de fabricación, el tiempo de uso y otras condiciones. La aspereza corresponde a una altura representativa de las irregularidades de las paredes internas del tubo. En resumen, se establece una relación del tipo:

$$\tau = f(D, \varepsilon, v, \rho, \mu)$$

Se trata de una relación entre 6 parámetros que pueden medirse en términos de 3 dimensiones independientes (L,T,M); por lo tanto, puede ser reemplazada por una nueva relación entre solo 6−3=3 parámetros adimensionales.

Las dimensiones de cada una de los parámetros involucrados corresponde a:

Parámetro	**Designación**	**Dimensiones (LTM)**
Diámetro	D	L
Aspereza de la pared	ε	L
Velocidad	v	LT^{-1}
Esfuerzo de corte	τ	$ML^{-1}T^{-2}$
Masa específica	ρ	ML^{-3}
Viscosidad dinámica	μ	$ML^{-1}T^{-1}$

Como variables básicas se seleccionará el conjunto (D,v,ρ).

La matriz de exponentes de cada una de las dimensiones para cada una de las variables, colocando las básicas en las primeras columnas es:

Parám:	D	v	ρ	τ	ε	μ
Dim:						
L	1	1	−3	−1	1	−1
T	0	−1	0	−2	0	−1
M	0	0	1	1	0	1

Se puede convertir la parte de las primeras tres columnas de esta matriz en una matriz unitaria dejando la última fila igual, multiplicando la segunda fila por −1 y después sumándole a la primera fila tres veces la última y restándole la segunda. Con ello se obtiene:

Parám:	D	v	ρ	τ	ε	μ
Dim:						
L	1	0	0	0	1	1
T	0	1	0	2	0	1
M	0	0	1	1	0	1

Los parámetros adimensionales en este caso son:

$$\pi_1 = \frac{v^2\rho}{\tau}$$

$$\pi_2 = \frac{D}{\varepsilon}$$

$$\pi_3 = \frac{Dv\rho}{\mu}$$

Se observa que el tercer parámetro adimensional corresponde al número de Reynolds, **R**. La expresión para el esfuerzo de corte resulta:

$$\frac{\tau}{v^2\rho} = \Phi\left(\frac{\varepsilon}{D}, R\right)$$

o despejando τ:

$$\tau = v^2\rho\Phi\left(\frac{\varepsilon}{D}, R\right)$$

Esto indica que el valor de τ en cada cañería puede encontrarse experimentalmente midiendo los esfuerzos de corte para diferentes combinaciones de $\frac{\varepsilon}{D}$ y de **R**. Sin embargo, no es el esfuerzo de corte en sí lo que interesa sino más bien la pérdida de energía. Para ello se reemplaza el valor de τ en la expresión para la pérdida de energía con lo cual se obtiene:

$$\frac{\Delta P}{\gamma} = \frac{4L}{\gamma D}\rho v^2\Phi\left(\frac{\varepsilon}{D}, R\right)$$

la que reordenada queda:

$$\frac{\Delta P}{\gamma} = \frac{L}{D}\frac{v^2}{2g}8\Phi\left(\frac{\varepsilon}{D}, R\right)$$

El término que resulta de la función $8\Phi\left(\frac{\varepsilon}{D}, R\right)$ recibe el nombre de factor de fricción, *f*, el cual es función de la aspereza relativa de la pared, $\frac{\varepsilon}{D}$, y del número de Reynolds del escurrimiento, **R**. De esta forma, se acostumbra a evaluar las pérdidas de energía producidas por fricción en una tubería circular mediante la expresión conocida como la fórmula de Darcy-Weisbach:

$$\frac{\Delta P}{\gamma} = f\frac{L}{D}\frac{v^2}{2g}$$

El comportamiento del factor de fricción en función de las características de la tubería y del escurrimiento se expresa en un gráfico conocido como ábaco de Moody (1944), en el cual se resumen organizadamente gran cantidad de resultados experimentales.

De acuerdo con la expresión de Hagen-Poiseuille se sabe que si el flujo es laminar *f* depende solo de **R**. Si el flujo es totalmente turbulento en paredes rugosas solo interviene la aspereza relativa de las paredes, mientras que si es de transición es importante tanto **R** como la aspereza relativa. En tuberías lisas el factor de fricción depende solo de **R**.

En el Capítulo 6 se aborda este tema desde el punto de vista práctico, incluyendo las causas que provocan los esfuerzos en la pared en el caso de flujos turbulentos.

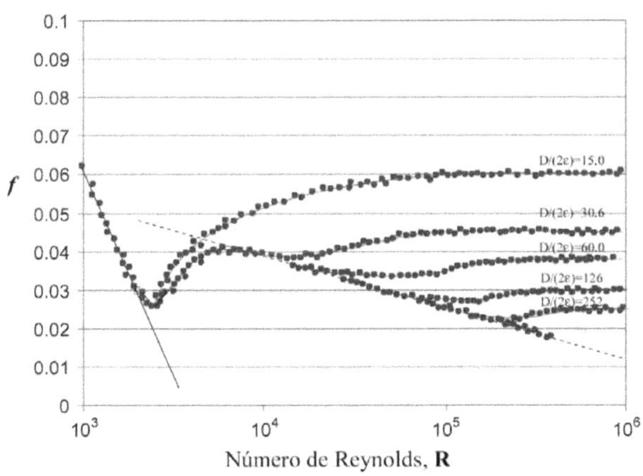

Figura 5.7. Comportamiento del factor de fricción en función de **R** y de características de la tubería con rugosidad artificial.

5.2 MODELOS A ESCALA

De acuerdo con lo planteado en el análisis dimensional, cualquier relación que represente el comportamiento de una variable en un fenómeno físico, en función de características cuantificables de él, puede expresarse en términos de parámetros adimensionales formados por la agrupación conveniente de las variables originales. Estos parámetros adimensionales tienen un valor numérico que no depende de las unidades empleadas para medir cada una de las variables dimensionales que lo forman. La relación es, por lo tanto, independiente del sistema de unidades empleado, si este es coherente. En particular, ello significa que la relación es independiente del tamaño del fenómeno si ambas situaciones son semejantes, es decir, si el fenómeno es esencialmente el mismo en ambos casos, pudiendo diferir en el tamaño. Esto permite estudiar el comportamiento de muchos fenómenos reales complejos a una escala diferente, con la ayuda de un modelo en el cual se observa y mide un fenómeno semejante.

Se denomina prototipo a una situación real a escala natural que se desea estudiar y en la cual se incluyen todas las características de interés. El modelo corresponde a una representación física simplificada del prototipo, en la cual se incluyen solo los aspectos esenciales para lograr que el fenómeno en el modelo sea semejante al del prototipo. Habitualmente es a una escala reducida, pero podría ser a la misma escala o incluso a una escala ampliada.

Antes de construir aparatos u obras de alto costo —tales como barcos, aviones, puertos, represas, etc.—se puede recurrir a ensayos en modelos para observar sus características bajo condiciones de operación que no han podido ser estudiadas analíticamente, u observar el efecto de fenómenos imposibles de considerar en un estudio más simplificado. En el modelo se realizan muchas medidas de diferente tipo para evaluar la calidad del diseño. Así es como se acostumbra a medir fuerzas sobre estructuras, presiones en puntos especiales, velocidades, etc. Para que estas medidas en los modelos sean útiles es necesario poder transformarlas a valores a la escala del fenómeno original. Si ello no se puede hacer, el valor de medir esas propiedades en el modelo es muy reducido. Por otra parte, si bien se puede tener una idea de las características de los ensayos que se desean realizar a la escala del prototipo, se requiere conocer la magnitud de las variables a que se debe someter el modelo para reproducir el mismo fenómeno. Por ejemplo, si se desea ensayar el modelo a escala de un avión que deberá volar a 900 km/hora aparecen dos preguntas básicas. La primera consiste en saber a qué velocidad deberá ensayarse el modelo para reproducir las condiciones del prototipo. La segunda es saber qué fuerza de arrastre le correspondería al prototipo si se logra medir una en el modelo. La respuesta a este tipo de preguntas se basa en la idea de que ambos fenómenos deben ser físicamente similares.

El concepto de similitud física es una extensión natural del concepto de similitud en geometría. Por ejemplo, se dice que dos triángulos son similares si ellos difieren solo en los valores numéricos de sus parámetros dimensionales, la longitud de los lados en este caso, mientras que los parámetros adimensionales, los ángulos de los vértices, son iguales para los dos triángulos. Análogamente, un fenómeno físico es similar si difiere solo en los valores numéricos de los parámetros dimensionales que caracterizan el fenómeno, pero los valores de los parámetros adimensionales son idénticos. De acuerdo con esta definición los parámetros $\pi_1, \pi_2, \ldots, \pi_m$ que resultan de un análisis dimensional del fenómeno se denominan parámetros de similitud y deben tener igual valor en el prototipo y el modelo para que el fenómeno estudiado sea similar en las dos situaciones.

Si el modelo y el prototipo son semejantes entonces el análisis dimensional permite:

a) Determinar las características del modelo para lograr una semejanza del fenómeno físico entre el modelo y el prototipo.
b) Conocidos, o medidos, los valores de las variables de interés en el modelo trasladarlos a la escala del prototipo, y viceversa.

Ello se encuentra conociendo la escala de cada variable, escala que depende de las condiciones de similitud y una vez conocida permite transformar las medidas de esa variable entre el prototipo y el modelo o viceversa.

5.2.1 Escalas y similitud

La semejanza mecánica total entre dos representaciones de un mismo fenómeno físico, para el cual los valores de los parámetros adimensionales son iguales, lleva implícitas las semejanzas geométrica, cinemática y dinámica entre ambos. Esto es, que las formas sean iguales, que los movimientos sean similares y que las fuerzas involucradas se encuentren en las mismas proporciones.

Para trasladar las medidas de las variables entre el prototipo y el modelo se requiere conocer la escala a la cual se encuentra cada variable. Se denomina escala de una variable a la razón entre el valor de ella en el modelo y su valor en el prototipo en condiciones semejantes.

Para ser más precisos, se puede suponer que un punto de coordenadas (x, y, z) en el prototipo tiene un punto homólogo en el modelo con coordenadas (α, β, δ) y que al instante t en el prototipo le corresponde un instante τ en el modelo. Si en ambos puntos, en instantes también homólogos, se mide el valor de la misma variable, a_m en el modelo y a_p en el prototipo, la escala de esa variable para ese punto en ese instante, E_a, es:

$$E_a = \frac{a_m(\alpha,\beta,\delta,\tau)}{a_p(x,y,z,t)} \tag{5.3}$$

Cuando el modelo y el prototipo son semejantes la escala de la variable a no depende de las coordenadas de los puntos ni del tiempo de la medida.

Cada variable puede tener su propia escala, pero ella debe ser única para toda posición e instante:

$$E_a = \frac{a_m}{a_p} \text{ para todo } (x,y,z,t)$$

El análisis dimensional sugiere que los valores de a se pueden expresar en función de parámetros adimensionales mediante una relación funcional que es la misma en el modelo y el prototipo si el fenómeno es esencialmente el mismo. Por otra parte, si el modelo y el prototipo son semejantes los valores de los parámetros adimensionales en ambos son iguales. Así, al igualar numéricamente los valores de los parámetros adimensionales en el prototipo y el modelo se imponen relaciones entre las escalas de las variables involucradas en cada grupo adimensional. Este procedimiento es el que se emplea para determinar las escalas de cada una de las variables involucradas.

5.2.2 Semejanza geométrica

La semejanza geométrica impone que modelo y prototipo tengan la misma forma, lo que es una consecuencia de que los ángulos formados por líneas que unen puntos homólogos en ambos casos sean iguales. La escala a que se encuentran representados los ángulos en el modelo es igual a 1,0, como ocurre con todos los parámetros adimensionales. Las distancias, que en cambio son dimensionales, estarán en una escala diferente dependiendo del tamaño del modelo. La escala de longitudes corresponde a la razón entre las distancias que separan a puntos homólogos en el modelo y el prototipo. Si (O, P) y (O', P') son pares de puntos homólogos en el prototipo y el modelo, como se ilustra en la Figura 5.8, la escala de longitudes, E_L, queda definida por la razón:

$$E_L = \frac{D(O'P')}{D(OP)} \tag{5.4}$$

Donde $D(\ )$ es la función distancia. Si el modelo es geométricamente semejante al prototipo, la escala de longitudes es igual para todos los pares de puntos (O, P) posibles.

Al reproducir situaciones geométricas las variables de interés son los ángulos, (α), las distancias, (d), las áreas, (S), y los volúmenes, (V). En estas condiciones las funciones que se pueden presentar son del tipo:

$$F(\alpha, d, S, V) = 0$$

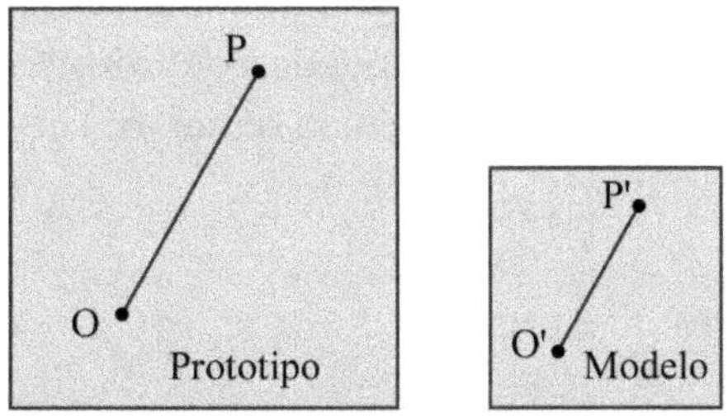

Figura 5.8. Semejanza geométrica.

Los ángulos son parámetros adimensionales, mientras *d*, *S*, *V* se miden en dimensiones de longitud, de manera que la función entre parámetros adimensionales debe ser de la forma:

$$\Phi\left(\alpha, \frac{S}{d^2}, \frac{V}{d^3}\right) = 0$$

Para tener situaciones geométricamente semejantes se requiere que estos parámetros permanezcan con igual valor en prototipo y modelo, lo que conduce a que, además de que los ángulos sean iguales, las superficies estén en una escala igual al cuadrado de la escala de longitudes y los volúmenes al cubo de dicha escala. Utilizando el subíndice *p* para los valores en el prototipo y el subíndice *m* para los del modelo, lo mencionado indica que:

$$\begin{aligned} \alpha_p &= \alpha_m \\ \left(\frac{S}{d^2}\right)_p &= \left(\frac{S}{d^2}\right)_m \\ \left(\frac{V}{d^3}\right)_p &= \left(\frac{V}{d^3}\right)_m \end{aligned}$$

Las relaciones para las variables originales son:

$$\begin{aligned} \frac{\alpha_m}{\alpha_p} &= E_\alpha = 1 \\ \frac{d_m}{d_p} &= E_d = E_L \\ \frac{S_m}{S_p} &= E_S = E_L^2 \\ \frac{V_m}{V_p} &= E_V = E_L^3 \end{aligned}$$

Además, las escalas de superficie y volumen son iguales para todas las superficies y todos los volúmenes que puedan definirse en ambas situaciones si la escala de longitudes lo es. En resumen, la semejanza geométrica significa que:

$$\begin{aligned} E_\alpha &= 1 \\ E_L &\text{ es única} \\ E_S &= E_L^2 \\ E_V &= E_L^3 \end{aligned} \tag{5.5}$$

EJEMPLO 5.7

La maqueta de un edificio realizada por un arquitecto es un modelo de esa construcción. Como consecuencia de la semejanza geométrica que se desea lograr entre la maqueta y el proyecto definitivo construido, la escala de longitudes es única para todas las distancias. Lo mismo ocurre para las superficies y los volúmenes. Si la escala de longitudes es 1/10, entonces la escala de superficies es 1/100 y la de volúmenes es 1/1.000. Los ángulos son iguales en la maqueta y en el edificio definitivo.

En algunos casos se renuncia a tener semejanza geométrica completa y se aceptan ciertas distorsiones de forma para evitar otras que se suponen más graves, como distorsiones dinámicas o cinemáticas. Así ocurre en algunos modelos hidráulicos en que se acepta una escala de longitudes horizontales diferente a la de las longitudes verticales, con lo cual se produce una distorsión de forma en los planos verticales, pero no en el horizontal. Podría también pensarse en casos en los cuales la escala de longitudes fuera diferente para cada eje con lo que la distorsión geométrica sería total. En estos casos se pierde la semejanza geométrica entre modelo y prototipo.

5.2.3 Semejanza cinemática

La semejanza cinemática impone que los movimientos en ambos casos sean iguales. Ello requiere que las líneas de corriente sean de igual forma. Es decir, la línea de corriente que en el instante t pasa por el punto (x, y, z) en el prototipo debe tener la misma forma, ser geométricamente semejante, que la línea que en el instante τ pasa por el punto (α, β, δ) en el modelo, donde los puntos y los tiempos considerados son homólogos, como se ilustra en la Figura 5.9. Esta igualdad de forma de las líneas de corriente debe ser independiente de los puntos y tiempos considerados. La escala de tiempos es también única si la escala de longitudes lo es.

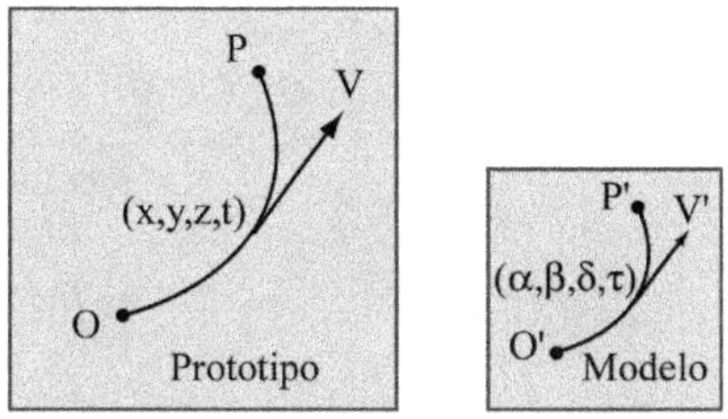

Figura 5.9. Semejanza cinemática.

En los problemas de la cinemática interesan, además de las características geométricas, representadas por ángulos, distancias, superficies y volúmenes, los tiempos, t, las velocidades, v, las aceleraciones, a, la velocidad angular, w, y en el caso de los fluidos incluso los gastos, Q, de modo que se impone una relación del tipo:

$$F(\alpha, d, S, V, t, v, a, Q) = 0$$

la que adimensionalmente se puede expresar como:

$$\Phi\left(\alpha, \frac{S}{d^2}, \frac{V}{d^3}, \frac{vt}{d}, \frac{at^2}{d} \cdot \frac{Qt}{d^3}\right) = 0$$

Para que los parámetros adimensionales sean iguales, además de las condiciones impuestas por la semejanza geométrica, se encuentra que las velocidades, las aceleraciones y los gastos deben tener escalas también únicas, que dependen de las escalas de longitud y de tiempo. En consecuencia, la semejanza cinemática significa que:

E_L es única; E_T es única

$$E_v = \frac{E_L}{E_T}; \quad E_a = \frac{E_L}{E_T^2}; \quad E_Q = \frac{E_L^3}{E_T} \tag{5.6}$$

EJEMPLO 5.8

Para estudiar el movimiento de un fluido en un codo se confecciona un modelo de la situación a una escala de longitudes de 1/2. Si ambas situaciones son cinemáticamente semejantes entonces la línea de corriente que une los puntos AB en el prototipo debe tener la misma forma que la que une sus puntos homólogos, A'B', en el modelo, como se muestra en la Figura 5.10.

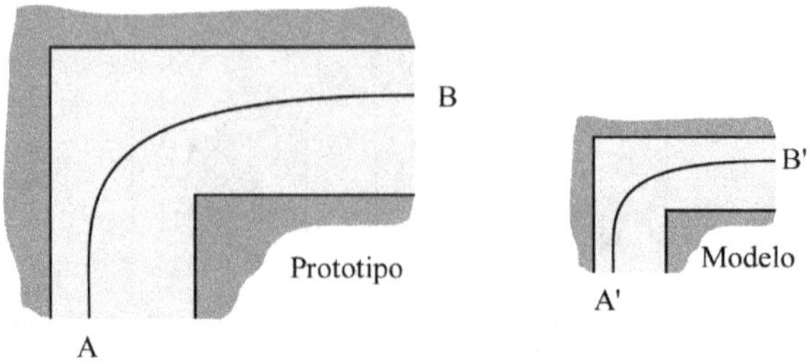

Figura 5.10. Prototipo y modelo a escala 1/2 de un codo.

5.2.4 Semejanza dinámica

Finalmente, para lograr semejanza mecánica total se requiere, además, semejanza dinámica. Un elemento cualquiera de fluido está sujeto a la acción conjunta de varias fuerzas que actúan para equilibrar o mover al elemento en cuestión. Para que ambas situaciones sean dinámicamente semejantes se requiere que esas fuerzas se encuentren en las mismas proporciones en ambos casos, como se ilustra en la Figura 5.11. Ello es el resultado directo de suponer que los parámetros adimensionales en los cuales se agrupan las fuerzas sean iguales en ambos casos. Esto también significa que la escala de fuerzas debe ser única para cualquier fuerza que se mida en condiciones homólogas.

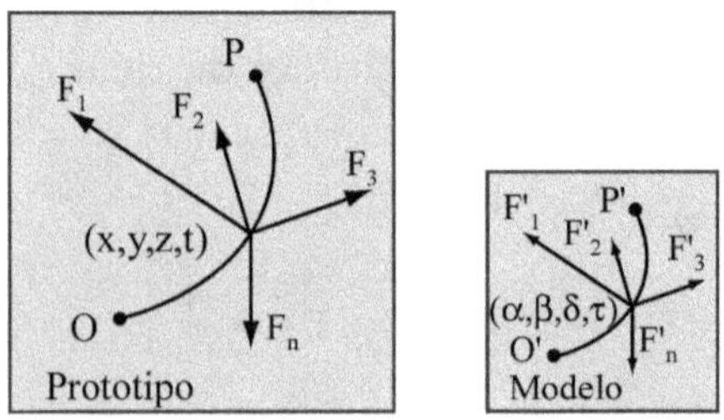

Figura 5.11. Semejanza dinámica.

Si un elemento cualquiera del prototipo está sujeto a un conjunto de fuerzas (F_1, F_2, F_3,..., F_n) y el elemento homólogo del modelo está afectado por un conjunto (F'_1, F'_2, F'_3, ..., F'_n), entonces la semejanza dinámica impone que la escala de fuerzas, E_F, sea única. Es decir:

$$E_F = \frac{F'_1}{F_1} = \frac{F'_2}{F_2} = \frac{F'_3}{F_3} = \ldots = \frac{F'_n}{F_n} \tag{5.7}$$

La dinámica considera, además de la geometría y la cinemática, los elementos dinámicos propiamente tales, como son la masa, m, las fuerzas, F, y los esfuerzos, como es la presión, P, o el esfuerzo de corte, τ. Esto indica que las relaciones dinámicas son del tipo:

$$F(\alpha, d, S, V, t, v, a, m, F, P) = 0$$

El análisis dimensional permite reducir esta relación a otra entre parámetros adimensionales, que en este caso resulta ser:

$$\Phi\left(\alpha, \frac{S}{d^2}, \frac{V}{d^3}, \frac{vt}{d}, \frac{at^2}{d}, \frac{Ft^2}{dm}, \frac{Pdt^2}{m}\right) = 0$$

Para mantener los parámetros adimensionales constantes se requiere, adicionalmente a las condiciones ya establecidas en las semejanzas geométricas y cinemáticas, que las escalas de fuerzas, E_F, y presiones, E_p, estén dadas por:

$$E_F = E_m E_L E_T^{-2}$$
$$E_p = E_m E_L^{-1} E_T^{-2}$$

Donde E_m corresponde a la escala de masas. Además, las escalas de longitudes, E_L, tiempos, E_T, y masas, E_m, deben ser únicas.

Otra forma de establecer estas mismas condiciones es aceptar que desde el punto de vista de la dinámica una de las relaciones básicas que se cumplen, tanto en el prototipo como en el modelo, es la segunda ley de Newton. Ello indica que en el prototipo un elemento de masa m_p sujeto a una resultante de fuerzas F_p adquiere una aceleración a_p mientras que su elemento homólogo en el modelo tiene masa m_m, está afecto a una resultante de fuerzas F_m y adquiere una aceleración a_m. La segunda ley de Newton requiere que en ambos casos:

$$F_p = m_p a_p$$
$$F_m = m_m a_m$$

De manera que la escala de fuerzas debe relacionarse con las escalas de masa, tiempo y longitudes para que los efectos dinámicos de inercia sean semejantes de acuerdo con:

$$E_F = \frac{F_m}{F_p} = \frac{m_m a_m}{m_p a_p} = E_m E_a = E_m E_L E_T^{-2}$$

Esto pone en evidencia la existencia de una relación básica entre las escalas que imponen la semejanza geométrica y cinemática con las de la dinámica, representada esta última por las escalas de masa o de fuerzas involucradas. En los fluidos no es fácil identificar elementos de masa conocida debido a que se trata de un medio continuo y no de un sistema de partículas. Por ello, en algunas situaciones se prefiere reemplazar la masa por el producto entre la masa específica del fluido, ρ, y el volumen del elemento de interés, V. De manera que se puede poner tanto para el prototipo como para el modelo:

$$m = \rho V$$

ecuación que al ser reemplazada en la expresión anterior entrega una relación entre las escalas de fuerza, longitud, tiempo y masa específica como la siguiente:

$$E_F = E_\rho E_L^4 E_T^{-2}$$

5.2.5 Semejanza mecánica total

En resumen, la semejanza mecánica total entre prototipo y modelo, impone la igualdad de forma, de movimiento y la proporcionalidad de fuerzas. Además de las definiciones básicas de área, volumen, velocidad, aceleración, fuerza y presión, se concluye que si el modelo es totalmente semejante con el prototipo debe cumplirse que:

a) Las escalas de longitud, tiempo y masa son únicas.
b) Se cumplen, además, las siguientes relaciones para las escalas de las variables derivadas básicas:

Superficie	$E_S = E_L^2$	
Volumen	$E_V = E_L^3$	
Velocidad	$E_v = E_L E_T^{-1}$	
Aceleración	$E_a = E_L E_T^{-2}$	(5.8)
Gasto	$E_Q = E_L^3 E_T^{-1}$	
Fuerza	$E_F = E_L E_T^{-2} E_m$	
Presión	$E_p = E_L^{-1} E_T^{-2} E_m$	

5.2.6 Selección de escalas

Las características del modelo, tanto para realizar en él pruebas semejantes al prototipo como para trasladar las medidas a la escala natural, se encuentran conociendo las escalas de las variables que intervienen en los parámetros adimensionales que explican el comportamiento del fenómeno. Como se ha visto, existe una escala para cada variable, las que se expresan en función de las escalas de las dimensiones básicas de longitud, tiempo y masa (E_L, E_T, E_m). Así ocurre con las escalas de áreas, volúmenes, velocidades, aceleraciones, fuerzas, presiones, etc. En general existe la posibilidad de seleccionar para el modelo y el prototipo diferentes propiedades del fluido, como la masa específica, la viscosidad, tensión superficial, comprensibilidad u otras, así como propiedades del medio, como la gravedad, por ejemplo. Sin embargo, si el prototipo y el modelo están sometidos a la misma fuerza de gravedad y se operan con el mismo fluido, que es la situación más corriente en la práctica, la selección de escalas solo permite elegir las de longitudes y de tiempos, con los que se tienen solo dos grados de libertad para seleccionar el modelo. En estos casos para plantear la construcción y operación del modelo basta con decidir su tamaño (escala de longitudes) y determinar la escala de tiempos que debe usarse para mantener las condiciones de semejanza. Todas las demás escalas son función de ellas dos.

En resumen, para confeccionar un modelo con el cual estudiar un fenómeno de interés y lograr que las medidas y observaciones sean válidas en el prototipo hay que realizar las siguientes tareas:

a) En base al conocimiento del fenómeno a estudiar confeccionar una lista de parámetros que describan adecuadamente el problema.
b) Con la ayuda del análisis dimensional encontrar los parámetros adimensionales que describen el fenómeno.
c) Igualando los parámetros adimensionales en el modelo y el prototipo encontrar las escalas de las variables básicas.
d) En base a las relaciones funcionales del resto de las variables determinar las escalas de todas las variables de interés.

Uno de los principales inconvenientes es que para conocer los parámetros involucrados se requiere haber identificado las variables que participan significativamente en el fenómeno. Para ello existen dos caminos alternativos. Si se dispone de una descripción matemática del proceso, aunque sea mediante una ecuación diferencial no integrable, en ella quedan identificados los parámetros básicos. Dicha ecuación puede expresarse en términos adimensionales, de modo que dos situaciones son semejantes para ese fenómeno si siguen la misma ecuación diferencial, y las condiciones de borde e iniciales son semejantes. Otro camino alternativo es recurrir al análisis dimensional para identificar los parámetros adimensionales del fenómeno en cada caso particular, a partir de una lista de parámetros dimensionales que se estiman importantes en base a la experiencia. En este caso también puede ser útil suponer un caso típico de suficiente generalidad. A continuación, se presentan dos situaciones relativamente generales con cada uno de los enfoques mencionados.

a) El comportamiento de un fluido viscoso se puede entender de acuerdo con las ecuaciones de Navier Stokes, que incluyen el efecto de las fuerzas de inercia, gravedad, presiones y viscosas sobre un elemento de fluido. Esta ecuación diferencial, aunque no se pueda integrar en general, contiene las variables importantes en el movimiento de un fluido viscoso. Considérese la ecuación en la dirección x:

$$\frac{du}{dt} = f_m - \frac{1}{\rho}\frac{\partial P}{\partial x} + \mu\left(\frac{\partial^2 u}{\partial x^2} + \frac{\partial^2 u}{\partial y^2} + \frac{\partial^2 u}{\partial z^2}\right)$$

Si se selecciona un sistema de medidas con unidades básicas de longitud, velocidad y presión, (L_0, v_0, P_0), del cual se desprende que la unidad de tiempo es $\frac{L_0}{v_0}$ y de las masas $\frac{P_0 L_0^3}{v_0^2}$, las variables que intervienen pueden expresarse adimensionalmente como el número de veces que cada una contiene a la unidad básica correspondiente:

$$\begin{aligned} x &= x^* L_0 \\ y &= y^* L_0 \\ z &= z^* L_0 \\ u &= u^* v_0 \\ P &= P^* P_0 \\ t &= t^* L_0/v_0 \end{aligned} \tag{5.9}$$

Donde $(x^*, y^*, z^*, u^*, p^*, t^*)$ son variables adimensionales. La ecuación de Navier-Stokes se puede reescribir en términos de las variables adimensionales expresando cada uno de sus términos en función de ellas:

$$\frac{du}{dt} = \frac{d(u*v_0)}{dt*}\frac{dt*}{dt} = \frac{v_0^2}{L_0}\frac{du*}{dt*}$$

$$\frac{\partial P}{\partial t} = \frac{\partial(P*P_0)}{\partial x*}\frac{\partial x*}{\partial x} = \frac{P_0}{L_0}\frac{\partial P*}{\partial x*}$$

$$\frac{\partial^2 u}{\partial x^2} = \frac{\partial^2(u*v_0)}{\partial x*^2}\frac{\partial x*^2}{\partial x} = \frac{v_0}{L_0^2}\frac{\partial^2 u*}{\partial x*^2}$$

reemplazando estos resultados en la ecuación correspondiente:

$$\frac{v_0^2}{L_0}\frac{du*}{dt*} = f_m - \frac{1}{\rho}\frac{P_0}{L_0}\frac{\partial P*}{\partial x*} + \frac{\mu}{\rho}\frac{v_0}{L_0^2}\left(\frac{\partial^2 u*}{\partial x*^2} + \frac{\partial^2 u*}{\partial y*^2} + \frac{\partial^2 u*}{\partial z*^2}\right)$$

reordenando,

$$\frac{du*}{dt*} = \frac{L_0}{v_0^2} f_m - \frac{P_0}{\rho v_0^2}\frac{\partial P*}{\partial x*} + \frac{\mu}{\rho v_0 L_0}\left(\frac{\partial^2 u*}{\partial x*^2} + \frac{\partial^2 u*}{\partial y*^2} + \frac{\partial^2 u*}{\partial z*^2}\right)$$

Los coeficientes de esta ecuación corresponden a parámetros adimensionales típicos, conocidos como los números de Froude, Euler y Reynolds, de manera que ella se puede expresar como:

$$\frac{du*}{dt*} = \frac{1}{F^2} - E\frac{\partial P*}{\partial x*} + \frac{1}{R}\left(\frac{\partial^2 u*}{\partial x*^2} + \frac{\partial^2 u*}{\partial y*^2} + \frac{\partial^2 u*}{\partial z*^2}\right)$$

Esta es una expresión adimensional de la ecuación de Navier-Stokes, cuya representación general sería:

$$\frac{dV*}{dt*} = \frac{1}{F^2} - E\nabla P * + \frac{1}{R}\nabla^2 \overrightarrow{V*} \tag{5.10}$$

siendo (V*, P*, t*) variables adimensionales y $\mathbf{F}$, $\mathbf{E}$ y $\mathbf{R}$ coeficientes adimensionales. Esta ecuación es válida para cualquier escala. Para que sea aplicable en el modelo y el prototipo los coeficientes de la ecuación debieran ser los mismos, lo que se logra si los parámetros ($\mathbf{F}$, $\mathbf{E}$ y $\mathbf{R}$) son numéricamente iguales. Entonces, en una situación en la cual es importante el movimiento de un fluido viscoso será necesario considerar iguales en el modelo y el prototipo los parámetros que se obtienen al adimensionalizar la ecuación de Navier-Stokes. Si se tratara de un flujo viscoso sin la intervención de la gravedad solo sería necesario considerar los parámetros de Euler y Reynolds. Un análisis similar al presentado aquí puede realizarse para otras situaciones en las cuales se conozca la ecuación diferencial que gobierna el fenómeno.

b) Otra alternativa es considerar una situación relativamente general que incluya al problema como caso particular. Por ejemplo, desde el punto de vista del análisis dimensional se puede plantear un problema típico general en términos de la evaluación de la fuerza que hace el fluido en movimiento sobre un objeto sumergido en la corriente. El problema puede quedar caracterizado por las propiedades del fluido: masa específica, viscosidad dinámica, tensión superficial y coeficiente de compresibilidad,

(ρ,μ,σ,E); las características del flujo: velocidad y gravedad, (v,g); las propiedades del objeto, que a su vez corresponden a las condiciones de borde, por ejemplo en el caso tridimensional largo, ancho y alto (d,b,h), así como su masa específica, ρ_s. Para explicar el comportamiento de la variable dependiente, como es la fuerza F, existiría una relación entre ella y las 10 variables restantes:

$$f_1(F, \rho, \mu, \sigma, E, v, g, d, b, h, \rho_S) = 0$$

Otra alternativa es caracterizar el flujo por las presiones, P, en lugar de las velocidades. Pero no es lógico emplear ambos simultáneamente ya que se sabe que están relacionados, de manera que si se conoce la distribución de velocidades se puede calcular la de presiones y viceversa. Entonces, otra función alternativa para explicar el comportamiento de F:

$$f_2(F, \rho, \mu, \sigma, E, P, g, d, b, h, \rho_S) = 0$$

Como para medir estas variables se utilizan tres dimensiones (L,T,M), cualquiera de las dos relaciones planteadas se puede reemplazar por otra entre 11−3=8 parámetros adimensionales.

En el primer caso, que incluye la velocidad, se pueden seleccionar como variables básicas el largo del elemento, d, la velocidad del flujo, v, y la masa específica del fluido, ρ. La matriz de dimensiones resulta ser la siguiente:

Variables	d	v	ρ	μ	σ	E	g	b	h	ρ_S	F
L	1	1	−3	−1	0	−1	1	1	1	−3	1
T	0	−1	0	−1	−2	−2	−2	0	0	0	−2
M	0	0	1	1	1	1	0	0	0	1	1

Al convertir la matriz de las dimensiones de las variables básicas en unitaria se consigue:

Variables	d	v	ρ	μ	σ	E	g	b	h	ρ_S	F
L	1	0	0	1	1	0	−1	1	1	0	2
T	0	1	0	1	2	2	2	0	0	0	2
M	0	0	1	1	1	1	0	0	0	1	1

La función queda, por lo tanto, caracterizada por los siguientes parámetros adimensionales:

$$\Phi\left(\frac{F}{\rho d^2 v^2}, \frac{\mu}{\rho d v}, \frac{\sigma}{\rho d v^2}, \frac{E}{\rho v^2}. \frac{gd}{v^2}, \frac{\rho_S}{\rho}, \frac{b}{d}, \frac{h}{d}\right) = 0$$

Estos parámetros pueden modificarse ligeramente de manera de transformarlos en otros de uso más habitual, incluyendo en cada uno las mismas variables, y manteniendo lógicamente su carácter adimensional:

$$\Phi\left(\frac{F}{\rho d^2 v^2},\frac{\rho d v}{\mu},\frac{\rho d v^2}{\sigma},\frac{v}{\sqrt{\frac{E}{\rho}}},\frac{v}{\sqrt{gd}},\frac{\rho_S}{\rho},\frac{b}{d},\frac{h}{d}\right)=0 \tag{5.11}$$

Los parámetros adimensionales incluidos en esta relación son típicos en problemas de mecánica de fluidos y reciben nombres especiales ligados con quienes han realizado contribuciones importantes en aspectos relacionados, o que los han propuesto para problemas específicos. Aparecen habitualmente al seleccionar en problemas dinámicos el conjunto (ρ, d, v) como variables básicas. Se conocen, además, otros parámetros adimensionales que surgen en diferentes situaciones en mecánica de fluidos. A continuación, se explica el significado de cada uno de ellos, así como las condiciones en que habitualmente aparecen en la modelación.

$\Pi_1 = \frac{F}{\rho d^2 v^2}$	**N**, número de Newton (1642-1727); representa la razón entre la fuerza que interesa y la fuerza de inercia. Es un número que aparece siempre que se desea evaluar una fuerza debida al movimiento del fluido y constituye en estos casos la variable dependiente explicada.
$\Pi_2 = \frac{\rho d v}{\mu}$	**R**, número de Reynolds, (1842-1912). Razón entre las fuerzas debidas a la viscosidad y la de inercia. Está presente cuando los efectos viscosos son relevantes, como es el caso típico de los escurrimientos en contorno cerrado.
$\Pi_3 = \frac{v}{\sqrt{gd}}$	**F**, número de Froude (1810-1879). El cuadrado de este número corresponde a la razón entre las fuerzas de inercia y las de gravedad. Su valor representa la relación entre la velocidad del flujo y la velocidad de una onda superficial solitaria y pequeña en una corriente muy ancha de profundidad constante. Es importante en los flujos con una superficie libre deformable, en los cuales el movimiento se debe a la componente de la gravedad en la dirección del flujo.
$\Pi_4 = \frac{v}{\sqrt{\frac{E}{\rho}}}$	**M**, número de Mach (1838-1916). Se calcula como la razón entre la velocidad característica del flujo y la velocidad del sonido en el mismo medio. El cuadrado de este número, que se conoce como número de Cauchy (1789-1857), corresponde a la razón entre las fuerzas de inercia y las fuerzas elásticas del medio. Debe considerarse cuando la velocidad del medio puede afectar la densidad del fluido. En general, para valores de M<0,3 los cambios de masa específica son solo del orden del 2% del valor medio de manera que los efectos de la velocidad en la compresibilidad son despreciables.

$\Pi_5 = \frac{\rho d v^2}{\sigma}$	**W**, número de Weber (1871-1951). Indica la importancia relativa de la fuerza debida a la inercia en relación con las de tensión superficial. Aparece en situaciones en que la tensión superficial interesa en condiciones dinámicas, por ejemplo en cavitación. Para ser relevante debe haber dos o más fluidos comprometidos, ya que la tensión superficial actúa en la interfase de ellos.
$\Pi_6 = \frac{\rho_S}{\rho}$	**d**, corresponde a la densidad del material con que están hechos los elementos extraños al fluido, de manera que este número relaciona su masa específica con la del fluido.
Π_7, Π_8	Corresponden a relaciones de la geometría que permiten mantener la forma o decidir sobre las distorsiones de escala.
$\Pi_9 = \frac{\rho v^2}{p}$	**E**, número de Euler (1707-1783). Razón entre las fuerzas de inercia y las provocadas por la presión. Este número aparece si el comportamiento de la presión es independiente de la dinámica propia del flujo, de manera que no está determinado exclusivamente por las variaciones de la velocidad. Si, como es habitual, la velocidad y la presión están relacionadas, de manera que no son independientes, al seleccionar la velocidad como una variable de interés no se debe incluir la presión. Esta última se puede obtener después mediante la aplicación de la ecuación de Bernoulli.

Una relación general, entonces, para este tipo de situaciones es la siguiente:

$$\Phi\left(\frac{F}{\rho d^2 v^2}, R, W, M, F, d, \Pi_7, \Pi_8\right) = 0$$

La que presenta 7 parámetros independientes y uno dependiente. Para lograr semejanza mecánica completa se requiere que todos los parámetros adimensionales de las variables independientes incluidos en la relación anterior sean iguales en el modelo y el prototipo. Ello permite plantear un sistema de ecuaciones para las escalas que deben determinarse.

Las escalas por determinar son: Longitud en tres direcciones.
Tiempo.
Gravedad del lugar.
Masa específica del fluido.
Viscosidad dinámica del fluido.
Tensión superficial del fluido.
Masa específica del elemento extraño.

Una vez determinadas todas ellas las escalas de las demás variables involucradas se deducen por relaciones funcionales de las definiciones de cada una. Así ocurre con las escalas de superficie, volumen, velocidad, aceleración, gastos, fuerzas, presiones, etc.

En el caso planteado se dispone de 7 parámetros adimensionales independientes para determinar 9 escalas, de variables también independientes, con lo cual aparentemente se tiene una gran libertad de selección. Posteriormente se verá que en la práctica esto no es así. Si se acepta que existe libertad total la igualdad de parámetros adimensionales conduce a las relaciones típicas que se mencionan a continuación.

a) Igualdad de Reynolds. Es necesario plantearla si se considera que las fuerzas viscosas son dominantes en el fenómeno que se estudia. Así ocurre con los flujos laminares y de transición y con los escurrimientos en el interior de la capa límite. En general estas fuerzas son importantes en los escurrimientos a presión. Si se exige la igualdad del número de Reynolds:

$$R_p = R_m$$

Como $R_p = \frac{\rho_p l_p v_p}{\mu_p}$ y $R_m = \frac{\rho_m l_m v_m}{\mu_m}$ al igualarlos se obtiene la siguiente relación entre las escalas comprometidas:

$$E_T = E_L^2 E_\rho E_\mu^{-1} \tag{5.12}$$

b) Igualdad de Froude. Se requiere si el flujo está gobernado por la gravedad, como ocurre en los escurrimientos con superficie libre en los cuales la dinámica se produce por la componente del peso en la dirección del escurrimiento. La modelación de flujos en canales, ríos, bahías, sobre vertederos, bajo compuertas, el comportamiento de elementos flotantes en movimiento y situaciones similares requieren la igualdad de Froude. Igualando los valores numéricos de $F_p = \frac{v_p}{\sqrt{g_p l_p}}$ con el de $F_m = \frac{v_m}{\sqrt{g_m l_m}}$ se obtiene para las escalas:

$$E_T = E_L^{0,5} E_g^{-0,5} \tag{5.13}$$

c) Igualdad de Mach. Es necesario plantearla si se considera que los efectos de la compresibilidad del fluido son importantes en el fenómeno que se estudia. Así ocurre con los flujos supersónicos e incluso en aquellos en que las velocidades del fluido y del sonido son comparables. En general se estima que esto ocurre con **M**>0,3 ya que para valores menores los efectos sobre la masa específica provocan cambios menores que el 2% de ella.

Como $M_p = \frac{v_p}{\sqrt{\frac{E_p}{\rho_p}}}$ y $M_m = \frac{v_m}{\sqrt{\frac{E_m}{\rho_m}}}$ al igualarlos se obtiene la siguiente relación entre las escalas comprometidas:

$$E_T = E_L E_\rho^{0,5} E_E^{-0,5} \tag{5.14}$$

d) Igualdad de Weber. Esta igualdad debe mantenerse cuando las fuerzas importantes se deben a la tensión superficial. Esto ocurre en los flujos en que se mezclan fluidos, ya sea dos líquidos o entre un líquido y un gas, e interesa lo que ocurre en la interfase entre ambos. Para que esta fuerza sea relevante es necesario que el resto sea poco importante, ya que lo que interesa es su valor relativo. Así ocurre en las interfases de escurrimientos de pequeñas dimensiones, por ejemplo, movimientos de gotas, burbujas, emulsiones, espumas y similares, o el caso de pequeñas alturas de líquido. También es relevante en fenómenos de cavitación.

Como $W_p = \frac{\rho_p l_p v_p^2}{\sigma_p}$ y $W_m = \frac{\rho_m l_m v_m^2}{\sigma_m}$ al igualarlos se obtiene:

$$E_T = E_L^{1,5} E_\rho^{0,5} E_\sigma^{-0,5} \tag{5.15}$$

e) La igualdad del parámetro densidad del elemento sumergido requiere que la escala de su masa específica sea igual a la escala de la masa específica del fluido, es decir, que solo se acepte una escala de masa.

$$E_{\rho_S} = E_\rho$$

f) Finalmente, la igualdad de los parámetros geométricos exige que no exista distorsión, lo que se traduce en que las escalas de longitudes deben ser iguales en las tres direcciones ortogonales o que el elemento en cuestión y, en general, las condiciones de borde, mantenga su forma.

En resumen, si se imponen las condiciones de que todos los parámetros adimensionales independientes de la relación sean iguales en el modelo y el prototipo para lograr semejanza mecánica total se debe satisfacer un sistema de ecuaciones, en el cual cada ecuación corresponde a la igualdad del parámetro adimensional que se indica:

$$
\begin{array}{ll}
\text{Reynolds} & E_T = E_L^2 E_\rho E_\mu^{-1} \\
\text{Weber} & E_T = E_L^{1,5} E_\rho^{0,5} E_\sigma^{-0,5} \\
\text{Mach} & E_T = E_L E_\rho^{0,5} E_E^{-0,5} \\
\text{Froude} & E_T = E_L^{0,5} E_g^{-0,5} \\
\text{Densidad} & E_{\rho s} = E_\rho \\
\text{Anchos} & E_Y = E_L \\
\text{Altos} & E_Z = E_L
\end{array}
\tag{5.16}
$$

Como se trata de siete ecuaciones para diez incógnitas la solución aparece como sumamente abierta. Las tres últimas son más bien igualdades una vez que se decide el valor de E_L y de E_ρ. Por lo tanto, la parte importante del sistema está en las cuatro primeras relaciones. Se trata de 4 ecuaciones para 7 incógnitas. Ellas tienen que ver con las escalas de tiempo, longitudes, que definen las relaciones entre los tamaños y las duraciones en prototipo y modelo, pero también con las escalas de las propiedades de los fluidos utilizados en ambos casos, como son las de masa específica, viscosidad, tensión superficial y compresibilidad, y finalmente la escala de aceleración de gravedad.

Si las escalas de todas las variables comprometidas se obtienen resolviendo un sistema de ecuaciones como el planteado, o parecido para otras situaciones, de manera de mantener iguales todos los parámetros adimensionales en el modelo y el prototipo, la similitud es total, completa o perfecta. Si ello no es posible se debe optar por mantener algunas ecuaciones dejando otras fuera del sistema. En estos casos se tiene similitud parcial y existirán, por lo tanto, distorsiones de escala de algunas variables. La importancia de esas distorsiones para el fenómeno que se estudia indicará la calidad del modelo para reproducir las condiciones del prototipo. En la realidad es difícil lograr similitud perfecta. Solo se lograría para un modelo de las mismas dimensiones que el prototipo, en el mismo lugar y con el mismo fluido.... Es decir, ensayar el prototipo. Ello hace necesario conocer las características y consecuencias de la similitud parcial.

5.2.7 Similitud parcial y distorsión de escala

Al determinar las escalas que afectan a las propiedades del fluido debe tenerse claro que ellas no son independientes entre sí. Es imposible seleccionar un fluido con todas sus características abiertas y pretender que cada una de ellas adopte un valor cualquiera. Si se elige una escala para alguna de sus propiedades las demás quedan fijas por las características propias del fluido seleccionado para satisfacer dicha escala. En el caso extremo si se selecciona el mismo fluido para el modelo y el prototipo con el objeto de tener E_ρ=1, entonces, de manera automática se está aceptando que E_σ=E_E=E_μ=1. Considerando esta realidad en las primeras cuatro ecuaciones del sistema (5.16) solo hay una escala de las características del fluido por determinar, el resto son constantes de valor conocido una vez que se fija el valor de una de ellas, que se pueden calcular en base a las propiedades del fluido seleccionado. Es posible aceptar entonces que solo una propiedad del fluido, la más relevante para el fenómeno en estudio, participa en el sistema.

Adicionalmente a lo mencionado respecto a la elección de las características del fluido está la selección de la aceleración de gravedad, frente a la cual las posibilidades de elección son sumamente restringidas. Si tanto el prototipo como el modelo se realizan sobre la superficie terrestre es claro que E_g es uno. Para lograr otras escalas se debe recurrir a ensayos en estaciones espaciales, fuera de la gravedad terrestre, en centrífugas o en aparatos sumamente sofisticados.

En la práctica, el caso más común corresponde a la selección de escalas para el modelo bajo la condición de que el prototipo y el modelo operan con la misma aceleración de gravedad y con el mismo fluido, lo que significa que:

$$E_\rho = E_\mu = E_\sigma = E_E = E_g = 1$$

En cuyo caso el sistema de ecuaciones se reduce a:

$$\begin{array}{ll} \text{Reynolds} & E_T = E_L^2 \\ \text{Weber} & E_T = E_L^{1,5} \\ \text{Mach} & E_T = E_L \\ \text{Froude} & E_T = E_L^{0,5} \\ \text{Densidad} & E_{\varrho s} = E_\varrho \\ \text{Forma: anchos} & E_b = E_L \\ \text{Forma: altos} & E_h = E_L \end{array} \qquad (5.17)$$

Este sistema es claramente incompatible ya que las cuatro primeras ecuaciones son contradictorias para la relación entre las escalas de tiempo y longitudes. Solo acepta la solución trivial de que todas las escalas sean unitarias, es decir, que el modelo y el prototipo sean idénticos. Ello justifica que cuando sea posible lo que debe someterse a prueba es una réplica del prototipo. Solo en ese caso se podría tener semejanza mecánica total manteniendo el mismo fluido y las mismas condiciones de gravedad. Esta es una opción bastante aceptada en los sistemas industriales, (por ejemplo, en automóviles, aviones, trenes y similares) de los cuales posteriormente se construyen muchas réplicas. Sin embargo, no es una alternativa válida para las obras de infraestructura de tamaño importante y característica únicas.

Si se pudiera controlar la gravedad, pudiendo ser distinta en el modelo y el prototipo, se podría compatibilizar la igualdad de Froude con la de alguno de los otros parámetros adimensionales. Si, además, se pudiera seleccionar un fluido diferente, de acuerdo con alguna de las propiedades de interés, se podría compatibilizar la igualdad de tres de los parámetros adimensionales básicos. Aun disponiendo de todas estas licencias no parece factible igualar simultáneamente cuatro o más parámetros. Las posibilidades parecen ser las que se indican en la siguiente tabla:

Caso	Fluido	Gravedad	N° de parámetros adimensionales igualables
1	Igual	Igual	1
2	Igual	Cualquiera	2
3	Cualquiera	Igual	2
4	Cualquiera	Cualquiera	3

En el caso en que no se pueden igualar todos los parámetros adimensionales entre modelo y prototipo se debe prestar atención a no provocar distorsiones de escala importantes. Estas consisten en que debido a que las escalas seleccionadas no respetan la igualdad de alguno de los otros parámetros adimensionales que participan en el fenómeno, pueden adquirir importancia en el modelo aspectos que no la tienen realmente en el prototipo, o viceversa. Por ello, cuando se selecciona una similitud parcial, se debe verificar que no se produzcan distorsiones importantes en las otras relaciones.

EJEMPLO 5.9

Modelo de flujo subsónico. Para estudiar el flujo de aire en una tubería, en la que escurrirá a velocidades medias de 20 m/s, se selecciona la igualdad de Reynolds y se construye un modelo a escala de longitudes 1/10 que también operará con aire. Se trata de verificar si los efectos de la compresibilidad provocan distorsiones y en caso de haberlas indicar cuál debiera ser la escala mínima del modelo para eliminarlas.

SOLUCIÓN:

Con igualdad de Reynolds y el mismo fluido la escala de tiempo es:

$$E_T = E_L^2 = 1/100$$

y la de velocidades:

$$E_v = E_L E_T^{-1} = 10$$

es decir, en el modelo las velocidades deben ser 10 veces superiores a las del prototipo para mantener una igualdad de Reynolds:

$$v_m = 10 v_p = 10 \times 20 = 200\, m/s$$

con ello el número de Mach en el modelo, considerando una velocidad del sonido en el modelo de 340 m/s, ya que opera con aire, es:

$$M_m = \frac{v_m}{v_{son}} = \frac{200}{340} = 0{,}59$$

Mientras que, en el prototipo, con el mismo valor para la velocidad del sonido, es de:

$$M_p = \frac{v_p}{v_{son}} = \frac{20}{340} = 0{,}06$$

Entonces, en el modelo se pueden producir distorsiones de escala, ya que mientras en el prototipo el flujo es totalmente subsónico, sin efectos de la velocidad sobre la compresibilidad del aire, en el modelo, si bien se mantiene subsónico, los efectos sobre la compresibilidad pueden ser importantes.

Para que los efectos de la velocidad sobre la compresibilidad no sean apreciables, y no se produzca, por lo tanto, distorsión de escala, es necesario que $\mathbf{M}_m<0{,}3$ por lo menos, con lo cual:

$$v_m < 0{,}3 \times 340 = 102\, m/s$$

Entonces, la escala de velocidades máxima será:

$$E_v < \frac{102}{20} = 5{,}1$$

Seleccionando E_v=5, como E_v=$E_L E_T^{-1}$ y con igualdad de Reynolds E_T=E_L^2 la condición para la escala de velocidades significa que:

$$E_v = E_L E_L^{-2} = E_L^{-1} = 5$$

Por lo tanto, en este caso la escala mínima para que las distorsiones sean poco importantes es E_L=1/5. Si se hace un modelo más pequeño las distorsiones pueden ser importantes y el fenómeno en el modelo muy diferente al del prototipo.

EJEMPLO 5.10

Flujo supersónico. Averiguar las características de un modelo para ensayar en un túnel de viento un avión que vuela a alta velocidad en el aire de manera que no presente distorsiones de escala importantes.

SOLUCIÓN:

Ya se ha visto que la resistencia, F, al movimiento de un cuerpo de dimensión característica l, que se mueve a velocidad v en un fluido compresible de masa específica ρ, viscosidad dinámica μ y módulo de elasticidad E está dada por una relación del tipo:

$$F = \rho v^2 l^2 f(\mathrm{R,M})$$

Si los efectos de la velocidad sobre la compresibilidad son poco importantes se puede reproducir las condiciones en un modelo con igualdad de Reynolds manteniendo aproximadamente las condiciones subsónicas en el modelo, como se ha visto en el ejemplo anterior. Sin embargo, si los efectos de la compresibilidad son importantes, números de Mach superiores a 0,3 aproximadamente, esta solución no sería válida. Si se usa el aire atmosférico como fluido para ambas situaciones la igualdad de Reynolds requiere que la velocidad en el modelo sea superior a la del prototipo en relación inversa a las escalas de longitudes, mientras que la igualdad de Mach exige que ambas velocidades sean iguales. Estas condiciones son incompatibles.

Este problema puede solucionarse usando un túnel de viento con aire comprimido. Esto permite utilizar un fluido de diferente masa específica y de igual viscosidad, con lo cual se logra mantener la igualdad de ambos parámetros.

Ello es posible debido a que, como el aire es un gas ideal, a temperatura constante su masa específica cambia directamente con la presión absoluta P. Además, el módulo de compresibilidad es igual a la presión de manera que cambia en la misma razón. Entonces, si la escala de longitudes es E_L, y el túnel es presurizado a una presión absoluta P_m, las condiciones de igualdad de Reynolds y de Mach requieren:

a) $R_m = v_m L_m \rho_m \mu_m^{-1} = v_p L_p \rho_p \mu_p^{-1} = R_p$

Como las viscosidades son iguales en el aire del prototipo y el del túnel presurizado, la igualdad de Reynolds requiere que la escala de velocidades esté dada por:

$$E_v = E_L^{-1} E_\rho^{-1}$$

b) $M_m = v_m K_m^{-0,5} \rho_m^{0,5} = v_p K_p^{-0.5} \rho_p^{0,5} = M_p$

donde K es el módulo de compresibilidad, el cual para un gas ideal a temperatura constante es igual a la presión absoluta del gas. Como además en el gas ideal se cumple que $\frac{P}{\rho} = RT$, si la temperatura es constante la razón entre la presión y la masa específica también permanece constante. Es decir, a temperatura constante $\frac{p}{\rho}$ es igual en el modelo y el prototipo, por lo tanto:

$$\frac{E_P}{E_\rho} = 1$$

Entonces, con esta condición, de la igualdad de los números de Mach se obtiene en este caso:

$$E_v = E_K^{0,5} E_\rho^{-0,5} = E_P^{0,5} E_\rho^{-0,5} = 1$$

Imponiendo esta escala de velocidades en la ecuación necesaria para mantener el número de Reynolds, se obtiene que para que ambas se satisfagan es necesario que:

$$E_L = E_\rho^{-1}$$

Se aprecia claramente que si el fluido del modelo tiene la misma masa específica que el del prototipo la única solución para tener simultáneamente igualdad de Reynolds y de Mach es que los tamaños del modelo y del prototipo sean iguales. Sin embargo, si la masa específica del modelo puede alterarse manteniendo su viscosidad, como ocurre en un túnel presurizado, ello se puede lograr aumentando la masa específica en el túnel en la misma proporción que se disminuye el tamaño del aparato. Por ejemplo, si la escala de longitudes es 1/5 la de masa específica debe ser 5, lo que se logra presurizando el túnel a 5 atmósferas. En estas condiciones se logra igualdad de Reynolds y de Mach simultáneamente y no hay, por lo tanto, distorsiones de escala.

EJEMPLO 5.11

Un puente está apoyado sobre pilas circulares de acero de 0,4 m de diámetro. En condiciones extremas se espera que las pilas queden sometidas a la acción de la corriente con una velocidad de 8,6 km/hora y sumergidas 4,0 metros en el agua. Se pide encontrar la fuerza que ejerce la corriente en esas condiciones si en ensayos de laboratorio en un túnel de viento se ha determinado que sobre un cilindro de 0,25 m de diámetro la fuerza por unidad de longitud en función de la velocidad del aire es:

Velocidad (m/s)	23	36	46	57
Fuerza (N/m)	24	78	152	248

Se puede considerar que la viscosidad cinemática del aire es $14{,}8 \cdot 10^{-6}$ m^2/s, mientras la del agua es de $1{,}31 \cdot 10^{-6}$ m^2/s. La masa específica del aire 1,23 kg/m^3 y la del agua 1.000 kg/m^3.

SOLUCIÓN:

Se sabe que la fuerza ejercida por un fluido incompresible en movimiento sobre un cuerpo sumergido en él, F_D (ver ejemplo 5.5), se puede evaluar mediante la expresión:

$$F_D = C_D \rho A \frac{v^2}{2}$$

donde A es el área del cuerpo que enfrenta al flujo, v la velocidad de este, ρ su masa específica y C_D el coeficiente de arrastre, que depende de la forma del cuerpo y del número de Reynolds del flujo. En ambos casos se trata de un cilindro.

En el caso de las pilas del puente las características de interés son:

$$\begin{aligned} \text{Área} &= 0{,}4 \times 1{,}0 = 0{,}4 m^2 \\ \text{Velocidad} &= \frac{8{,}6}{3{,}6} = 2{,}39\, m/s \\ \text{Reynolds} &= \frac{2{,}39 \times 0{,}4}{1{,}31 \cdot 10^{-6}} = 0{,}729 \cdot 10^6 \end{aligned}$$

El valor del coeficiente de arrastre puede estimarse de las experiencias con el cilindro en aire en el túnel de viento para el mismo valor del número de Reynolds. Este parámetro en el caso de los ensayos en laboratorio vale:

$$\text{Reynolds} = \frac{0{,}25 \times V}{14{,}8 \cdot 10^{-6}} = 0{,}0167 V \cdot 10^6$$

Mientras que el coeficiente de resistencia respectivo se puede estimar, para cada valor de **R**, como:

$$C_D = \frac{F_D}{A\rho\frac{v^2}{2}} = \frac{F_D}{0{,}25 \times 1{,}23 \frac{v^2}{2}} = 6{,}5 \frac{F_D}{v^2}$$

Aceptando que la masa específica del aire, ρ, es 1,23 kg/m³. Así se pueden completar los resultados del laboratorio agregando en cada ensayo el valor del número de Reynolds y del coeficiente de arrastre correspondiente para obtener:

Velocidad (m/s)	23	36	46	57
Fuerza (N/m)	24	78	152	248
Reynolds, **R**	$0{,}384 \times 10^6$	$0{,}601 \times 10^6$	$0{,}768 \times 10^6$	$0{,}952 \times 10^6$
Coef de arrastre, C_D	0,295	0,391	0,467	0,496

Si bien no hay ningún ensayo para el mismo número de Reynolds, el valor del coeficiente de arrastre se puede obtener mediante interpolación lineal entre los ensayos disponibles:

$$C_D = 0{,}391 + \frac{(0{,}729 - 0{,}601) \times (0{,}467 - 0{,}391)}{0{,}768 - 0{,}601} = 0{,}449$$

Entonces, aceptando que la masa específica del agua es 1.000 kg/m³, la fuerza de arrastre sobre las pilas del puente será para los 4 m sumergidos:

$$F_D = 0{,}449 \times 1000 \times (4{,}0 \times 0{,}4) \frac{2{,}39^2}{2} = 2053\, N$$

RESUMEN

El análisis dimensional y los modelos permiten incorporar de manera sistemática y eficiente la experimentación en el estudio de escurrimientos de fluidos de características complejas. El análisis dimensional consiste en la aplicación del principio que cualquier relación cuantificable que se establezca entre los parámetros que intervienen en un fenómeno físico debe ser dimensionalmente homogénea. Esta idea básica proporciona el apoyo científico para el desarrollo de la teoría y uso de los modelos.

Los sistemas de unidades indican la combinación adecuada de dimensiones para medir cualquier variable en ese sistema. Un sistema de unidades se dice que es coherente si cualquier variable se puede medir en unidades que se derivan de él mediante relaciones monomias. Las dimensiones fundamentales en la mecánica son longitud, tiempo y masa.

En cualquier fenómeno físico puede establecerse un conjunto de parámetros dimensionales que gobiernan el fenómeno, compuesto por variables, constantes, condiciones de borde e iniciales. La cuantificación de cada uno de ellos requiere de un sistema de unidades construido a partir de dimensiones independientes. El análisis dimensional expresa que el fenómeno puede ser igualmente descrito por una relación entre parámetros adimensionales que son menos en cantidad que los parámetros dimensionales que gobiernan el fenómeno.

El teorema de Buckingham expresa que si una característica de un fenómeno físico puede explicarse mediante una relación entre ella y un conjunto de parámetros independientes, que caracterizan al fenómeno, tal que en total consideran n parámetros, y si ellos pueden medirse recurriendo a un sistema basado en r dimensiones independientes, entonces la relación original puede reemplazarse por otra entre (n-r) parámetros adimensionales, que igualmente explica el fenómeno.

Para encontrar una relación entre parámetros adimensionales que explique el comportamiento de un fenómeno físico se requiere: a) confeccionar un listado de los parámetros que intervienen; b) determinar las dimensiones involucradas en cada uno de los parámetros y seleccionar el número de dimensiones independientes mínimas necesarias para el conjunto, c) reducir los parámetros básicos a un número menor de parámetros adimensionales.

Los procedimientos más utilizados para encontrar los parámetros adimensionales son: uno basado en combinaciones de parámetros básicos y otro en un análisis matricial de las dimensiones involucradas.

La relación obtenida entre parámetros adimensionales es independiente del tamaño del fenómeno en situaciones semejantes. Esto permite estudiar el comportamiento de muchos fenómenos reales complejos a una escala diferente, con la ayuda de un modelo en el cual se observa y mide un fenómeno semejante.

Se denomina prototipo a una situación real a escala natural que se desea estudiar y en la cual se incluyen todas las características de interés. El modelo corresponde a una representación física simplificada del prototipo.

El concepto de similitud física es una extensión natural del concepto de similitud en geometría. Así, un fenómeno físico es similar si difiere solo en los valores numéricos de los parámetros dimensionales que caracterizan el fenómeno, pero los valores de los parámetros adimensionales son idénticos, los que se denominan parámetros de similitud y deben tener igual valor en el prototipo y el modelo para que el fenómeno estudiado sea similar en las dos situaciones.

La semejanza mecánica total entre dos representaciones de un mismo fenómeno físico lleva implícitas las semejanzas geométrica, cinemática y dinámica entre ambos. Esto es, que las formas sean iguales, que los movimientos sean similares y que las fuerzas involucradas se encuentren en las mismas proporciones.

Aprovechando las definiciones básicas de área, volumen, velocidad, aceleración, fuerza y presión, se concluye que si el modelo es totalmente semejante con el prototipo debe cumplirse que:

a) Las escalas de longitud, tiempo y masa son únicas.
b) Las escalas de las variables derivadas básicas satisfacen las siguientes relaciones:

Superficie	$E_S = E_L^2$
Volumen	$E_V = E_L^3$
Velocidad	$E_v = E_L E_T^{-1}$
Aceleración	$E_a = E_L E_T^{-2}$
Gasto	$E_Q = E_L^3 E_T^{-1}$
Fuerza	$E_F = E_L E_T^{-2} E_m$
Presión	$E_p = E_L^{-1} E_T^{-2} E_m$

En mecánica de fluidos las relaciones dinámicas típicas dependen de la importancia relativa de las fuerzas que actúan comparadas con la de inercia. Así se habla de semejanza de Reynolds, Froude, Weber o Mach, si las fuerzas predominantes son las viscosas, gravitacionales, de tensión superficial o elásticas, respectivamente.

Si en una situación razonablemente general se impone la condición de que todos los parámetros adimensionales independientes de la relación sean iguales en el modelo y el prototipo para lograr semejanza mecánica total se debe satisfacer el siguiente sistema de ecuaciones, en el cual cada ecuación corresponde a la igualdad del parámetro adimensional que se indica:

Reynolds	$E_T = E_L^2 E_\rho E_\mu^{-1}$
Weber	$E_T = E_L^{1,5} E_\rho^{0,5} E_\sigma^{-0,5}$
Mach	$E_T = E_L E_\rho^{0,5} E_E^{-0,5}$
Froude	$E_T = E_L^{0,5} E_g^{-0,5}$

En la práctica el caso más común corresponde a la selección de escalas para el modelo bajo la condición de que el prototipo y el modelo operan con la misma aceleración de gravedad y con el mismo fluido, lo que significa que:

$$E_\rho = E_\mu = E_\sigma = E_E = E_g = 1$$

En cuyo caso el sistema de ecuaciones se reduce a:

Reynolds	$E_T = E_L^2$
Weber	$E_T = E_L^{1,5}$
Mach	$E_T = E_L$
Froude	$E_T = E_L^{0,5}$

Este sistema solo acepta la solución trivial de que el modelo y el prototipo sean de igual tamaño. Para solucionar ello se recurre a condiciones de semejanza parcial, imponiendo solo la ecuación que representa a la fuerza más importante para el fenómeno que interesa. Ello significa que puede haber distorsiones de escala que deben analizarse.

RESUMEN DE LOS OBJETIVOS DE ESTE CAPÍTULO

Al finalizar este capítulo Ud. debe ser capaz de:

- Entender la idea básica del análisis dimensional y conocer sus aplicaciones.
- Dar definiciones operativas de parámetro, variable, unidad, dimensión, medida, magnitud.
- Expresar las dimensiones de variables y unidades típicas usadas en mecánica de fluidos.
- Aplicar el análisis dimensional para el estudio de fenómenos típicos.
- Encontrar los parámetros adimensionales a partir del conocimiento de los parámetros básicos que describen un fenómeno cualquiera.
- Emplear los métodos de la combinación de parámetros y análisis matricial de las dimensiones para determinar los parámetros adimensionales.
- Entender los conceptos de prototipo, modelo y escalas.
- Dar definiciones operativas de semejanza geométrica, cinemática, dinámica y mecánica total.
- Aplicar las ideas de la semejanza mecánica para encontrar relaciones entre las escalas de las variables involucradas
- Entender las aplicaciones y limitaciones de las semejanzas parciales de Reynolds, Froude, Weber y Mach.
- Apreciar cuando las distorsiones de escala debidas a semejanzas parciales pueden ser importantes.
- Determinar las escalas de modelos sencillos típicos de manera de diseñarlos para estudiar en ellos fenómenos de interés.
- Traspasar medidas desde modelos a prototipos y viceversa.
- Resolver situaciones como las que se plantean en los problemas del final de este capítulo.

PREGUNTAS

5.1.-

a) Prácticamente todos los sistemas de unidades usados por la ciencia y la ingeniería son coherentes; sin embargo, en la vida diaria subsisten varios que no lo son. Mencione ejemplos de sistemas de unidades no coherentes en uso.
b) Reescriba la ecuación de Euler en términos de parámetros adimensionales, considerando (L_0, V_0, P_0) como unidades de referencia.

5.2.- Complete las siguientes frases con los valores o palabras adecuadas:

a) Si f(a,b,c,d,e,f) es una relación entre 6 parámetros dimensionales de un fenómeno cinemático, entonces ella puede reducirse a otra relación entre .... parámetros adimensionales.
b) En un sistema de unidades (L,T,M) las dimensiones del módulo de compresibilidad son: ....
c) Si la velocidad del sonido en un fluido, V, depende del módulo de compresibilidad, E, y de la masa específica del fluido, ρ, indique la relación entre ellos: ....
d) En la ecuación de Navier Stokes participan los siguientes parámetros adimensionales: ...., ..., ..., ...
e) Si dos fenómenos tienen líneas de corriente de igual forma se dice que son .... semejantes.
f) En un modelo en que la escala de longitudes es 1/10 y la de tiempo es 1/5, la escala de velocidades es: ....
g) El número de Froude es un parámetro adimensional que mide la relación entre fuerzas de inercia y de ....

5.3.- Para encontrar una relación que permita estimar la fuerza dinámica que produce el oleaje sobre una estructura costera se han seleccionado los siguientes conjuntos de variables para ser usadas como variables básicas en el análisis dimensional: (ρ,σ,a), (ρ,E), (F,v,L), (ρ,L,v), (a,L,v), (a,g,v), donde a es la altura de ola, L su longitud y v la velocidad de traslación de la ola. ρ,σ, E son la masa específica, tensión superficial y elasticidad del líquido. Indique cuáles de las alternativas presentadas son un conjunto válido como variables básicas.

PROBLEMAS

5.4.- Muestre que la ecuación de Bernoulli es dimensionalmente correcta.

5.5.- Muestre que el coeficiente de descarga de un orificio en la pared de un estanque es un parámetro adimensional.

5.6.- Encuentre una relación entre la velocidad a la que sale un líquido por un orificio en la pared de un estanque en función de las propiedades del estanque y del fluido. Suponga que el líquido tiene una masa específica muy superior a la de la atmósfera y que el área del orifico es muy inferior a la del estanque.

5.7.- Repita el problema anterior sin despreciar los efectos de las diferencias entre las masas específicas ni entre las áreas.

5.8.- La velocidad de propagación de una onda de presión en un fluido se espera que dependa de la masa específica y del módulo de compresibilidad. Establezca la forma de esta relación. En base a ella evalúe la celeridad del sonido en la atmósfera y en el mar.

5.9.- Suponiendo que la fuerza que genera una hélice depende de su diámetro, d, las revoluciones por minuto a que gira, n, la velocidad de avance, v, la masa específica, ρ, y la viscosidad del fluido, μ, encuentre una relación para la fuerza en base al análisis dimensional.

5.10.- Encuentre una relación para la potencia que puede desarrollar una turbina que opera con un fluido de masa específica ρ, dispone de una energía por unidad de peso H, y cuyo rodete de diámetro D gira a N revoluciones por minuto.

5.11.- Encuentre una expresión para la resistencia viscosa F a que queda sometida una esfera pequeña de diámetro d que se mueve a velocidad constante en un fluido de masa específica ρ y viscosidad dinámica μ. Muestre que ese resultado concuerda con la denominada expresión de Stokes para velocidades bajas, $F=3\pi\mu vd$.

5.12.- Un barco que tiene un casco de 150 m de largo tendrá una velocidad de crucero de 30 km/hora. Para estimar su comportamiento se hace un modelo a escala 1/30 con semejanza de Froude.

a) ¿A qué velocidad debe ensayarse el modelo?

b) Si en el modelo se mide una fuerza de resistencia de 200 N, ¿cuál es la resistencia correspondiente en el prototipo?

c) ¿Cómo cree Ud. que será la resistencia real en el prototipo en comparación con la predicha en el modelo según la estimación de la pregunta anterior?

5.13.- Para atravesar un río con un gasoducto de 2 m de diámetro se apoyará este sobre el fondo en una sección transversal del río. En condiciones de crecida se espera que el tubo quede sometido a las fuerzas de la corriente con velocidades de 1,5 m/s y totalmente sumergido en el agua. Se pide estimar la fuerza que ejerce el agua sobre una sección de 10 m de largo del tubo en esas condiciones si en ensayos de laboratorio en un túnel de viento se ha determinado que sobre un cilindro de 0,4 m de diámetro la fuerza por unidad de longitud sobre un tubo colocado en condiciones similares, apoyado sobre una superficie plana, en función de la velocidad del aire es:

Velocidad (m/s)	20	30	40	50
Fuerza (N/m)	20	90	160	250

Considere que la viscosidad cinemática del aire es 10×10^{-6} m²/s y la del agua $1{,}5 \times 10^{-6}$ m²/s. Además, se sabe que la fuerza ejercida por un fluido incompresible sobre un cuerpo sumergido en él, F_D, se puede evaluar como:

$$F_D = C_D A \rho \frac{V^2}{2}$$

donde A es el área del cuerpo que enfrenta al flujo, V la velocidad, ρ su masa específica y C_D el coeficiente de arrastre, el cual a su vez depende de la forma del cuerpo y el número de Reynolds.

a) Determine el número de Reynolds que le corresponde a las condiciones del gasoducto.

b) De las experiencias de laboratorio calcule las características del coeficiente de arrastre, C_D, en función del número de Reynolds. Haga una tabla de C_D y Re.
c) Determine el coeficiente de arrastre para las condiciones del gasoducto en el río.
d) Estime la fuerza de arrastre que se producirá sobre una sección de 10 m de largo del gasoducto en la situación real.

5.14.- Las condiciones de operación de una turbina hidráulica están determinadas por sus propiedades geométricas y algunas características del fluido con el cual debe operar. En particular la potencia que puede entregar, Pot, se estima que puede explicarse en función del diámetro D del rodete, la velocidad de giro, ω, la masa específica del agua, ρ, la viscosidad dinámica, μ, del caudal turbinado, Q, la carga hidráulica a la entrada de la turbina, H, y la aceleración de gravedad, g.
Para orientar los ensayos del aparato se le pide que realice un análisis dimensional y encuentre una relación para la potencia que entrega en función de las variables que intervienen en el problema. Para ello conteste las preguntas siguientes:

a) Haga una lista de todas las variables que intervienen e indique para cada una de ellas las dimensiones básicas en que pueden expresarse. Ponga los resultados ordenados en forma de matriz, con las dimensiones en las filas y los parámetros en las columnas, claramente identificados. En cada casillero indique la potencia a la cual se eleva la dimensión de la fila para representar la variable de la columna.
b) Proponga 5 conjuntos posibles de parámetros básicos para el análisis dimensional de la turbina.
c) Empleando como parámetros básicos el conjunto (D,ω,ρ), escriba la matriz de dimensiones para todas las variables, encuentre la matriz transformada de manera que a los parámetros básicos les corresponda una matriz unidad e indique claramente los parámetros adimensionales que se obtiene para este problema.
d) Si una turbina gira a 50 rpm y entrega en esas condiciones 4 Mwatts, ¿cuánta potencia espera Ud. que pueda entregar si se le hace girar a 60 rpm, manteniendo el resto de las condiciones iguales?
e) Si se propone realizar un ensayo en un modelo a escala de longitudes 1/10, y similitud de Reynolds, determine la escala de tiempo, E_T, en función escala de longitudes, E_L, de la escala de masa especifica, E_ρ, y de viscosidad, E_μ.
f) En estas condiciones suponga que se hace funcionar el modelo con el mismo fluido que el prototipo y encuentre las escalas que les corresponden a cada uno de los parámetros adimensionales que participan en el fenómeno.
g) Basado en ello comente sobre posibles distorsiones de escala en el modelo mencionado.

5.15.- Las condiciones de vuelo de un avión a altas velocidades en el aire dependen de las características del aparato, las condiciones de vuelo como la velocidad y las características del aire, entre las cuales son importantes la masa específica, la viscosidad y la compresibilidad. Para considerar todos estos factores los ensayos no pueden hacerse en un túnel de viento normal y se debe recurrir a un túnel de viento presurizado. La fuerza necesaria para mantener en el aire un aparato de área frontal proyectada A, a una velocidad V en aire de masa específica ρ, está dada por la expresión:

$$F = \frac{1}{2}\rho V^2 A\, f(R,M)$$

Donde $f(R,M)$ es una función del número de Reynolds, R, y del número de Mach, M, que debe determinarse experimentalmente y que recibe el nombre de coeficiente de arrastre, C_D.

a) Para un modelo que se hará con semejanza de Reynolds encuentre la escala de velocidades suponiendo que se tiene total libertad para seleccionar el fluido de ensayo.

b) Si por otra parte el modelo se realiza con semejanza de Mach, determine la escala de velocidades si se tiene libertad para seleccionar el fluido de ensayo.

c) Si se emplea el mismo fluido en el modelo y el prototipo, encuentre la escala de tiempo y la escala del número de Mach si el modelo se confecciona con semejanza de Reynolds.

d) Similarmente encuentre la escala de tiempo y del número de Reynolds si con el mismo fluido el modelo se confecciona con escala de Mach.

e) Si el aire se considera como un gas ideal, de manera que P=ρRT, y además el módulo de compresibilidad se define como:

$$K = \rho\left(\frac{\partial P}{\partial \rho}\right)_{T=cte}$$

f) Encuentre una relación para la escala de masa específica que satisfaga simultáneamente la semejanza de Reynolds y de Mach sabiendo que el aire mantiene su viscosidad si se mantiene su temperatura, aunque cambie la presión.

g) Si se confecciona un modelo a escala de longitudes 1/5 en las condiciones descritas, con semejanza de Reynolds y de Mach, y en el prototipo el avión vuela a 867 km/hora, indique a la velocidad a que debe ensayarse el modelo.

h) Si en el modelo se mide una presión de 50 kPa, encuentre la presión que le corresponde al prototipo.

5.16.- Se quiere estudiar los problemas de cavitación que se generan en los extremos de las aspas de una hélice de barco. Para ello se supone que estas dependen de las características de la hélice, sus condiciones de operación y las propiedades del fluido. En particular la aparición de cavitación se supone que depende de la presión absoluta en algún punto del extremo de las aspas, P_a, la que se estima se puede explicar por el diámetro de la hélice, D, su velocidad de giro, ω, la profundidad del eje de la hélice bajo la superficie del agua, h, la masa específica del agua, ρ, la viscosidad dinámica, μ, la tensión superficial, σ, y la aceleración de gravedad, g. Para orientar los ensayos del aparato se le pide que realice un análisis dimensional y encuentre una relación para la presión absoluta Pa en función de las variables que intervienen en el problema. Para ello conteste las preguntas siguientes:

a) Haga una lista de todas las variables que intervienen e indique para cada una de ellas las dimensiones básicas en que pueden expresarse. Ponga los resultados ordenados en forma de matriz, con las dimensiones en las filas y los parámetros en las columnas, claramente identificados. En cada casillero indique la potencia a la cual se eleva la dimensión de la fila para representar la variable de la columna.

b) Proponga 4 conjuntos posibles de parámetros básicos para el análisis dimensional de la hélice.

c) Empleando como parámetros básicos el conjunto (D,ω,ρ), escriba la matriz de dimensiones para todas las variables, encuentre la matriz transformada de manera que a los parámetros básicos les corresponda una matriz unidad e indique claramente los parámetros adimensionales que se obtiene para este problema.

d) Si una hélice gira a 50 rpm y en esas condiciones se mide una Pa de 20.000 pascales, ¿qué presión espera Ud. que se produzca si

se le hace girar a 60 rpm, manteniendo el resto de las condiciones iguales?
e) Si se propone realizar un ensayo en un modelo a escala de longitudes 1/10, y similitud de Reynolds, determine la escala de tiempo, E_T, en función escala de longitudes, E_L, de la escala de masa especifica, E_ρ, y de viscosidad, E_μ.
f) En estas condiciones suponga que se hace funcionar el modelo con el mismo fluido que el prototipo y encuentre las escalas que les corresponden a cada uno de los parámetros adimensionales que participan en el fenómeno. Basado en ello comente sobre posibles distorsiones de escala en el modelo mencionado.

Capítulo VI
Dinámica de fluidos reales

Considerando el fluido como ideal se han obtenido buenas aproximaciones para muchos casos prácticos, donde los efectos inerciales son mucho más importantes que los efectos viscosos. Utilizando el análisis puntual se ha podido establecer, por ejemplo, para fluidos ideales e incompresibles, aproximaciones matemáticas que permiten encontrar soluciones analíticas para la distribución de velocidades de un flujo bidimensional, irrotacional y permanente (teoría del flujo potencial). Luego, a partir del campo de velocidades, la ecuación de Bernoulli permite encontrar la distribución de presiones alrededor de cuerpos de geometría simple inmersos en el flujo. Sin embargo, existen incompatibilidades entre los resultados que entrega este análisis simplificado y la realidad. Un ejemplo de cómo la teoría de fluido ideal falla, fue constatado al aplicar la teoría del flujo potencial para calcular la fuerza de arrastre sobre un disco inmerso en un escurrimiento uniforme; con esta teoría se obtiene una fuerza resultante igual a cero, algo incompatible con las observaciones experimentales. Esta contradicción se conoce en la literatura como la paradoja de D'Alembert.

Por esta razón se modificó el modelo de fluido ideal incorporando las fuerzas viscosas para obtener las ecuaciones de Navier-Stokes para fluido incompresible y newtoniano; se estudiaron diversos casos de flujo laminar en donde fue posible encontrar analíticamente la distribución de velocidades, esfuerzos de corte y presiones en un fluido en movimiento en régimen permanente, que se ajustan muy bien a lo observado en estas condiciones.

En este capítulo, se introduce el concepto de "capa límite" en flujos turbulentos para modelar la influencia de bordes o paredes donde no es posible despreciar los efectos viscosos y el flujo es desordenado. A partir de este concepto, es posible reconciliar las teorías de flujo ideal y viscoso y cuantificar fuerzas de arrastre sobre paredes u objetos inmersos para escurrimientos turbulentos.

6.1 FLUJOS TURBULENTOS

Para mantener un flujo laminar, ordenado, se requieren condiciones especiales (pequeñas dimensiones, bajas velocidades o fluido muy viscoso), que en la práctica se dan solo en contadas situaciones, como es el caso de la lubricación, conductos muy pequeños, o velocidades muy bajas. En condiciones típicas el agua y el aire son poco viscosos, se mueven a velocidades importantes o el flujo compromete dimensiones relativamente grandes, como ocurre con el aire en la atmósfera o con el agua en ríos, lagos y el mar, así como en la gran mayoría de situaciones prácticas de la ingeniería. En estos casos aparecen inestabilidades, remolinos, que se difunden y mezclan en el flujo, generando un flujo desordenado que se conoce como turbulento.

6.1.1 Experiencia de Reynolds y transición a flujos turbulentos

Como se ha visto anteriormente en el análisis dimensional y modelos, el número de Reynolds cuantifica la importancia relativa que tienen los efectos inerciales versus los efectos viscosos en un escurrimiento. Este se expresa como:

$$\boldsymbol{R} = \frac{\rho U L}{\mu} \tag{6.1}$$

donde ρ es la masa específica del fluido, U es una escala de velocidad del escurrimiento (e. g. la velocidad media en una sección de tubería), L es una escala de longitud característica del flujo (e. g. el diámetro de la tubería por donde escurre el fluido), y μ es la viscosidad dinámica del fluido. Este parámetro adimensional permite distinguir entre comportamientos distintos del escurrimiento: laminar o turbulento, habiendo entre ambos una zona de transición. En el flujo laminar el escurrimiento es ordenado, por capas o láminas que no se mezclan entre ellas, mientras que en el turbulento el movimiento de las partículas de fluido es caótico y desordenado. Estos dos tipos de movimiento tienen propiedades muy diferentes y requieren por tanto de aproximaciones y modelos distintos.

Reynolds (1842-1912) desarrolló una experiencia que permitió clasificar en la práctica de manera simple el tipo de escurrimiento que puede producirse bajo ciertas condiciones (ver Figura 6.1). Si en un flujo laminar se inyecta un colorante que se mueve con el fluido, este permanecerá ordenado en la misma capa en la cual fue inyectado. Sin embargo, si esto mismo se realiza en un flujo turbulento, el colorante tenderá a dispersarse y mezclarse en toda la corriente. Reynolds realizó sus experiencias inyectando un colorante en un tubo transparente y apreciando visualmente el tipo de escurrimiento que se producía al hacer variar las condiciones del flujo. Encontró que para valores de Reynolds superiores a 2.300 el flujo es generalmente turbulento y bajo este valor, laminar. Sin embargo, el rango de valores que separan estos tipos de escurrimientos no es claro y de hecho no existe un valor único de **R** que separe en forma nítida un tipo de flujo del otro. Se considera en la práctica que el valor a partir del cual el flujo deja de ser laminar está entre 2.000 y 5.000 dependiendo de las condiciones en que se realice la experiencia. En esta zona intermedia se presentan regiones con características turbulentas en un flujo generalmente laminar o viceversa. A este tipo de flujo se le denomina de *transición*. Para valores de **R** superiores a 5.000 se considera que el fluido se mueve en régimen turbulento.

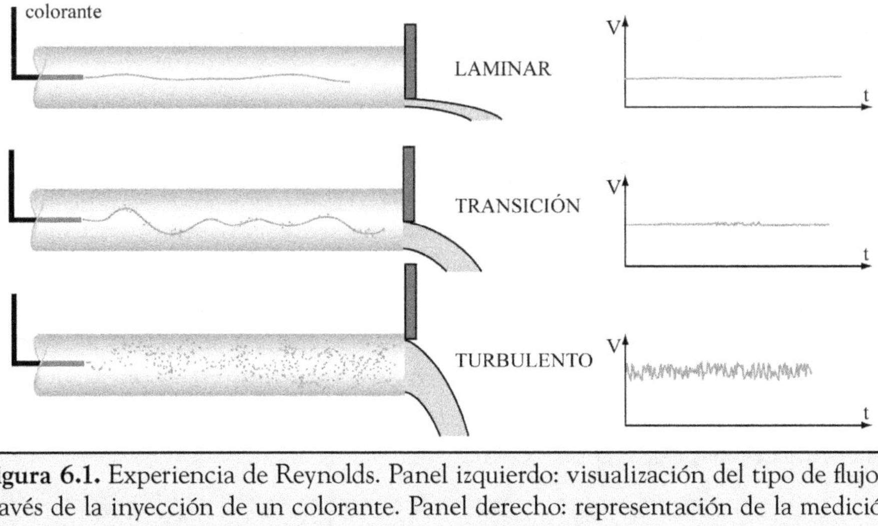

Figura 6.1. Experiencia de Reynolds. Panel izquierdo: visualización del tipo de flujo a través de la inyección de un colorante. Panel derecho: representación de la medición de la velocidad del fluido en un punto al centro de la tubería.

Con base en estas observaciones Reynolds planteó una interesante analogía entre el movimiento de un fluido y el desplazamiento de tropas de un ejército. En ella el diámetro de la tubería corresponde al tamaño del ejército, la velocidad media del movimiento a la de desplazamiento de la tropa, mientras que la viscosidad puede asimilarse con la disciplina. De esta manera observa que un ejército muy grande, o que se desplaza muy rápido, o con poca disciplina, genera un movimiento desordenado de la tropa. Análogamente ocurre con un fluido que escurre por una tubería grande, o con gran velocidad o con poca viscosidad, en cuyo caso el flujo resulta turbulento.

Esta analogía lleva a otra interpretación del número de Reynolds, introduciendo el concepto de (in)estabilidad. Si en alguna parte del flujo se produce una pequeña perturbación (por ejemplo, en la entrada o en las paredes de la tubería), un escurrimiento laminar dominado por los efectos viscosos tenderá a eliminarla estabilizando el flujo y manteniéndolo ordenado; en cambio, en un escurrimiento turbulento dominado por los efectos inerciales, esta pequeña perturbación crecerá a medida que el flujo avanza, pudiendo llegar incluso a influir en toda la corriente. En el flujo de transición comienza entonces la "desestabilización" del escurrimiento, en donde pequeñas perturbaciones comienzan a amplificarse a medida que el escurrimiento se desarrolla.

Es así como el escurrimiento laminar se realiza por capas, sin un intercambio significativo de fluido de una capa a la otra; solo existe difusión molecular de cantidad de movimiento entre las capas del fluido a través de los esfuerzos de corte viscosos. Esto hace que, en general, el flujo sea ordenado, estable y predecible, el que es posible de analizar utilizando las ecuaciones de Navier-Stokes en condiciones de escurrimiento laminar.

Por otro lado, el flujo turbulento corresponde a un movimiento desordenado y caótico en el cual las propiedades del escurrimiento varían en el espacio y en el tiempo de manera aleatoria y no predecible. Las variables que caracterizan al escurrimiento pueden ser conocidas solo de manera general en base a los valores estadísticos (por ejemplo, su media y su varianza), pero no es posible predecir o conocer valores exactos instantáneos o puntuales. Este comportamiento caótico de la velocidad acarrea un comportamiento similar de la presión y los esfuerzos de corte.

6.1.2 Series de tiempo de velocidades y descomposición de Reynolds

En el panel de la derecha de la Figura 6.1 se representan las series de tiempo de velocidades puntuales del escurrimiento para los casos laminares, de transición y turbulentos. En este último caso, la velocidad observada en un punto de la tubería puede descomponerse de la siguiente forma:

$$V(t) = \underline{V} + v'(t) \tag{6.2}$$

donde el operador (__) representa el promedio temporal, y $v'(t)$ las fluctuaciones de la velocidad en torno al promedio de la velocidad. De esta manera se debe cumplir que $\underline{v'}=0$. En la práctica, estas fluctuaciones de velocidad son la manifestación de la turbulencia y están asociadas al paso de remolinos o vórtices que viajan con el flujo. Esta manera de tratar las series de tiempo en un escurrimiento turbulento se conoce como la "descomposición de Reynolds" y es la base para el desarrollo de modelos que buscan anticipar la evolución del escurrimiento medio y las propiedades estadísticas de las fluctuaciones turbulentas.

En la Figura 6.2 se presenta esquemáticamente la descomposición de Reynolds, como la superposición de un flujo medio, promediado en el tiempo, y un campo de remolinos o vórtices que generan las fluctuaciones de velocidad. Una consecuencia directa de estos vórtices que viajan con el escurrimiento es una intensa mezcla de cantidad de movimiento al interior del fluido. El efecto que esto tendrá sobre el perfil medio de velocidades en una tubería es hacerlo más uniforme que en el caso de un escurrimiento laminar. Las diferencias de velocidad promediadas en el tiempo entre capas de fluido serán, entonces, más marcadas en un flujo laminar que en uno turbulento, tal como se representa en la Figura 6.3.

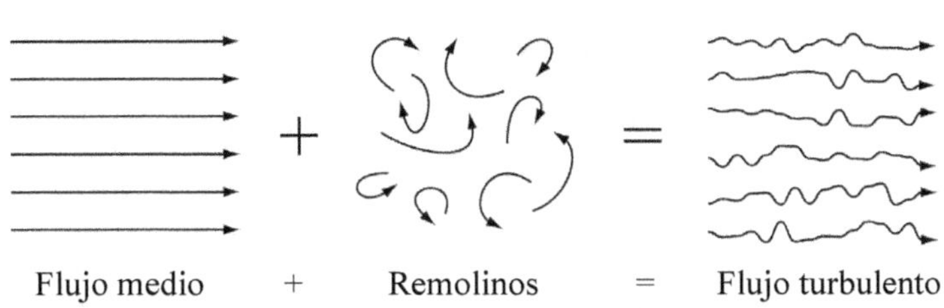

Figura 6.2. Representación de la descomposición de Reynolds para las velocidades en un flujo turbulento.

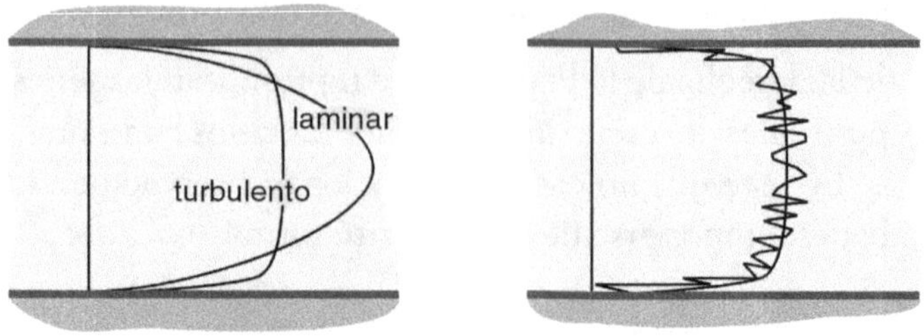

a) velocidades medias temporales b) velocidades turbulentas instantáneas

Figura 6.3. Esquema para la distribución de velocidades promediadas en el tiempo para un flujo laminar y turbulento.

6.1.3 Los fluidos ideales como aproximación de escurrimientos turbulentos externos

Como ya se ha indicado, la aproximación de fluido ideal es útil para representar las propiedades medias de escurrimientos completamente turbulentos en flujos externos lejos de bordes o paredes. Para ilustrar esto desde el punto de vista teórico, conviene adimensionalizar la ecuación de Navier-Stokes derivada en el capítulo 4 y de manera similar a como se realizó para los modelos en el análisis experimental, escogiendo algunas escalas características del escurrimiento, y con ellas definir las variables adimensionales. Supónganse entonces las siguientes escalas:

$$\begin{aligned}
&\text{Escala espacial: } \vec{x} = L_0\vec{x}^* \\
&\text{Escala de velocidad: } \vec{V} = U_0\vec{V}^* \\
&\text{Escala de tiempo: } t = \left(\frac{L_0}{U_0}\right)t^* \\
&\text{Escala de presiones: } P = (\rho U_0^2)P^* \\
&\text{Escala de gravedad: } \vec{g} = g_0\vec{g}^*
\end{aligned} \tag{6.3}$$

Donde L_0, U_0 y g_0 son las escalas de espacio, velocidad y aceleración de gravedad, respectivamente. Los parámetros con * son adimensionales. En este caso se ha asumido que no existen diferencias de escala en las distintas direcciones (isotropía) y que la escala de presiones está dominada por la inercia del escurrimiento. Con estas definiciones los operadores diferenciales se expresan:

$$
\begin{aligned}
\nabla &= \frac{1}{L_0}\nabla^* \\
\nabla^2 &= \frac{1}{L_0^2}\nabla^{*2} \\
\frac{\partial}{\partial t} &= \left(\frac{U_0}{L_0}\right)\frac{\partial}{\partial t^*}
\end{aligned}
\tag{6.4}
$$

Y la ecuación de conservación de cantidad de movimiento para un fluido newtoniano, ecuación de Navier Stokes, se escribe entonces como:

$$\rho\left\{\left(\frac{U_0}{L_0}\right)\frac{\partial\left(U_0\vec{V}^*\right)}{\partial t^*}+\left(U_0\vec{V}^*\cdot\frac{1}{L_0}\nabla^*\right)U_0\vec{V}^*\right\}=-\frac{1}{L}\nabla^*\left(\left(\rho U_0^2\right)P^*\right)+\rho g_0\vec{g}^*+\mu\frac{1}{L_0^2}\nabla^{*2}\left(U_0\vec{V}^*\right)$$

Reordenando se obtiene:

$$\frac{\partial\vec{V}^*}{\partial t^*}+\left(\vec{V}^*\cdot\nabla^*\right)\vec{V}^*=-\nabla^*P^*+\frac{g_0L_0}{U_0^2}\vec{g}^*+\frac{\mu}{\rho U_0L_0}\nabla^{*2}\vec{V}^* \tag{6.5}$$

Ahora recordando el número de Reynolds $R=\frac{\rho U_0L_0}{\mu}$ y el número de Froude $F=\frac{U_0}{\sqrt{g_0L_0}}$, la ecuación adimensionalizada queda como:

$$\frac{\partial\vec{V}^*}{\partial t^*}+\left(\vec{V}^*\cdot\nabla^*\right)\vec{V}^*=-\nabla^*P^*+\frac{1}{F^2}\vec{g}^*+\frac{1}{R}\nabla^{*2}\vec{V}^* \tag{6.6}$$

Esta ecuación muestra entonces que a medida que el número de Reynolds crece, la importancia relativa de las fuerzas viscosas disminuye. En otras palabras, a medida que el flujo se hace más turbulento, el modelo matemático que lo representa se aproxima a las ecuaciones de Euler para fluido ideal.

A partir de lo anterior, se establece que las ecuaciones para fluido ideal son una buena representación para el flujo medio de escurrimientos completamente turbulentos. Sin embargo, esta aproximación solo será adecuada lejos de los bordes o paredes en contacto con el fluido puesto que, en esta última zona, los efectos viscosos no pueden despreciarse y darán origen al concepto de "capa límite" que se desarrolla a continuación.

La teoría del fluido ideal constituye por consiguiente una aproximación muy relevante en la práctica, puesto que la mayoría de los escurrimientos de interés en ingeniería se desarrollan en condiciones completamente turbulentas, pero debe ser complementada para incorporar los efectos de capa límite que ocurren cerca de las paredes.

6.2 CAPA LÍMITE Y ARRASTRE DE FORMA

En los fluidos reales la viscosidad provoca la adherencia a paredes o bordes en contacto con ellos. Esto hace que las capas de fluido cercanas disminuyan su velocidad y retarden, a su vez, el escurrimiento de las otras capas. Si la viscosidad es importante, o mejor dicho si el número de Reynolds del escurrimiento es bajo, la influencia de las paredes puede transmitirse a todo el flujo a través de las fuerzas viscosas. En el otro extremo, en el caso en que el escurrimiento esté en un régimen completamente turbulento, con números de Reynolds muy grandes, los efectos viscosos quedarán confinados cerca de las paredes, pudiéndose modelar el flujo externo mediante la aproximación de fluido ideal. Este hecho condujo a Ludwig Prandtl (1875-1953) a proponer la idea de la **capa límite** la que constituye uno de los aspectos básicos del desarrollo de la mecánica de fluidos durante el siglo XX. Antes de ello la mecánica de fluidos se había desarrollado en dos direcciones casi irreconciliables. Por un lado, los seguidores de la hidrodinámica teórica de formación matemática y científica se basaban en las ideas del fluido ideal y las ecuaciones de Euler para explicar el comportamiento de los fluidos. Para ello era necesario despreciar los efectos de la viscosidad del fluido. Esto conducía a resultados razonables mientras los bordes sólidos o las paredes no afectaran el flujo. Sin embargo, los resultados de esta teoría contradicen muchas observaciones prácticas en las cuales los efectos de la viscosidad son importantes. Por ello, en la práctica los ingenieros siguieron un desarrollo diferente basado en observaciones empíricas y un cierto arte de hacer las cosas para corregir las limitaciones de la teoría.

Las ecuaciones generales de Navier-Stokes que describen el escurrimiento de fluidos reales, eran conocidas antes de Prandtl, pero presentaban enormes dificultades para su solución en muchos casos prácticos y de hecho solo se conocían algunas soluciones particulares para casos simples, como son los flujos unidimensionales laminares. Prandtl mostró que el concepto de capa límite permite compatibilizar la teoría de la hidrodinámica clásica del flujo potencial con los resultados experimentales. Más aún, con él es posible integrar las ecuaciones de Navier-Stokes en casos en los cuales habría sido imposible hacerlo si se intenta resolver lo que ocurre en todo el espacio ocupado por el fluido de una vez. Hoy en día las ecuaciones de Navier-Stokes se pueden integrar con ayuda del cálculo numérico en muchas situaciones que a principios del siglo XX era imposible de imaginar. La introducción del concepto de capa límite marca el inicio de un nuevo estilo de desarrollo en mecánica de fluidos en el cual el avance científico va apoyado y se complementa en la experimentación. Desde el punto de vista práctico existen dos aspectos fundamentales a resolver: ¿cuál es el espesor de la capa límite? ¿Cuánto vale el esfuerzo de corte en la pared?

6.2.1 Procesos de transporte de cantidad de movimiento cerca de la pared

Para caracterizar las escalas de tiempo de los procesos de transporte de cantidad de movimiento en un escurrimiento, se definen las siguientes escalas que permiten adimensionalizar la ecuación de conservación de fuerzas:

$$\begin{aligned} &\text{Escala espacial: } \vec{x} = L_0 \vec{x}^* \\ &\text{Escala de velocidad: } \vec{V} = U_0 \vec{V}^* \\ &\text{Escala de tiempo: } t = T_0 t^* \\ &\text{Escala de presiones: } P = P_0 P^* \\ &\text{Escala de gravedad: } \vec{g} = g_0 \vec{g}^* \end{aligned} \quad (6.7)$$

Donde, a diferencia de lo realizado en el acápite anterior, se asume ahora que la escala de tiempo, T_0, y de presiones, P_0, pueden ser independientes de las otras. De manera análoga a lo efectuado antes, se obtiene para la ecuación de conservación de cantidad de movimiento:

$$\frac{1}{T_0}\frac{\partial \vec{V}^*}{\partial t^*} + \frac{U_0}{L_0}(\vec{V}^* \cdot \nabla^*)\vec{V}^* = -\frac{P_0}{\rho U_0 L_0}\nabla^* P^* + \frac{g_0}{U_0}\vec{g}^* + \frac{\mu}{\rho L_0^2}\nabla^{*2}\vec{V}^* \quad (6.8)$$

Desde donde se pueden identificar ahora los tiempos característicos asociados a los distintos procesos de transporte descritos por la ecuación. Recordando que la viscosidad cinemática $\nu=\mu/\rho$, las distintas escalas de tiempo se expresan en la Tabla 6.1.

En el caso de un escurrimiento uniforme de velocidad U_0 de un fluido viscoso e incompresible que fluye sobre una pared sólida, tal como se muestra en la Figura 6.4, se observa una situación de equilibrio en régimen permanente en donde las fuerzas de presión y gravedad pueden despreciarse frente a los otros efectos incluidos en la ecuación (6.8). La influencia de la pared, donde por condición de adherencia la velocidad del fluido debe ser cero, se hace sentir en el escurrimiento modificando el perfil de velocidades al interior de la capa límite de espesor $\delta(x)$.

Tabla 6.1. Escalas de tiempo característico para los procesos de transporte de cantidad de movimiento.

Símbolo	Relación con cantidades físicas	Interpretación
T_i	T_0	Fluctuaciones no estacionarias.
T_{adv}	L_0/U_0	Advección sobre una distancia L_0.
T_p	$\rho U_0 L_0/P_0$	Acción de las fuerzas de presión.
T_g	U_0/g_0	Acción de las fuerzas de gravedad.
T_v	L_0^2/ν	Difusión molecular sobre una distancia L_0.

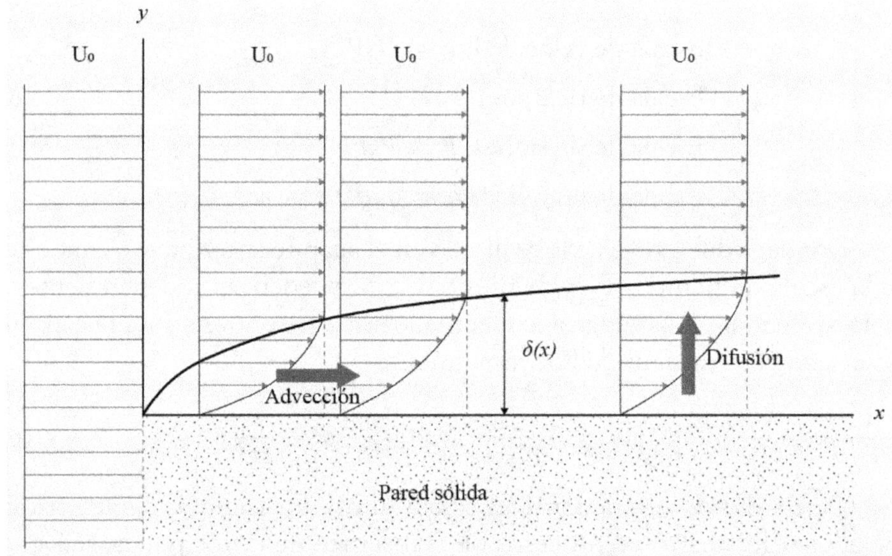

Figura 6.4. Representación esquemática del efecto de una pared sólida sobre el perfil de velocidades en un flujo plano. Procesos advectivos son predominantes en la dirección x, y la difusión de cantidad de movimiento determina el crecimiento de la capa límite en y.

De acuerdo con este modelo, la influencia de la pared se transmite hacia el resto del fluido principalmente por advección y difusión. Entonces, para una distancia longitudinal x y transversal $\delta(x)$, los tiempos característicos en los cuales se propagan sus efectos, son respectivamente:

$$T_{adv} \simeq x/U_0$$
$$T_v \simeq \delta^2(x)/\nu$$

Por otro lado, es razonable considerar que toda partícula de fluido contenida en la capa límite, estará sometida a ambos efectos de manera simultánea y en escalas de tiempo similares, lo que implica:

$$\frac{\delta^2(x)}{\nu} \sim \frac{x}{U_0} \Rightarrow \frac{\delta(x)}{x} \sim \sqrt{\frac{\nu}{U_0 x}} \tag{6.9}$$

Este resultado muestra que, en estas condiciones, el espesor relativo de la capa límite se desarrolla como $R_x^{-1/2}$, siendo $R_x = \frac{U_0 x}{\nu}$ el número de Reynolds construido sobre la distancia x. En la Tabla 6.2 se presentan órdenes de magnitud para los valores del espesor de la capa límite que se desarrolla cuando el aire fluye alrededor de los bordes de un ala de avión y un auto. En estos cálculos la viscosidad cinemática del aire es $\nu=1{,}6\cdot10^{-5}$ m^2/s. Se puede apreciar que la zona de influencia de la viscosidad está en estos casos confinada a un espesor muy pequeño, del orden de milímetros.

Tabla 6.2. Valores característicos para el espesor de la capa límite.

Objeto	U_0 (m/s)	x (m)	δ (m)
Ala de avión	10^2	5	$8{,}9\cdot10^{-4}$
Auto	10	2	$1{,}8\cdot10^{-3}$

La relación (6.9) se obtiene asumiendo que solo actúa la difusión viscosa en la dirección transversal y es entonces solo válida en condiciones de régimen laminar al interior de la capa límite. Resultados experimentales han establecido que para una capa límite laminar el espesor relativo se comporta como:

$$\frac{\delta(x)}{x} = 5{,}0\, R_x^{-1/2} \quad para\ 10^3 < R_x < 10^6 \tag{6.10}$$

verificando, entonces, el resultado teórico presentado antes.

Por otra parte, a medida que el flujo sigue desarrollándose, la capa límite puede alcanzar un régimen turbulento, lo que intensificará los mecanismos de difusión de cantidad de movimiento. En estas condiciones, los espesores de la capa límite serán superiores a los indicados en la Tabla 6.2. Resultados empíricos han establecido que el espesor relativo de la capa límite turbulenta crece más bien con exponentes −1/7 a −1/5 en el número de Reynolds R_x; por ejemplo, ha sido propuesta la siguiente relación para el crecimiento relativo de una capa límite turbulenta:

$$\frac{\delta(x)}{x} = 0{,}16\, R_x^{-1/7} \quad para\ 10^6 < R_x \tag{6.11}$$

En la Figura 6.5 se representan las fases de crecimiento de la capa límite, inicialmente laminar, y luego turbulenta. En esta última, se desarrolla muy cerca de la pared una zona llamada subcapa viscosa o laminar.

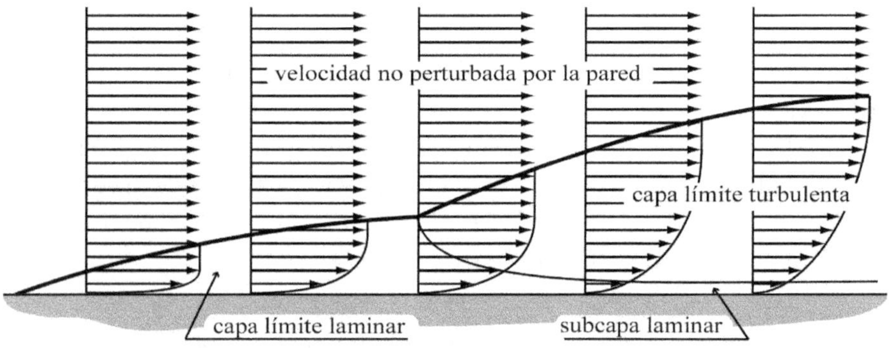

Figura 6.5. Desarrollo de la capa límite sobre una superficie plana.

EJEMPLO 6.1

Un barco se desliza en el agua de mar a una velocidad de 25 km/hora. Calcule el espesor de la capa límite a lo largo del costado del barco en función de su distancia a la proa. Además, indique a qué distancia se inicia la capa límite turbulenta.

SOLUCIÓN:

En este caso la velocidad U_0 es 25 km/hr= 6,9 m/s y la viscosidad cinemática del agua se puede suponer $\nu=10^{-6}$ m²/s.

Entonces $R_x = \dfrac{U_0}{\nu}x = 6{,}9 \cdot 10^6 x$

Para la capa límite laminar:

$\delta(x) = 5xR_x^{-0,5} = 5x(6{,}9x \cdot 10^6)^{-0,5} = 0{,}0019\sqrt{x}$

Esto es válido mientras la capa límite es laminar, lo que ocurre para $R_x < 10^6$

Es decir, para x<1/6,9 = 0,14m

En este punto la capa límite tendría un espesor de

$$\delta(x) = 0{,}0019\sqrt{x} = 0{,}0019\sqrt{0{,}14} = 0{,}00071m = 0{,}71mm.$$

A partir de x=0,14 comienza una capa límite turbulenta, cuyo espesor está dado por:

$$\delta(x) = 0{,}16x \cdot R_x^{-1/7} = 0{,}16x(6{,}9x \cdot 10^6)^{-1/7} = 0{,}017x^{6/7}$$

Entonces, los siguientes serían los espesores de la capa límite turbulenta para diferentes valores de x:

Para $x = 0{,}14\ m$, $\delta(0{,}14) = 3{,}2\ mm$

$x = 0{,}50\ m$, $\delta(0{,}50) = 9{,}4\ mm$

$x = 1{,}00\ m$, $\delta(1{,}00) = 17{,}0\ mm$

$x = 5{,}00\ m$, $\delta(5{,}00) = 68{,}0\ mm$

6.2.2 Esfuerzos de corte en la pared y factor de fricción

Otro aspecto importante del flujo en el interior de la capa límite es conocer la distribución de velocidades cerca de la pared, ya que ella condiciona el valor del esfuerzo de corte y, por lo tanto, las pérdidas por fricción y las fuerzas de roce entre el flujo y los bordes sólidos. En un flujo laminar la distribución de velocidades es parabólica mientras que, en flujos transicionales y turbulentos, las rugosidades de pared pueden también incidir en el perfil resultante; en la práctica se han podido encontrar leyes de potencia ~1/7 y logarítmicas para representar el perfil de velocidades del flujo medio en escurrimientos turbulentos. En la Figura 6.6 se representan estos perfiles de velocidad cerca de una pared sólida.

En el caso general, se requiere establecer las relaciones entre velocidades, esfuerzos de corte en la pared y pérdidas de energía por fricción. Un caso de especial interés es el escurrimiento permanente de un fluido incompresible que escurre con un caudal Q al interior de un tramo de tubería horizontal, de longitud Δx y diámetro D, tal como se muestra en la Figura 6.7.

Se asume que el flujo es unidireccional con velocidades solo en la dirección x y que el motor del escurrimiento es el gradiente longitudinal de presiones.

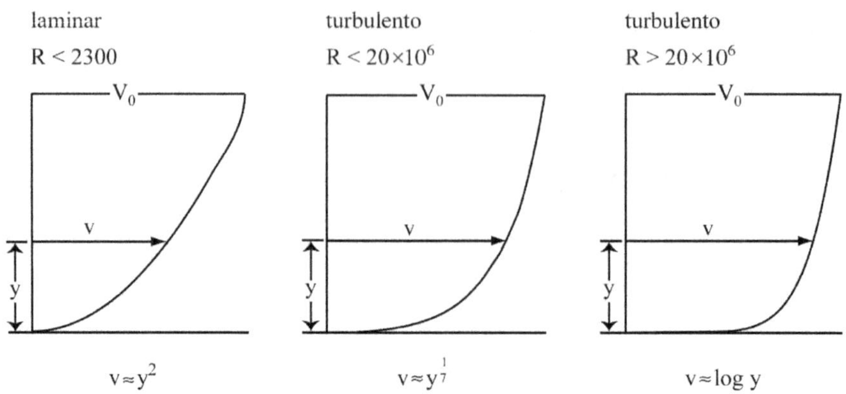

Figura 6.6. Distribución de velocidades típicas cerca de la pared.

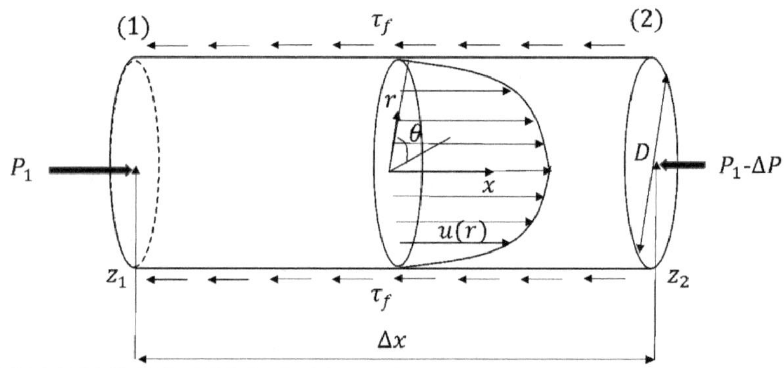

Figura 6.7. Esquema de las fuerzas sobre el fluido y de la distribución de velocidad axial en el tramo de tubería horizontal sobre el que se realiza el análisis global.

Entonces, al utilizar el enfoque global para hacer un balance de fuerzas en el fluido contenido en el tramo de tubería se obtiene:

$$\rho Q(\beta_2 U_2 - \beta_1 U_1) = P_1 \frac{\pi}{4} D^2 - (P_1 - \Delta P) \frac{\pi}{4} D^2 - \tau_f \pi D \Delta x \qquad (6.12)$$

El balance de masa en el tramo, donde el caudal Q es constante, implica que las velocidades medias en las secciones de entrada y salida son iguales: $U_1 = U_2$; además, como el flujo es permanente y no hay cambios de sección, los coeficientes de corrección de velocidades de Boussinesq también lo son: $\beta_1 = \beta_2$.

Q

Luego la ecuación (6.12) representa un balance entre las fuerzas de presión que actúan sobre las secciones de entrada y salida de la tubería y el esfuerzo de corte τ_f que ejercen las paredes sobre el fluido, con lo que se obtiene:

$$\tau_f = \frac{D}{4}\frac{\Delta P}{\Delta x} \tag{6.13}$$

donde se muestra la relación que existe entre el esfuerzo de corte de las paredes y el gradiente de presión.

Por otra parte, el balance de energía en el mismo volumen de control se escribe como:

$$z_1 + \frac{P_1}{\rho g} + \alpha_1 \frac{U_1^2}{2g} = z_2 + \frac{(P_1 - \Delta P)}{\rho g} + \alpha_2 \frac{U_2^2}{2g} + \Delta H_f \tag{6.14}$$

donde ΔH_f es la pérdida de energía (en metros) en el tramo producida por los esfuerzos de corte. Las cotas $z_1=z_2$, además, como el flujo es permanente sin cambios de sección en el tramo, los coeficientes de corrección de velocidades de Coriolis $\alpha_1=\alpha_2$. Simplificando:

$$\Delta H_f = \frac{\Delta P}{\rho g} \tag{6.15}$$

que relaciona las pérdidas de energía con la caída de presión en el tramo.

Combinando con la ecuación (6.13):

$$J = \frac{\Delta H_f}{\Delta x} = \frac{4\tau_f}{\rho g D} \tag{6.16}$$

Se obtiene la relación entre el gradiente de pérdidas de energía en el tramo de tubería, J, y el esfuerzo de corte en la pared.

Para cerrar el problema y tener una estimación de las pérdidas globales de energía en el tramo de tubería, se necesita el valor del esfuerzo de corte τ_f, el que está íntimamente ligado a los procesos en la capa límite descritos anteriormente. Para ello, se recurre al análisis puntual en el caso del flujo laminar, y al análisis dimensional y experimentos de laboratorio, para el caso de escurrimientos en transición y turbulentos.

Recordando lo visto en el capítulo de análisis puntual, que en un flujo laminar de Hagen-Poiseuille el perfil de velocidades en una sección de la tubería puede obtenerse a partir de las ecuaciones de Navier-Stokes, tal que:

$$u(r) = \left[1 - \left(\frac{2r}{D}\right)^2\right] u_{max}$$

donde u_{max} es la velocidad máxima del flujo en el centro de la sección. Ella puede relacionarse con el caudal:

$$Q = \int_0^{D/2} u(r) 2\pi r\, dr = 2\pi\, u_{max} \int_0^{D/2} \left[1 - \left(\frac{2r}{D}\right)^2\right] dr = \frac{\pi D^2}{8} u_{max}$$

y como la velocidad media en la sección es $U = Q/\left(\frac{\pi D^2}{4}\right)$ se tiene que u_{max}=2U.

Las ecuaciones de Navier-Stokes también permiten expresar el gradiente de presiones en función del perfil de velocidades:

$$-\frac{\Delta P}{\Delta x} = \frac{\mu}{r}\frac{d}{dr}\left(r\frac{du}{dr}\right)$$

Luego reemplazando:

$$\frac{\Delta P}{\Delta x} = \frac{32\mu U}{D^2}$$

y utilizando las expresiones (6.13) y (6.16) para relacionar el esfuerzo de corte y el gradiente de pérdidas de energía con la velocidad media en la sección, las propiedades del fluido y el diámetro de la tubería:

$$\tau_f = \frac{8\mu U}{D} \tag{6.17}$$

$$J = \frac{\Delta H_f}{\Delta x} = \frac{32\mu U}{\rho g D^2} \tag{6.18}$$

En el caso más general de escurrimientos en transición o turbulentos, donde generalmente no hay acceso a soluciones analíticas, se recurre al análisis dimensional y experimental, como en el ejemplo 5.6, que se resume a continuación. Para ello hay que incluir todas las cantidades físicas que influyen en el problema que se quiere abordar. En este caso, como la pérdida de energía y el esfuerzo de corte pueden expresarse en función de la caída de presión entre la entrada y la salida del tramo de tubería, se busca la relación entre la diferencia de presiones y las demás cantidades físicas:

$$\Delta P = \Phi(\rho, \mu, U, D, \varepsilon, \Delta x)$$

En esta expresión se incorpora, además de las cantidades ya consideradas, la variable ε que representa el tamaño característico de las rugosidades de la pared de la tubería, medida en unidades de longitud (ver Figura 6.8). En el caso de escurrimientos transicionales y turbulentos, las perturbaciones generadas en el flujo por las rugosidades de pared pueden amplificarse e incidir en todo el escurrimiento, por lo que deben ser incluidas en el análisis general.

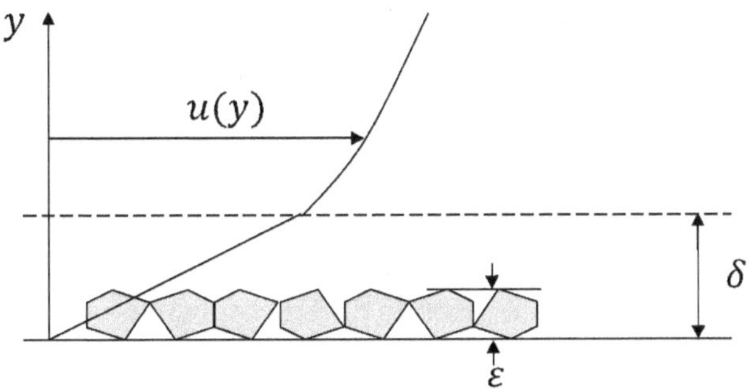

Figura 6.8. Representación del perfil de velocidades del escurrimiento medio cerca de una pared con rugosidades de tamaño característico ε. El espesor de la capa límite es δ.

Como el problema queda definido por 7 cantidades físicas compuestas por 3 dimensiones, el teorema Π de Buckingham establece que se pueden construir 4 parámetros adimensionales, los que agrupados convenientemente, entregan:

$$\frac{\Delta P}{\frac{1}{2}\rho U^2} = \Phi\left(\frac{\rho U D}{\mu}, \frac{\Delta x}{D}, \frac{\varepsilon}{D}\right) \tag{6.19}$$

En la adimensionalización de la presión en el término del lado izquierdo, se ha incorporado el factor ½ para homologarlo a la relación que se establece entre la presión y la velocidad en la relación de Bernoulli.

Finalmente, es posible reescribir la relación (6.19) de manera de introducir el factor de fricción *f* que dependerá del número de Reynolds del escurrimiento, R, y de la rugosidad relativa de la tubería ε/*D*:

$$\frac{\Delta P}{\frac{1}{2}\rho U^2} = \frac{\Delta x}{D} f\left(R, \frac{\varepsilon}{D}\right)$$

Luego, combinando esta ecuación con las relaciones (6.13) y (6.16), se obtiene:

$$\tau_f = \frac{f}{8}\rho U^2 \tag{6.20}$$

$$\frac{\Delta H_f}{\Delta x} = \frac{f}{D}\frac{U^2}{2g} \tag{6.21}$$

que relacionan de manera general el esfuerzo de corte en la pared y el gradiente de pérdidas de energía con la velocidad media en la sección de la tubería. La función $f = f\left(R, \frac{\varepsilon}{D}\right)$ representa los procesos que ocurren en la capa límite y permite incorporar en el flujo externo, representado aquí por la velocidad media U, los efectos de la pared.

En el análisis de escurrimientos turbulentos, es útil definir a partir de la relación (6.20), una escala de velocidad llamada "velocidad de frotamiento" que relaciona el esfuerzo de corte en la pared con la masa específica del fluido:

$$u_*^2 = \frac{\tau_f}{\rho}$$

Esta velocidad es representativa de la intensidad turbulenta y es relativamente constante cerca de la pared.

Comparando con las expresiones (6.17) y (6.18) obtenidas para el caso de flujo laminar, se encuentra una expresión analítica para el factor de fricción en este régimen de escurrimiento:

$$f = 64\frac{\mu}{\rho U D} = \frac{64}{R} \tag{6.22}$$

Para el régimen de transición y turbulento es necesario recurrir al análisis experimental para la estimación del factor de fricción. Estos resultados se presentan en un gráfico conocido como ábaco de Moody (1944), en el cual se resumen organizadamente una gran cantidad de mediciones experimentales, siguiendo el desarrollo teórico realizado recién.

En la Figura 6.9 se presentan los resultados experimentales para el factor de fricción. Se aprecia que para números de Reynolds inferiores a 2.000, se cumple la relación obtenida a partir de la teoría de flujo viscoso en régimen laminar de la ecuación (6.22). Por otra parte, es posible distinguir para números de Reynolds superiores a 5.000, correspondiente a régimen turbulento, tres tipos de comportamientos que dependen de la razón entre tamaño de las rugosidades de pared comparadas con el espesor de la capa límite, ε/δ:

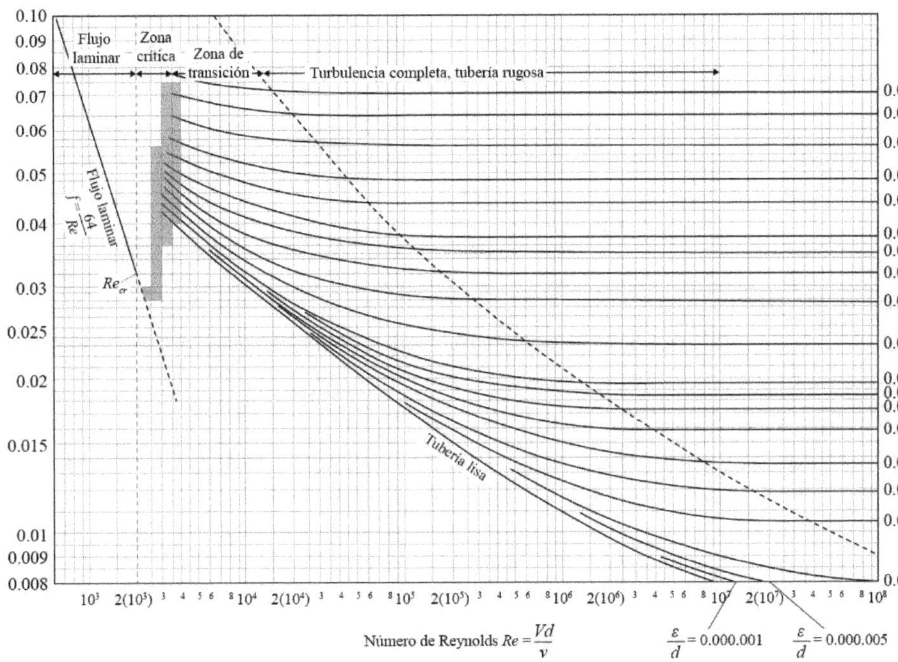

Figura 6.9. Ábaco de Moody para la estimación del factor de fricción, *f*, en el eje vertical izquierdo, en función del número de Reynolds, eje horizontal, y la rugosidad relativa de la tubería, eje vertical derecho.

- Si $\varepsilon/\delta \ll 1$ las rugosidades estarán completamente inmersas dentro de la capa límite por lo que las perturbaciones que generan en el flujo tenderán a ser eliminadas por los efectos viscosos. Se dice que es un régimen hidráulicamente liso, donde las rugosidades no tienen mayor influencia sobre el flujo externo.
- Si $\varepsilon/\delta \approx 1$ se entra en un régimen de transición, donde tanto el tamaño de las rugosidades y la viscosidad (número de Reynolds) influyen en el valor del factor de fricción.
- Si $\varepsilon/\delta \gg 1$ la capa límite viscosa estará confinada dentro de las rugosidades por lo que las perturbaciones generadas por estas se propagarán a todo el escurrimiento. Se conoce, entonces, como un régimen completamente turbulento e hidráulicamente rugoso, donde el factor de fricción se independiza del número de Reynolds y solo depende de la rugosidad relativa.

Para los números de Reynolds entre 2.000 y 5.000, en la transición de régimen laminar a turbulento, no es posible establecer un comportamiento claro para el factor de fricción, tomando este un rango amplio de valores, pues resultan altamente sensibles a las condiciones en que se realizan los experimentos.

En la práctica, las pérdidas por fricción en una tubería de longitud L, diámetro D y rugosidad ε (tabulado según el material de la tubería), se evalúan usando la siguiente relación que se deriva de la ecuación (6.21):

$$\Delta H_f = f\frac{L}{D}\frac{U^2}{2g} \tag{6.23}$$

Las pérdidas de carga se expresan entonces como una proporción de la altura de energía cinética $\frac{U^2}{2g}$, que crece linealmente con la longitud de la tubería y es inversamente proporcional a su diámetro.

El factor de fricción debe estimarse a partir del ábaco de Moody en función del número de Reynolds y de la rugosidad relativa de la tubería. La pérdida de carga también puede expresarse en función del caudal como:

$$\Delta H_f = f\frac{8L}{g\pi^2 D^5}Q^2 \tag{6.24}$$

Esta expresión se utiliza comúnmente para diseñar y evaluar sistemas de transporte de agua en presión.

EJEMPLO 6.2

Un sistema de agua potable rural se alimenta desde un estanque elevado a 10 m sobre el punto de abastecimiento mediante una tubería de 100 mm de diámetro y 1000 m de longitud.

Inicialmente la tubería tiene una rugosidad despreciable, de manera que puede considerarse lisa. Estime el caudal máximo que puede entregar el sistema en estas condiciones.

SOLUCIÓN:

Las condiciones de funcionamiento del sistema según la ecuación de energía, entre la superficie libre del estanque y la salida de la tubería son:

$$z_1 + \frac{P_1}{\rho g} + \alpha_1\frac{U_1^2}{2g} = z_2 + \frac{P_2}{\rho g} + \alpha_2\frac{U_2^2}{2g} + \Delta H_f$$

Donde $z_1 - z_2 = 10\text{m}$; $P_1 = P_2 = P_{atm}$. Además, en el estanque $U_1 = 0$. Entonces se obtiene para la velocidad de salida:

$$U_2 = \sqrt{2g(10 - \Delta H_f)}$$

Donde ΔH_f se estima con la ecuación (6.23):

$$\Delta H_f = f\frac{L}{D}\frac{U^2}{2g} = f\frac{1000}{0{,}1}\frac{U^2}{19{,}6} = 510{,}2fU^2$$

Como el número de Reynolds depende de la velocidad y esta a su vez de las pérdidas por fricción, que son función del Reynolds y la velocidad, hay que proceder por aproximaciones. Supóngase que las pérdidas por fricción son de 5 m, en cuyo caso la velocidad es:

$$U_2 = \sqrt{2g\cdot(5)} = 9{,}9 \text{ m/s}$$

Y el número de Reynolds: $R = \frac{UD}{\nu} = \frac{9{,}9\cdot 0{,}1}{10^{-6}} = 0{,}99\cdot 10^6$

Claramente turbulento. Con este valor y ε/D prácticamente nulo, se puede encontrar el valor de f para tuberías lisas en el ábaco de Moody, obteniendo f = 0,012.

Para la tubería lisa, la primera aproximación daría para la pérdida por fricción:

$$\Delta H_f = 510{,}2fU^2 = (510{,}2)(0{,}012)(9{,}9)(9{,}9) = 600m.$$

Claramente, mucho más que la energía disponible, por lo tanto, hay que suponer una mayor pérdida de energía por fricción que los originales 5 m. Supóngase que las pérdidas son muy importantes y llegan a 9,5 m. Entonces:

$$U_2 = \sqrt{2g\cdot(0{,}5)} = 3{,}13 \text{ m/s}$$

Y el número de Reynolds: $R = \frac{UD}{\nu} = \frac{3{,}13\cdot 0{,}1}{10^{-6}} = 0{,}31\cdot 10^6$

Aún plenamente turbulento. Con este valor y ε/D prácticamente nulo, se puede encontrar el valor de f para tuberías lisas en el ábaco de Moody, obteniendo f = 0,014.

Y la pérdida por fricción sería: $\Delta H_f = 510{,}2fU^2 = (510{,}2)(0{,}014)(3{,}13)(3{,}13) = 70$m. Aún muy grande. Entonces, hay que concluir que prácticamente toda la energía se va a consumir en pérdidas por fricción. Supóngase que son de 9,95 m. Entonces:

$$U_2 = \sqrt{2g\cdot(0{,}05)} = 1{,}0\ m/s$$

Y el número de Reynolds: $R = \frac{UD}{\nu} = \frac{1{,}0\cdot 0{,}1}{10^{-6}} = 1{,}0\cdot 10^5$

Todavía claramente turbulento. Con este valor y ε/D prácticamente nulo, se puede encontrar el valor de f para tuberías lisas en el ábaco de Moody, obteniendo f = 0,0175.

Y la pérdida por fricción sería:

$$\Delta H_f = 510{,}2fU^2 = (510{,}2)(0{,}0175)(1{,}0)(1{,}0) = 8{,}9m$$

Ahora está bastante cerca pero la pérdida es menor a la supuesta, al contrario de lo que ocurría antes. Si se adopta pérdidas por 9,945 m, se tiene:

$$U_2 = \sqrt{2g \cdot (0{,}055)} = 1{,}04 \text{ m/s}$$

Y el número de Reynolds: $R = \frac{UD}{\nu} = \frac{1{,}04 \cdot 0{,}1}{10^{-6}} = 1{,}04 \cdot 10^5$

Aún claramente turbulento. Con este valor y ε/D prácticamente nulo, se puede encontrar el valor de f para tuberías lisas en el ábaco de Moody, obteniendo f = 0,0174.

Y la pérdida por fricción sería:

$$\Delta H_f = 510{,}2 f U^2 = (510{,}2)(0{,}0174)(1{,}04)(1{,}04) = 9{,}6m.$$

Este valor resulta bastante cercano y puede adoptarse como definitivo.

Con tubería lisa se tiene una velocidad de 1,04 m/s, con una pérdida por fricción de 9,6m. El gasto es: $Q = \frac{\pi D^2}{4} U = \frac{\pi 0{,}1^2}{4} 1{,}04 = 8{,}17 \; litros/s.$

EJEMPLO 6.3

En el mismo caso del ejemplo 6.2 en el cual un sistema de agua potable rural se alimenta desde un estanque elevado a 10 m sobre el punto de abastecimiento mediante una tubería de 100 mm de diámetro y 1000 m de longitud. Si bien inicialmente la tubería tiene una rugosidad despreciable, de manera que puede considerarse lisa, después de años de operación se estima que la rugosidad equivalente es del orden de 1,5 mm. Estime el caudal máximo que puede entregar el sistema en estas condiciones.

SOLUCIÓN:

Las condiciones de funcionamiento del sistema según la ecuación de energía, entre la superficie libre del estanque y la salida de la tubería son:

$$z_1 + \frac{P_1}{\rho g} + \alpha_1 \frac{U_1^2}{2g} = z_2 + \frac{P_2}{\rho g} + \alpha_2 \frac{U_2^2}{2g} + \Delta H_f$$

Donde $z_1 - z_2$ = 10m; $P_1 = P_2 = P_{atm}$. Además, en el estanque U_1 =0. Entonces se obtiene para la velocidad de salida:

$$U_2 = \sqrt{2g(10 - \Delta H_f)}$$

Donde ΔH_f se estima con la ecuación (6.23):

$$\Delta H_f = f \frac{L}{D} \frac{U^2}{2g} = f \frac{1000}{0{,}1} \frac{U^2}{19{,}6} = 510{,}2 f U^2$$

Donde *f* a su vez depende del número de Reynolds y la rugosidad relativa.

Sin embargo, en este caso la rugosidad relativa es ε/D = 1,5/100=0,015. Se aprecia en el ábaco de Moody que para esta rugosidad relativa si el número de Reynolds es superior a $0{,}610^5$ el factor de fricción no depende del número de Reynols y permanece constante con un valor de *f*=0,044.

Si se reemplaza el valor de las pérdidas por fricción en la estimación de la velocidad se obtiene:

$U_2 = \sqrt{2g(10 - 510{,}2\, f\, U_2^2)}$ la que puede resolverse para U_2 con el valor de *f*=0,044 y se obtiene U_2 = 0,708 m/s

Con esta velocidad el número de Reynolds: $R = \frac{UD}{\nu} = \frac{0{,}708 \cdot 0{,}1}{10^{-6}} = 0{,}708 \cdot 10^5$

Algo inferior a 10^5, sin embargo, el factor de fricción es prácticamente igual.

Además se obtiene

$\Delta H_f = 510{,}2 f U^2 = (510{,}2)(0{,}039)(0{,}708)(0{,}708) = 9{,}97 m.$

Prácticamente toda la energía se ha perdido por fricción.

El gasto es: $Q = \frac{\pi D^2}{4} U = \frac{\pi 0{,}1^2}{4} 0{,}708 = 5{,}56\ litros/s$

El sistema está operando con un 68% de la capacidad inicial.

6.2.3 Separación, arrastre de forma y singularidades

Además de los efectos de pared estudiados antes, los gradientes de presión pueden modificar el comportamiento de la capa límite. Para un fluido viscoso en movimiento las fuerzas de inercia, proporcionales al cuadrado de la velocidad, tienden a mantenerlo en movimiento, mientras los esfuerzos viscosos buscan frenarlo o detenerlo cerca de las paredes. Por otro lado, las fuerzas de presiones se manifiestan a través del gradiente de presiones cuya fuerza resultante tenderá a empujarlo en la dirección en que las presiones disminuyen. Por último, la fuerza de gravedad influirá sobre la masa del fluido para desplazarla en la dirección de la intensidad del campo de aceleración. Como ya se vio, muy cerca de las paredes los efectos viscosos tienden a dominar sobre los efectos de inercia, por lo que, de existir un gradiente de presiones, este podría determinar la dirección en que se mueve el fluido dentro de la capa límite.

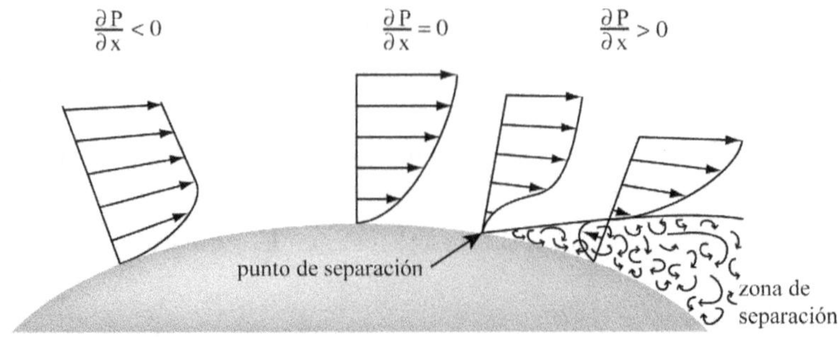

Figura 6.10. Separación de la capa límite.

Estos efectos se hacen evidentes cuando la superficie sólida sobre la cual se desplaza el fluido es curva o si existe un gradiente de presiones provocado por cambios en la sección por donde se desarrolla el escurrimiento. Si se supone una pared con cierta curvatura, como la que se ilustra en la Figura 6.10, al principio las líneas de corriente tienden a juntarse lo que indica que la velocidad fuera de la capa límite aumenta y el gradiente de presiones en la dirección del flujo es negativo de forma que actúa en la misma dirección que los efectos inerciales acelerando el fluido. La combinación de estos efectos hace que el fluido siga escurriendo en la misma dirección, aunque comience a detenerse en la zona cercana a la pared bajo los efectos de la adherencia viscosa. En la parte central del objeto curvo, las líneas de corriente son paralelas, de manera que no existe un gradiente de presiones y, por lo tanto, el movimiento está dominado por la inercia, que va reduciéndose, y las fuerzas viscosas cerca de la pared. En la parte final las líneas de corriente tienden a separarse, de manera que se produce una disminución de velocidades y, por lo tanto, un gradiente de presiones positivo. Como en esta zona la viscosidad ya ha logrado actuar para disminuir la velocidad del fluido cerca de la pared, las fuerzas de presión predominan sobre los efectos inerciales, logrando frenar el flujo principal. Es así como cerca de la pared puede llegar a producirse incluso un escurrimiento a contracorriente que desestabilizará el flujo principal siendo este incapaz de seguir la forma de la pared. Se produce, entonces, el fenómeno de **separación** que genera gran turbulencia asociada a remolinos y una uniformización de las presiones que hace que la presión en el interior de la zona de separación sea muy parecida a la que existe en el punto donde el fluido comienza a separarse.

La uniformidad de presiones que se produce dentro de la zona de separación es la responsable de lo que se conoce como resistencia o arrastre de forma, ya que se destruye la distribución simétrica de presiones sobre el objeto inmerso en el escurrimiento.

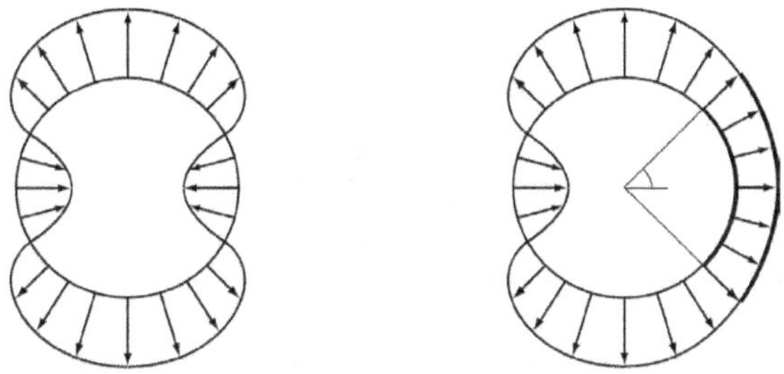

Figura 6.11. Distribución de presiones sobre un cilindro sumergido en un escurrimiento. Panel de la izquierda: fluido ideal. Panel de la derecha: fluido real.

En el caso del flujo alrededor de un disco, como el mostrado en la Figura 6.11, es interesante apreciar la diferencia de comportamiento que se presenta entre un fluido ideal y uno viscoso. Al enfrentar el disco, las líneas de corriente se juntan como resultado de un aumento de la velocidad del flujo. En esta zona de aceleración, la red de flujo es prácticamente igual a aquella modelada por la teoría del flujo potencial, a excepción de lo que ocurre en la capa límite, cuyo espesor es inversamente proporcional al número de Reynolds y prácticamente despreciable. Sin embargo, en la zona de desaceleración, cuando las líneas de corriente se separan, el modelo de fluido ideal deja de ser válido explicando entonces las razones de la paradoja de D'Alembert donde la teoría potencial predice una fuerza de arrastre nula. Si bien la resistencia de forma se debe a la distribución no simétrica de presiones ella no se podría explicar sin la existencia de la viscosidad y la capa límite que contribuyen a la desestabilización del flujo y la consiguiente separación.

Debido al fenómeno de separación, la forma del objeto inmerso en el escurrimiento determina en gran medida la fuerza de arrastre que este ejerce sobre él. Aguas abajo del objeto, la desestabilización del flujo genera una zona llamada "**estela**" en donde las presiones se mantendrán relativamente uniformes. La estela irá perdiendo intensidad a medida que el flujo se aleja del objeto y la extensión de esta dependerá de la forma y del número de Reynolds.

En la Figura 6.12 se representa este fenómeno para el caso del flujo alrededor de una esfera de diámetro D.

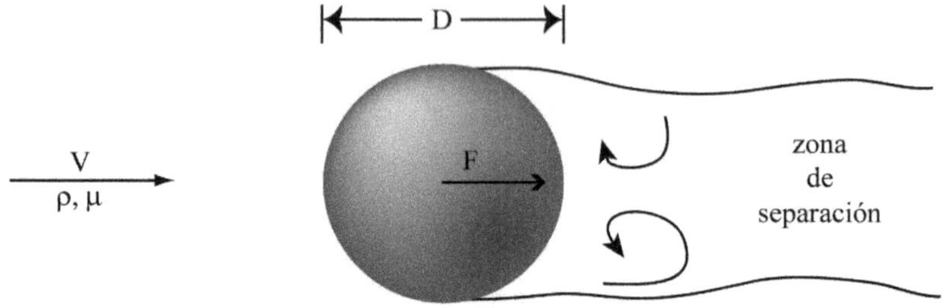

Figura 6.12. Escurrimiento turbulento de un fluido real alrededor de una esfera de diámetro D. La separación del flujo genera una estela aguas abajo de la esfera.

En el caso general, entonces, las fuerzas que ejerce el fluido sobre el cuerpo pueden descomponerse en dos contribuciones:

- Arrastre de piel, principalmente asociado a los esfuerzos de corte y los procesos de capa límite.
- Arrastre de forma, asociados a las fuerzas normales de presión y separación del flujo.

Para disminuir las fuerzas de arrastre, se debe evitar o minimizar la separación, tratando de mantener las líneas de corriente cerca de la superficie del cuerpo. La minimización del arrastre de forma es un problema clave en el diseño aerodinámico e hidrodinámico, pues esta fuerza tiene consecuencias directas en la energía que se requiere, por ejemplo, para que un vehículo dado se desplace a una determinada velocidad.

Como se aprecia en el ejemplo 5.5, la fuerza de arrastre F_D sobre un objeto inmerso en un escurrimiento de velocidad U, masa específica ρ y viscosidad dinámica μ, puede expresarse en función de un coeficiente adimensional cuyo comportamiento normalmente se determina experimentalmente en función del número de Reynolds y la forma del objeto:

$$C_D = \frac{F_D}{\frac{1}{2}\rho U^2 A} \tag{6.25}$$

	Forma	C_D	Forma	C_D
Cilindro cuadrado	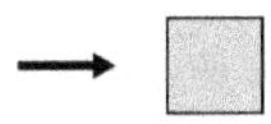	2.1	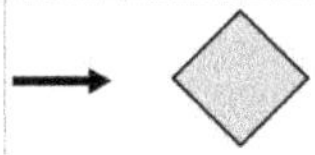	1.6
Medio tubo	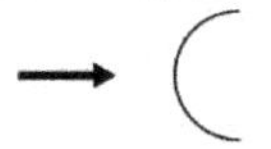	1.2	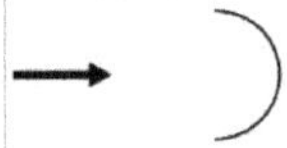	2.3
Medio cilindro	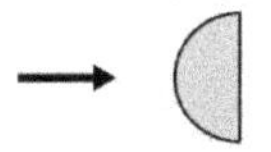	1.2	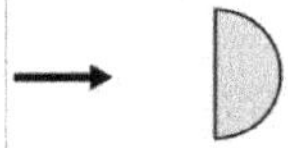	1.7
Triángulo equilátero	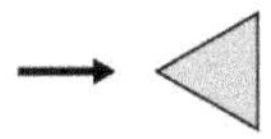	1.6	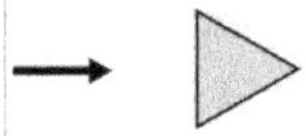	2.0
Placa	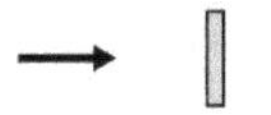	2.0		1.4
Hexágono	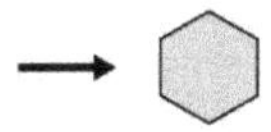	0.7	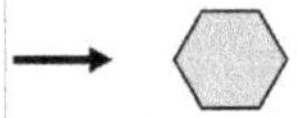	1.0
Sección nariz redondeada	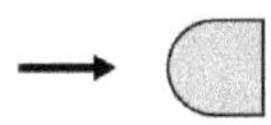	0.9	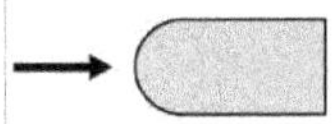	0.7
Sección nariz plana	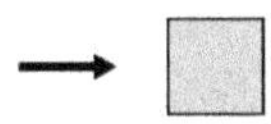	2.1	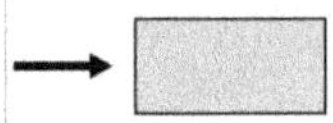	2.5
Cilindro elíptico	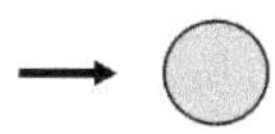	1.2	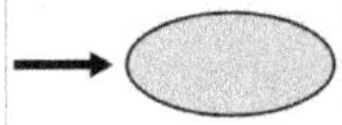	0.6

Cuerpos 3D

	Forma	C_D	Forma	C_D
Cubo		1.07		0.81
Medio tubo		0.4		1.4
Disco		1.17		
Paracaídas (baja porosidad)		1.2		

Figura 6.13. Coeficientes de arrastre característicos para números de Reynolds $R>10^4$.

En esta expresión A es un área que puede considerarse de distintas maneras dependiendo del tipo de objeto:

- Área frontal del objeto que enfrenta al flujo: se trata del área proyectada sobre un plano perpendicular a la dirección del escurrimiento; se utiliza para objetos gruesos y cortos como esferas, cilindros, vehículos, proyectiles, etc.
- Área en planta: es el área proyectada vista desde arriba; sirve para objetos anchos y esbeltos como alas de avión.
- Área mojada: se emplea para embarcaciones y cuerpos flotantes.

A su vez, el coeficiente de arrastre puede descomponerse en arrastre de piel y de forma, tal que:

$$C_D = C_{D,fric} + C_{D,form}$$

La importancia relativa de cada una dependerá principalmente del número de Reynolds y de la geometría del objeto, especialmente su espesor. Para números de Reynolds altos $R>10^4$, el coeficiente de arrastre tiende a independizarse del número de Reynolds y a depender solo de la forma, de manera análoga a lo visto en el caso del factor de fricción cuando se alcanza el régimen hidráulicamente rugoso. En la Figura 6.13 se muestran algunos ejemplos.

EJEMPLO 6.4

Una columna de sección cuadrada de arista a enfrenta una corriente con una de sus caras perpendicular al flujo. En estas condiciones el cubo tiene un coeficiente de arrastre de 2,1 según la Figura 6.13. Proponga cambios de forma de manera de disminuir la fuerza de arrastre.

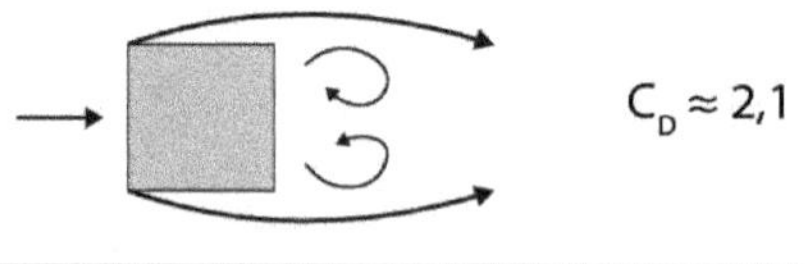

Figura 6.14. Columna de sección cuadrada frente a corriente perpendicular a una de sus caras para el ejemplo 6.4.

SOLUCIÓN:

Las modificaciones pueden consistir en pulir los bordes disminuyendo el tamaño del cuadrado, o agregar máscaras para modificar la forma.

Si se le redondean las aristas del frente de manera de evitar la separación en esa zona, o se agrega una punta redondeada, el coeficiente de arrastre puede disminuir a 0,9 como se muestra en la Figura 6.15.

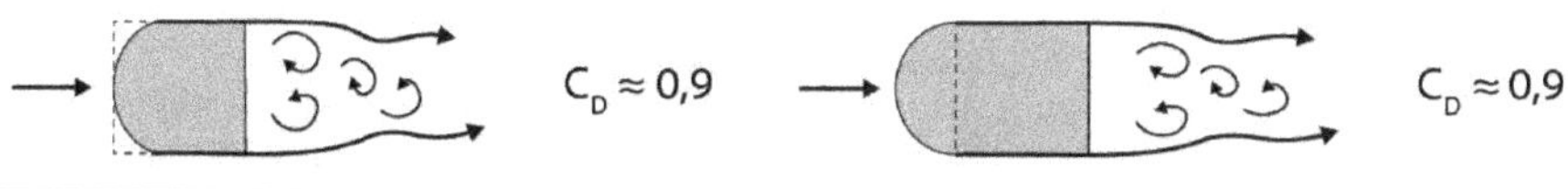

Figura 6.15. Columna de sección cuadrada con aristas del frente redondeadas para el ejemplo 6.4.

Si, además, se evita la separación brusca en la parte posterior, con una curva suave, se puede evitar gran parte de la separación, con lo cual el coeficiente de arrastre puede disminuir a 0,6 o menos.

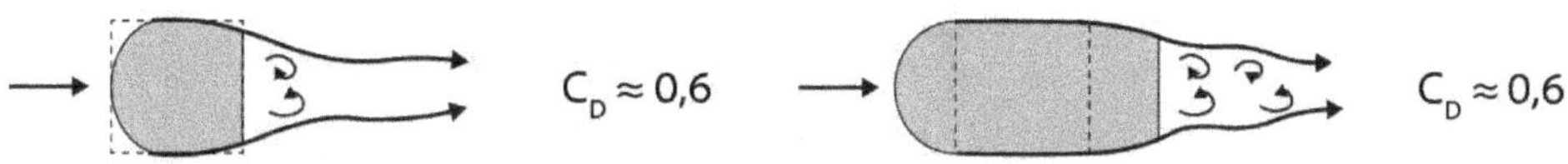

Figura 6.16. Columna de sección cuadrada con aristas del frente redondeadas y curva suave hacia atrás para el ejemplo 6.4.

Un proceso similar es el que se realiza en el diseño de carrocerías de vehículos para disminuir la fuerza de arrastre.

Otra aplicación importante en donde los efectos de forma y presión cobran relevancia, son las singularidades en sistemas de tubería o canales. Se trata de elementos en donde se produce separación del flujo generando pérdidas de energía localizadas. Estas pueden deberse, por ejemplo, a cambios de sección, orificios, codos, curvas, válvulas o elementos de control.

Para ilustrar lo anterior es interesante analizar el escurrimiento de un fluido incompresible y viscoso en un ensanchamiento brusco en un sistema de tubería a presión. El flujo es permanente, en condiciones de régimen turbulento (sin efectos de la gravedad) desde una tubería de diámetro D_1 a D_2 siendo $D_1<D_2$. En la Figura 6.17 se presenta el flujo de manera esquemática donde se resalta la separación que se produce a la salida de la tubería de diámetro D_1 hacia aquella de diámetro D_2. Recurriendo al análisis global se encuentra una expresión para la pérdida de energía en el ensanchamiento brusco. A continuación, se presenta esta solución en forma resumida para orientar la solución práctica.

Tomando como volumen de control el tramo de tubería entre las secciones (1) y (2) de la Figura 6.17, las ecuaciones de conservación de masa, cantidad de movimiento y energía plantean:

$$Q = U_1 \frac{\pi D_1^2}{4} = U_2 \frac{\pi D_2^2}{4} \Longrightarrow U_1 = \frac{4Q}{\pi D_1^2} \ ; \ U_2 = \frac{4Q}{\pi D_2^2} \ ; \ U_1 = \left(\frac{D_2}{D_1}\right)^2 U_2 \tag{6.26}$$

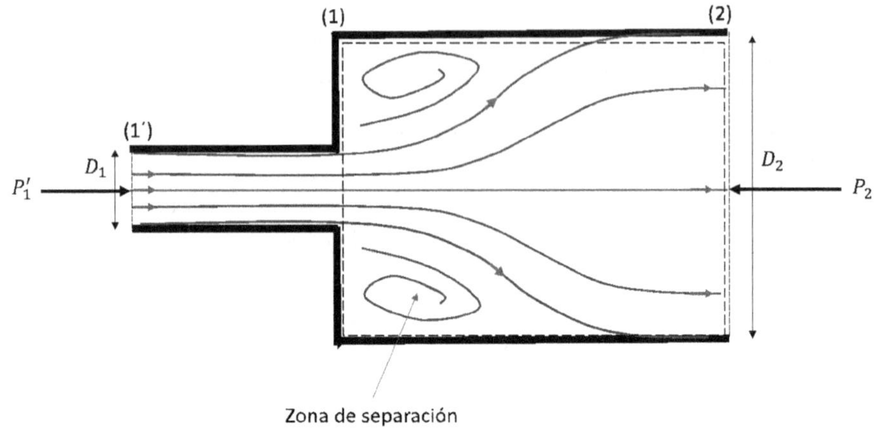

Figura 6.17. Representación en líneas de corriente del flujo de un escurrimiento turbulento en una tubería que cambia de sección bruscamente de un diámetro D_1 a D_2.

$$\rho Q(\beta_2 U_2 - \beta_1 U_1) = P_1 \frac{\pi}{4} D_2^2 - P_2 \frac{\pi}{4} D_2^2 \tag{6.27}$$

$$z_1 + \frac{P_1}{\rho g} + \alpha_1 \frac{U_1^2}{2g} = z_2 + \frac{P_2}{\rho g} + \alpha_2 \frac{U_2^2}{2g} + \Delta H_s \tag{6.28}$$

En la ecuación (6.27) se desprecia el efecto de las fuerzas de fricción de las paredes sobre el fluido asumiendo que el tramo considerado es corto y estos efectos serán mucho menores a las diferencias de presión. También se considera que las fuerzas de presión en la sección (1) del volumen de control se aplican sobre toda la sección de diámetro D_2 debido a que la presión en la zona de separación es sensiblemente similar a la presión en el punto de separación.

En la ecuación (6.28) se asume que las pérdidas de energía en el tramo analizado se deben a las diferencias de presión generadas por la separación; las llamaremos pérdidas singulares, ΔH_s. Asumiendo que el escurrimiento es permanente y completamente turbulento en un plano horizontal, se tiene:

$$\beta_1 \approx \beta_2 \approx 1$$
$$\alpha_1 \approx \alpha_2 \approx 1$$
$$z_1 = z_2$$

Luego reordenando y combinando las ecuaciones:

$$\frac{P_1-P_2}{\rho g}=\frac{U_1^2}{g}\left(\left(\frac{D_1}{D_2}\right)^2-1\right)\left(\frac{D_1}{D_2}\right)^2$$

$$\Delta H_s=\frac{P_1-P_2}{\rho g}+\left(1-\left(\frac{D_1^2}{D_2^2}\right)^2\right)\frac{U_1^2}{2g}$$

Eliminando la diferencia de presiones entre ambas:

$$\Delta H_s=\frac{U_1^2}{2g}\left(2\left(\frac{D_1}{D_2}\right)^2-2\right)\left(\frac{D_1}{D_2}\right)^2+\left(1-\left(\frac{D_1^2}{D_2^2}\right)^2\right)\frac{U_1^2}{2g}=\left[1-\left(\frac{D_1}{D_2}\right)^2\right]^2\frac{U_1^2}{2g}$$

Con lo que queda definido el coeficiente de pérdida singular:

$$\Delta H_s=K_s\frac{U_1^2}{2g}\quad \text{con}\quad K_s=\left[1-\left(\frac{D_1}{D_2}\right)^2\right]^2 \tag{6.29}$$

que también queda expresado como una proporción de la altura de velocidad. En la Figura 6.18 se presenta la variación de este coeficiente en función de los cambios de sección expresados por la razón de los diámetros.

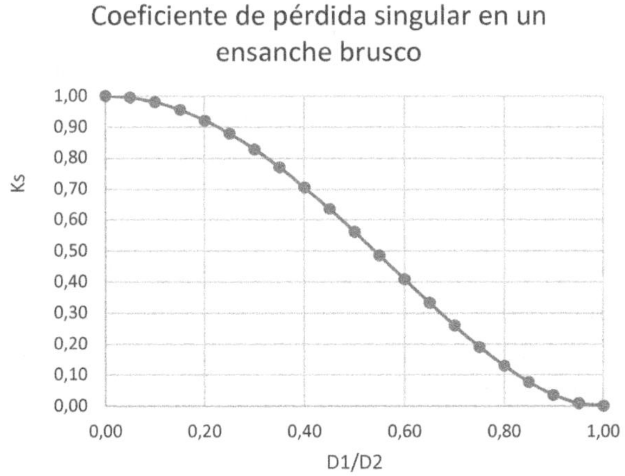

Figura 6.18. Variación del coeficiente de pérdida singular, Ks, en función de los cambios de sección en un ensanche brusco.

Estos valores son válidos para flujos turbulentos, con números de Reynolds mayores a 10^4 en general.

Para otro tipo de singularidades existen valores tabulados que son generalmente entregados por los fabricantes de elementos de control.

6.2.4 Control de la capa límite

Para disminuir la fuerza de arrastre, así como minimizar las pérdidas de energía en las singularidades se debe evitar, o disminuir, la separación, lo que se puede lograr con el control del comportamiento de la capa límite.

Entre las principales técnicas de control de la capa límite están las siguientes:

- Evitar los cambios bruscos de dirección de las paredes con curvaturas suaves.
- Minimizar las expansiones bruscas, tratando que el aumento de presión sea lo más gradual posible.
- Aumentar la velocidad del flujo en la capa límite, mediante el soplado, la mezcla con flujo de afuera de ella o la succión para el retiro de él. Esto se puede lograr con alerones, *flaps*, delanteros o traseros, como en las alas de los aviones.

RESUMEN

El concepto de "capa límite" en flujos turbulentos permite modelar la influencia de bordes o paredes donde no es posible despreciar los efectos viscosos. A partir de este concepto, es posible reconciliar las teorías de flujo ideal y viscoso y cuantificar fuerzas de arrastre sobre paredes u objetos inmersos para escurrimientos turbulentos.

Reynolds (1842-1912) desarrolló una experiencia que permitió clasificar en la práctica de manera simple el tipo de escurrimiento que puede producirse bajo ciertas condiciones, el que califica con el número de Reynolds, que cuantifica la importancia relativa que tienen los efectos inerciales sobre los efectos viscosos en un escurrimiento. Este se expresa como:

$$\boldsymbol{R} = \frac{\rho U L}{\mu}$$

donde ρ es la masa específica del fluido, U es una escala de velocidad del escurrimiento (e. g. la velocidad media en una sección de tubería), L es una escala de longitud característica del flujo (e. g. el diámetro de la tubería por donde escurre el fluido), y μ es la viscosidad dinámica del fluido.

Así se distingue el escurrimiento laminar que se realiza por capas, sin un intercambio significativo de fluido de una capa a la otra, para R bajos, menores a 2.000, del flujo turbulento que corresponde a un movimiento desordenado y caótico en el cual las propiedades del escurrimiento varían en el espacio y en el tiempo de manera aleatoria y no predecible, para R altos, superiores a 5.000. Entre números de Reynolds de 2.000 a 5.000 hay un régimen de transición.

La aproximación de fluido ideal es útil para representar las propiedades medias de escurrimientos completamente turbulentos en flujos externos lejos de bordes o paredes. Esto se puede apreciar al adimensionalizar la ecuación de Navier Stokes para obtener:

$$\frac{\partial \vec{V}^*}{\partial t^*} + (\vec{V}^* \cdot \nabla^*)\vec{V}^* = -\nabla^* P^* + \frac{1}{F^2}\vec{g}^* + \frac{1}{R}\nabla^{*2}\vec{V}^*$$

Esta ecuación muestra que a medida que el número de Reynolds crece, la importancia relativa de las fuerzas viscosas disminuye. En otras palabras, a medida que el flujo se hace más turbulento, el modelo matemático que lo representa se aproxima a las ecuaciones de Euler para fluido ideal.

Sin embargo, esta aproximación solo será adecuada lejos de los bordes o paredes en contacto con el fluido puesto que, en esta última zona, los efectos viscosos no pueden despreciarse y darán origen al concepto de "capa límite" propuesta por L. Prandtl a comienzos del siglo XX.

Resultados experimentales han establecido que para una capa límite laminar el espesor relativo se comporta como:

$$\frac{\delta(x)}{x} = 5{,}0\, R_x^{-1/2} \quad para\ 10^3 < R_x < 10^6$$

Para una capa limite turbulenta ha sido propuesta la siguiente relación para el crecimiento relativo de la capa límite:

$$\frac{\delta(x)}{x} = 0{,}16\, R_x^{-1/7} \quad para\ 10^6 < R_x$$

Considerando lo que ocurre en la capa límite y el análisis dimensional, las pérdidas por fricción en una tubería de longitud L, diámetro D y rugosidad ε (tabulado según el material de la tubería), se evalúan usando la siguiente relación:

$$\Delta H_f = f\frac{L}{D}\frac{U^2}{2g}$$

El factor de fricción puede estimarse a partir del ábaco de Moody en función del número de Reynolds y de la rugosidad relativa de la tubería.

Para un fluido viscoso en movimiento, las fuerzas de inercia tienden a mantenerlo en movimiento, mientras los esfuerzos viscosos buscan frenarlo o detenerlo cerca de las paredes. Por otro lado, las fuerzas de presiones tenderán a empujarlo en la dirección en que las presiones disminuyen. Como muy cerca de las paredes los efectos viscosos tienden a dominar sobre los efectos de inercia, de existir un gradiente de presiones, este podría determinar la dirección en que se mueve el fluido dentro de la capa límite.

Si se supone una pared con cierta curvatura, al principio la velocidad fuera de la capa límite aumenta y el gradiente de presiones en la dirección del flujo es negativo. En la parte central del objeto curvo, no existe un gradiente de presiones y, por lo tanto, el movimiento está dominado por la inercia, que va reduciéndose, y las fuerzas viscosas cerca de la pared. En la parte final las líneas de corriente tienden a separarse, hay, en consecuencia, un gradiente de presiones positivo. Como en esta zona la viscosidad ya ha logrado actuar para disminuir la velocidad del fluido cerca de la pared, las fuerzas de presión predominan sobre los efectos inerciales, logrando frenar el flujo principal. Es así como cerca de la pared puede llegar a producirse incluso un escurrimiento a contracorriente que desestabilizará el flujo principal siendo este incapaz de seguir la forma de la pared. Se produce entonces el fenómeno de separación que genera gran turbulencia asociada a remolinos y una uniformización de las presiones que hace que la presión en el interior de la zona de separación es muy parecida a la que existe en el punto donde el fluido comienza a separarse.

La uniformidad de presiones que se produce dentro de la zona de separación es la responsable de lo que se conoce como resistencia o arrastre de forma. Debido al fenómeno de separación, la forma del objeto inmerso en el escurrimiento determina en gran medida la fuerza de arrastre que este ejerce sobre él.

En el caso general, entonces, las fuerzas que ejerce el fluido sobre el cuerpo pueden descomponerse en dos contribuciones:

- Arrastre de piel, principalmente asociado a los esfuerzos de corte y los procesos de capa límite.
- Arrastre de forma, asociados a las fuerzas normales de presión y separación del flujo.

La fuerza de arrastre F_D sobre un objeto inmerso en un escurrimiento de velocidad U, masa específica ρ y viscosidad dinámica μ, puede expresarse en función de un coeficiente adimensional cuyo comportamiento normalmente se determina experimentalmente en función del número de Reynolds y la forma del objeto:

$$F_D = C_D \rho A \frac{U^2}{2}$$

Este coeficiente de arrastre se encuentra tabulado en función de la forma del objeto y el número de Reynolds.

Para disminuir la fuerza de arrastre se debe controlar el comportamiento de la capa límite y evitar la separación. Para ello existen varias técnicas como mejorar la geometría, el soplado, la succión y la mezcla.

RESUMEN DE LOS OBJETIVOS DE ESTE CAPÍTULO

Después de estudiar este capítulo Ud. debe ser capaz de:

- Calcular y conocer el significado del número de Reynolds, así como las propiedades del flujo laminar, de transición y turbulento.
- Entender el significado y las propiedades básicas de la capa límite, así como su interés en el análisis del flujo de un fluido real.
- Conocer las propiedades de un flujo turbulento y sus características.
- Entender el factor de fricción para estimar el efecto de los esfuerzos de corte viscoso sobre las paredes.
- Estimar el factor de fricción en función del número de Reynolds y la aspereza relativa de la pared a partir del ábaco de Moody y emplearlo para calcular la pérdida por fricción en tuberías.
- Entender el fenómeno de separación, sus propiedades, causas y consecuencias.
- Distinguir entre la resistencia de fricción y de forma y estimar la fuerza de arrastre sobre cuerpos de forma simple.
- Conocer algunas técnicas para el control de la capa límite orientadas a disminuir los efectos de la separación.

PREGUNTAS

6.1.- ¿En cuál de las siguientes condiciones usaría la teoría potencial para estimar el campo de velocidades de un escurrimiento?

a) Capa límite turbulenta.
b) Capa límite viscosa.
c) Flujo turbulento fuera de la capa límite.
d) Flujo viscoso fuera de la capa límite.
e) En ninguno de los casos anteriores

6.2.- a) En la figura se muestra la distribución de velocidades de flujo laminar entre dos placas paralelas. Diga en cada caso si la presión aumenta, disminuye o permanece constante en la dirección del flujo.

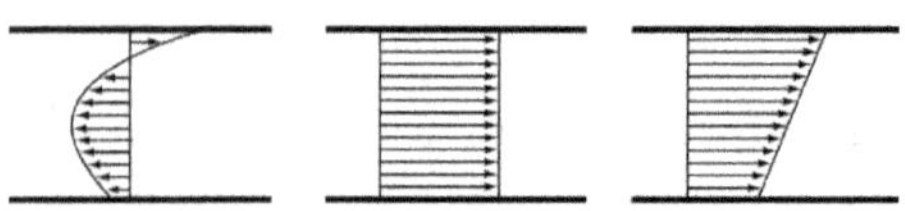

b) Indique qué ocurre con la razón entre la velocidad máxima y la media V_{max}/V_{media} en un tubo con fluido viscoso a medida que aumenta el número de Reynolds.

c) ¿El filamento de colorante en un tubo de Reynolds para flujo laminar, de transición y turbulento es una línea de corriente, de trayectoria, o de otro tipo?

d) En un tubo circular de diámetro D por el que escurre fluido newtoniano se coloca un tubo de Pitot en el eje de la tubería para medir la velocidad en ese punto y en base a ello determinar el caudal. Exprese, en forma aproximada, el caudal en función de esa velocidad y las características en la tubería si el flujo es laminar y si es turbulento.

6.3.- a) Ordene los cuerpos siguientes en cuanto al efecto que tendría sobre la fuerza de arrastre el controlar la capa límite.

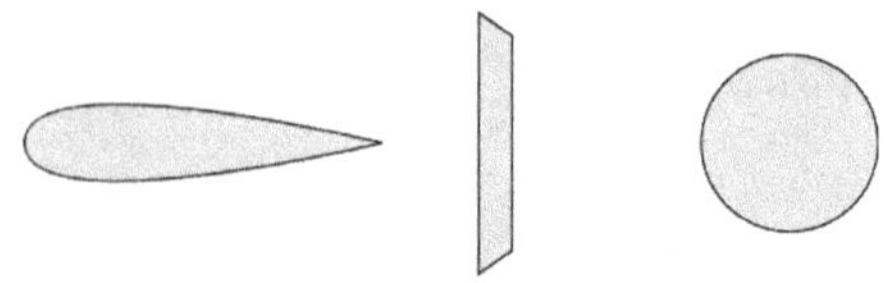

b) En los casos anteriores ordénelos en cuanto a la importancia de la resistencia de forma.

c) Ordene esos mismos cuerpos en cuanto a su mejor posibilidad de ser resueltos suponiendo flujo irrotacional.

d) Indique si la resistencia de forma o de roce es la más importante en la fuerza que hace el fluido sobre cada uno de los siguientes cuerpos. (i) avión. (ii) auto modelo antiguo. (iii) pelota de baloncesto. (iv) pelota de ping-pong.

6.4.- a) Indique mediante una flecha en la dirección deseada en el casillero correspondiente la dirección de las fuerzas sobre el fluido en la capa límite a lo largo de una pared de un estrechamiento horizontal.

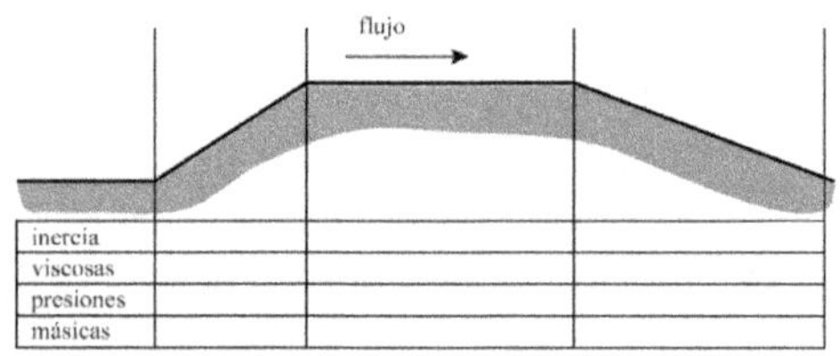

b) Para un caso similar al anterior indique mediante una cruz las fuerzas que son importantes en magnitud en cada zona.

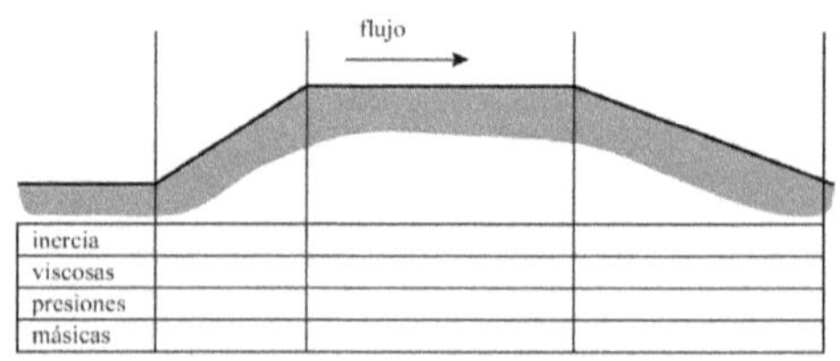

c) Si se desea evitar el fenómeno de la separación, ¿se debe poner especial cuidado en la geometría de las zonas donde el fluido se acelera, se desacelera, o en ambas por igual?
d) La figura indica la estela de separación que se forma cuando un cuerpo cilíndrico se sumerge en una corriente. Si el cilindro se hace girar en el sentido de los punteros del reloj, ¿qué ocurre con el punto donde comienza la separación en la parte superior?

e) Al colocar un cuerpo cilíndrico sumergido en un fluido con su eje en la dirección del escurrimiento se visualiza un flujo como el que se indica. Analice si la fuerza que hace el fluido sobre el cuerpo en esas condiciones se puede suponer: (i) aproximadamente como sobre una esfera de igual D, (ii) como sobre un cuadrado de arista D, (iii) como sobre un disco de igual D, (iv) no hay fuerza.

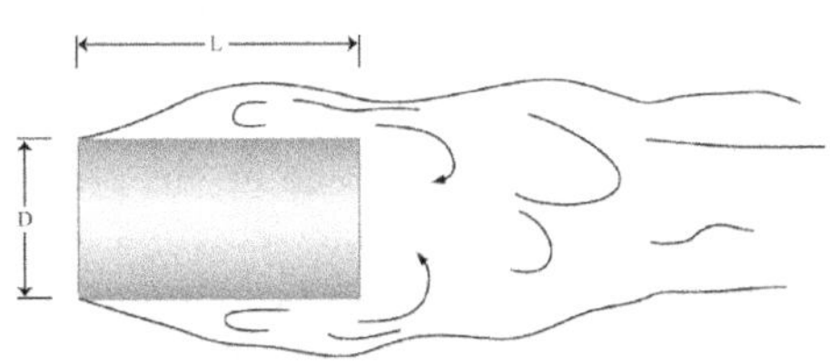

f) Para el mismo cuerpo de la pregunta anterior, ordene las acciones siguientes de acuerdo a la mayor reducción que ellas produzcan en la fuerza de arrastre: (i) agregar una semiesfera de diámetro D en la parte posterior, (ii) disminuir la longitud del cilindro a la mitad (L/2), (iii) agregar una semiesfera de diámetro D en la parte de adelante, (iv) agregar una semiesfera de diámetro D en la parte de adelante y otra similar en la posterior.

6.5.- Para analizar la fuerza que hace un fluido viscoso en reposo sobre un cuerpo que se mueve en él es necesario aplicar los conceptos de capa límite y separación. Ello permite por ejemplo estudiar la fuerza con que el aire en reposo se opone al desplazamiento de una esfera de diámetro D que viaja a velocidad V.

a) Haga un esquema aproximado de la forma de las líneas de corriente del flujo alrededor de la esfera si se considera el fluido ideal, o si se considera viscoso.
b) Indique qué medida adoptaría para saber si el flujo es laminar, de transición o turbulento. ¿Cuál es la velocidad máxima a que se puede desplazar una esfera de 1 cm de diámetro en aire de viscosidad dinámica μ=0,02 gm/s para asegurar que el flujo sea laminar?
c) Indique si la presión que ejerce el fluido sobre la esfera es positiva, nula o negativa en los puntos anterior, superior y posterior (A,B,C) si el fluido es ideal. (Positiva indica que genera una fuerza que empuja desde el exterior hacia el interior de la esfera).
d) Conteste la misma pregunta anterior en el caso en que el fluido sea viscoso y se produzca separación.
e) Si el fluido es viscoso en la zona cercana a la pared está sometido a fuerzas de inercia, de presión, másicas y viscosas. Indique, en la zona correspondiente entre la parte anterior (A) y la superior (B) si cada una de estas fuerzas aumenta, disminuye o no tiene cambios importantes en la dirección del flujo.
f) Repita la pregunta anterior para la zona entre la parte superior (B) y la posterior (C).
g) Indique, la dirección de las fuerzas de inercia, viscosa y de presión sobre el fluido en la zona cercana a la pared, tanto en la zona AB como en la BC.
h) Indique 3 mecanismos que permitan disminuir la fuerza total que hace el fluido

sobre la esfera a través del control del comportamiento de la capa límite.

i) Si la esfera se desplaza en un fluido ideal a velocidad V hacia la izquierda y gira sobre sí misma en un eje horizontal a favor de los punteros del reloj la resultante de las presiones tiene dirección hacia arriba, hacia abajo, hacia la izquierda, hacia la derecha, es nula u otra alternativa (haga un esquema).

j) Cómo se modifica su respuesta a la pregunta anterior si la esfera se desplaza en un fluido viscoso.

PROBLEMAS

6.6.- En una tubería horizontal de 150mm de diámetro con e/D=0,0003 fluye un gasto de 0,1m³/s de agua a 20°C.

a) Estime el valor del coeficiente de fricción, f.

b) Estime el valor de la pérdida de presión en un tramo de 20m de la tubería.

6.7.- En el sistema de la figura circula un gasto de 0,5 m³/s. Determine las pérdidas de energía por fricción en la tubería (3). Asuma que el flujo es turbulento y que $\varepsilon/D \approx 0{,}04$. Exprese su respuesta en m.c.a. Realice sus cálculos en base al diagrama de Moody.

Tubería	Diámetro (m)	Largo (m)
1	0,5	200
2	0,4	100
3	0,3	50

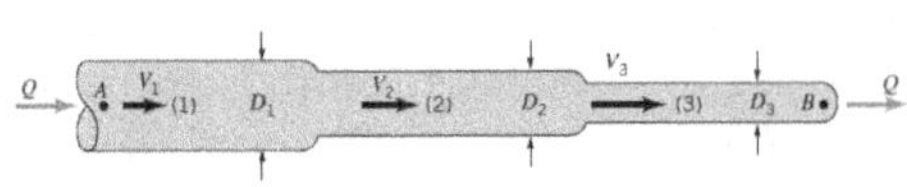

6.8.- Desde un estanque de dimensiones importantes sale una tubería horizontal de 100mm de diámetro y 200m de longitud que descarga a la atmósfera y puede considerare lisa. El coeficiente de perdida de energía en la entrada a la tubería es K=0,5 considerando la velocidad media en la tubería. ¿Cuál debe ser el nivel del agua en el estanque sobre el eje de la tubería para poder descargar un gasto de 20 litros por segundo?

6.9.- Un sistema de agua potable rural tiene un estanque elevado desde el cual baja una tubería de 20m de largo prácticamente vertical y después le sigue otra horizontal de 500m de longitud. Ambas tuberías son de 100mm de diámetro con una aspereza relativa de ε/D = 0,005. El codo en la unión de ambas tuberías tiene un coeficiente de pérdida de carga singular de K_c= 0,1 y la válvula del final de la tubería un coeficiente de K_v= 0,08. Estime el caudal máximo que puede entregar el sistema.

6.10.- Un sistema de riego en un predio agrícola debe ser alimentado con una bomba que entrega 50 litros por segundo con presión de 25mca mediante una tubería de 150m de largo que puede considerarse lisa. Los diámetros comerciales de las tuberías disponibles son de 100, 125, 150 y 200mm. Seleccione el menor diámetro para la tubería de manera que entregue el caudal indicado con al menos 15mca.

6.11.- La chimenea de una fundición es cilíndrica con un diámetro de 1,2m y una altura de 25m. Se estima que puede estar sometida a vientos de una velocidad de 100km/hora.

Estime el momento que ejerce la fuerza del viento sobre la base de la chimenea en esas condiciones.

6.12.- Un vehículo típico tiene un área frontal de $2m^2$ y un coeficiente de arrastre, C_D, de 0,5. Suponga que otras resistencias permanecen constantes con la velocidad.

a) Estime la potencia adicional que requiere para viajar a una velocidad uniforme de 120 km/hora en comparación con la necesaria para hacerlo a 60 km/hora.
b) ¿Qué ocurre si el coeficiente de arrastre del vehículo se reduce a 0,4?

6.13.- Un camión con un área frontal de $4m^2$ y un coeficiente de arrastre de 1,2 y una masa de 8000 kg, viaja a 100 km/hora en el instante en que deja de acelerar y comienza a detenerse solo debido al afecto de la fuerza de arrastre. Estime el tiempo necesario para que reduzca la velocidad a 40 km/hora. Desprecie los efectos de otras resistencias.

RESPUESTA A PROBLEMAS SELECCIONADOS

CAPÍTULO 1

1.15.- Desde el jardín: impermanente variado. Desde el regador: permanente variado.

1.16.- Desde el deslizador: permanente variado. Desde la playa: impermanente variado.

1.17.- El plano vertical se supone que pasa por el punto en que cae la piedra que origina la onda. Desde fuera de la piscina la línea no es ninguna de las formas cinemáticas. Desde la onda misma puede considerarse una trayectoria.

1.18.- Impermanente: son elementos de líneas de corriente. Permanente: son elementos de cualquier forma cinemática (trayectoria, de corriente o de humo).

1.21.- $x = \frac{h\sqrt{k}}{(1+\sqrt{k})}$

1.22.- b) i) $Pot = \frac{5\pi\mu\omega^2 a^4}{2e}$ ii) $Pot = \frac{4\pi\mu\omega^2 a^4}{3e}$ iii) $Pot = \frac{\pi\mu\omega^2 a^4}{2e}$

1.23.- 400 Pa (Pa = Pascal)

1.24.- a) 1,04 Kg/m^3 ; 10,24 N/m^3 ; 0,96 m^3/kg

b) 340°K ; 1,58 Kg/m^3 ; 15,46 N/m^3 ; 0,63 m^3/kg

c) 340°K ; 12,89 N/m³ ; 0,76 m³/kg

d) 197 kPa ; 165 kPa

1.25.- 0,01144 N

CAPÍTULO 2

2.6.- Taza alta y delgada

2.11.- $P_{interior} = P_{atm} + 4\sigma/D$. Porque el tamaño es inverso a la presión.

2.13.- $P(r,z) = \frac{\rho r^2\omega^2}{2} - \rho g z + c$

2.15.- a) $\frac{\partial T}{\partial z} = \frac{(1-k)g}{kR}$ b) 30 km

2.16.- $ELn(\rho/\rho_0) = \rho g(z - z_0)$

2.17.- −0.2 bar

2.18.- a) $\overrightarrow{f_m} = \left[r\omega^2 sen^2\theta - g\left(\frac{r}{R}\right)^2\right]\hat{r} + (r\omega^2 sen\theta cos\theta)\hat{\theta}$

b) $\frac{1}{r}\frac{\partial P}{\partial r}\hat{r} + \frac{1}{r}\frac{\partial P}{\partial \theta}\hat{\theta} + \frac{1}{rsen\theta}\frac{\partial P}{\partial \phi}\hat{\phi} = \left[r\omega^2 sen^2\theta - g\left(\frac{r}{R}\right)^2\right]\hat{r} + (r\omega^2 sen\theta cos\theta)\hat{\theta}$

c) $P = \frac{\rho r^2\omega^2 sen^2\theta}{2} - \frac{\rho g r^3}{3R^2} + f(\theta,\phi)$

d) $f(\theta,\phi) = f(\phi)$

e) $f(\phi) = \frac{\rho g r}{3}$; $P = \frac{\rho r^2\omega^2 sen^2\theta}{2} - \frac{\rho g r^3}{3R^2} + \frac{\rho g r}{3}$

f) $h(\theta,\phi) = \frac{3R^2\omega^2 sen^2\theta}{2g}$

g) $\Delta h = \frac{3R^2\omega^2}{2g}$

2.19.- a) $F_H = \frac{\gamma H^2}{2}$ $y_H = \frac{2H}{3}$

b) $L = \frac{H}{\sqrt{3}}$

c) θ=90º

2.20.- a) $F_H = \frac{\gamma}{2}$

b) $F_y = 2\gamma - \frac{\gamma\pi}{4}$

c) $y_c = \frac{2m}{3}$

2.21.- a) $F_H = 7500a^3$ N

b) $F_V = 5000a^3$ N

c) $F_V = 15000a^3$ N

d) $F_V = 10000a^3$ N

2.22.- a) $P_{aire} = 172.000\ P_a$

b) F=9600 N

c) $P_{aire} = 287.000\ P_a$

d) F=150.000 N

2.28.- $L = \frac{\gamma h}{3mg(R_1^3 - R_2^3)}$

2.29.- a) 384 m^3 b) 2 m/s^2 c) 338,6 m

d) 2 m/s^2 e) 1.900 m

2.30.- a) 1.395m^3 b) 11,91 Kg c) 14,47 m

d) 26.295N e) Prel=1,43x10^5Pa

2.31.- a) 749,69 Kg/m^3 b) 10,42 m^3 c) 18,22 m

d) 15.554,2 N e) 7.200 Kg

2.33.- a) $\left(\frac{L}{D}\right)^2 < \frac{1}{8d(1-d)}$

b) $\left(\frac{L}{D}\right)^2 > \sqrt{d\ sen(\alpha/2)}$ se satisface $\frac{\alpha}{2} + sen\left(\frac{\alpha}{2}\right) + cos(\alpha/2) = \pi d$

2.34.- $\left(\frac{H}{B}\right)^2 < 0.25\left(\sqrt{\gamma_c/\gamma_0}/\left(1 - \sqrt{\gamma_c/\gamma_0}\right)\right)$

2.36.- a) H $\leq$ 6,16 m b) H $\geq$ 1,1 m

2.38.- $2 \pi R^2 \sigma/d$

2.39.- a) $e = \dfrac{\pi \sigma D^2}{2W}$ b) $F = W + \pi\sigma \frac{D^2}{e}$

CAPÍTULO 3

3.3.- Es indiferente, ya que esta ecuación es para régimen permanente.

3.9.- Coriolis aumenta

3.10.- $c < a < b$

3.13.- En la sección de la válvula al final de la tubería

	Velocidad	**Gasto**	**Presión**
Al abrir	Constante	Aumenta	Constante
Al cerrar	Constante	Disminuye	Constante

En la sección intermedia de la tubería

	Velocidad	**Gasto**	**Presión**
Al abrir	Aumenta	Aumenta	Disminuye
Al cerrar	Disminuye	Disminuye	Aumenta

3.15.- a) Aumenta 8 veces ; b) disminuye 10% ;

c) disminuye 16 veces

3.16.- Entra aire

3.18.- a) F aumenta b) F disminuye c) F aumenta

3.21.- V=5.96 m/s

3.26.- h_1=5,39 m; h_2 = 0,746 m

3.27.- $a = Q/\sqrt{(H-h)(1/d-1)2g}$

3.28.- b) permanente, incompresible, variado, adiabático, roce despreciable.

c) Bernoulli entre punto inferior de agua dulce y punto superior de agua dulce con peso específico agua dulce: $z_1 + \dfrac{P_1}{\gamma_1} + \dfrac{V_1^2}{2g} = z_1 + \dfrac{P_1}{\gamma_1} + \dfrac{V_1^2}{2g}$

d) $V_1A_1 = V_2A_2$

e) $z_1 + \frac{P_1}{\gamma_0} = z_1 + \frac{P_2}{\gamma_0}$ P_1 y P_2 se imponen por el agua de mar en reposo γ_0 peso específico del agua de mar

f) $Q = a\sqrt{2gh(\gamma_0/\gamma_1 - 1)}$

3.29.- $Q = 2\pi R^2 V_{max}\left[\frac{a}{1-a} - \frac{a}{1+2a}\right]$

$\alpha = 0{,}25\left[\frac{a}{3+a} - \frac{a}{3+2a}\right] / \left[\frac{a}{1+a} - \frac{a}{1+2a}\right]^3$

3.30.- 2722,76 Kw

3.31.- $(Pt)_{máx}$ = 97,4 kW

3.32.- a) 96,89 kW b) 79,74 kW c) 94,88 kPa

3.33.- a) 0,649 m^3/s b) 88,694 kW c) 142 Kw

3.34.- a) $V_1 = Q/(\pi dD)$

b) $P = \frac{\rho Q^2}{2\pi^2 D^2}\left[{}^1/_{d^2} - {}^{16}/_{D^2}\right]$

c) $\alpha = arcos\left[\frac{D}{8d} + \frac{2d}{D} - \frac{\pi^2 dD^3}{4\rho Q^2}P_0\right]$

d) $F_0 = -\frac{P_0 \pi D^2}{4}\hat{\imath}$

3.35.- $Q_1/Q_2 = (1+\cos\alpha)/(1-\cos\alpha)$

3.36.- [F] = 390,5 kN ; α = 47° si D_{sal}= 0,2 m

3.38.- a) Pot = 12,9 kW ; b) F = 377 N

3.39.- $Q = \frac{aWtg\alpha}{\rho}$

3.40.- a) Pot = $u(V_0-u)^2\rho(A_1\cos\theta + A_2\cos\theta - A_0)$

b) $u = V_0/3$

3.41.- a) $V = C_v\sqrt{2gh}$; $V = C_v A_0\sqrt{2gh}$

b) $V = \sqrt{2g(C_v^2 h - h_1)}$

c) $2\rho g A_0(C_v^2 h - h_1)$

d) $\gamma C_v^2(A_1 - A_0)^2$ donde A_0 área menor; A_1 área cañería

3.42- Aplicando Bernoulli entre el estanque y el orificio encontrar caudal real de salida. Luego aplicar la ecuación de cantidad de movimiento tomando un volumen de control que coincida con el estanque.

3.43.- a) 1,5 kN b) 60 kW d) 0,75 kNm d) 764 rpm

3.45.- a) $\frac{\partial}{\partial t}\int_{V_c}\vec{V}\rho dV + \int_{S_c}\vec{V}\rho\vec{V}.d\vec{S} = \vec{W} + \sum F_s$

b) Según un eje horizontal $F_1 - F_2 = -\rho\frac{Q^2}{2ab}$

Con F_1 a la izquierda y F_2 a la derecha de la cámara.

c) $F_1 = -\rho bg\frac{h^2}{2}$ $F_2 = -9\rho bg$

d) $h = \sqrt{9a^2 - \frac{Q^2}{gab^2}}$

e) $\Delta = \sqrt{9a^2 - \frac{Q^2}{gab^2}} - 3a + \frac{3Q^2}{8ga^2b^2}$

3.46.- $\Lambda = \frac{(h_2-h_1)^3}{4h_2h_1}$;

CAPÍTULO 4

4.8.- b) ii

e) i) $P = \gamma h$ ii) $P < \gamma h$ iii) $P > \gamma h$

4.9.- a) Irrotacional, permanente

b) Incompresible

d) Si: i), ii); No: iii)

e) i) $P_1 = P_2 = P_3$
ii) $P_1 < P_2$; $P_2 < P_3$
iii) $P_3 < P_1$; $P_1 > P_2$; P_2 ? P_3

g)

	V_0	V_1	P_1
Abrir	Constante	Aumenta	Disminuye
Cerrar	Constante	Disminuye	Aumenta

4.10.- e) L costa es una línea equipotencial

f) Pozo en (0,0) + fuente en (2a,0) + fuente en (−2a,0)

4.11.- a) i) hacia abajo ii) nula iii) hacia arriba

b) 90 grados desde V según el sentido de ω

c)

Superficie	**Ideal**	**Real**
AB	A la derecha	A la derecha
BC	Hacia arriba	Hacia arriba
CD	A la izquierda	A la derecha

e) Pozo (−a,0) y (a,0) ; fuente (3a,0) si x = 0 en límite roca

4.12.- a) $a_x = \frac{2V_0R^2}{x^3}\left[1 - \frac{R^2}{x^2}\right],\ para\ y = 0\ ;\ x < -R$

b) $a_\theta = \frac{-4V_0^2 sen\theta cos\theta}{R}$

4.14.- Debe inyectarse en (x=−4; y=0,5; z=0)

4.15.- a) xy=8 ; 6z=7tLn(0,5x)

b) $\mathbf{a} = -36x\hat{\imath}+36y\mathbf{j}-7\mathbf{k}$

c) $\mathbf{W} = 0$

ara t=0 se obtiene $\mathbf{V} = -6x\mathbf{i}+6y\mathbf{j}$

4.17.- a) $u_{BC} = 1{,}3$ $v_{BC} = 1{,}6$

b) $Q_{neto} = -0.25$

c) G_{ABCD}= 0,15 , contra las manecillas del reloj

Rotacional

d) $\frac{\partial u}{\partial x} = 0{,}2;$ $\frac{\partial u}{\partial y} = 0{,}1;$ $\frac{\partial v}{\partial x} = 0{,}5;$ $\frac{\partial v}{\partial y} = 0{,}2;$

e) aceleración local = 0

aceleración convectiva = $0.3\hat{i} + 0.7\hat{j}$

f) W= 0,2k

4.20.- a) Q=V_0h ; U= V_0 ; V_{max}= V_0+h/12

b) $\tau = \mu\left(\frac{1}{2} - \frac{3y}{2h}\right)$

c) W = 0,5 – 1,5y/h

4.21.- a) xy=cte b) Q = 4,5

4.23.- a) $Q = \frac{a}{2}(at + 1/3)$

b) a_x= ay/e , local

c) $\overrightarrow{W} = -\left(\frac{a}{e} - \frac{2y}{e^2} + \frac{1}{e}\right)\hat{k}$, máxima para y=e, nula para y=e(a+1)/2

d) $E_{total} = \frac{\rho e}{2}\left[\frac{(ta+1)^3}{4} - \frac{3(ta+1)^2}{5} + \frac{3(ta+1)}{6} - \frac{1}{7}\right]$

considerando la velocidad media

$E_{total} = \frac{e^4}{16}(at + 1/3)^3$

e) G_{ABCDA}=tae

4.24.- $t = \frac{L}{2gH} Log\left[\frac{H+V^2/2g}{H-V^2/2g}\right]$

4.28.- $Q = \frac{m\pi d^2}{4}\sqrt{\frac{2gh(\gamma_m/\gamma_0-1)}{1--C_c(d/D)^4}}$ donde m = C_cC_v es el coeficiente de gasto

4.29.- $\alpha = \sqrt{1 - \frac{2ghA^2}{Q^2}(\gamma_m/\gamma_0 - 1)}$

4.33.- a) $\Phi = \frac{\Gamma\theta}{2\pi}$ $\Psi = \frac{\Gamma Lnr}{2\pi r}$;

c) $V = \frac{\Gamma\theta}{2\pi r}$ d) r=0

4.34.- a) $\Phi = \frac{1}{2\pi}\left[Q_1 ln[(x+a)^2 + y^2] + Q_2 ln[(x-a)^2 + y^2]\right]$

$$\Psi = \frac{1}{2\pi}\left\{Q_1 Arctg\left(\frac{y}{x+a}\right) + Q_2 Arctg\left(\frac{y}{x-a}\right)\right\}$$

b) $-u = \frac{Q_1}{4\pi}\frac{2(x+a)}{(x+a)^2+y^2} + \frac{Q_2}{4\pi}\frac{2(x-a)}{(x-a)^2+y^2}$

$$-v = \frac{Q_1}{2\pi}\frac{y}{(x+a)^2+y^2} + \frac{Q_2}{2\pi}\frac{y}{(x-a)^2+y^2}$$

c) $x = -a\frac{Q_1-Q_2}{Q_1+Q_2}$; y=0

4.35.- 3,25 ; 4

4.36.- V = 26,67 sen θ cos θ + 1,27 sen θ / r [m/s]

4.37.- $u(x) = \frac{q}{\pi}\left\{\frac{(x-a)}{(x-a)^2+a^2} + \frac{(x+a)}{(x+a)^2+a^2}\right\}$

$P(x) = Po - \rho u^2/2$

4.38.- a) $V_{salida} = \frac{V_0 d^2}{4aD}$

b) $P = \gamma [Ho - Vo^2 d^4 r^2 / (8 a^2 g D^4)]$

c) $F = \rho \gamma D^2 /4 [Ho - Vo^2 d^4 x^2/ (64 a^2 g D^2)]$

4.39.- b) $\Phi = -V_x - \frac{q}{2\pi} Ln\sqrt{x^2+y^2}$ $\Psi = -V_y - \frac{q}{2\pi} Arctg\left(\frac{y}{x}\right)$

c) $(u, v) = \left\{V + \frac{qx}{2\pi r^2}, \frac{qy}{2\pi r^2}\right\}$

4.40.- $P = \rho Vo^2 (1 - 4 sen^2 \theta) / 2$; $F = -8 \rho RVo^2 /3$

4.42.- a) $\frac{\partial^2 w}{\partial x^2} = \frac{\rho g}{\mu}$

b) $\tau = \rho g(x - e)$

c) $w = \frac{\rho g}{\mu} x(e - x/2)$

d) $w_{max} = -\frac{\rho g e^2}{2\mu}$

4.43.- a) $\partial u/\partial t = 0$ (permanente)

$u\partial u/\partial x = 0$ ($\partial u/\partial x = 0$ por continuidad)

$v\partial u/\partial y = 0$ (v=0 laminar)

$w\partial u/\partial z = 0$ (w=0 laminar)

b) $f\,m_x = g \text{ sen } \alpha$; $\partial P/\partial x = 0$ (h cte. y Patm)

c) $\partial^2 u/\partial x^2 = 0$ (continuidad)

$\partial^2 u/\partial z^2 = 0$ (unidimensional)

d) $\rho\, g \text{ sen } \alpha + \mu\, \partial^2 u/\partial y^2 = 0$

e) la e.d. no cambia pero sí las condiciones de borde

f) $u(y) = \rho\, g\, y / \mu \text{ sen } \alpha\, (h - y/2) - U$

g) $\tau = \rho\, g\, (h-y) \text{ sen } \alpha$

h) $F = \rho\, g \text{ sen } \alpha$ por m^2

i) $Q = \rho\, g\, (\text{sen } \alpha) h^3/(3\mu) - hU$

j) $\delta = h$

4.44.- a) $\rho\, g = \mu \partial^2 w/\partial x^2$

b) $\tau = \rho\, g\, (x-e)$

c) $w = V - \rho\, g\, x\, (e - x/2)/\mu$

d) $Q = Ve - \rho\, g\, e^3 / (3\mu)$

e) $V = \rho\, g\, e^2/(3\mu)$

f) $e = \sqrt{2\mu V / \rho g}$

g) $w = \rho\, g\, (x\text{-}e) / \mu$

h) $\delta = e$

CAPÍTULO 5

5.2.- a) 3

d) Froude, Reynolds y Euler

e) cinemáticamente

f) ½

g) gravedad

5.3.- Son válidas: (ρ,σ,a), (ρ,L,v)

5.5.- Se obtiene $K = \frac{V}{\sqrt{gh}}$, que es adimensional

5.6.- $V = F\left(\frac{a}{A},\frac{\rho}{\rho_0}\right)\sqrt{gh} = K\sqrt{gh}$, con K constante

5.7.- Entonces $K = F\left(\frac{a}{A},\frac{\rho}{\rho_0}\right)$

5.8.- $c = \sqrt{\frac{E}{\rho}}$;

Para el aire con E= aprox. a la presión atmosférica y

ρ=1,2 kg/m^3, c=290 m/s;

Para el agua con E=22.000bar y ρ=1.000 kg/m^3, c=1480 m/s.

5.9.- $\mathrm{F} = \rho \mathrm{d}^2\mathrm{v}^2\ \Phi\left(\mathbb{R},\frac{\mathrm{nd}}{\mathrm{V}}\right)$

5.11.- $\mathrm{F} = \mu \mathrm{dV}\ \Phi(\mathbb{R})$

5.12.- a) 5,48 km/h

b) 5,4 MN (Mega Newton)

CAPÍTULO 6

6.4.- a)

Inercia	→	→	X
Viscosas	←	←	←
Presiones	→	X	←
Másicas	X	X	X

b)

Inercia	s	n	n
Viscosas	s	s	n
Presiones	s	n	s
Másicas	n	n	n

d) Se mueve hacia la derecha
e) iii

6.6.- a) f= 0,0165 b) 3,6 mca

6.8.- 10,04 m

6.9.- 12,6 l/s

6.10.- 150 mm

6.11.- 213,5 kNm

6.12.- a) 8 veces; b) 8 veces

6.13.- 2,44 minutos

www.ingramcontent.com/pod-product-compliance
Lightning Source LLC
LaVergne TN
LVHW082236051026
849532LV00012B/4005

* 9 7 8 9 5 6 1 4 3 4 4 3 1 *